劳动和社会保障部培训就业司推荐
冶金行业职业教育培训规划教材

冶金化学分析

主编　宋卫良

北　京
冶 金 工 业 出 版 社
2011

内容提要

本书为行业职业技能培训教材，是根据企业的生产实际和岗位群的技能要求编写的，并经劳动和社会保障部职业培训教材工作委员会办公室组织专家评审通过。

本书全面介绍了冶金化学分析的基本知识和操作方法，内容包括冶金化学分析基本知识、重量分析法、酸碱滴定法、氧化还原滴定法、络合滴定法、紫外可见分光光度分析法、化学分析规程实例等章，以及相关附录。为便于读者自学，加深理解和学用结合，各章附相关习题。本书既强调化学方法的经典性、可靠性，又突出仪器方法快速、高效的特点，具有很强的实用性和可操作性。

本书可供冶金企业中级、高级化验工及技师的培训教材，可作为职业技术院校相关专业的教材，也可供相关技术人员和管理人员参考。

图书在版编目(CIP)数据

冶金化学分析/宋卫良主编. —北京：冶金工业出版社，2008.5(2011.7 重印)

冶金行业职业教育培训规划教材

ISBN 978-7-5024-4445-7

Ⅰ. 冶… Ⅱ. 宋… Ⅲ. 冶金—化学分析—技术培训—教材 Ⅳ. TF03

中国版本图书馆 CIP 数据核字(2008)第 027110 号

出 版 人　曹胜利

地　　址　北京北河沿大街嵩祝院北巷 39 号，邮编 100009

电　　话　(010)64027926　电子信箱　yjcbs@cnmip. com. cn

责任编辑　刘小峰　美术编辑　张媛媛　版式设计　张　青

责任校对　刘　倩　责任印制　李玉山

ISBN 978-7-5024-4445-7

北京兴华印刷厂印刷；冶金工业出版社发行；各地新华书店经销

2008 年 5 月第 1 版；2011 年 7 月第 2 次印刷

787mm×1092mm　1/16；19.25 印张；510 千字；289 页

49.00 元

冶金工业出版社发行部　电话：(010)64044283　传真：(010)64027893

冶金书店　地址：北京东四西大街 46 号(100010)　电话：(010)65289081(兼传真)

(本书如有印装质量问题，本社发行部负责退换)

冶金行业职业教育培训规划教材
编辑委员会

序

吴溪淳

改革开放以来，我国经济和社会发展取得了辉煌成就，冶金工业实现了持续、快速、健康发展，钢产量已连续数年位居世界首位。这其间凝结着冶金行业广大职工的智慧和心血，包含着千千万万产业工人的汗水和辛劳。实践证明，人才是兴国之本、富民之基和发展之源，是科技创新、经济发展和社会进步的探索者、实践者和推动者。冶金行业中的高技能人才是推动技术创新、实现科技成果转化不可缺少的重要力量，其数量能否迅速增长、素质能否不断提高，关系到冶金行业核心竞争力的强弱。同时，冶金行业作为国家基础产业，拥有数百万从业人员，其综合素质关系到我国产业工人队伍整体素质，关系到工人阶级自身先进性在新的历史条件下的巩固和发展，直接关系到我国综合国力能否不断增强。

强化职业技能培训工作，提高企业核心竞争力，是国民经济可持续发展的重要保障，党中央和国务院给予了高度重视。在2003年的全国人事工作会议上，中央再一次明确了人才立国的发展战略，同时国家已经着手进行终身学习法的制定调研工作。结合《职业教育法》的颁布实施，职业教育工作将出现长期稳定发展的新局面。

为了搞好冶金行业职工的技能培训工作，冶金工业出版社同河北工业职业技术学院、昆明冶金高等专科学校、吉林电子信息职业技术学院、山西工程职业技术学院和中国钢协职业培训中心等单位密切协作，联合有关的冶金企业和职业技术院校，编写了这套冶金行业职业教育培训规划教材，并经劳动和社会保障部职业培训教材工作委员会办公室组织专家评审通过，给予推荐。有关学校的各级领导和教师在时间紧、任务重的情况下，克服困难，辛勤工作，在有关单位的工程技术人员和教师的积极参与和大力支持下，出色地完成了前期工作，为冶金行业的职业技能培训工作的顺利进行，打下了坚实的基础。相信本套教材的出版，将为企业生产一线人员的理论水平、操作水平和管理水平的进一步提高，企业核心竞争力的不断增强，起到积极的推进作用。

随着近年来冶金行业的高速发展，职业技能培训工作也取得了巨大的成绩，大多数企业建立了完善的职工教育培训体系，职工素质不断提高，为我国冶金行业的发展提供了强大的人力资源支持。我个人认为，今后的培训工作重点，应注意继续加强职业技能培训工作者的队伍建设，继续丰富教材品种，加强对高技能人才的培养，进一步加强岗前培训，加强企业间、国际间的合作，开辟新的局面。

展望未来，任重而道远。希望各冶金企业与相关院校、出版部门进一步开拓思路，加强合作，全面提升从业人员的素质，要在冶金企业的职工队伍中培养一批刻苦学习、岗位成才的带头人，培养一批推动技术创新、实现科技成果转化的带头人，培养一批提高生产效率、提升产品质量的带头人；不断创新，不断发展，力争使我国冶金行业职业技能培训工作跨上一个新台阶，为冶金行业持续、稳定、健康发展，做出新的贡献！

前　言

本书是按照劳动和社会保障部的规划，受冶金工业出版社的委托，参照行业职业技能标准和职业技能鉴定规范，根据企业的生产实际和岗位群的技能要求编写的。书稿经劳动和社会保障部职业培训教材工作委员会办公室组织专家评审通过，由劳动和社会保障部培训就业司推荐作为行业职业技能培训教材。

本书所述内容在武钢化验工及技师培训中使用多年，现经修改补充并增加分析规程，使其真正成为既有基本知识，又有实际操作方法的实用教程，而正式出版。本书与《冶金仪器分析》一起，全面介绍了冶金过程中的化学分析和仪器分析。在《冶金化学分析》一书中，包括冶金化学分析基本知识、重量分析法、酸碱滴定法、氧化还原滴定法、络合滴定法、紫外可见分光光度分析法、化学分析规程实例等章，以及相关附录。而在《冶金仪器分析》一书中，包括仪器分析基本知识，原子发射光谱分析，原子吸收光谱分析，X 射线荧光光谱分析，气相色谱分析，金属中碳、硫、氧、氮、氢分析，煤焦工业分析等章；此外还有实验室认可及比对试验简介及相关附录等。书中在介绍各种分析方法的同时，辅以大量实例，以便于读者掌握、运用各种分析方法；每章附有相关内容的习题，书后给出习题答案，以利于读者掌握学习成果。

本书强调化学方法的经典性，可靠性，是校对仪器结果和仲裁分析的基本方法；同时又突出仪器方法快速、高效的特点。而作为两种方法的综合——ICP 发射光谱分析法，在许多炉前快速分析室，已取代化学法作为光谱仪准确度管理的手段。本书最大的特点是其实用性和可操作性，在方法注解和操作技术介绍中倾注了师傅们的心血，是参加编写的技术人员多年经验的总结。

本书可供冶金企业培训中级、高级化验工及技师使用，也可供相关技术人员和管理人员参考。

本书共 7 章。其中，第 1 章、附表由宋卫良编写；第 2～6 章由鲜于开菊、张文荣、谌文华、刘道才编写，宋卫良修改，其中第 6 章由程坚修改；第 7 章由曹宏燕编写。全书由宋卫良统稿并审校。

本书中所引用的武钢技术中心分析规程经柯棣华教授和郑国经教授的审评，在此表示感谢，同时感谢宝钢张毅、齐钢富杰对本书工作的支持。本书是集体智慧的结晶，是参加编写的技术人员多年经验的总结，体现了两代技术人员对冶金分析事业的奉献和追求。同时感谢冶金工业出版社的关心和支持，才使得本书正式出版。

由于编者水平所限，难免有不足和错误，恳请读者批评指正。

宋卫良

2008年2月

目　录

1 冶金化学分析基本知识

1.1 化学分析概述

1.1.1 分析化学分类

分析化学是化学学科的基础学科之一，是研究物质化学组成及化学结构的科学。对物质化学成分的研究又分定性分析和定量分析，其中重要的是定量分析。因为从实验上升到科学实质上是定量关系的研究，规律也可以说是用数学公式（或函数关系）所表达的一种自然科学现象，甚至是社会科学现象的总结或结晶。分析化学有不同的分类。

1.1.1.1 根据分析手段分类

根据分析手段不同，也可分为化学分析和仪器分析。由于冶金工业的发展，推动大型光谱仪器的发展，所以现在习惯上将分光光度计这类简单的分析仪器也纳入化学分析范围。在本书论述中化学分析包括重量分析、滴定分析和分光光度分析；仪器分析主要包括原子发射分析、原子吸收分析、原子荧光分析、X射线荧光分析、钢中气体分析、气相色谱分析以及煤焦工业分析，后者实际上是单列，它多数属化学分析范围，有些项目用专用仪器分析；由于电化学分析和液相色谱分析在冶金常规分析系统用得不多，所以本教程没有列入。

1.1.1.2 根据分析对象分类

根据分析对象不同，可分为无机分析和有机分析。而冶金分析化学主要是无机分析，而且多数是金属及其合金和氧化物的分析。如从企业整体考虑，从原材料到产品，从进水到废水，包括废气、炉渣、用油等等的分析。本教程涉及的是从原材料到成品中的主要分析对象，并不包罗全部，特别是大型钢铁企业焦化产品分析属有机分析类，本教程未列入。

1.1.1.3 根据被测组分含量分类

分析化学常按被测含量区分不同的方法如表1-1所示。

表1-1 按被测组分含量分类的分析方法

方法名称	相对含量/%	适用方法
常量分析	>1	化学分析，仪器分析
微量分析	0.01～1	化学分析，仪器分析
痕量分析	<0.01	分光光度分析，仪器分析

1.1.1.4 根据工作性质分类

按工作性质也分为例行（日常）分析和仲裁分析。化验室日常生产及研究样品的分析称为例行分析，又称常规分析，所用方法多数是企业（行业）拟定的方法或简化的国家标准方法，也称快速分析方法，其精度和准确度以满足生产及科研要求为准。

当客户要求或不同单位对某一产品分析结果有争议时，由权威单位或具有实验室认可等资质的单位用国家相关标准方法或指定的方法进行的分析称为仲裁分析，这种分析结果必须保证准确性和公正性，它是关系到对原分析结果的判决，在实际工作中是关系到产品的级别，从而与定价相关连，因此必须具有权威性。

1.1.2 化学分析的发展与地位

1.1.2.1 化学分析法简介

A 重量分析法

重量分析法根据反应产物(多为沉淀)的质量来确定被测组分在试样中的含量。如用 SiO_2 测硅、用 $BaSO_4$ 测钡等。重量分析法也称绝对分析法，是最经典、最可靠、最准确的分析方法，可作为其他方法的校正方法。但是这种方法操作麻烦、耗时较长，一般适用常量组分的测定。

B 滴定分析法

滴定分析法通常是用标准溶液去滴定被测物质的溶液，直至化学反应完全为止，根据所消耗的标准溶液计算出被测物质的含量。

滴定分析法包括酸碱中和滴定、络合滴定、氧化还原滴定及沉淀反应滴定，其应用范围广，比重量法简便、快速，准确度也高，主要适合常量组分的测定。

C 分光光度法

分光光度法是基于物质分子对光的选择性吸收而建立起来的分析方法，包括可见、紫外和红外分光光度法。其特点是被测物质与显色剂的特效反应，并具有较高灵敏度和各种排除干扰的有效手段，使得被测物质较少采用分离富集手段而直接测定。由于该方法也是基于标准物质建立工作曲线，所以准确度几乎可与重量法、滴定法相媲美，其应用广泛，尤其适合微量以至痕量组分的测定。与滴定分析法一样，也便捷、快速。只是当需要对痕量组分分离富集时，耗时较长。

1.1.2.2 化学分析的地位

分析化学的四大平衡理论(酸碱、络合，氧化还原、沉淀)是20世纪20年代后发展起来的，使分析化学从技术发展成为一门独立的学科，这时期主要是化学分析。从20世纪40年代后的几十年间，由于物理学及计算机技术的发展，使仪器分析尤其是光谱分析得以大大的发展。尤其20世纪70年代后，对分析化学的要求更高、更广，从常量到痕量及微粒分析，从成分分析到元素形态分析，从总体到微区，从表面到逐层分析，从宏观到微观结构分析，从破坏试样到无损分析，从取样到在线分析等，于是形形色色的分析仪器大量涌现。同时分光光度法也得到长足的发展，许多新的显色剂，多元络合显色剂的应用，使化学分析的应用范围更加广泛。

冶金分析也是一样，到20世纪末，仪器分析在冶金企业的分析中所占比例达到80%～90%。这一方面是炉前分析的快节奏所要求的，同时也是科技及信息技术的发展提供了众多仪器来完成各种分析任务，就连炉前快速分析中原来仅存的用于进行成品分析和校正仪器准确度的化学分析方法，也为ICP光谱分析法所代替，所以有些企业达到95%以上的工作量依靠仪器分析。但是我们能否说仪器方法可以取代化学方法呢？现在就是在日本冶金企业化学方法也还是保留它的固有地位。因为要真正准确地校正仪器系统偏差还是用化学方法，或者至少要在关键元素上依靠化学方法；同时在仲裁分析、标样定值分析上还是依赖化学方法，因此化学分析的地位仍然是最经典、最可靠、最准确的方法，至今国际标准和国家标准方法仍然以化学方法为主导。我们所提到的钢铁产品ICP光谱分析法的国家标准是2006年才颁布实行的，而且受仪器条件的限制还不能广泛采用。到目前为止，纳入国家标准的化学方法仍然是最具权威性、准确性和公正性的，因此掌握好有关方法仍然是冶金企业分析人员的基本素质和基本要求，尤其是发生贸易纠纷、产品质量出现异议，需出口产品时，人们只相信公认的国际标准方法及国家标准方法，这也是为什么通过国家实验室认可的单位，它出具的认可范围内的分析结果可获得国际公认(已有 40 多个国家签订协议在实验室认可相关范围承认其能力)。现在凡是比较知名的冶金企业，总是要建设一支精干的、高素质的化学分析队伍，这不仅因为不少岗位仍在应用化学分析方法，还在于化学分析法是仪器分析的基础，是用以校正仪器准确度所依赖的方法。

1.2　钢中常见元素的存在形态及钢种分类

1.2.1　钢中常见元素简介

1.2.1.1　铁与碳

钢铁是由铁和碳组成的铁碳合金，由于温度和含碳量不同有几种基本金相组织：

(1) 铁素体。碳溶于 αFe(体心立方晶格)晶格间隙中形成的间隙固溶体。具有良好的塑性和韧性，强度和硬度较低。

(2) 奥氏体。碳在 γFe(面心立方晶格)中形成的间隙固溶体。没有磁性，强度和硬度比铁素体高，塑性良好，变形抗力较低。

(3) 渗碳体。铁和碳的金属化合物 Fe_3C，当碳的含量超过碳在铁中的溶解度时，多余的碳与铁作用而形成。渗碳体硬度高，塑性极低，脆性很大。

(4) 珠光体。铁素体和渗碳体组成的机械混合物。强度较高，硬度适中，有一定塑性。

(5) 莱氏体。奥氏体和渗碳体组成的共晶体，其性能和渗碳体相似，硬度很高，塑性很差。除了这 5 种外，随热处理等工艺的不同有经淬火回火后出现的马氏体，其性能、硬度显著提高，但脆性加大；也有等温淬火奥氏体转变为贝氏体，性能为高硬度又有一定塑性等。下面再介绍碳化物。

碳是钢铁中的主要成分之一，是钢、铁分类的重要依据，一般含碳量在 1.7%以下者为钢，大于 1.7%者为铁。碳在钢中主要以碳化铁 Fe_3C 和合金元素的碳化物状态存在，如 Mn_3C、Cr_3C_2、Mo_2C、WC、V_4C_3、TiC、NbC 等，以这种形式存在的碳，称为化合碳。钢中硅、铝、铜、钴等元素一般不形成碳化物。游离碳包括无定形碳、石墨碳和退火碳等。当碳含量增加时，钢的强度和硬度随之增加，而塑性和延展性随之降低，使钢脆且难以加工；反之，随着碳含量的减少，钢的韧性得到增强且易切削加工。碳化铁不溶于冷的和稀的非氧化性酸(HCl、H_2SO_4)中，而易溶于各种热的酸中，碳化铁被热 HNO_3 溶解会生成有机物，加 $KMnO_4$ 或其他氧化剂分解为二氧化碳，各种合金元素的碳化物在酸中的溶解难易不同，分解方法一般是用稀 HCl 或稀 H_2SO_4 加热溶解，然后小心滴加 HNO_3 使碳化物破坏。对于较稳定的碳化物，可用 H_2SO_4 和 H_3PO_4 混合酸溶解，HNO_3 氧化，加热至冒硫酸烟。若一次破坏不行，可反复 2～3 次，直至碳化物破坏完全，溶液清亮为止。

1.2.1.2　硅

硅在钢中主要以固溶体状态存在，其形式为 FeSi、Fe_2Si 或更复杂的化合物 FeMnSi，也有少部分硅酸盐状态和 SiO_2 状态的夹杂物，在高碳硅钢中可能有少量 SiC 形成。

硅和氧的亲和力仅次于铝和钛，而强于锰、铬和钒，所以在炼钢过程中，硅用作还原剂和脱氧剂。硅还能增强钢的抗张力、弹性、耐酸性和耐热性，又能增大钢的电阻系数。故钢中含硅量一般不小于 0.10%；作为一种合金元素来考虑，一般不低于 0.40%，而硅钢中含硅量可高达 4%以上。

硅只与氢氟酸作用，与其他无机酸不起作用，但能溶于强碱溶液中。

硅对化学分析的影响，主要表现为当钢中硅含量较高时在溶解过程中产生 $SiO_2 \cdot nH_2O$ 沉淀。其消除方法有两种：一是加氢氟酸成 SiF_4 气体逸出；二是冒烟脱水后成 SiO_2 沉淀滤除。

1.2.1.3　锰

锰在钢中主要以固溶体和 MnS 状态存在，当生成 MnS 后有多余的锰时，也可组成 Mn_3C，此外也有少量的 MnSi、FeMnSi 等存在。

锰在炼钢中通常作脱氧剂和脱硫剂而特意加入。锰和硫作用可防止热脆，从而提高钢的可锻性。锰在钢中一般含量 0.3%～0.8%，含量超过 0.8% 即作锰合金钢。当锰钢中锰含量超过 10%时，特别耐磨。

锰可溶于稀的无机酸中。

锰对化学分析的影响，主要有两个方面：(1)锰含量高时在低酸度介质中遇强氧化剂易产生棕色混浊的一水合物 $MnO_2 \cdot H_2O$；(2)锰含量高时使溶液中其他元素的氧化难以完全，如高锰钢中磷的氧化就是如此，遇此情况需要考虑适当的氧化方法或进行分离。

1.2.1.4　磷

磷在钢中主要以固溶体、磷化物(Fe_2P、Fe_3P、FeP)及少量磷酸盐夹杂物的状态存在，常呈析离状态。磷在钢中的分布具有不同程度的偏析现象，所以取样时应注意代表性。磷通常是钢铁中的有害元素，如 Fe_3P 是一种很硬的物质，易发生冷脆现象影响钢的性能。但在某些情况下，磷能改善钢材的切削性能，故易切钢也要求有较高的磷含量。

钢中绝大部分磷化物能溶于酸，但用 HCl、H_2SO_4 溶样时磷以 PH_3 形式逸出，用氧化性酸溶解磷则生成正磷酸(H_3PO_4)、亚磷酸(H_3PO_3)和偏磷酸(HPO_3)，因此在分析磷时，除了用氧化酸溶解外，常常还要用强氧化剂氧化亚磷酸等，使之全部成 H_3PO_4 形态。

1.2.1.5　硫

硫在钢中主要以 MnS 和 FeS 状态存在，它易使钢产生热脆，使钢的力学性能降低，同时对钢的耐蚀性、可焊性不利，因此硫是钢的有害元素之一。在普通钢中硫的含量不超过 0.05%，优质结构钢、工具钢中不超过 0.045% 或 0.05%，高级优质钢中不超过 0.020%，洁净钢中硫已低于 0.005%，但在易切削和高锰钢中硫含量可以高些。

硫在钢中易偏析，因此取样时必须注意代表性。

硫化物一般易溶于酸中，在非氧化性酸中生成 H_2S 逸出，在氧化性酸中转化为 H_2SO_4。硫化物在高温(1250～1300℃)通氧燃烧生成 SO_2 气体。

1.2.1.6　铬

铬在钢中的状态较为复杂，有固溶体(在 α 铁中无限固溶，在 γ 铁中最大可溶 12.5%)、多种碳化物及硅化物、氮化物、氧化物等状态，其中以铬的碳化物状态较为稳定。

铬是合金元素中应用最广泛的元素之一，铬能提高钢的力学性能和耐磨性、耐蚀性，也可增加钢的淬透性及淬火后的抗变形能力和抗磁力、耐热性，增加钢的硬度、弹性等。当钢中铬含量大于 12%时为不锈钢。

铬能溶于热盐酸及稀硫酸。由于铬是很容易钝化的元素，所以与浓硝酸作用时，由于在其表面生成一层氧化薄膜而钝化，以致不能溶解。一般处于固溶体中的铬易溶于盐酸、稀硫酸和高氯酸中，但铬的碳化物和氮化物通常需经硫酸—磷酸混合酸并加硝酸氧化，加热至冒烟处理才能分解，有的甚至需要在硫酸—磷酸冒烟时数次加硝酸才能分解。而高碳铬铁则需碱熔融才能分解。

铬对化学分析的影响主要有两个方面：(1)铬离子是有色的(三价绿色、六价黄色)，光度法测定其他元素时需考虑试液空白；(2)高价铬离子有氧化性，对某些有色显色剂有氧化作用，为消除干扰可先将铬还原到低价，也可以用高氯酸冒烟时，数次滴加盐酸或氯化钠使六价铬成 CrO_2Cl_2(氯化铬酸)气体而达到挥铬的目的。

1.2.1.7 镍

镍在钢中主要以固溶体形式存在，也有以碳化物状态存在的。镍是钢中重要元素之一。镍的加入可增强钢的硬度、弹性、延展性和抗腐蚀性，并能细化晶粒，提高淬透性，使钢具有极高的力学性能及高导磁性。当镍与铬共存时可大大提高钢的机械强度。

由于镍在钢中不易形成稳定的化合物，所以大多数含镍钢和合金都溶于酸，但浓硝酸易使镍钝化，因此在溶解含镍钢时，一般采用稀硝酸和稀盐酸。

1.2.1.8 钼

钼在钢中主要以固溶体(在 αFe 中最大可溶 4%，在 γFe 中最大可溶 37.5%)和碳化物(MoC，Mo_2C)的形式存在。钼作为合金元素加入，能增加钢的强度，而不降低其可塑性和韧性，同时能使钢在高温下有足够的强度，并改善钢的各种性能，如耐腐蚀性、冷脆性。在耐热钢、高速钢及不锈钢中钼可达 6%。

由于钼在钢中常以碳化物形式存在，故不溶于稀硫酸和盐酸中，而溶于硝酸(高纯钼还需补加几滴过氧化氢 H_2O_2 才能溶解)，对稳定的钼的碳化物需加热至硫酸、磷酸冒烟或高氯酸冒烟才能分解。

1.2.1.9 钒

钒和硫、氮、氧都有极强的亲和力，能形成相应的极为稳定的化合物，但在钢中主要以碳化物(V_4C_3、V_2C、VC)形式存在，也有以固溶体状态存在的。一般含钒钢中钒含量小于 0.5%，高速钢中钒可高达 4%。

钒在钢中的作用主要是使钢具有特殊的力学性能，提高钢的抗张强度和屈服点以及耐磨和热硬性，降低热敏感性，提高工具钢和高速钢的使用寿命，也应用于结构钢、弹簧钢中。

钒可溶于硝酸或盐酸的混合酸中，钒的碳化物很稳定，用硫酸和盐酸处理时几乎完全不溶解，只有高氯酸冒烟或硝酸氧化的条件下硫酸、磷酸冒烟处理才能溶解。

钒对化学分析的影响有三个方面：(1)钒离子有色(五价黄色、四价蓝色)，光度法测定其他元素时需考虑试液空白；(2)五价钒是氧化剂，不稳定，易被还原，对某些有色显色剂有氧化作用；(3)五价钒能与磷、钼一起生成络合物，故常用亚铁将其还原成低价以消除干扰。

1.2.1.10 钛

钛和氧、氮、碳都有极强的亲和力，因此它是一种良好的脱氧剂及固定氮和碳的有效元素，因此，钛在钢中除固溶体外，还存在氮化钛、氧化钛和碳化钛等。钛可防止钢中产生气泡及改善钢的品质，提高力学性能，不锈钢中加入钛可防止晶间腐蚀。含钛的合金铸铁可增强抗磨性能。

钛可溶于盐酸、浓硫酸、王水和氢氟酸中，但钛的氮化物和氧化物化学惰性较大，需经硫酸冒烟才能使其分解。

钛对化学分析的影响有两个方面：(1)四价钛在低酸度溶液中易水解形成白色偏钛酸(H_2TiO_3)沉淀或胶体，后者难溶于酸中，因此在分析过程中应保持溶液的一定酸度防止水解；(2)三价钛离子呈紫色，不稳定，可作还原剂，易被空气和氧化剂氧化成四价。

1.2.1.11　铌

铌在钢中主要以金属化合物 Fe_3Nb 和碳化铌等状态存在。铌作为合金元素加入钢中能显著提高钢的强度和抗腐蚀性，改善钢的焊接性能。一般钢中铌含量为 0.10%～1.00%，在高温结构钢中可高达 3.00%。

铌不溶于盐酸、硝酸和硫酸，但易溶于氢氟酸、硝酸和盐酸的混合酸中。在熔融的碱中铌能迅速氧化而生成铌酸盐。当用酸分解钢样时，铌极易水解成铌酸析出沉淀影响分析的进行，但在酒石酸、柠檬酸盐、草酸盐或氢氟酸、过氧化氢存在下，铌能形成可溶性络合物。

1.2.1.12　铝

铝在钢中主要以金属固溶体状态存在，与铁生成 $FeAl_2$、Fe_2Al_3、$FeAl_3$ 等，少部分以氧化铝、氮化铝等化合物形式存在。所谓酸溶铝是指固溶体铝和氮化铝而言，酸不溶铝主要指氧化铝，Al_2O_3 是钢中夹杂物的主要成分之一。

铝是钢的良好脱氧剂、去气剂和致密剂。铝作为合金元素加入钢中(一般为 0.01%～0.10%，高的可达 0.5%～1.0%)能提高钢的抗氧化性，改善钢的电磁性能，提高渗氮钢的耐磨性和疲劳强度等。

铝不溶于极稀的和极浓的硝酸或硫酸中，易溶于盐酸。全铝的测定需熔融法或微波消解法溶样。

1.2.1.13　氮

氮对钢的质量影响很大，在大多数情况下，氮的存在使钢发脆并出现裂纹，降低钢的耐蚀性，但在某些情况下，例如在镍铬钢中加入少量的氮能代替相当部分的镍起到合金元素的作用。氮在钢中主要以氮化物(Fe_4N、CrN、VN、TiN 等)形式存在，只有极少一部分成为固溶体。

各种氮化物的溶解特性很不一致，钛副族、钒副族和铬副族的金属氮化物(TiN、ZrN、VN、NbN、CrN、Mo_2N 等)和非金属氮化物(BN、Si_3N_4)等属难溶氮化物，溶样需用硫酸冒烟处理，或者采用硫酸—硫酸钾湿法熔融，而其他氮化物都易溶或能溶于稀酸。

1.2.1.14　稀土

稀土(以 Ce、La 为主)与氧、硫有很强的亲和力，因此是很好的脱氧剂、脱硫剂。它能消除或减弱钢中许多有害杂质的影响。钢中加入少量稀土能增加钢的流动性，从而改善钢的表面质量。

稀土易溶于酸中。

稀土元素在化学分析中的影响，主要表现为高价具有氧化性，对氧化还原反应有一定的影响。

1.2.1.15　铜

铜在钢中主要以固溶体或极微细的金属夹杂物存在，不形成碳化物。钢中加入少量的铜能提高屈服点，改善冲击韧性，提高疲劳强度和抗大气腐蚀，还可改善钢液的流动性，但铜有时也会导致钢在锻轧、热加工时发生热脆现象，出现鱼鳞片开裂并影响焊接性能。

铜不溶于稀的盐酸、硫酸中，但易溶于硝酸和热的浓硫酸中。

1.2.1.16 钨

钨在钢中主要以简单碳化物（WC、W_2C、W_3C）或复式碳化物（FeC · WC、Fe_3C · WC、2FeC · $3W_2C$）以及钨化铁（Fe_2W）等形式存在，部分钨能在铁中以固溶体状态存在。

钨在钢中的作用，主要是增加钢的回火稳定性、红硬性以及由于形成特殊碳化物而增加其耐磨性。高速钢及硬质合金必须含有较多量的钨。钢中钨含量相差很大，可以从 6%至 20%。

除硝酸与氢氟酸的混合酸以及高氯酸与磷酸或硫酸与磷酸的混合酸外，钨不溶于其他任何酸中。

含钨钢通常易溶于盐酸（1＋1）或硫酸（1＋4）中。当用盐酸和硫酸处理钢样时，金属钨及其碳化物以重质黑色粉末沉于容器底部，需缓慢滴加硝酸氧化使其转化为钨酸。

钨对化学分析的影响是严重的，主要是因为钨含量高时极易水解产生混浊。要将其完全分离是困难的，并且用钨酸的形式分离时还会吸附 Mo、V、Cr 等。消除这种影响的方法有三种：(1)加柠檬酸、酒石酸或磷酸掩蔽；(2)冒烟使钨酸脱水后滤除；(3)用强碱使钨转变为可溶性的钨酸盐。

1.2.1.17 钴

钴在钢中并不形成碳化物，而是一种石墨化促成元素，绝大部分以固溶体状态存在。

钴可增强钢在高温下的强度极限及蠕变极限，还能增强钢的红热硬度和切削工具的切削能力，因此含有大量钴的钢种素以硬质合金著称。

钴易溶于稀硝酸和王水中，在热的盐酸中溶解也较快。

1.2.1.18 锆

锆在钢中主要以固溶体以及氮化物、氧化物或碳化物状态存在。钢中加入适量锆可提高钢的强度和硬度，高速钢中加入锆可改善其切削性能，铁铝合金中加入锆可提高强度，改善热加工性能；锆还可改善钢的焊接性能。

锆能溶于氢氟酸和浓硫酸中，锆的化合物较难分解，通常需经熔融处理才能分解完全。锆在低酸度溶液中易水解，因此必须使溶液保持足够的酸度或加入络合剂。

1.2.1.19 硼

硼在钢中以固溶体、碳化物、氮化物及氧化物等状态存在。钢中加入微量硼，可以成倍地增加钢的淬透性，硼还能提高钢的机械强度，并使钢的焊接性能有所改善。耐热钢中含硼 0.03%～0.15%，原子能工业用钢中有的含硼可达 2%～4%。

固溶体硼溶于非氧化性酸，通常称酸溶硼（碳化硼属无效硼，也溶于酸中）。如果加入高锰酸钾、过氧化氢等氧化剂，会使氮化硼、氧化硼也有部分溶解，得到的酸溶硼偏高，但氮化硼、氧化硼即使经过硫酸冒烟处理有时也不可能全溶，只有碱熔处理方能使全部硼溶解，从而测出总硼量。

1.2.1.20　砷

砷主要来源于炼钢原料，在钢中主要以固溶体和化合物（Fe_3As、Fe_3As_2、FeAs 等）形态存在。钢中砷含量增加会降低钢的冲击韧性，增加钢的脆性，形成严重的偏析，是有害元素，有些高温合金就要求含砷小于 0.001%。但是，砷加入钢中又有抗腐蚀性、抗氧化性，一般含砷钢含砷小于 0.10%，个别 0.1%～0.5%。AsH_3 为无色有毒气体，$AsCl_3$ 在 110℃挥发，$AsBr_3$ 在 221℃挥发，AsF_3 在 63℃挥发，但是 $AsCl_5$ 不挥发。因此，测定钢铁中砷时，须在氧化剂存在下溶解试样和蒸发操作，以保持五价状态。如 $HCl+HNO_3$ 不宜超过 5+1，以防 HNO_3 过少；试液中不应存在 HBr、HF 等，以防加热时砷受损失。但可利用 $AsCl_3$ 定量蒸馏三价砷与基体分离。利用还原成的 AsH_3 用原子吸收法或 ICP 方法直接测定钢中砷，也可用原子荧光法测定。

1.2.1.21　锡

锡是在冶炼过程中由炉料、合金材料和脱氧剂等带入的有害元素之一，它可引起钢性质恶化，产生热脆性，如铬钼钒耐热钢每增加 0.01%锡，使热断裂时间缩短 10%；在镍铬钼钒转子钢中，锡在晶界上的偏析，是构成回火脆性的原因之一。锡溶解于热盐酸、硫酸和冷的稀硝酸中，浓硝酸可将锡变成不溶的水合偏锡酸 H_2SnO_3。二价锡为还原剂，四价锡可形成草酸和酒石酸的络合物。微量锡可由火花直读光谱直接测定，痕量锡可还原成氢化物，用原子吸收法、原子荧光法或 ICP 方法测定。

1.2.1.22　锑

锑是钢中有害元素，它能显著降低钢的强度和韧性，增加钢的高温脆性。一般钢中含锑小于 0.010%，有些钢种要求含锑在 0.001%以下。锑不溶于盐酸和稀硫酸，可溶于王水或浓硫酸，锑溶于硝酸在蒸发过程容易析出锑酸和亚锑酸沉淀（Sb_2O_5 或 Sb_2O_3 的水合物），加入盐酸可将其溶解。锑盐在低酸度时容易水解成碱式盐沉淀，SbOCl，$(SbO)_2SO_4$，可用盐酸、酒石酸或硫酸冒烟使其溶解。$SbCl_5$、$SbCl_3$ 加热（>110℃）易挥发，痕量锑的测定也可用氢化物形成原子吸收法、原子荧光法或 ICP 方法测定。

1.2.1.23　铋

铋在钢中残存量很少，多以游离态存在，其量一般小于 0.001%。铋含量高会降低钢的塑性和钢的高温强度。但铋的存在也改善钢的切削加工性能，稳定铸铁中碳化物。铋易溶于硝酸或热浓硫酸。Bi^{3+} 易水解生成 $BiONO_3$、BiOCl 等沉淀。铋的氯化物挥发性小，加热、蒸发时不会损失，溶液中 Bi^{3+} 易与酒石酸、柠檬酸、硫脲等生成络合物。

痕量铋的测定可用生成氢化物原子吸收法、原子荧光法或 ICP 方法测定。

1.2.1.24　铅

通常铅也是钢中有害元素之一，铅有阻止钢的奥氏体晶粒长大和稍降低钢的淬透性作用，它能使钢的塑性降低。尤其对高镍合金的塑性有严重影响，钢中仅含 0.001%的铅，热加工就十分困难，同时使钢的冲击性能降低，当温度高时其影响更大。高温合金冶炼过程中均须严格限制和控制铅等有害杂质的含量。但是易切削钢要有一定铅量，高的可达 0.3%左右。

铅容易溶于硝酸，浓硝酸会使铅形成保护层。铅与稀硫酸作用生成不溶性硫酸铅，当硫酸酸度提高到 80%，可使硫酸铅变成可溶性 $PbH_2(SO_4)_2$，热硫酸也可与铅形成硫酸氢铅。

铅多用沉淀或萃取分离、富集法，再用化学光度法或石墨炉原子吸收法、ICP方法测定。块样直接用火花直读光谱法测定。用氢化物生成原子吸收或ICP方法测定也有报道。

1.2.2 怎样识别钢号

1.2.2.1 钢和生铁的区别

钢和生铁都是铁和碳组成的合金，同属于黑色金属。但钢和铁在性能上有明显的不同。

生铁硬而脆，焊接性较差。而钢的强度、塑性、韧性可在很宽的范围内调整，可以进行焊接、锻造、轧制和加工成各种形状。

钢和生铁的性能之所以不同，主要是由于碳和其他合金元素的含量不同。钢和生铁的界限通常就用碳含量的多少来划分。一般含碳为1.7%～4.5%的铁碳合金叫做生铁；含碳0.03%～1.7%的铁碳合金叫做钢；含碳在0.03%以下的铁碳合金叫做工业纯铁。

1.2.2.2 钢的分类

钢号表示方法和钢的分类方法有着密切关系，各钢号表示法大都是在钢分类的基础上制定出来的。

钢的分类方法很多，最常用和常见的有以下五种分类方法：

(1) 按冶炼方法分类。根据冶炼方法和设备的不同，可分为转炉钢和电炉钢两大类。每类还可按照炉衬材料的不同，分为碱性和酸性两类。

此外，还有真空处理精炼及其他新技术炼出的钢。

按脱氧程度和浇注制度不同，碳素钢又可分为沸腾钢、镇静钢。合金钢一般都是镇静钢。

(2) 按化学成分分类。按化学成分，可把钢分为碳素钢和合金钢两大类。下面提供一个大致的含量范围：

1) 碳素钢。按碳含量的不同，大致分为低碳钢(含碳量小于0.25%)；中碳钢(含碳量在0.25%～0.60%之间)；高碳钢(含碳量大于0.60%)。

2) 合金钢。根据钢中合金元素总量的不同，大致可分为低合金钢(合金元素总含量小于5%)、中合金钢(合金元素总含量在5%～10%)、高合金钢(合金元素总含量大于10%)。

根据钢中所含主要合金元素的种类，又可分为锰钢、铬钢、铬镍钼钒钢等很多类。

(3) 按品质分类。根据钢中有害杂质的多少，工业用钢通常分为普通钢、优质钢和高级优质钢三大类。

(4) 按金相组织分类。按退火后、正火后及金相组织分类，如共析钢、珠光体钢、马氏体钢、奥氏体钢、铁素体钢等。

(5) 按用途分类。根据用途的不同，工业用钢通常分为碳素结构钢(如弹簧钢、轴承钢、建造用钢)，工具钢(如刃具、量具等用钢)，特殊性能钢(如不锈钢、耐热不起皮钢、电热合金、磁性材料等)，低合金高强度钢，高速工具钢，锅炉用钢，船用钢，桥梁用钢，管线钢，电工硅钢等。

1.2.2.3 钢号

用钢号表示可进一步把每一种钢的特征用符号表示出来。有了钢的牌号，人们对所确定的某一种钢就有了共同的概念，这给生产、使用、设计、供销等工作和科技交流及国际间的贸易交流等方面都带来了极大便利。

下面将一些常用钢种的牌号列举于表1-2中。

表 1-2　常见钢种及牌号

<table>
<tr><th colspan="2">钢　　种</th><th>牌　　号</th><th>说　　明</th></tr>
<tr><td rowspan="8">1. 碳素钢</td><td rowspan="2">优质碳素钢</td><td>08F 10b 45,50
45A,45E</td><td>F表示沸腾钢,b表示半镇静钢,符号前为平均碳含量万分记,Z表示镇静钢不标碳含量,加A为高级,加E为特级,ZT特殊镇静钢,ZT可以省</td></tr>
<tr><td>50Mn,08Al</td><td>Mn高时标出Mn,Al 0.02%～0.07%时标08Al</td></tr>
<tr><td>碳素结构钢</td><td>Q235～Q275,Q275A
Q235AF</td><td>Q为屈服点字母,数字为屈服点值,ABCD为等级,最后一个字母为脱氧方式F沸腾钢等</td></tr>
<tr><td>低合金高强度结构钢</td><td>Q295～Q460,Q390g,Q345R
Q420q</td><td>g表示锅炉用,R表示压力容器用,q表示桥梁用</td></tr>
<tr><td>耐候钢</td><td>Q340NH,09CuPTi</td><td>NH在尾部</td></tr>
<tr><td>易切削钢</td><td>Y15,Y15Pb,Y40Mn,Y45Ca</td><td>Y后为碳量万分记,再后为加入元素</td></tr>
<tr><td>碳素(合金、高速)工具钢</td><td>T8,T8Mn,T10A
W18Cr4V,Cr06</td><td>T后数字为平均含碳量千分记,A为优质高速钢不标T,低铬工具钢铬含量以千分之几表示,前面并加0</td></tr>
<tr><td colspan="3"></td></tr>
<tr><td rowspan="6">2. 合金钢</td><td>弹簧钢</td><td>55Si2Mn,60CrMnA</td><td rowspan="2">合金元素<1.5%不标含量,≥1.5%～2.49%,2.5%～3.49%,…,22.5%～23.49%相应写成2,3,…,23
A为高级,G代表滚动,Y为易切削;Cr前数字为含碳量,一般用千分之几记;当>1.0%时用两位数记;当<0.1%时为0,<0.01%为01,0.01%～0.03%为03</td></tr>
<tr><td>耐热不锈钢</td><td>11Cr13,1Cr18Ni12
0Cr18Ni9,01Cr19Ni11,
03Cr19Ni10,Y1Cr17</td></tr>
<tr><td>焊条钢</td><td>H08,H1Cr19Ni9,H08Mn2SiA</td><td rowspan="2"></td></tr>
<tr><td>塑料模具钢</td><td>SM45,SM3Cr2Mo</td></tr>
<tr><td rowspan="2">轴承钢</td><td>GCr18SiMn,G20CrNiMoA</td><td>高碳铬不标含碳量,渗碳要在G后表示碳量</td></tr>
<tr><td>10Cr14Mo4</td><td>不锈钢及高温轴承钢不加G</td></tr>
<tr><td rowspan="5">3. 硅钢</td><td>热轧硅钢</td><td>DR440-50</td><td>440为最大允许铁损4.40 W/kg的100倍数字,-后为公称厚度0.50 mm的100倍数字</td></tr>
<tr><td>冷轧无取向硅钢</td><td>35W300</td><td></td></tr>
<tr><td>冷轧取向硅钢</td><td>30Q130,27QG100</td><td>高磁感硅钢在Q后加G</td></tr>
<tr><td>电讯取向高磁感硅钢</td><td>DG5</td><td>5为1～6级电磁性能</td></tr>
<tr><td>电磁纯铁</td><td>DT3A</td><td>尾A表示ACE质量等级</td></tr>
<tr><td colspan="2">4. 船用钢</td><td>A32,D36,E36,F40</td><td>ADEF为4个质量级别,32 36 40为3个强度级别</td></tr>
<tr><td colspan="2">5. 压力容器用钢</td><td>16MnR,18MnMoNbR</td><td>R在尾部</td></tr>
<tr><td colspan="2">6. 锅炉用钢</td><td>16Mng,12CrMoVg</td><td>g在尾部</td></tr>
<tr><td colspan="2">7. 桥梁用钢</td><td>16MnNbq</td><td>q在尾部</td></tr>
<tr><td colspan="2">8. 汽车大梁用钢</td><td>16MnREL,10TiL</td><td>L在尾部,RE为稀土,加入量0.02%～0.20%</td></tr>
<tr><td colspan="2">9. 非调质结构钢</td><td>YF35V,F45V</td><td>YF表示易切削非调质,F表示热锻用非调质</td></tr>
<tr><td colspan="2">10. 钢轨钢</td><td>U</td><td></td></tr>
<tr><td colspan="2">11. 管线钢</td><td>L415(X60),L485(X70);
L555(X80)</td><td>L后数字表示总伸长应力最小值,(X后数字为最低屈服强度前两位数字,ASTM标准)</td></tr>
</table>

1.3 化学分析基础操作

1.3.1 分析天平

1.3.1.1 天平分类及称量原理

A 天平分类

分析天平的种类很多,常见的有阻尼天平、电光天平、电子天平、单盘天平等数种,在工业分析中,实验室使用较为普遍的有阻尼天平、电光天平及电子天平。机械加码电光天平是对阻尼天平的改进。1 g 以下砝码靠加码杆将环形砝码加上去的,称为部分机械加码电光天平(如TG328B);全部砝码靠加码杆将环形砝码加上去的,称为全机械加码电光天平(如 TG328A)。分析天平的型号与规格见表 1-3。

表 1-3 分析天平的型号与规格

名 称	型 号	最大称量/g	感量/mg
阻尼分析天平	TG528B	200	0.4
电光分析天平	TG328A(B)	200	0.1
单盘减码式电光天平	TG729B	200	0.1
微量分析天平	TG332A	20	0.01
赛多利斯电子分析天平(德国)	CP225D-OCE	80～220	0.01～0.1
梅特勒电子分析天平(瑞士)	AE240	41～205	0.01～0.1
电子分析天平	FA1004	100	0.1

机械砝码式天平都是根据杠杆原理设计而成的,这些天平对机械加工性能要求高,对作为支点用的玛瑙刀口的保护尤为重要,特别对于感量 0.1 mg 以及 0.01 mg 的天平,使用时必须加以小心,因为万一动作较大,使玛瑙刀口受损就影响称量。

而电子天平相对使用方便,也不容易损坏,所以在现场分析中用得较多,其称量原理是依据电磁力平衡原理。

B 电子天平称量原理

应用现代电子控制技术进行称量的天平称为电子天平。各种电子天平的控制方式和电路结构不相同,但其称量的依据都是电磁力平衡原理。现以 CP 系列电子天平为例说明其称量原理。

把通电导线放在磁场中时,导线将产生电磁力,当磁场强度不变时,力的大小与流过线圈的电流强度成正比。电子天平结构示意图如图 1-1 所示。秤盘通过支架连杆与线圈相连,线圈置于磁场中。

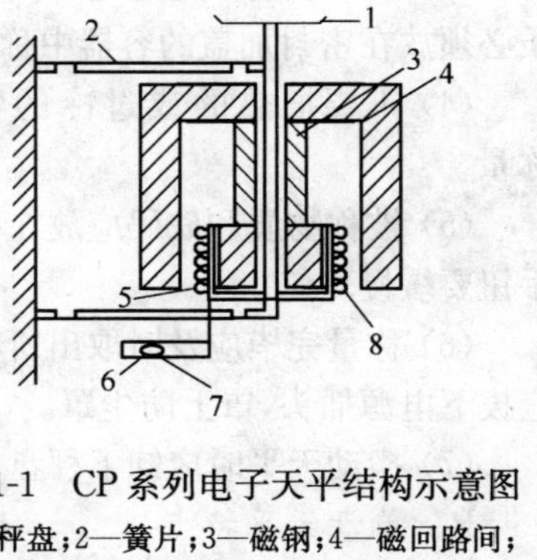

图 1-1 CP 系列电子天平结构示意图
1—秤盘;2—簧片;3—磁钢;4—磁回路间;5—线圈;6—超级单体传感器;7—放大器;8—电流控制电路

秤盘及被称物体的重力通过连杆支架作用于线圈上,方向向下。线圈内有电流通过,产生一个向上作用的电磁力,与秤盘重力方向相反,大小相等。位移传感器处于预定的中心位置,当秤盘上的物体质量发生变化时,位移传感器检出位移信号,经调节器和放大器改变线圈的电流直至线圈回到中心位置为止。通过数字显示出物体的质量。

1.3.1.2　分析天平的灵敏度和感量

A　天平的灵敏度

天平的灵敏度是指天平的一个秤盘上增加 1 mg 时，所引起指针偏斜的程度。指针偏斜程度愈大，则该天平的灵敏度愈高，灵敏度公式为：

$$E=\frac{n}{P}$$

式中，E 为天平的灵敏度，格数/mg；n 为指针在标牌上偏移的格数；P 为天平某一盘中添加的小砝码的质量，mg。

电光天平和阻尼天平重心处于中刀刃支点的下方。重心与支点的距离越大，天平越稳定；重心位置越高，天平越灵敏，但其稳定性却减小。天平灵敏度不仅与重心距(即支点与重心间距离)成反比，与天平横梁的质量也成反比，而与臂长成正比。新天平安装时一定要调整好重心位置，既要保证灵敏度，又要有稳定性。

B　天平的感量

天平的灵敏度也用“感量 S”表示，感量与灵敏度互为倒数，即感量$=\frac{1}{\text{灵敏度}}$。如灵敏度为 $E_1=2$ 格/mg和 $E_2=10$ 格/mg 的天平，其感量 $S_1=\frac{1}{E_1}=0.5$ mg/格和 $S_2=\frac{1}{E_2}=0.1$ mg/格，习惯上将 0.5 mg/格称为万分之五天平，将 0.1 mg/格称为万分之一天平，后者显然灵敏度高。而电子天平以可读性为 0.01 mg、0.1 mg、0.5 mg 等来划分其灵敏度。

1.3.1.3　天平使用方法

A　双盘天平使用规则

双盘天平使用规则如下：

(1) 使用前检查天平是否处于水平状态，天平盘是否清洁；天平横梁、吊耳，秤盘安放是否正确齐全，环砝码安放位置是否合适；同一实验应使用同一天平及其砝码。

(2) 称量前调整好天平零点，使指针摆动停止后读数为 0。

(3) 天平载重不得超过最大负荷，被称物体应放在干燥清洁的器皿中称量。挥发性、腐蚀物质必须放在密封加盖的容器中称量。天平内洒落药品应立即清理干净，以免腐蚀天平。

(4) 不要把热的或过冷的物质放到天平上称量，应在物质与天平室温度一致后进行称量。

(5) 被称物质和砝码应放在秤盘中央，开门、取放物质、砝码时必须停止天平，转动天平停动手钮要缓慢均匀。

(6) 称量完毕应及时取出所称物质，把砝码放回盒中，关好天平左右门。电光天平使用完后应拔下电源插头，罩上防尘罩。

(7) 搬动天平时应卸下秤盘、吊耳、横梁等部件，搬动后应检查天平性能。

B　单盘天平特点

单盘天平特点如下：

(1) 感量恒定，即被称物的质量等于悬挂系统中减去的砝码的质量，即总质量不变。所以在称量范围内感量恒定。

(2) 不存在不等臂性误差，单盘天平被称物与砝码在同一个臂上，臂长是一个。

(3) 操作简便，称量速度快，设定有“半开”状态的天平可免去每次调整砝码必须关天平的麻烦;设有“预称”机构的可以大大缩短称量时间;而有“去皮”性能的天平可直接得出物品净重,不少气体分析仪上就需用到此功能。

C　电子天平使用方法

电子天平使用方法如下:

(1) 使用前检查天平是否水平,调整好天平。

(2) 称量前接通电源预热 0.5 h 以上。

(3) 校准:首次使用天平必须校正,移动位置或使用一段时间后也需校准,它是利用内部装有的标准砝码进行校正,它是基于被称物重力通过传感器转换成电信号的,所以影响重力加速度的因素如海拔、纬度都会影响结果,只有校准后才能使用。

(4) 称量:按开关键,调零并显示稳定零点后,将物品放到秤盘上,关上挡风门,显示稳定后即可读数。测量时有几档可供选择,出厂已选定一般状态。用功能键可进行“去皮”、“增重”、“减重”等称量操作。

(5) 使用完后注意拔去电源。如较长时间不用,应每隔半月通一次电,以保持电子元器件干燥。

D　天平的校正

天平是重要的计量器具,应由计量部门定期进行校准。一般每年进行一次,在此期间也应由专人进行核查,如系电子天平,则可用自校正功能进行校正。应注意,自校正不能代替计量部门的专业校准,经计量校准合格后的天平才能使用。

1.3.2　滴定分析基本操作

滴定分析中,要用到三种能准确测量溶液体积的器具,即滴定管、移液管和容量瓶。这三种仪器的正确使用是滴定分析中最重要的基本操作,对这些器具使用得准确、熟练,就可以减少溶液体积的测量误差,为获得准确分析结果创造了先决条件。

下面分别介绍这些器具的性能、规格以及使用和洗涤方法。

1.3.2.1　滴定管

A　种类

滴定管是准确测量放出液体体积的仪器,按其容量大小,可分为常量、半微量和微量滴定管;按其结构可分为普通滴定管和自动滴定管;按其用途可分为酸式滴定管和碱式滴定管。

常用滴定管,总容积 50 mL(也有 25 mL 和 100 mL 的),最小刻度 0.1 mL。附着玻璃活塞的为酸式滴定管,可盛酸性、中性及氧化性溶液,不宜盛碱性溶液,因为玻璃磨口易被腐蚀以致不能转动。带有尖嘴玻璃管和胶管连接的称为碱性滴定管,可盛碱性溶液和无氧化性溶液,注意高锰酸钾、碘和硝酸银都与橡皮发生反应,不能用碱性滴定管。

半微量滴定管,总容积 10 mL,最小刻度为 0.05 mL。

微量滴定管,总容积为 1 mL、2 mL 和 5 mL,最小刻度为 0.005 mL 和 0.01 mL。

B　滴定管准备

(1) 滴定管洗涤　洗涤滴定管的基本要求是:管内壁用水润湿时不挂水珠,否则说明管内被沾污。清洗滴定管时需将温热铬酸液注入滴定管中直至洗液布满管壁,浸泡 20～30 min,将洗液倒回原处,用自来水洗至流出液无色,再用少量蒸馏水淋洗 2～3 次备用。

(2) 活塞涂油　滴定管在使用前应检查活塞是否润滑,如不合要求,可将活塞取下,将活塞及活塞套用吸水纸擦干,在活塞的粗端和活塞套的细端分别涂一薄层凡士林,在靠近活塞孔的两旁不要涂凡士林，以免堵住活塞孔。涂完，把活塞放回套内，向同一方向旋转活塞几次，使凡士林分布均匀呈透明状态。然后用橡皮圈套住，将活塞固定在塞套内，以防滑出。

(3) 试漏　关闭酸式滴定管活塞，装入蒸馏水至一定刻线，直立滴定管约 2 min。仔细观察刻度上的液面是否下降，滴定管下端有无水滴滴下，及活塞缝隙中有无水渗出。然后将活塞转动 180°后等待 2 min 再观察，如有漏水现象应重新擦干涂油。

(4) 装溶液和赶气泡　为避免管中残余的水改变标准溶液的浓度，应先用少量标准溶液约 10 mL 淋洗滴定管尖端和管身 2～3 次，然后装入标准溶液，转动活塞排出下端存留的气泡，调节液面在 0.00 mL 处即可。

C　滴定和读数

滴定最好在锥形瓶中进行，必要时也可在烧杯中进行。滴定操作是左手进行滴定，右手摇瓶。例如，酸式滴定管可用左手的拇指在管前，食指和中指在管后，无名指和小指向反方向顶住，防止活塞滑出。滴定时转动活塞，控制溶液流出速度，要求做到：(1)逐滴放出；(2)只放 1 滴；(3)加半滴溶液的技术。

滴定时，应使滴定管尖端部分插入锥形瓶口（或烧杯口）下 1～2 cm 处，边滴边摇，滴定速度不宜太快，切不可成液柱流下。临近终点时，应 1 滴或半滴加入，然后摇动锥形瓶，使附着的溶液全部流下，观察终点是否达到。

由于水溶液的附着力和内聚力的作用，滴定管面呈弯月形。无色溶液的弯月面比较清晰，有色溶液的弯月面清晰程度较差，因此，两种读数的方法稍有不同。为了正确读数，应遵守下列规则：

(1) 注入溶液或放出溶液后，需等待 1～2 min 后才能读数。

(2) 滴定管应垂直地夹在滴定台上读数。

(3) 滴定时，最好每次从 0.00 mL 开始，这样可固定在某一段体积范围内滴定，减小测量误差，读数必须准确到 0.01 mL。

(4) 对于无色溶液或浅色溶液，应读弯月面下缘实线的最低点。为此，读数时视线应与弯月面下缘实线的最低点相切，即视线与弯月面下缘实线的最低点在同一水平上，如图 1-2*a* 所示。对于有色溶液，应使视线与液面两侧的最高点相切如图 1-2*b* 所示。

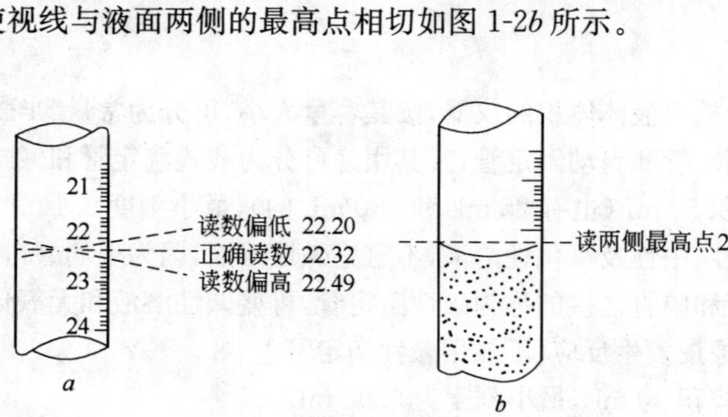

图 1-2　滴定管读数

a—普通滴定管读取数据示意图；*b*—有色溶液读取数据示意图

D　注意事项

要注意以下事项：

(1) 用毕滴定管后，倒去管内剩余溶液，用水洗净，倒立。这样下次使用前不必再用洗液清洗。铬酸洗液为：20g$K_2Cr_2O_7$ 溶于 40mL 水，加入 350mL 浓硫酸。

(2) 滴定管长期不用时,活塞部分应垫上纸,否则,时间一久,塞子不易打开。

1.3.2.2 移液管和吸量管

移液管是中间有一膨大部分(称为球部)的玻璃管,球的上部和下部均为较细窄的管颈,出口缩至很小,以防过快流出溶液而引起误差。管颈上部刻有一环形标线,如图 1-3*a* 所示,表示在一定温度(一般为 20℃)下移出的体积。常用的移液管有 1 mL、2 mL、10 mL、15 mL、20 mL、25 mL、50 mL 等规格。

吸量管是具有分刻度的玻璃管,两头直径较小,中间管身直径相同,可以转移不同体积的液体,如图 1-3*b* 所示。常用吸量管有 1 mL、2 mL、5 mL、10 mL 等规格。移液管和吸量管的操作如下:

(1) 洗涤。一般用自来水洗涤,再用蒸馏水洗净。如内壁挂水珠时,可用铬酸洗液洗净。其洗涤方法如下:将管下口插入洗液中,用洗耳球将洗液吸到刻度以上部分,稍待片刻后,将洗液放回原瓶中,然后用自来水冲洗,再用蒸馏水冲洗干净。洗净的标志是内壁不挂水珠。将干净的移液管和吸量管放在干净的移液管架上。

(2) 吸取溶液。先用欲取的溶液洗 2~3 次以置换内壁的水分,再吸取溶液至刻度以上,立即用右手的食指按住管口。

(3) 调节液面。将移液管或吸量管向上提,离开液面,管的末端仍靠在盛溶液器皿的内壁上,管身直立,略为放松食指,使管内溶液慢慢从下口流出,直至溶液的弯月面底部与标线相切为止,立即用食指压紧管口。将尖端的液滴靠壁去掉,移出移液管或吸量管,插入承接溶液的器皿中。

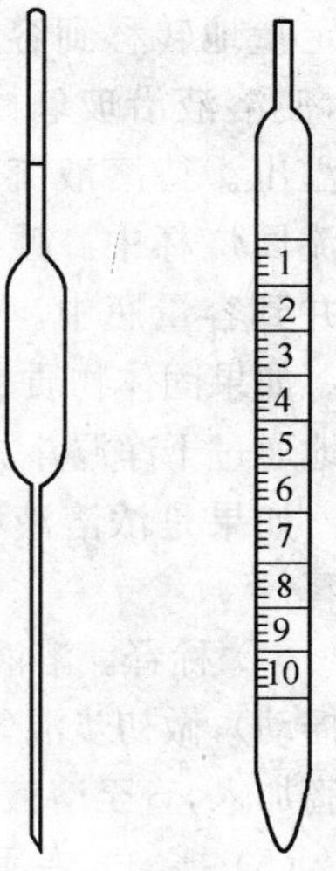

图 1-3 移液管(*a*)和吸量管(*b*)

(4) 放出溶液。承接溶液的器皿若是锥形瓶,应使锥形瓶倾斜,移液管或吸量管直立,管下端紧靠锥形瓶内壁,放开食指,让溶液沿瓶壁流下,流完后管尖端接触瓶内壁约 15 s 后,再将移液管或吸量管移去。残留在末端的少量溶液,不可用外力强使其流出,因校准移液管或吸量管时已考虑了末端保留溶液的体积。

管口上刻有"吹"字的吸量管或移液管,使用时必须使管内的溶液全部流出,末端的溶液应吹干净,不得保留。将溶液移到塑料容量瓶时应用"吹"字管。

注意事项如下:

(1) 在分析工作中使用的移液管和吸量管都不允许在烘箱中烘干。

(2) 移液管与容量瓶常配合使用,因此使用前常作两者的相对体积的校准。

(3) 为了减少测量的误差,吸量管每次都应以最上刻度为起始点,往下放出所需体积,而不是放出多少体积就吸取多少体积。

1.3.2.3 容量瓶

容量瓶是一种细颈梨形平底的玻璃瓶,带有玻璃磨口或塑料塞,颈上有环形标线,表示在所指定的温度(一般为 20℃)下液体充满标线时,液体的体积恰好等于瓶上所标的体积(如瓶上标有"E20℃250 mL"字样,"E"指"容纳"意思,表示这个容量瓶若液体充满至标线在 20℃时恰好容纳 250 mL)。

容量瓶通常有 10 mL、25 mL、50 mL、100 mL、200 mL、250 mL、500 mL、1000 mL、2000 mL 等各种规格。容量瓶的操作方法如下:

(1) 试漏。使用前,应先检查容量瓶瓶塞是否密合。为此,可在瓶内装入自来水至标线附近,盖上塞,用手按住塞,倒立容量瓶,观察瓶口是否有水渗出,如果不漏,把瓶直立后转动瓶塞180°再倒立一次。

为使塞子不丢失搞乱,常用塑料线绳将其拴在瓶颈上。

(2) 洗涤。先用自来水洗,后用蒸馏水洗 2～3 次。如果较脏时,可用铬酸洗液洗涤,洗涤时将瓶内水尽量倒空,然后倒入铬酸洗液 10～20 mL,盖上塞,边转动边向瓶口倾斜,至洗液布满全部内壁。放置数分钟,倒出洗液,用自来水充分洗涤,再用蒸馏水淋洗后备用。

(3) 转移。将固体物质配制一定体积的溶液,通常是将固体物质放在小烧杯中用水溶解后,再定量地转移到容量瓶中。在转移过程中,用一根玻璃棒插入容量瓶内,烧杯嘴紧靠玻璃棒,使溶液沿玻璃棒慢慢流入。玻璃棒下端要靠近瓶颈内壁,但不要太接近瓶口,以免有溶液溢出。待溶液流完后,将烧杯沿玻璃棒稍向上提,同时直立,使附着在烧杯嘴上的一滴溶液流回烧杯中。残留在烧杯中的少许溶液,可用少量蒸馏水洗 3～4 次,洗涤液按上述方法合并到容量瓶中。

如果固体物质是易溶的,而且溶解时又没有很大的热效应发生,也可以将称取的固体物质小心地通过干净漏斗放入容量瓶中,用水冲洗漏斗并使溶质直接在容量瓶中溶解。

如果是浓溶液稀释,则用移液管吸取一定体积的浓溶液,放入容量瓶中,再按下述方法稀释。

(4) 稀释。溶液转入容量瓶后,加蒸馏水稀释到约 3/4 体积时,将容量瓶平摇几次(切勿倒转摇动),做初步混匀。这样可避免混合后体积的改变。然后继续加蒸馏水,近标线时应小心地逐滴加入,直至溶液的弯月面与标线相切为止,盖紧塞子。

(5) 摇匀。左手食指按住塞子,右手指尖顶住瓶底边缘,将容量瓶倒转并振荡,再倒转过来,仍使气泡上升到顶,如此反复数次,即可混匀。

注意事项如下:

(1) 不能把容量瓶放在烘箱中烘干,或用加热的方法(包括热水温热)使容量瓶中物质迅速溶解。

(2) 容量瓶长期不用时,应该洗净,把塞子用纸垫上,以防时间久后,塞子打不开。

1.3.2.4　容量仪器的校正

容量仪器的容积并不经常与所标出的大小完全符合,因此,在工作开始时,尤其进行对准确度要求较高的分析工作时,必须加以校正。

容量仪器的校正方法为:称量一定容积的水,然后根据该温度下水的密度,将水的质量换算为容积。这种方法是基于在不同温度下水的密度(1 mL 的质量)都已经很准确地测定过。在3.98℃时,1 mL 水在真空中的质量为 1.000 g,如果校正工作也是在 3.98℃和真空中进行,则称出的水的质量克数就等于容积的毫升数。但通常我们并不是在 3.98℃和真空中进行,而是在室温和空气中称量,因此,称量的结果必须对下列三点加以校正:

(1) 水的密度随着温度的改变而改变的校正。

(2) 对于玻璃仪器的容积由于温度改变而改变的校正。

(3) 对于物体由于空气浮力而使质量改变的校正。

为了便于计算,将此三项校正值并合而得一总校正值(见表 1-4),表中的数字表示在不同温度下,用水充满时容积为 1 L 的玻璃仪器在空气中用黄铜砝码称取的水的质量。校正后的容积是指 20℃时该容积的真实容积。应用该表来校正容量仪器是十分方便的。

表 1-4 不同温度下用水充满容积为 1000 mL 的玻璃容器在空气中以黄铜砝码称取的水的质量

温度/℃	克数/g	温度/℃	克数/g	温度/℃	克数/g
0	998.24	14	998.04	28	995.44
1	998.32	15	997.93	29	995.18
2	998.39	16	997.80	30	994.91
3	998.44	17	997.65	31	994.64
4	998.48	18	997.51	32	994.34
5	998.50	19	997.34	33	994.06
6	998.51	20	997.18	34	993.75
7	998.50	21	997.00	35	993.45
8	998.48	22	996.80	36	993.12
9	998.44	23	996.60	37	992.80
10	998.39	24	996.38	38	992.46
11	998.32	25	996.17	39	992.12
12	998.23	26	995.93	40	991.77
13	998.14	27	995.69		

玻璃容器是以 20℃为标准而校准的，但使用时不一定也在 20℃，因此器皿的容量以及溶液的体积都将发生变化。器皿容积的改变是由于玻璃的胀缩而引起的，但玻璃的膨胀系数极小，在温度相差不太大时可以忽略不计。溶液体积的改变是由于溶液的密度改变所致，稀溶液的密度一般可以用相应的水密度来代替。为了便于校准在其他温度下所测量的体积，表 1-5 列出了在不同温度下 1000 mL 水（或稀溶液）换算到 20℃时，其体积应增减的毫升数（ΔmL）。

表 1-5 不同温度下每 1000 mL 水（或稀溶液）换算到 20℃时的校正值

温度/℃	水，0.1 mol/L HCl，0.01 mol/L 溶液（ΔmL）	0.1 mol/L 溶液（ΔmL）
5	+1.5	+1.7
10	+1.3	+1.45
15	+0.8	+0.9
20	0.0	0.0
25	−1.0	−1.1
30	−3.3	−2.5

例：如果在 10℃时滴定用去 25.00 mL 0.1 mol/L 标准溶液，在 20℃时应相当于：

$$25.00+\frac{1.45\times25.00}{1000}=25.04(\text{mL})$$

A 滴定管的校正

将待校正的滴定管充分洗净，并在活塞上涂以凡士林后，加水调至滴定管“零”处（加入水的温度应与室温相同）。记录水的温度，将滴定管尖外面水珠除去，然后以滴定速度放出 10 mL 水（不必恰等于 10 mL，但相差也不应大于 0.1 mL），置于预先准确称量过的 50 mL 具有玻璃塞的锥形瓶中（锥形瓶外壁必须干燥，内壁不必干燥），将滴定管尖与锥形瓶内壁接触，收集管尖余滴。1 min后读数（准确至 0.01 mL），并记录，将锥形瓶玻璃塞盖上，再称出它的质量，并记录，两次质量之差即为放出的水的质量。

由滴定管中再放出 10 mL 水(即放至约 20 mL 处)于锥形瓶中,同上述同样方法称量,读数并记录。同样,每次再放出 10 mL 即从 20～30 mL,30～40 mL,直至 50 mL 为止。用实验温度时 1 mL水的质量(查表 1-5 数据)来除每次得到的水的质量,即可得相当于滴定管各部分容积的实验毫升数(即 20℃时的真实容积)。

例:在 21℃时由滴定管中放出 10.03 mL 水,其质量为 10.04 g。查表知道在 21℃时 1 mL 水的质量为 0.99700 g。由此,可算出 20℃时其实际容积为 $\frac{10.04}{0.99700}=10.07$mL。故此管容积的误差为:

$$10.07-10.03=0.04(\text{mL})$$

碱式滴定管与酸式滴定管相同。

B　移液管和吸量管的校正

移液管和吸量管的校正方法与上述滴定管的校正方法相同。

C　容量瓶的校正

绝对校正法　将洗净、干燥、带塞的容量瓶准确称量(空瓶质量)。注入蒸馏水至标线,记录水温,用滤纸条吸干瓶颈内壁水滴,盖上瓶塞称量,两次质量之差即为容量瓶容纳的水的质量。根据上述方法算出该容量瓶 20℃时的真实容积数值,求出校正值。

相对校正法　在很多情况下,容量瓶与移液管是配合使用的,因此,重要的不是要知道所用容量瓶的绝对容积,而是容量瓶与移液管的容积比是否正确,例如,250 mL 容量瓶的容积是否为 25 mL 移液管所放出的液体体积的 10 倍。一般只需要做容量瓶与移液管的相对校正即可。其校正方法为:预先将容量瓶洗净干燥,用洁净的移液管吸取蒸馏水注入该容量瓶中。假如容量瓶容积为 250 mL,移液管为 25 mL,则共吸 10 次,观察容量瓶中水的弯月面是否与标线相切,若不相切,表示有误差,一般应将容量瓶干燥后再重复校正一次,如果仍不相切,可在容量瓶颈上做一新标记,以配合该支移液管使用(表 1-6)。

表 1-6　容量仪器的允许误差(mL)

滴定管		移液管		容量瓶	
容积	允许误差	容积	允许误差	容积	允许误差
5	±0.01	2	±0.006	50	±0.05
10	±0.02	5	±0.010	100	±0.08
25	±0.03	10	±0.02	250	±0.011
50	±0.05	25	±0.03	500	±0.15
		50	±0.05	1000	±0.30
		100	±0.08	2000	±0.50

1.3.3　化学试剂分类及纯水制备

1.3.3.1　化学试剂分类

按用途分类,化学试剂可分为:

(1) 无机试剂,如金属、非金属、氧化物、酸、碱、盐等。

(2) 有机试剂,如醇、酮、酯、胺等。

(3) 特效试剂,如沉淀剂、显色剂、螯合剂、萃取剂等,以及仪器分析专用试剂。

(4) 指示剂和试纸,包括指示滴定终点的各类试剂,定性检验用的试剂或试纸。

(5) 高纯试剂或基准试剂，纯度通常在99.99%以上，用做制备标准溶液的物质。

(6) 标准物质，用于分析或校准仪器的各种化学标准样品。

按纯度分类，化学试剂可分为高纯（或超纯）、光谱纯、基准、优级纯、分析纯和化学纯六种。如盐酸可分为：特级、优级、分析纯和化学纯4类。

实际上基准试剂与高纯试剂有些差别，基准试剂一般纯度为99.95%～100.05%之间，主要用于标定滴定分析标准溶液，有时也用做制备标准溶液。

1.3.3.2 化学试剂使用方法

化学试剂使用时要注意以下几点：

(1) 要按照化学试剂的性质正确配制和使用，并制订有关安全规程，特别对有毒、强腐蚀性、强氧化性，易燃易爆危险品，其使用与保管都有严格的规定。

(2) 要保护好试剂瓶的标签，对分装或配制好的试剂要立即贴上标签，要标明配制试剂溶液的名称、浓度、介质、配制时间、配制人等。如果凭经验可确认还应标明有效时间。

(3) 称用试剂时注意防止沾污瓶内原试剂，取出的试剂不可倒回原瓶。用清洁半角勺取出时，如没接触其他物品，包括手，这时可将剩在勺上的试剂倒回，已倒在秤盘上的不能倒回。

(4) 打开易挥发的试剂（如氨水、醋酸、盐酸等）的瓶子时，瓶塞朝外，应在通风柜内操作；如装有毒有气味试剂的瓶子应考虑用蜡封口；不同试剂的瓶盖不要弄错，瓶塞注意不要受污染；如要嗅试剂气味，只能用手扇动瓶口上方气体去闻，不可直接闻。

1.3.3.3 纯水制备

A 分析实验室用水要求

根据GB 6682—1992规定，分析实验室用水分3个等级，其主要指标及制备使用如表1-7所示。

表1-7 分析用水规格、制备储存及使用

级 别	一 级	二 级	三 级
pH值			5.0～7.5
电导率(25℃)/$mS \cdot m^{-1}$,≤	0.01	0.10	0.50
电阻率(25℃)/$M\Omega \cdot cm$,≥	10	1	0.2
可溶性硅(SiO_2)/$mg \cdot L^{-1}$	0.01	0.02	
吸光度(≤245 nm,1 cm)	0.001	0.01	
蒸发残渣(≤105℃±2℃)/$mg \cdot L^{-1}$		1.0	2.0
可氧化物(以$O_{计}$)/$mg \cdot L^{-1}$		0.08	0.4
制 备	用二级水经石英蒸馏或混床处理后经0.2μm膜过滤	二次去离子水或多次蒸馏水	去离子水或蒸馏水
储 存	不可储存，用前制备	密闭聚乙烯容器	聚乙烯或玻璃容器
使 用	高压液相色谱用水等	痕量分析用	一般化学分析用

B 用水质量检验

(1) pH值。取小样10 mL，加甲基红指示剂2滴（变色范围pH 4～6.2），以不显红色为合格；另取水样 10 mL，加溴百里酚蓝 5 滴（变色范围 pH 6.0～7.5），以不显色为合格。

（2）电导率测定。用于一级、二级水测定的电导仪，配备电极常数为 0.01～0.1 cm^{-1}的“在线”电导池，并具有温度自动补偿功能，测量水温为 25℃±1℃。测三级水电导仪，配备电极常数为 0.01～1 cm^{-1}的电导池，测定时电导仪具有温度自动补偿功能。如不具备温度补偿功能，可装恒温水浴槽，水温控制在 25℃±1℃。

（3）蒸发残渣。取二级水 1000 mL（三级水 500 mL）分次加入旋转蒸发器，于水浴上减压蒸发至约 50 mL。将预浓水样移至于 105℃±2℃恒重的蒸发皿中，并用少量纯水冲洗蒸发器，将洗液与预浓水样合并，于水浴上蒸干，在 105℃±2℃烘箱中干燥至恒重，残渣质量不得大于 1.0 mg。

（4）可溶性硅的限量。取一级水 520 mL（二级水 270 mL）注入铂皿，在防尘条件下蒸发至约 20 mL，冷至室温，加入 1.0 mL 50 g/L 钼酸铵溶液，放置 5 min，加 1.0 mL 50 g/L 草酸溶液，放置 1 min后，加 1.0 mL 2 g/L 对甲氨基酚硫酸盐溶液，摇匀，转至 25 mL 比色管中，稀释至刻度，于 60℃水浴中保温 10 min，目视比色，其蓝色不得深于标准。

标准是取 0.50 mL 二氧化硅标准溶液（0.01 mg/ mL）加入 20 mL 水样后，如上述发色操作同样处理。

（5）吸光度的测定。将水样分别注入厚度为 1 cm 和 2 cm 石英比色皿中，在紫外可见分光光度计上，于波长 254 nm 处，以 1 cm 比色皿中水样为参比，测 2 cm 比色皿中水样的吸光度。

（6）可氧化物质限量。取 1000 mL 二级水，注入烧杯中、加 5 mL 硫酸（1＋4）溶液混匀；取 200 mL 三级水、注入烧杯中，加 1 mL 硫酸（1＋4）溶液混匀。在上述试液中分别加入 1 mL 0.01 mol/L（1/5 $KMnO_4$）标准溶液混匀，盖上表面皿，加热至沸，保持 5 min，溶液的粉红色不完全消失。

C　纯水制备

纯水理论电阻率为 18.3 MΩ · cm，一般纯水电阻率可达 5～10 MΩ · cm。超纯水制备步骤如下：

（1）原水。可用自来水，普通蒸馏水或普通去离子水。

（2）机械过滤。通过砂芯或纤维柱滤除悬浮物、铁锈等机械杂质。

（3）活性炭过滤。作为广谱吸附剂，可吸附水中余氯，以防损害反渗透膜；还可吸附细菌、某些重金属等。

（4）反渗透膜过滤。可滤除 95％以上的电解质和大分子化合物，包括胶体微粒、病毒等。

（5）紫外线消解。用紫外线（180～254 nm）照射分解水中不易被活性炭吸附的小有机分子，使其消解成 CO_2 和水，降低 TOC 的指标。

（6）离子交换。一般用 1～2 级混合离子交换床可除去水中离子，但是树脂床本身也会带来 TOC，所以必须用高质量的离子交换树脂。

（7）0.2 μm 滤膜过滤。最后除去水中颗粒物，达 1 个/mL。经以上处理后制备出来的水为超纯水，已接近电子级水的要求。

一般化学分析用水为三级水，痕量分析为二级水，其电阻率为 2～5 MΩ · cm 即可，除直接购置专门制水设备外，多数实验室自已装备一套去离子水装置。设计制备去离子水每天（8 h）0.5 t 左右的方案为：配备两台砂芯过滤器，三个离子交换柱，规格：ϕ40 cm，H180 cm，用两个混床，备用一个柱子；再生时，一个混床维持制水，一个用于阳离子树脂再生，一个用于阴离子树脂再生。应制作一个酸、碱再生液配制槽，另外配备一台真空抽气泵，用于抽引树脂。再有一个贮水桶或贮水槽，容量 0.5～1.0 t。如自来水压力不够，应配一台加压水泵，因砂芯过滤器阻力较大。如用水量少，可用小些的离子交换柱。最后必须装一台电导率或电阻率自动报警装置，以监视水质的变化。

实验室自己制水成本低，购置专门制水设备、自己进行树脂再生也较经济；如由设备厂家负责更换和再生树脂等消耗品，则成本较高。

1.3.4 分离、富集及隐蔽

无论是化学分析还是仪器分析，总是存在基体和共存元素对被测组分的影响，如果这种影响在采取某些措施后可以在允许误差范围内，则可以直接测定，这在原子吸收和 ICP 光谱分析中常遇到。但是化学分析中常常要进行必要的分离、隐蔽或富集后才能正常测定，这使得化学分析的步骤较繁琐，时间也较长，但是这些有效的手段使得化学分析有很好的准确性，所以还是广泛采用。

1.3.4.1 分离及富集方法

A 沉淀分离法

通常是利用组分沉淀溶度积的不同进行沉淀或分步沉淀，也有通过共沉淀进行微量成分富集，沉淀剂分无机和有机两类。

a 无机沉淀剂分离法

氢氧化物沉淀

常用 NaOH、氨水、ZnO 等为沉淀剂，在不同 pH 值条件下沉淀金属离子，其分离情况分别如表 1-8和表 1-9 所示。

表 1-8 NaOH 沉淀法分离的元素

定量沉淀的元素	部分沉淀的元素	干扰元素	留在溶液中的元素
Mg、Cu、Ag、Cd、Zn、Tl、Fe、Co、Ni、Ti、Zr、Y、稀土元素	Mn,Cr,Si,Nb,Bi	Ca、Sr、Ba、F、P、Pt、Pd、Ir	碱金属、Zn、B、Al、Ga、Au、Ge、Sn、Pb、As、Sb、V、Mo、W

通常用 NaOH 溶液慢慢加入热的酸性溶液中，至浓度达 5％NaOH，pH≥12，为使沉淀洗涤彻底，可用加入 Na_2SO_4 的 5％ NaOH 溶液洗涤，有时也可加入 Na_2CO_3 以增加碱土金属，一起沉淀分离出来。

表 1-9 氨水沉淀法分离的元素

定量沉淀的元素	部分沉淀的元素	沉淀中夹带的元素
Be、Fe、Al、Ga、In、Tl、Cr、Sn、Ti、Zr、Hf、Th、Nb、Ta、U、稀土元素	Au、Pb、Sb、Bi	Mg、Ca、Sr、Ba、Mn、Co、Ni、Cu、Zn、Cd、Ag、Mo、W、Si、Ge、As、Se、贵金属

氨水沉淀法是最常用的金属氢氧化物沉淀分离法。此方法的优点是：1）借 NH_3-NH_4Cl 缓冲体系，可将试液很方便地从酸性调节至中性、微碱性，或中等碱性；2）氨和铵盐都具挥发性，低温就可挥发掉，氢氧化物灼烧成其氧化物，可称重测定；3）NH_4^+ 作为抗衡离子，可中和带负电荷的氢氧化物胶状沉淀而起凝聚作用，沉淀易于过滤。

在铁矿石中 SiO_2、CaO、MgO 和 Al_2O_3 的联合测定中，就用氨水将 Fe、Al 与 Ca、Mg 分离，又用 NaOH 将 Al 溶解出与铁分离，分别测定 Ca、Mg 和 Al。

硫化物系统沉淀

分析化学的系统分离中有经盐酸溶液形成的 AgCl、Hg_2Cl_2 沉淀；有以 SiO_2、Nb、Ta、W 各自酸的形式形成的沉淀；将上述沉淀过滤后的滤液在低盐酸酸度下通入 H_2S，可沉淀 20 多个元素，其中 Cu、Ag、Hg、Pb、Bi、Cd 的硫化物不溶于 Na_2S 溶液，而 As、Sn、Sb、Mo、Se、Ge、Au、Pt 等的硫化物沉淀可溶于 Na_2S 形成多硫化物。这些硫化物其沉淀物又可通过控制酸度进行分离，如加入酒石酸、草酸等不同介质实现 Fe 与 Al 分离，Sn 与 As、Sb 的分离等。实际应用较典型的是化学试剂及食品添加剂中重金属（以 Pb 计）是否超标，用 PbS 的生成作为目视比色法标准，与试样中阳离子在 H_2S 作用下生成硫化物进行比较而测定。

其他沉淀剂

用氟化钠可将铝以氟铝酸钠沉淀析出，与其他元素分离。草酸与钙作用生成草酸钙沉淀，也是分离钙的经典方法。用 HF 可沉淀下列金属：稀土元素、钪、钇、钍、铀和铟，但是其氟化物不纯，如要测定其中稀土元素，可将其转化为稀土草酸盐，去掉 HF，通过灼烧变成稀土氧化物再测定。在稀硝酸溶液中用铬酸盐沉淀铅，可使 Pb 与 Fe、Ca、Ba、Sr、Al、Mn、Zn 等元素分离，只要不存在大量 NH_4NO_3，就可使铬酸铅沉淀完全。事实上各种有效的沉淀方式常用作首选分离法，只是从操作上看较繁琐。

b　有机沉淀剂分离法

在专一性和对干扰选择性方面，有机沉淀剂的应用较无机沉淀剂更成功些。应用较普遍的有机沉淀剂有：丁二酮肟与镍在 pH=6.0～6.4 时生成丁二酮肟镍沉淀测定钢中镍；在冷的酸性介质中，用 α-安息香肟沉淀钼，与其他干扰元素分离测定钢中钼；还有 8-羟基喹啉与铝生成 8-羟基喹啉铝，测定钢中铝。铜试剂（二乙胺二硫代甲酸钠）可用来沉淀铜和钼；铜铁试剂（N 亚硝基-β-苯胲铵）可在弱酸性溶液（5%～10% H_2SO_4 或 HCl）中定量沉淀 Fe、Ti、Zr、V、Sn、Nb、Ta，而与 Al、Cr、Ni、Mn、Co、Zn、Mg 和 P 分离。水杨酸肟在 pH 5.1～5.3 醋酸盐条件下沉淀 Bi 与 Sb 分离；在酸性条件下沉淀 Pb 与 Zn、Cd、Ag、Pt 等分离。硝酸试剂（N-[1,4-二苯基-3-(1,2,4-三唑)]苯基亚胺）用作 NO_2^-、NO_3^-、ClO_3^-、ClO_4^-、SO_4^{2-}、BF_4^-、WO_4^{2-} 的沉淀分离，生成类似 $C_{20}H_{17}N_4 \cdot HNO_3$ 形式的沉淀；氯化四苯砷可沉淀 WO_3^-、MnO_4^-、ReO_4^-、Cd^{2+}、Sn^{2+} 等，生成离子缔合物的沉淀，这些沉淀可萃取到氯仿中再进行测定。此例也说明，沉淀分离与萃取分离结合使用往往效果更好。

c　共沉淀分离富集法

此法通常用于痕量组分的沉淀分离和富集。例如用 8-羟基喹啉加上丹宁再加上巯基乙酰萘胺可发生共沉淀，富集海水中 Al、Co、Cr、Cu、Mn、Ni、Ti、V、Pb、Cd、Zn、Be 等几十种痕量金属元素，使含量在 1 μg/L 以下的元素经富集后可用 ICP 光谱仪测定。无机共沉淀剂中有通过吸附或吸留作用的 $Fe(OH)_3$、$Al(OH)_3$、CuS 作共沉淀；有以混晶析出形式的共沉淀；有形成晶核而共沉淀的，例如在稀硫酸溶液中，以 Sr 为载体，沉淀分离铅。而有机共沉淀剂中有生成离子缔合物的，如结晶紫、孔雀绿、亚甲基蓝等。有与结构相似的金属配阴离子生成微溶性的离子对化合物，而分离该痕量金属；也有生成“固体溶剂”的如酚酞、β 萘酚等微溶于水的螯合物与痕量金属离子生成物不能析出沉淀，但借助某些有机物作载体就可共沉淀出来，例如 1 μg/L Ni^{2+} 溶液中不能析出 8-羟基喹啉-Ni^{2+} 的螯合物，加入 β 萘酚后，就可实现共沉淀，使低至 0.05 μg/L 的 Ni 也能富集出来得以测定。实际上铁矿石测定二氧化硅中就用到另一机理的共沉淀剂明胶或琼胶，它是使带负电荷的含水二氧化硅胶体与带正电荷的明胶相作用，使硅酸很快絮凝析出，所得硅酸较纯，不需再做处理。不管其机理如何，只要有高特效性和选择性就可用于实际分析中。

B　溶剂萃取分离法

溶剂萃取又称液—液萃取，是基于某些组分（或组分生成可被萃取形式）在与水不互溶的有机相中的溶解度与它在水相中的溶解度（也称分配）的不同，在两相充分接触达到平衡后，一些组分留在水相，另一些组分进入有机溶剂中，借两相的分开就可将某些组分分离开来。通常是将所

测组分与干扰组分或基体分离开

a 萃取基本原理

分配定律：当溶剂萃取达到平衡时，溶质 A 在两相，通常为有机相和水相中的平衡浓度为一定值 K_D，称 $K_D=\frac{[A]_o}{[A]_w}$ 为分配常数或分配系数，K_D 与溶质和溶剂的特性和温度有关。当水相中离子强度很小时，才能用组分的浓度来表示，否则改用活度系数。

分配比：分配定律是在无离解，无副反应时才成立。实际上溶质在两相中可能存在多种形式，所以应用它在两相中的分析浓度（总浓度）比来表示，此时称作分配比：

$$D=\frac{C_o}{C_w}\text{（一般有副反应时 }K_D\neq D\text{）}$$

萃取百分数 $E\%$：如设水相为 V_w(mL)，含有 m_0(g)溶质 A，有机相为 V_0(mL)，A 在两相中的分配比为 D，则经 n 次萃取后有机相中 A 的比例用下式计算：

$$E\%=\frac{m_0-m_n}{m_0}\times100\%=\left[1-\left(\frac{V_w}{DV_0+V_w}\right)^n\right]\times100\%$$

例：浓度为 0.02 mol/L 的某金属螯合物 ML 溶液 25.0 mL，如每次用 10.0 mL 氯仿萃取，分配比为 6.4，达到定量萃取（$E\%=99.9\%$）的次数是多少次？

解：$E\%=\left[1-\left(\frac{25.0}{6.4\times10.0+25.0}\right)^n\right]=99.9$，即$\left(\frac{25.0}{6.4\times10.0+25.0}\right)^n=1-\frac{99.9}{100}=0.001$

$n\lg\frac{25.0}{6.4\times10.0+25.0}=-3.0$，$n=5.4$，即需 6 次萃取才能定量。

b 萃取方式

金属螯合物萃取体系

多数水合金属离子如将其水分子转变成极性很小以至非极性物质时，就可减小它在水中的溶解度而增加它在有机相中的溶解度，于是一批具有酸性基团（如—OH、—SH、—SO_3H、—NH_2 等）以便金属离子取代这些基团中的 H^+ 而呈电中性，同时又具有碱性基团（如—O—、=N—、—NH_2、=S 等）以便与金属离子配位而取代其中的配位水，具有这种特性的有机试剂称为萃取剂。常用的有：8-羟基喹啉、双硫腙、铜铁试剂、二乙氨基二硫代甲酸盐（DDTC）等。

离子对化合物萃取体系

多指体积较大的有机阳、阴离子，当与其相反电荷的离子生成化合物时，由于电中性分子疏水性增加，而被有机溶剂萃取。

当大的金属配位离子与大的相反电荷离子结合时，如[(2,9-二甲基-1,10-菲咯啉)$_2Cu^+$][ClO_4^-]和[N-苯甲酰-N-苯胺(钽试剂)·V^{5+}]均可被氯仿萃取，[结晶紫$^+$][$AuCl_4^-$]可被三氯乙烯萃取。

又当有一个配位离子被含氧的有机溶剂分子溶剂化时，如乙醚萃取 HNO_3 水溶液中的 $UO_2(H_2O)_4^{2-}$，进入有机相的实际上是$\{UO_2[(C_2H_5)_2O]_4^{2+}\}[NO_3^-]_2$ 离子对化合物。

溶剂配合物萃取体系

一些成酸的金属配合物如 $HM(H_2O)_mX_n$，有机溶剂可与其中的 H^+ 或其盐的阳离子或其离子对化合物配位，从而增加其疏水性，则可被该有机溶剂萃取，如 HCl 溶液中用乙醚萃取[$Fe(H_2O)_2Cl_4^-$]，实为 H[$Fe(H_2O)_2Cl_4$]是溶剂化的离子对化合物被萃取。再如 HNO_3 介质中磷酸三丁酯（TBP）萃取 $UO_2(H_2O)_2^{2+}$，是先变成 $UO_2(TBP)_2^{2+}$，再生成[$UO_2(TBP)_2^{2+}$][NO_3^-]$_2$ 离子对，而被 TBP 萃取的。也有其他类型，如离子缔合物、简单无机物等方式。

c 溶液萃取的应用

低合金钢中 P、Ni、As 的测定：其中 P 是转化为 12-钼磷酸络离子，用乙酸丁酯进行萃取，然后用氨水将有机相中的络离子返萃取到水相中，用 8-羟基喹啉沉淀钼，过滤、烘干、称重，计算出 P 含量。

而 Ni 是在柠檬酸隐蔽铁时，加丁二酮肟与 Ni 生成丁二酮肟镍，用三氯甲烷萃取，用稀硝酸将 Ni 反萃取到水相中，在强碱性介质中，以过硫酸铵为氧化剂，镍与丁二酮肟生成红色配合物，用分光光度法求出 Ni 含量。

As 在钢中十分微量，先让砷与钼酸铵形成砷钼络离子，经乙酸丁酯萃取消除磷的干扰，于萃取后的水相中经甲基异丁基酮(MIBK)萃取砷钼络离子进入有机相，用 $SnCl_2$ 还原成砷钼蓝，用光度法求出 As 含量。这萃取过程也是分离，富集过程。

化学试剂中微量杂质的原子吸收测定：化学试剂中 Pb、Cd 等有害金属十分微量，可用吡咯烷二硫代氨基甲酸铵与之生成疏水性螯合物，用 MIBK 萃取而富集，而直接将有机相喷入火焰中进行测定。

高效液相色谱或气相色谱中萃取极微量的有机物：如测农药残留量。用氯仿或乙烷等萃取剂经浓缩富集后才便于测定。

C 离子交换分离法

离子交换分离法是利用溶液通过离子交换剂时发生在溶液中离子与离子交换剂之间的交换作用进行分离的方法。它不仅用于带相反电荷的离子间的分离，还可用于带相同电荷甚至性质相似的离子如稀土元素离子之间的分离，并广泛用于纯净水及高纯物质的制备以及微量组分的富集。

a 离子交换树脂

由苯乙烯与二乙烯苯的共聚物形成的粒状多孔树脂上引入离子化的或可离子化的基团，当电解质通过树脂时，溶液中与之相同电荷的离子就能取代树脂上可离解出来的离子，实现离子交换：根据所引入的基团，离子交换树脂可分为两大类。

阳离子交换树脂有：

(1) 含磺酸基($—SO_3H$)强酸性阳离子交换树脂，如 Dowex50，国产 001×2，724 号等；

(2) 含羧酸基(—COOH)和酚基(—OH)弱酸性阳离子交换树脂。

阴离子交换树脂有：

(1) 含季胺基(R_4N^+)属强碱性阴离子交换树脂，如 Dowex1，国产 201×2、717 号、D202 等；

(2) 含伯胺基($—NH_2$)、仲胺基(—NH · R)和叔胺基($—NR_2$)，弱碱性阴离子交换树脂。

强酸强碱性离子交换树脂适用的 pH 较广，性能稳定，因此比弱酸弱碱性树脂更实用。强酸性(H^+ 型)和强碱性(OH^- 型)交换树脂与 NaCl 的交换反应是：

$$RH + Na^+ + Cl^- \rightleftharpoons RNa + H^+ + Cl^-$$

$$ROH + Na^+ + Cl^- \rightleftharpoons RCl + Na^+ + OH^-$$

分别用 HCl 和 NaOH 处理以上用过的树脂，就恢复为 RH 型和 ROH 型树脂。

不同的树脂对溶液中离子的交换量不同，其衡量用交换容量表示，一般为 3～6 mmol/g 树脂。如 001×2，交换容量≥4.5；201，交换容量≥3.6；D301，≥4.5 mmol/g 等。

b 离子交换亲和力

离子对树脂的亲和力首先与树脂性质有关，如 H^+ 在弱酸性阳离子交换树脂上要比在强酸性树脂上的交换程度更完全；同时与离子在溶液中的浓度有关。但是一般影响明显的是与离子的电荷有关，电荷越高，亲和力越强；在同价态时，其水合离子体积越小，极化程度越大，其亲和力也越大。

一般一价阳离子对阳离子交换树脂的亲和力顺次是：

$$Li^+ < H^+ < Na^+ < NH_4^+ < K^+ < Rb^+ < Cs^+ < Ag^+ < Tl^+$$

二价阳离子亲和力顺次是：

$$UO_2^{2+} < Mg^{2+} < Zn^{2+} < Co^{2+} < Cu^{2+} < Cd^{2+} < Ni^{2+} < Ca^{2+} < Sr^{2+} < Pb^{2+} < Ba^{2+}$$

对三价稀土离子随其原子序数的增加，其离子体积依次减小，水合离子的体积则是依次增加，所以其亲和力依原子序数的增加而减小。

对一价阴离子其亲和力顺次是：

$F^- \approx OH^- < NH_2COO^- < CH_3COO^- < HCOO^- < H_2PO_4^- < HCO_3^- < NO_2^- < HSO_3^- < CN^- < Br^- < NO_3^- < HSO_4^- < I^-$

对二价阴离子其亲和力顺次是：

$$C_2O_4^{2-} < CrO_4^{2-} < MoO_4^{2-} < SO_4^{2-}$$

c 离子交换操作

离子交换操作方法如下：

(1) 离子交换树脂的处理。分析用树脂应是分析纯或试剂级，树脂粒径 0.147～0.074 mm (100～200 目)，交联度约 8%，多离子交换用树脂可用 0.074～0.038 mm(200～400 目)。处理方法如下：

1) 阳离子交换树脂，用温热 4 mol/L HCl 溶液浸泡，用纯水清洗，反复多次；

2) 阴离子交换树脂，依次用 1 mol/L HCl 溶液、水、0.5 mol/L NaOH 溶液、水、HCl 溶液、水循环洗涤。如新树脂最好用 HCl 浸泡 1～2 天，再作清洗。

(2) 装柱。一般交换柱内径 8～15 mm，可用滴定管代替，树脂高 20～30 cm。交换柱下端有砂芯板或垫玻璃棉，处理好的树脂带水加到交换柱中至所需高度。注意防止树脂层中间夹有气泡，水位不要低于树脂床面，面上放一玻璃纤维垫片或滤纸片，防止加入试样时震动床体，可用分液漏斗作为加液瓶。

(3) 进样交换。加入待分离试样，一般流速 2～5 mL/min，不宜过快，以防穿透。交换时，发生交换的离子留在树脂上，不发生交换的物质进入流出液，达到分离目的。

(4) 洗涤。进一步将不发生交换的物质全部从树脂柱上洗下。

(5) 洗脱。将被交换到树脂上的离子洗脱下来，以便测定该组分。洗脱是交换的逆过程。

(6) 再生。一般洗脱过程已使树脂恢复，但总有一些其他金属离子留存，故阳离子树脂可用 0.5～2 mol/L HCl 洗涤至淋出液无金属离子；需换型的先用柠檬酸洗，再用 HCl 洗；阴离子换型可用 NaCl 洗，再用 NaOH 溶液洗涤，变成 OH 型。

d 离子交换法的应用

制备去离子水

分析化学用水一般蒸馏水级别不够，要求用不含 SiO_2 和电解质的去离子水。但是用一般自来水制备的去离子水还达不到高纯水的级别，须用二次石英蒸馏后的水再经离子交换才能达到，或用二级混床离子交换也可达到。

痕量元素的分离与富集

在离子交换色谱法中，利用各个离子对某树脂亲和力的差异，分别改变淋洗液而达到分别测定的目的。如稀土元素和氨基酸的分析属于这种。

钢中痕量铋可用强碱阴离子树脂自稀盐酸溶液中吸附铋而与铁和多种金属离子分

离，用不同浓度的硫酸或氢溴酸进行选择性淋洗使同时吸附的其他金属元素与铋分离。天然水中 Cu、Zn、Pb、Cd 等多种微量元素，经强碱性阴离子树脂富集，用 HNO_3 洗涤后可顺利测定。

除去干扰离子

钢中多种元素干扰锑的测定，可将锑氧化成 $SbCl_6^-$，用强碱性阴离子交换树脂吸留在交换柱上而与多种阳离子分离，再用酒石酸溶液淋洗下 Sb，从而测定。

Fe、Al、K 干扰重量法测定 SO_4^{2-}，可将试液通过氢型阳离子交换树脂，上述阳离子保留在柱上，SO_4^{2-} 不被吸附而通过树脂，置换下的 H^+ 无干扰。

总盐分测定

欲测硝酸盐，高氯酸盐分，可将其盐的中性溶液通入氢型阳离子树脂，通过测定置换下的 H^+ 量，求出盐含量。天然水中总盐分也可用此法测定。

此外血浆中的盐分，土壤中的可溶盐分等，也都可用此法测定。

D　其他分离方法

a　纸色谱法

纸色谱法原理与离子色谱相似。纸纤维包括纤维中生成的羧基等构成固定相，在展开剂溶液（流动相）作用下，试样溶液在纸条一头逐渐展开，一定时间后喷以显色剂，就可得到不同色调的斑图，即色谱图。

b　薄层色谱分离法

薄层色谱分离法是集纸色谱法和离子交换色谱法的优点发展起来的快速分离方法。它的固定相是将纸浆、纤维素或微粒交换树脂涂布在玻璃板、金属板或塑料板上，也有涂布在多孔性玻璃粉、硅烷化键合固定相的薄层板上，用相应展开剂，就可进行分离操作。此法多用于生物材料的分离、测定。

c　电泳和电色谱分离法

电泳是在电场作用下用纸层析分离带电颗粒的方法；电色谱分离法是将电泳法和纸色谱法合二为一的分离方法。凡带电组分或具有双电层的组分，或在电场作用下发生迁移的大分子或分子凝聚体，都可借电泳和电色谱分离。此法也多用于生物材料的分离、测定。

1.3.4.2　隐蔽与解蔽

隐蔽就是通过加入某种试剂与干扰组分作用，从而使干扰组分转变为不干扰测定的状态，达到消除干扰的目的。

解蔽的作用与隐蔽相反，是将隐蔽的物质从其隐蔽形式中解脱出来，并恢复其参与某一反应能力的作用。

运用隐蔽与解蔽的手段就可以达到不经分离而消除干扰的目的，既简化了分析测定的步骤，又提高了分析方法的选择性和准确度，因此它是化学分析中不可缺少的重要手段之一。

A　隐蔽方式

隐蔽剂有无机隐蔽剂和有机隐蔽剂之分，为系统说明，以隐蔽剂参与反应的类型分述如下。

a　配位隐蔽

配位隐蔽指加入配位剂后与干扰组分生成更稳定的配合物，使干扰组分浓度大大降低，从而消除对测定的干扰。

沉淀反应中的隐蔽：丁二肟光度法测定钢中镍时，加入柠檬酸或酒石酸可隐蔽 Fe、Al、Cr 等，以防止在碱性介质中生成氢氧化物沉淀；EDTA 滴定法测定镍时，加入三乙醇胺也是防止 Fe^{3+}、Al^{3+}、Cu^{2+} 等在 pH=13 的滴定条件下生成沉淀；BCO 光度法测定铜的介质为碱性，加入柠檬酸也隐蔽 Fe^{3+}，不出现沉淀而消除其干扰。

氧化还原反应中的隐蔽：间接碘量法测铜合金中铜时，Fe^{3+} 的存在可氧化 I^- 为 I_2 而干扰测定。这时加入 NH_4F-HF 缓冲液，使 Fe^{3+} 生成稳定的 FeF_6^{3-}，而消除干扰。

络合反应中的隐蔽：如 EDTA 测定锌时，加入硫脲可与铜生成更稳定的配合物，而不干扰锌的测定；EDTA 测定铝时，加入苦杏仁酸，隐蔽 Ti^{4+} 后不干扰铝的测定。

光度法中的隐蔽：用偶氮氯膦 mA 光度法测定稀土总量时，钛高影响测定，可加 H_2O_2 和草酸联合隐蔽。草酸同时也隐蔽基体铁。

在氯磺酚与光度法测定铌时，用 EDTA 可隐蔽 Ti、Zr 及其他阳离子的影响。

常见离子的隐蔽剂见表 1-10。

表 1-10 常见离子的隐蔽剂

隐蔽剂	适用 pH 值范围	Al^{3+}	Bi^{3+}	Cd^{2+}	Co^{2+}	Cr^{3+}	Cu^{2+}	Fe^{3+}	Mn^{2+}	Ni^{2+}	Sb^{3+}	Sn^{4+}	Ti^{4+}	Zn^{2+}	Zr^{4+}
硫 脲	弱酸性		+				+								
氟化物	>4	+						+				+	+		+
乙酰丙酮	5～6	+				+	+	+							
邻菲罗啉	5～6			+	+				+	+				+	
柠檬酸	中性	+	+			+		+			+	+	+		+
氰化物	>8			+	+		+	+		+				+	
氨 水	氨性			+	+		+			+				+	
酒石酸	氨性	+				+		+			+	+	+		+
草 酸	氨性	+						+	+						+
三乙醇胺	10	+	+					+	+			+	+		
2,3-二巯基丙醇	10		+								+	+		+	

b 氧化还原隐蔽

二安替吡啉甲烷光度法测定钛时，钒(Ⅴ)也生成有色络合物，用抗坏血酸还原成钒(Ⅲ)后不干扰测定。同样 EDTA 测定镍时，高氯酸将 Cr^{3+} 氧化成 CrO_4^{2-} 后不再干扰测定。硫氰酸盐光度法测定钨时，五价钼与五价钨与硫氰酸盐都反应显色，当钼还原成三价后不再干扰。

c 沉淀隐蔽

用 EDTA 滴定 Ca 时，pH>12 时，镁生成 $Mg(OH)_2$ 沉淀而不被滴定。常用的沉淀隐蔽剂见表 1-11。

表 1-11 常用的沉淀隐蔽剂

隐 蔽 剂	适用 pH 值	被隐蔽离子	被滴定离子	指 示 剂
H_2SO_4	1	Pb^{2+}	Bi^{3+}	二甲酚橙
NH_4F	10	Ba^{2+}、Sr^{2+}、Ca^{2+}、Mg^{2+}	Zn^{2+}、Cd^{2+}、Mn^{2+}	铬黑 T
Na_2SO_4	10	Ba^{2+}、Sr^{2+}	Ca^{2+}、Mg^{2+}	铬黑 T
K_2CrO_4	10	Ba^{2+}	Sr^{2+}	MgY+铬黑 T
铜试剂	10	Bi^{3+}、Cu^{2+}、Cd^{2+}	Ca^{2+}、Mg^{2+}	铬黑 T
NaOH	12	Mg^{2+}	Ca^{2+}	钙指示剂

d 动力学隐蔽

动力学隐蔽是指利用干扰离子及被测离子与试剂形成配合物的速度或其配合物离解速度的不同而达到消除干扰之目的。

在镍的 EDTA 滴定中，Cd^{2+}、Co^{2+}、Cu^{2+}、Pb^{2+}、Zn^{2+} 等的干扰，可以在一定 pH 值下加入过量的 EDTA，与上述离子配位，生成稳定的配合物，回滴 EDTA 测其总量。然后，再在 pH＝2 的冷溶液（<5℃）中，以邻苯二酚紫为指示剂，用 Bi^{3+} 盐返滴定除 Ni^{2+} 外的各离子，最后由差减法求得镍量。这就是利用在 pH＝2 的冷溶液中，Ni-EDTA 配合物被 Bi^{3+} 置换速度极慢，而 Co、Cu、Cd、Pb、Zn 等离子被置换的速度相当快，从而达到消除其干扰之目的。

e 酸度隐蔽

各种分析分离方法中，常用到大量的有机试剂，而其中大多数是弱酸（或弱酸盐）、弱碱（或弱碱盐），它们在水溶液中存在的形式与溶液的 pH 值有着十分密切的关系。因此，pH 值极大地影响着它们与金属离子的反应能力。适当控制溶液的 pH 值，就可以达到消除某些离子干扰的作用。较典型的是钢中 P 的测定，因为钼酸铵在低于 0.7 mol/L 硫酸酸度下可与硅作用，因此控制酸度大于 0.7 mol/L 就可隐蔽硅，但是酸度高于 1.1 mol/L 使生成的磷钼黄不稳定，故适宜的酸度为0.7～1.1 mol/L硫酸。

B 解蔽的主要类型

解蔽反应也有多种类型，可归纳如下。

a 取代反应

在解蔽体系中加入一种可与隐蔽剂生成更稳定配合物的物质（解蔽剂），将被隐蔽的离子取代出来。这种反应叫做取代反应解蔽（或叫做释放反应），是最常用的解蔽反应。

如在 Bi^{3+}、Pb^{2+}、Ca^{2+}、Zn^{2+} 和 Sn^{4+} 的溶液中测定 Sn^{4+} 时，可先加入过量 EDTA，用 Zn^{2+} 标准溶液滴定过量的 EDTA，再向溶液中加入 NH_4F，使生成更稳定的 SnF_6^{2-}，用 Zn^{2+} 标准溶液滴定取代出的 EDTA，这时所消耗的 Zn^{2+} 的量就是待测 Sn^{4+} 的量。又如在含有 Fe、Al、Ti 的溶液中配位滴定 Al、Ti，即先加 EDTA 配位后，再加入苦杏仁酸与 Ti 配位，再滴定释出来的EDTA，从而测定钛。

b 调节溶液 pH 值

在 Mg、Ca 联测方法中，先在 pH>12 时，使 $Mg(OH)_2$ 沉淀而用 EDTA 直接滴定钙，再调 pH 值至 10，使 $Mg(OH)_2$ 溶解，再滴定 Mg。

c 破坏隐蔽剂

破坏隐蔽剂的方法有：

(1) 使隐蔽剂破坏变为不反应的物质从而达到解蔽的目的　如锌与其他元素联测中加入 CN^-，使之生成$[Zn(CN)_4]^{2-}$ 而隐蔽 Zn^{2+}。在滴定其他元素后，再加入甲醛使之与 CN^- 反应生成羟基乙腈，使 Zn^{2+} 解脱出来。

(2) 用加热的方法破坏隐蔽剂　如在酸性溶液中用 $KMnO_4$ 等强氧化剂破坏 EDTA，从而释放出与 EDTA 配位的金属离子等。

(3) 也可通过改变隐蔽剂的金属离子价态，降低其与隐蔽剂的配位能力，从而使金属离子释放出来，等等。

总之，有隐蔽，也就有解蔽，不管采用何种方式，以满足测量的准确度为前提尽量选用高效、快速的手段，使化学分析应用更广泛。

1.3.5　分析试样的采集与制备

1.3.5.1　制样用的机械设备

钢铁工厂试验室中，制备试样的机械设备主要有：(1)破碎设备(颚式破碎机、对辊破碎机等)；(2)研细设备(圆盘粉碎机、密封式振动粉碎机等，以及玛瑙研钵)；(3)钻床或刨床；(4)砂轮机；(5)筛分设备；(6)缩分设备。应根据所要制备的样品种类不同适当采用。其主要机械设备的简单性能及其用途如下。

A　破碎设备

破碎设备主要用于矿物原料及铁合金等较硬试样的破碎，其目的是在大批的试样中能缩分选取少量具有代表性的试样。

a　颚式破碎机

颚式破碎机其性能为用马达带动活动颚板，对固定的颚板作周期的往复运行，时而靠近，时而分开，将试样在两颚板间压碎，达到预计破碎的程度。

颚式破碎机的规格是以进料口的尺寸大小来表示的。不同规格颚式破碎机的最大进料粒度一般为 20～170 mm，出料最小粒度为 1～20 mm。

b　对辊破碎机

对辊破碎机其性能是两个表面光滑的圆辊由马达带动作相对旋转，将经颚式破碎后的试样(或小于 10 mm 的试样)压碎，出料粒度可达 1 mm。

对辊机的规格是以圆辊的宽度和直径的大小来表示的。如 75×200 表示圆辊的宽度为 75 mm，圆辊的直径为 200 mm。

B　研细设备

研细是完成制备化学分析试样的最后一道程序，是缩分选取少量具有代表性的试样研细至一定粒度(一般必须研细至能通过 0.125 mm(120 目)筛或者更细)，得到完全均匀和有代表性的试样。研磨的程度对分析非常重要，研得越细，溶解(或熔融)就越快，又无残渣。研磨采用机械和人工进行。

a　圆盘粉碎机

圆盘粉碎机性能是用马达带动动磨盘旋转，调节动静磨盘之间的间隙，以达到预计粉碎的程度。

圆盘粉碎机的规格是以圆盘的直径大小来表示的，一般有 ϕ175 mm 和 ϕ250 mm 两种。进料粒度为 1 mm，出料粒度可达 0.095 mm(160 网目)或更细。

b　密封式振动粉碎机

密封式振动粉碎机其性能是用马达带动，使料钵振动，钵内的击环、击块与料钵内壁之间互相撞击，达到粉碎试样的目的。

常用密封式振动粉碎机的规格是 XZM100，装料量为 100 g，装料粒度不大于 12 mm，可使试样粉碎至 0.074 mm(200 网目)以下。

c　玛瑙研钵

玛瑙是天然二氧化硅的一种，它的硬度很大。在精细的、不许带进杂质的操作中常使用玛瑙研钵，如发射光谱分析等。

使用玛瑙研钵时要注意，不可用力敲击。用后洗净，可用少量稀盐酸洗或用少许食盐研磨。玛瑙研钵不可加热，可以自然干燥或低温(60℃)慢慢烘干。

C　钻床

制备钢铁试样，通常都借助于钻床，采用钻孔法来制成屑状或粉末状。在钢铁工厂试验室中经常采用立式钻床和台式钻床两种。

立式钻床受力大，进刀量多，钻孔一般可达 25 mm；台式钻床受力小，主轴回转快，钻样迅速，钻孔一般可达 12 mm。但由于其回转速度快，发热量大，钻出的钢屑或粉末易被氧化，会影响分析结果，特别是对碳、硫的分析结果影响更为显著。因此，在使用时应经常地将钻头淬水。

根据试样的品种不同，应采用不同的钻头，高速钢制成的麻花钻头，多用于钻取一般钢材的试样；硬质合金（碳化钨）钻头，多用于钻取较硬的钢材，如锰钢、硬质合金钢及合金铁等试样。

磨好钻头是钻好钢样的关键。磨钻头不仅要求把刀口磨锋利，并且刀口的角度也要磨得准确。一是要使切削的前刃高于后刃，才能达到切削的目的；二是主切削刃要成直线，才能发挥最大效率；三是切削刃长度要相同；四是切削刃与中心所成的角度应相同。麻花钻头可边磨边淬水；磨硬质合金钻头时，不能淬水，否则易折裂。

D　砂轮机

无论是用钻、车或刨采取钢铁碎屑时，在试样的表面都不能有铁渣、铁皮、砂粒或油漆等污物存在。为此，在选取试样之前，必须用粗粒或细粒的砂轮将其表面污物磨去。只有经过这样处理后，按规定部位所钻（或车或刨）出的试样屑才能供分析之用。应该指出某些附在试样表面的污物（如油漆和其他有机物等）不能用砂轮完全磨去时，还须用有溶剂（乙醚、酒精等）清洗除去。

砂轮机床身主要由砂轮架，安在转动轴上的砂轮片和砂轮罩三部分构成。

砂轮片有粗粒和细粒两种，在使用时应视要磨的材质和磨光面的不同加以适当选择。砂轮片常用的有氧化铝和碳化硅两种。前者性质坚韧，适用于磨耐火材料、钢，切断，磨平面等，后者较前者硬而脆且锋利，适用于磨硬质合金、青铜、铸铁等。

砂布带磨样机是用安在传动轴上的砂布来磨钢铁试样。常用砂布带磨样机磨薄板试样和供光谱分析的钢铁试样。

E　筛分设备

在试验室中调制试样所用的筛子有人力振荡筛和机械振荡筛两种。当筛分试样时，用一个筛网可以得到两种粒度的试样，即筛上和筛下试样。筛上用正号（+）表示，筛下用负号（−）表示。

在试验中常用的筛子有英美制及前苏联制两种。

英美制的筛子，其筛号是按筛布的每 1in 长的筛孔数目来确定。例如 80 网目为 80 筛孔/1in，100 网目为 100 筛孔/1in。

前苏联制的筛子其筛号是根据 1 cm^2 面积内的筛孔数目确定。

筛子一般用细铜合金丝制成，其孔径用筛号（网目）表示，我国现用的标准筛的筛号参见表 1-12。

表 1-12　我国现用标准筛号及采取（制备）平均试样的最小质量

筛号/网目	筛孔直径/mm	最小质量/kg				
		K=0.1	K=0.2	K=0.3	K=0.5	K=1.0
3	6.72	4.52	9.03	13.55	22.60	45.20
6	3.36	1.13	2.26	3.39	5.65	11.30
10	2.00	0.40	0.80	1.20	2.00	4.00
20	0.83	0.069	0.14	0.21	0.35	0.69
40	0.42	0.018	0.035	0.053	0.088	0.176
60	0.25	0.006	0.013	0.019	0.031	0.063

续表 1-12

筛号/网目	筛孔直径/mm	最小质量/kg				
		$K=0.1$	$K=0.2$	$K=0.3$	$K=0.5$	$K=1.0$
80	0.177	0.003	0.006	0.009	0.016	0.031
100	0.147					
120	0.125					
140	0.105					
200	0.074					

矿石中的粗颗粒与细颗粒的化学成分常常不同，故在任何一次过筛时，都应将未通过筛孔的粗颗粒进一步破碎，直至全部过筛为止，而不可将粗颗粒弃去，否则会影响分析试样的代表性。

F 缩分设备

试样每经过一次破碎及充分混匀后，使用分样器或人工方法取出一部分有代表性的试样，继续加以破碎，这样，就可将试样量逐步减小，这个过程称为缩分。商品缩分器有间槽式分样器；自制缩分器种类繁多。

1.3.5.2 试样的制备

试样的采取和制备是化验室分析工作中很重要的步骤，是保证测定结果准确性的前提，是分析人员必须掌握的基本知识。在实际工作中，往往要从整批物料中采取少量试样进行分析，测出某些组分的平均含量。为了得到可靠的分析结果，必须要求提供分析用的试样有较高的均匀性和代表性，否则，所得的分析结果，就不能反映该批物料的真实情况，即使分析得再准确，也将毫无意义。因此，分析人员应该了解并正确掌握试样的采取与制备方法。

A 矿石原材料、炉渣等试样的制备

a 采制样过程

采集

为了客观地反映物料的化学组分的平均含量，采取原始平均试样时，应根据有关标准的规定选取。采取原始平均试样和制备分析试样过程中，为使试样具有代表性，试样粒度大小与试样质量的关系应满足如下经验公式：

$$Q \geqslant KD^2$$

式中，Q 为试样质量，kg；D 为试样的最大粒度（直径），mm；K 为缩分系数，K 值由各部门根据经验拟定，不同的矿石有不同的 K 值，通常在 0.05～1 之间。

利用经验公式计算的一些结果列于表 1-12 中。企业有条件时可参照“铁矿石取样及制样方法”国家标准 GB/T 10322.1—2000 进行。

矿石原材料的均匀性较差，故所取原始平均试样的量一般很大（数千克、数十千克，甚至数百千克），要将其制成 100 g 左右的分析试样，往往需经反复破碎、混匀、缩分、过筛等操作步骤。

破碎

破碎是用机器或人工将试样破至一定粒度。例如用大、中、小型破碎机分别将试样压碎至粒度直径为 25 mm、6 mm、1 mm 以下，再用圆盘粉碎机（或密闭式粉碎机）磨碎至所需的粒度，一般需通过 0.125～0.074 mm（120～200 目）筛。筛网一般用细铜合金丝制成，有一定的孔径，用筛号网目表示，称为标准筛。例如 20 号筛就是在每 1in 筛布上有 20 个筛孔，其孔径为 0.83 mm，如表 1-12 所示。

缩分

试样每经一次破碎后，便用机械（缩分器）或人工方法取出一部分代表性的试样，继续加以破碎，这样就可将试样量逐步缩小。常用手工缩分法是四分法，这种方法是将已破碎的试样充分混匀，堆成圆锥形，然后压成圆饼状，通过其中心划一个十字，使试样分成四等份，弃去任意对角的两份，收集剩余的两份。由于样品中不同粒度、不同密度的颗粒大体上分布均匀，留下原样量的一半，仍能代表原样的成分。

缩分的次数不是随意的。在每次缩分时，试样的粒度与保留的试样量之间，都应符合经验公式，否则就应进一步破碎。

b 铁矿与烧结矿试样的制备

铁矿与烧结矿试样的制备方法如下：

1）来样质量：铁矿 40 kg，烧结矿 10～15 kg 时，先用大破碎机破至粒度在 25 mm 以下（如粒度大于破碎机的入口者，应先用铁锤在铁板上将其锤破后，再进行破碎），然后再用颚式破碎机破至粒度为 5～7 mm 以下，将试样倒于胶板上，用铁铲堆成锥形，并将锥堆压平，用四分法缩分，即将试样分成四等份，取其对角，弃去其他部分。如此反复操作 1～2 次，使留有试样，铁矿 10 kg，烧结矿 5～7.5 kg。

2）把缩分提取的试样用双辊机进行破碎，使粒度在 1 mm 以下，用四分法缩分 4～5 次至留有试样约 200 g（如粒度在 3 mm 以下时，先用四分法缩分 2～3 次，使留有试样 1.25 kg，再进行破碎至 1 mm 以下，再用四分法缩分 2～3 次，直至留有试样约 200 g。每缩分一次，应充分混匀后再进行下一次缩分）。

3）将所得试样置铁盘上摊开，于 105～110℃烘干（烧结矿可烘 200～300℃，需要作游离碳的试样烘 200℃以下，黄铁矿只能烘 40℃），先以部分试样清洗粉碎机，然后将剩余的部分倒入机器内使粉碎后的试样全部通过 0.125 mm（120 目）筛，并混匀。用点取法取 30～50 g，装入试样袋中作为分析样，余下部分作为副样保留（难溶试样，必要时还要进一步粉碎通过 0.095 mm（160 目）筛）。

粉矿及熔剂（铁矿粉、混合料、返矿、石灰石、白云石、生石灰等）的制备方法如下：来样粒度应在 1 mm 以下，质量约为 1 kg，试样潮湿时于 105～110℃烘干后，用四分法缩分至最后留有试样约 200 g，再按上述方法粉碎、过筛，点取约 30 g 作为分析样，余下的作为副样。

c 炉渣试样的制备

将送来的试样用锤轻轻砸去表面的杂质层后，按上述方法破碎、粉碎、过筛，用磁铁吸去金属铁，装入试样袋中供分析用。

d 耐火材料及其制品试样的制备

块状试样：先用手锤砸碎，选取中心部位的三块样，破碎至 2.5 mm 以下，用四分法缩分至 20 g左右，再将缩分后的试样进一步粉碎，使其全部通过 0.125 mm（120 目）筛（若属高铝、高铬原料，试样应全部通过 0.084 mm（180 目）筛）。用磁铁除去金属铁后，装入试样袋内供分析用。

粉状试样：用点取法取 20 g 样放入密闭式粉碎机中研磨，使试样全部通过 0.125～0.084 mm（120～180 目）筛，用磁铁吸去金属铁后，装入试样袋内供分析用。

成品试样：应在每块试样中心部位各取重量相仿且不带表皮的三小块试样，按块状原料试样方法制备。

B 铁合金试样的制备

铁合金试样的制备可参见表 1-13 所示。

表 1-13　铁合金试样的制备

名　称	试样重/kg	破碎后全部通过筛/mm	缩分再破碎后全部通过筛/mm	第二次缩分后全部通过筛/mm	第三次缩分后	第四次缩分后	第五次缩分后
钨　铁	2.5～3.5	6	3	取 1/2 过 1.5 mm 筛	取 1/2 过 0.12 mm 筛	取 100g 过 0.100 mm 筛	取 25 g 分析样
钼　铁 钛　铁	2.0	3	1.5	取 1/2 过 0.42 mm 筛	取 30 g 过 0.100 mm 筛	取 30 g 分析样	
钒　铁 高碳铬铁	0.5	3	1	取 60 g 过 0.100 mm 筛	取 30 g 分析样		
硅锰合金 硅铬合金 磷　铁	0.5	3	1	取 60 g 过 0.100 mm 筛	取 30 g 分析样		
硅　铁	1	3	1	取 60 g 过 0.100 mm 筛	取 30 g 分析样		
高碳锰铁 低碳锰铁 高炉锰铁 硅钙合金	0.5	3	1	取 60 g 过 0.125 mm 筛	取 30 g 分析样		
金属锰	0.5	3	1	取 60 g 过 0.125 mm 筛	取 30 g 分析样		
低碳铬铁	表面打光的块样在横断面刨取，每块试样刨取不少于 10 g，总量不少于 100 g，等量混合后经捣碎，过 0.42 mm筛，缩分，取 25 g 分析试样						
金属铬	试样三块，在离开上下表面 5 mm 处钻取相等量试样。每批取样量不少于 150 g，缩分后取 40 g 作分析试样，余量作保管试样						

C　金属试样的制备

金属试样的制备方法一般可用钻、刨、铣、车、锯、绞、剪和捣碎等方法，根据来样的不同适当选取。金属铸件往往存在偏析现象，试样各部位的组分分布不均匀，为了取得较好的代表性，取样部位是十分重要的。对此，国家标准中均一一做出规定，这里不再多述。下面简要介绍常见金属试样的制备方法。

a　生铁及铸铁试样的制备

生铁及铸铁试样的制备方法如下：

(1) 送来的铁样，先用砂轮将钻孔部位表面磨去表层，或用钻头钻去表面层。然后在试样中部先用小钻头钻取试屑（不捣碎）供作碳分析用。再用大钻头在原孔钻取试屑，其深度为厚度的 2/3。

(2) 如在钻孔内部发现有缩孔或夹渣时，应在原孔邻近位置按(1)规定重新钻取之。

(3) 对同一炉次或同一罐次的若干块铁样，应等量称取从每块样上钻取的碎屑，捣碎、混匀，通过 0.177 mm(80 目)筛，将未通过部分再捣碎并过筛，重复此项操作数次，使其过筛的量达试屑总量的 93%以上（高速分析试样可通过 0.147 mm(100 目)筛）。

b　钢液试样的制备

对采样的要求如下：

(1) 对于成品试样，应从每罐内同时采取两个试样，第二个试样供复验用，试样在钢液浇注中期采取。

(2) 将试样浇注在锥形样模内，样模的尺寸最好是：样模下部直径为 50 mm，上部直径为

60 mm,高度为 85 mm。每个试样必须带有炉号和熔炼号的钢条标签。

(3) 往模样内浇注钢液时应均匀注入,不应使钢水流出或溢溅,不得注满样模(约差20 mm),如需脱氧的试样在样勺内加铝后再倒入样模内,应使试样镇静地冷凝(如试样要求测定残余铝时,则不得加铝)。

(4) 炉前试样一般铸成圆饼,也可铸成方块,或甩成薄片,如为薄片样,其厚度不得大于 0.5 mm,并不得带有其他杂质。试样总重量不得少于 100 g。

试样制备方法如下:

(1) 送来红热试样,将其上半部放入水中,待试样的暗红色消失后,全部浸入水中冷却至取出后能自行干燥为止。

(2) 将冷却干燥的试样,用砂轮将钻孔部位的表皮磨光,或用钻头钻去表面层。钻头的选取:可根据试样的硬度选用麻花钻头或合金钻头。钻取部位,在试样腰下部 1/3 处(锭样)垂直于纵轴钻取,其深度应达试样的轴心处,圆饼铸块垂直于平面(底面)由半径 1/2 处向下钻取至厚度的 1/2 处。

(3) 薄片样用捣碎法:将洁净的薄片(潮湿样应烘干)放入钢钵中,先用少量试样清洗钢钵,然后全部置钢钵中捣碎,使通过 0.83 mm 和 0.125 mm(20 目和 120 目)筛,取两筛中间的碎屑作为分析试样。

c　轧材试样的制备

先将试样表面的氧化铁皮清除掉,然后用刨取或钻取方法进行取样。

刨取法:自轧材整个横截面上刨取或自不小于截面的 1/2 对称部分刨取。

钻取法:在横截面上沿轧制方向钻取钢屑,钻眼应沿截面均匀分部,钻孔各点的深度应大致相同。

垂直于纵轴中线钻取钢屑时,其深度应达钢材轴心处,并有足够数量的钢屑以供分析用。

d　钢板试样的制备

纵轧钢板:沿钢板宽度剪取一条宽 50 mm 的试样,打磨洁净以后,将两端对齐,折叠 1～2 次或多次,然后在其长度的中间,沿剪切的内边刨取,或自表面用钻透孔的方法采取钢屑。

横轧钢板:自钢板端部到中央之间,沿板边剪取一条宽 50 mm,长 500 mm 的试样经酸洗或打磨洁净以后,按纵轧钢板处理。

厚钢板如不能折叠时,按前述相当于折叠两次的位置从四处钻取或刨取,并混合均匀。

e　其他金属试样的制备

如有需要在初轧坯或钢坯上取样,钢屑应从三点钻取,其取样部位如下:第一点在坯端面中央,第二点在端面靠近边缘处(板坯则为靠近窄的一边),第三点在上述两点之间。三点取得的试屑量应相等并混匀。

沸腾钢验证分析样必须用刨取方法。

有色金属根据来样的形状参照钢铁试样的规定用钻取法、剪取法或刨取法制备。

光谱分析锭样,用砂轮切割机按规定部位切割后,取小头用砂布磨样机在三氧化二铝等砂布上细磨至试样横截面平整光洁,或用专用铣样机铣样,送光谱仪分析。大头留作备用样或作准确度管理样。

D　注意事项

注意事项如下:

(1) 取样工具必须清洁,不得有油污。

(2) 制样前,应检查加工现场和工具设备(如钻、刨、车床,破碎机,筛子,刷子等)状况。盛样器具尤应清洁。

(3) 制取金属试样时,必须除去表层后再取样。如果表面有油污,取样前应先用汽油、乙醚等溶剂洗净、风干。

(4) 钻取金属试样时,若发现气孔、夹渣应重新取样。钻屑粒度要小、均匀,不得氧化变色。

(5) 矿石原材料试样加工前,应将加工设备清洗干净,并用该样品将设备洗 1～3 次。特别是加工不同品种试样时,更应注意。

(6) 研磨、掺和及试样装袋时,应防止试样粉末飞溅。研磨、掺和时溅出的试样颗粒,必须收回。在研磨、掺和一种试样的现场中,不得同时进行另一种试样的研磨、掺和工作。

(7) 捣碎试样用的设备的破碎、研磨部件(如钢钵等)一定要用高锰钢等硬质材质制成。在用玛瑙、玻璃和陶瓷乳钵研磨试样后,如发现痕迹时,应用少许浓盐酸清洗。

(8) 过筛时,绝不能丢弃筛上试样,必须反复研磨至全部试样都能通过规定的筛孔。

(9) 盛样用的磨口瓶洗净后,应予 105～110℃烘干。如用纸袋装试样,用纸必须细密、光滑,不得带绒毛纤维。

(10) 液体试样采取前,应先用需采取的液体试样冲洗盛样瓶 2～3 次后再取样。如系环境监测水样,通常加入 HNO_3(1 mL/5 L)防止金属沉淀;测 COD,胺类样加入 H_2SO_4 酸化;测氰化物,有机酸加入 NaOH 可与挥发性酸性化合物形成盐类。液体试样采集后置冰箱待测。

(11) 供分析用试样的采取量,一般应是要求全部分析用量的 6～8 倍,以备复查用。

(12) 分析试样要注明委托单位、名称、编号、分析项目、日期等。分析试样必须按规定的保管期,妥善保管。

1.3.6 试样的分解

试样的分解是定量分析中很重要的步骤,对整个分析过程和结果都有很大的影响。它不仅关系到将试样中被测组分转变为适宜测定的形态,也关系到以后的分离和测定。如果试样的分解方法选择不当,会造成试样分解不完全,或使被测组分损失,或引入干扰物质,给测定造成困难,有时甚至使测定无法进行,影响分析结果的准确性。试样分解方法的选择与被测物质的组成,被测元素和测定方法等有关;另外,由于某些试样分解的过程往往占整个分析时间的大部分,故试样分解方法的选择,是分析工作者进行分析时必须首先考虑的问题。

常用的试样分解方法有两种:溶解法和熔融法。溶解法俗称“湿法”,是将试样直接溶于水、酸、碱或其他溶剂中。熔融法俗称“干法”,是将试样与适宜的熔剂混合,在高温下熔融,使被测组分转化成可溶于水、酸或碱的化合物,然后再以溶剂浸取。一般来说,溶解(用酸或碱为溶剂)是一种最简单的试样分解方法,凡是能直接用溶解法分解的试样,就不必用熔融法。在实际工作中,有时也将两种方法结合起来使用,即将试样先用酸溶解后,对不溶残渣再以适当熔剂进行熔融,然后浸出熔质,根据分析需要与主液合并或分别测定主液和熔质浸出液,显然,试样的分解是一个复杂的问题,如果溶(熔)剂选择适当,方法就简便、快速。

1.3.6.1 溶解法

溶解法是用酸或碱作为溶剂直接进行溶解的方法。是利用酸、碱的氢离子和氢氧根离子,或利用氧化、还原或络合作用。为了提高试样的分解效率.也经常同时使用混合酸或加入其他盐类。

钢铁、有色金属、合金,碳酸盐矿以及大部分氧化物、硫化物矿,一般情况下都能被各种酸、碱所溶解,而含硅量较高的矿物、炉渣,硅、铌、钽、钨等元素的氧化物或盐类则难溶于一般碱、酸。

溶解法操作方便，设备简单，可在较低温度下进行，不易引入其他杂质离子，有利于以后的测定。现将常用的酸或碱分别介绍如下。

A　盐酸

分析上常用的浓盐酸密度约为 1.19 g/mL，质量分数为 35%～38%，浓度约为 12 mol/L，沸点为 110℃。纯盐酸是无色液体，它是分解试样的重要强酸之一。在金属的电位次序中，氢以前的金属或其合金都能溶于盐酸，产生氢气和氯化物，其反应式为：

$$M + nHCl = MCl_n + \frac{n}{2}H_2\uparrow$$

式中，M 代表金属；n 与金属离子价数相等。

盐酸还能分解许多金属的氧化物、氢氧化物和碳酸盐类矿物，如：

$$CuO + 2HCl = CuCl_2 + H_2O$$

$$Al(OH)_3 + 3HCl = AlCl_3 + 3H_2O$$

$$BaCO_3 + 2HCl = BaCl_2 + CO_2\uparrow + H_2O$$

盐酸又能分解一部分硫化物（主要是硫化铵组离子的硫化物和硫化镉），生成 H_2S 和氯化物。如：

$$FeS + 2HCl = FeCl_2 + H_2S\uparrow$$

$$CdS + 2HCl = CdCl_2 + H_2S\uparrow$$

盐酸中的 Cl^- 离子与某些金属离子（如 Fe^{3+} 等）形成氯络离子，能帮助溶解。

盐酸有还原性，也能帮助溶解 MnO_2、Pb_3O_4，其反应式为：

$$MnO_2 + 4HCl \xlongequal{\triangle} MnCl_2 + Cl_2\uparrow + 2H_2O$$

$$Pb_3O_4 + 8HCl \xlongequal{\triangle} 3PbCl_2 + Cl_2\uparrow + 4H_2O$$

金属铜不溶于盐酸，但能溶于 $HCl + H_2O_2$ 中，其反应式为：

$$Cu + 2HCl + H_2O_2 = CuCl_2 + 2H_2O$$

单独使用 HCl，不适宜于钢铁试样的分解，因为会留下一些褐色的碳化物。

当用 HNO_3 溶解硫化矿物时，会析出大量单质硫，常包裹矿样，妨碍继续溶解，如先加入 HCl，使大部分硫形成 $H_2S\uparrow$ 挥发，再加入 HNO_3 使试样分解完全，可以避免上述现象。$HCl + H_2O_2$，$HCl + Br_2$ 是分解硫化矿物和某些合金的良好溶剂。

B　硝酸

密度约为 1.42 g/mL，质量分数为 65%～68%，浓度约为 16 mol/L，沸点为 122℃。纯 HNO_3 是无色的液体，加热或受光的作用即可促使它分解，分解的产物是 NO_2，致使 HNO_3 呈黄棕色。其分解反应式为：

$$4HNO_3 \xlongequal[\text{或光照}]{\triangle} 4NO_2\uparrow + O_2\uparrow + 2H_2O$$

浓 HNO_3 是最强的酸和最强的氧化剂之一，随着 HNO_3 的稀释，其氧化性也随之降低。所以，HNO_3 作为溶剂，兼有酸的作用和氧化作用，溶解能力强而且快。除 Pt、Au 和某些稀有金属外，浓 HNO_3 能分解几乎所有的金属试样，HNO_3 与金属作用不产生氢气，这是由于所产生的氢在反应过程中被过量的 HNO_3 氧化之故。绝大部分金属与 HNO_3 作用生成硝酸盐，几乎所有的硝酸盐都易溶于水。

HNO_3 被还原的程度，是根据 HNO_3 的浓度和金属活泼的程度决定的。浓 HNO_3 一般被还原为 NO_2；稀 HNO_3 通常被还原为 NO；若 HNO_3 很稀，而金属相当活泼时，则生成 NH_3，NH_3 与

过量 HNO_3 作用生成 NH_4NO_3。例如：

$$Cu+4HNO_3(浓)=Cu(NO_3)_2+2NO_2\uparrow+2H_2O$$

$$3Pb+8HNO_3(稀)=3Pb(NO_3)_2+2NO\uparrow+4H_2O$$

$$4Mg+10HNO_3(极稀)=4Mg(NO_3)_2+NH_4NO_3+3H_2O$$

值得注意的是有些金属如铁、铝、铬等虽然能溶于 HNO_3，但却不易和浓 HNO_3 作用。这是因为浓 HNO_3 将它们表面氧化生成一层致密的氧化物薄膜，阻止了进一步的反应。

Sb、Sn 与浓 HNO_3 作用产生白色 $HSbO_3$、H_2SnO_3 沉淀。HNO_3 也能溶解许多金属氧化物生成硝酸盐和水，如：

$$CuO+2HNO_3=Cu(NO_3)_2+H_2O$$

HNO_3 还能氧化许多非金属使之成为酸，如硫被氧化成 H_2SO_4，磷被氧化成 H_3PO_4，碳被氧化成 H_2CO_3 等，其反应式为：

$$S+2HNO_3\xlongequal{\triangle}H_2SO_4+2NO\uparrow$$

$$3P+5HNO_3+2H_2O\xlongequal{\triangle}3H_3PO_4+5NO\uparrow$$

$$3C+4HNO_3\xlongequal{\triangle}3CO_2\uparrow+2H_2O+4NO\uparrow$$

用 HNO_3 分解试样后，溶液中产生亚硝酸和氮的其他氧化物，常能破坏有机显色剂和指示剂，需要把溶液煮沸除掉。

C 硫酸

密度约为 1.84 g/mL，质量分数为 98%，沸点为 330℃。纯 H_2SO_4 是无色油状液体，它与水混合时，放出大量热。故在配制 H_2SO_4 溶液时必须将浓 H_2SO_4 缓慢加入水中，并不断搅拌以散热。切不可相反进行，否则由于局部过热，水即迅速蒸发致使溶液飞溅。

浓 H_2SO_4 具有强烈的吸水性，是一种强的脱水剂。在高温时，又是一种相当强的氧化剂（稀 H_2SO_4 无氧化能力），与碳作用，碳被氧化成 CO_2：

$$C+2H_2SO_4\xlongequal{\triangle}CO_2\uparrow+2SO_2\uparrow+2H_2O$$

由于 H_2SO_4 沸点高，溶样时加热蒸发到冒出 SO_3 白烟而可除去试液中挥发性的 HCl、HNO_3、HF 及 H_2O 等。这个性质在化学分析中被广为应用。以消除上述这些酸的阴离子对测定可能造成的干扰，但冒烟的时间不宜过长，否则生成难溶于水的焦硫酸盐。

除 Ca、Sr、Ba、Pb 及一价汞的硫酸盐难溶于水外，其他金属的硫酸盐一般都易溶于水。H_2SO_4 可溶解 Fe、Co、Ni、Zn 等金属及其合金。也常用来分解独居石、萤石和 Sb、U、Ti 等矿物。还常用于破坏试样中的有机物。

D 磷酸

密度约为 1.70 g/mL，质量分数为 85%，沸点为 213℃。纯 H_3PO_4 是无色糖浆状液体，是中强酸，也是一种较强的络合剂，能与许多金属离子生成可溶性络合物。

H_3PO_4 在高温时分解试样的能力很强，绝大多数过去认为不溶于酸的矿，如铬铁矿、钛铁矿、铌铁矿、金红石都能被磷酸分解。

W、Mo、Ti 等溶液中都能与 H_3PO_4 形成无色络合物，因此，常用 H_3PO_4 作某些合金钢的溶剂。

H_3PO_4 溶样的缺点是：如加热温度过高，时间过长，将析出难溶性的焦磷酸盐沉淀，并对玻璃器皿腐蚀严重，以及溶样后如冷却过久，再用水稀释，会析出凝胶。为了克服上述缺点，应将试样研磨细一些，温度低些，时间短些，并不断摇动，冒白烟就应停止加热，溶液未完全冷却用水稀释。

E　高氯酸

密度约为1.69 g/mL，质量分数约为70%，浓度约为12 mol/L，沸点为203℃。纯 $HClO_4$ 又名过氯酸，是无色液体，在热浓的情况下它是一种强氧化剂和脱水剂。用 $HClO_4$ 分解试样时能把Cr氧化成 $Cr_2O_7^{2-}$，V氧化为 VO_3^-，S氧化为 SO_4^{2-}。由于 $HClO_4$ 的沸点较高，在蒸发时能赶走低沸点酸后，残渣则常常不溶解，除K、NH_4^+ 等少数离子外，其他金属的 $HClO_4$ 盐都是可溶性的。$HClO_4$ 还可溶解氟矿石等。

热浓 $HClO_4$ 遇有机物常会发生爆炸，当试样含有机物时，应先用浓 HNO_3 破坏有机物，然后加入 $HClO_4$。蒸发 $HClO_4$ 的浓烟容易在通风道中凝聚，故经常使用 $HClO_4$ 冒烟的通风橱和烟道，应定期用水冲洗，以免在热蒸气通过时，凝聚的 $HClO_4$ 与尘埃、有机物作用，引起燃烧或爆炸，使用时要特别注意。

F　氢氟酸

密度约为1.13 g/mL，质量分数不小于40%，浓度约为27 mol/L，沸点为120℃。纯氢氟酸是无色液体，是一种弱酸，它对一些高价元素有很强的络合作用，能腐蚀玻璃、陶瓷器皿。氢氟酸和大多数金属均能产生反应，反应后，金属表面生成一层难溶的金属氟化物，阻止进一步反应。因此，它常与 HNO_3、H_2SO_4 或 $HClO_4$ 作混合酸使用，用来分解硅铁、硅酸以及含钨、铌的合金钢等。

用氢氟酸溶解矿石等材料后，Fe^{3+}、Al^{3+}、Ti^{4+}、Zr^{4+}、W^{6+}、Nb^{5+}、Ta^{5+}、U^{6+} 形成氟络合物形式进入溶液；Ca^{2+}、Mg^{2+}、Th^{4+}、U^{4+} 及总稀土形成氟化物沉淀，SiO_2 形成 SiF_4 挥发(加热蒸发后)

$$SiO_2+4HF \xlongequal{\triangle} SiF_4\uparrow+2H_2O$$

在用含HF混合酸溶解试样时，如试样用于分析Si，为了防止形成 SiF_4 挥发损失，一般可用聚乙烯器皿，在低于60℃条件下溶解试样。对于不分析Si的试样，而又需要在较高的温度下处理，一般用铂器皿。在250℃以下用HF与王水和 $HClO_4$ 溶解试样可用聚四氟乙烯烧杯。但应该注意，这种塑料器皿高于250℃时会分解放出有毒的含氟异丁烯气体。

除去溶液中的氢氟酸，除用 H_2SO_4 或其他酸冒烟使其蒸发外，也可采用加 H_3BO_3 或 $AlCl_3$ 溶液与氟离子络合的办法消除其影响。

HF对人体有毒性和腐蚀性，皮肤被HF灼伤溃烂，不易愈合，使用氢氟酸时应戴上橡皮手套，注意安全。

G　混合溶剂

在实际工作中常应用混合溶剂，混合溶剂具有更强的分解能力。最常用的混合溶剂是王水(3份HCl+1份 HNO_3)由于HCl的络合能力和 HNO_3 的氧化能力，它可以溶解单独用HCl或 HNO_3 所不能溶解的贵金属Pt、Au等以及难溶的HgS等物：

$$3Pt+4HNO_3+18HCl = 3H_2PtCl_6+4NO\uparrow+8H_2O$$

所以在使用或洗涤铂器皿时不能用王水。

常用的混合溶剂还有逆王水(1份HCl+3份 HNO_3)、$H_2SO_4+H_3PO_4$、H_2SO_4+HF、$HCl+HClO_4$、$HCl+H_2O_2$ 等。有时为了加速溶解，常在溶剂中加入某些试剂，如用HCl溶解铁矿石时，加入少量 $SnCl_2$ 以还原 Fe^{3+} 离子，使其溶解速度加快。

H　加压溶解法

在密闭容器中，用酸或混合酸加热分解试样时，由于蒸气压增高，酸的沸点提高，可以热至较高的温度，因而使酸溶法的分解效率提高。在常压下难溶于酸的物质，在加压下可能溶解。例如，用 $HF-HClO_4$ 在加压条件下，可以分解刚玉(Al_2O_3)、钛铁矿($FeTiO_3$)、铬铁矿($FeCr_2O_4$)等难溶试样。

以前所使用的加压溶解装置，类似一种微型的高压锅，是双层有旋盖的罐状容器，内层用铂或聚四氟乙烯制成，外层用不锈钢制成，溶样时将盖子旋紧加热。现在多用微波消解炉溶样，十分方便。微波消解炉有控温控压的，有仅控温不控压的，后者使用时注意不能超压，这时少用 $HClO_4$，温度也不能过高，以防止超压。

I 碱溶法

一般用 20%～30%的 NaOH 溶液作溶剂，主要溶解金属铝及铝、锌等有色金属合金：

$$2Al + 2NaOH + 2H_2O = 2NaAlO_2 + 3H_2\uparrow$$

反应可在银或聚四氟乙烯塑料器皿中进行，试样中的铁、锰、铜、镍、镁等形成金属残渣析出，铝、锌、铅、锡和部分硅形成含氧酸根进入溶液中。将溶液与金属残渣过滤分开，溶液用酸酸化，金属残渣用 HNO_3 溶解后，分别进行分析。

1.3.6.2 熔融法

熔融分解是利用酸性或碱性熔剂与试样在高温下进行复分解反应，使试样中的全部组分转化成易溶于水或酸的化合物。熔融法反应物的浓度和温度都比溶解法高得多，分解能力也强得多。因此，选择适当的熔融分解法，几乎可以分解自然界中所有的岩石、矿物和矿石样品。但不容忽视的是，因熔融时要加入大量的熔剂（为试样质量的 6～12 倍），从而带入了熔剂本身的离子和其中的杂质，此外在较高温度下进行熔融时对坩埚材料的腐蚀，都会使试样受到沾污，影响某些元素测定的准确度，甚至使有些元素的测定失败。熔融法多用于矿石、炉渣、硅酸盐等非金属材料的分解。根据所用溶剂的性质，分为酸性熔剂和碱性熔剂两类。

A 酸性熔剂

常用的酸性熔剂有 $KHSO_4$ 或 $NaHSO_4$ 和 $K_2S_2O_7$ 或 $Na_2S_2O_7$，主要分解氧化物。$KHSO_4$ 灼烧失去水生成 $K_2S_2O_7$，两者作用是一样的：

$$2KHSO_4 \xlongequal{\triangle} K_2S_2O_7 + H_2O\uparrow$$

但直接采用 $K_2S_2O_7$ 较为有利，因为用它熔融时较平静；而 $KHSO_4$ 熔融时，在高温下释放出水蒸气，易起泡，造成试样飞溅。

$K_2S_2O_7$ 在 300℃开始熔化，在 420℃以上开始分解产生 SO_3，SO_3 在析出阶段具有很强的反应能力，能与碱性或中性氧化物作用，使某些不溶于酸的氧化物转化为可溶性的硫酸盐：

$$K_2S_2O_7 \xlongequal{\triangle} K_2SO_4 + SO_3\uparrow$$

$$Al_2O_3 + 3SO_3 = Al_2(SO_4)_3$$

$$Fe_2O_3 + 3SO_3 = Fe_2(SO_4)_3$$

$$TiO_2 + 2SO_3 = Ti(SO_4)_2$$

$$Ta_2O_5 + 5K_2S_2O_7 = Ta_2(SO_4)_5 + 5K_2SO_4$$

$$Nb_2O_5 + 5K_2S_2O_7 = Nb_2(SO_4)_5 + 5K_2SO_4$$

Fe、Al、Ti、Zr、Nb、Ta、Cr 的氧化矿物，中性或碱性耐火材料，都可用 $K_2S_2O_7$ 熔融分解。

用 $K_2S_2O_7$ 熔融试样宜在瓷坩埚中进行，焦硫酸钾对铂坩埚稍有腐蚀，随着熔融时间增长侵蚀也更严重。通常每使用一次约损耗 1 mg 铂。

用 $K_2S_2O_7$ 熔融时，温度不宜过高，以免焦硫酸钾分解过快生成的 SO_3 来不及与被分解的物质起反应过早地挥发掉，使 $K_2S_2O_7$ 变成不起作用的 K_2SO_4，加热时间也不宜过长，以免形成难溶性氧化物或盐类（如含 Ti、Zr、Cr 的试样）。

熔融时，$K_2S_2O_7$ 的用量约为试样的 8～10 倍，先在低温加热，然后加热到暗红色，以便得到流动的完全透明的熔体，最后在 700℃加热约 2 min 后结束熔融。冷却过程中应转动坩埚，使之凝固于坩埚内壁。浸出时加水及少量硫酸，有时要加入酒石酸或草酸等络合剂，以防止金属 离子水解。

$K_2S_2O_7$ 还常用于熔融(试样在酸溶后残留的)不溶残渣。

B 碱性熔剂

常用的碱性熔剂有 K_2CO_3、Na_2CO_3、KOH、NaOH 和 Na_2O_2 以及它们的混合熔剂。

a Na_2CO_3 和 K_2CO_3

其熔点分别为 849℃和 891℃，经常把二者以 1+1 混合使用，这样可使熔点降至 700℃左右。它们常用于分解硅酸盐、硫酸盐、酸性炉渣等。反应如下：

$$NaAlSi_3O_8+3Na_2CO_3 = NaAlO_2+3Na_2SiO_3+3CO_2\uparrow$$

$$BaSO_4+Na_2CO_3 = BaCO_3+Na_2SO_4$$

$$Al_2O_3\cdot 2SiO_2+3Na_2CO_3 = 2Na_2SiO_3+2NaAlO_2+3CO_2\uparrow$$

$$4FeWO_4+4Na_2CO_3+O_2 = 4Na_2WO_4+2Fe_2O_3+4CO_2\uparrow$$

Na_2CO_3 和 K_2CO_3 混合熔剂在铂坩埚中熔融，温度应逐渐升高，以免加热过快引起碳酸盐剧烈分解造成试样溅出损失。

用碳酸盐熔融时，空气可以把某些元素氧化成高价状态。为了氧化更完全，有时采用混合熔剂($Na_2CO_3+K_2CO_3$)，在高温下，可把 Cr_2O_3 转化为 Na_2CrO_4，MnO_2 转化为 $NaMnO_4$。

碳酸钠与硫磺混合，是一种碱性硫化熔剂。用以分解含 As、Sb、Sn 的矿石，使其转化为可溶性硫代酸盐而与其他元素分离。例如锡石(SnO_2)与 Na_2CO_3+S 的反应；

$$2SnO_2+2Na_2CO_3+9S = 2Na_2SnS_3+3SO_2+2CO_2\uparrow$$

碱性快速熔剂，由 1 份 Na_2CO_3 与 1 份 H_3BO_3(或按 2+1 的比例)混合而成，可对难熔的炉渣、矿石、耐火材料及锆石等进行快速熔融，温度可控制在 1000℃左右，在铂坩埚中进行。半熔混合熔剂由 Na_2CO_3 与 MgO 或 ZnO 按不同比例混合而成。此法叫半熔融法。

常用的半熔混合剂有：

(1) 2 份 MgO 和 3 份 Na_2CO_3；

(2) 1 份 MgO 和 2 份 Na_2CO_3；

(3) 1 份 ZnO 和 2 份 Na_2CO_3；

(4) 0.75 份 KNO_3 加 4 份 $H_2C_2O_4$ 加 10 份 Na_2CO_3；

(5) 1 份 NH_4Cl 和 2 份 $CaCO_3$。

利用 MgO(熔点 2500℃)或 ZnO(熔点 1000℃)的高熔点，防止 Na_2CO_3 的灼烧熔合，使被熔混合物保持松散状态，从而使被分解的矿石氧化更快、更安全。常用于分解铁矿石及煤等试样，它被广泛应用于铁矿石或煤中全硫量的测定。

b Na_2O_2

它是氧化性、腐蚀性较强的碱性熔剂，能分解许多难溶物质。如铬铁、硅铁、铬铁矿、独居石、黑钨矿((FeMn)WO_4)、辉钼矿(MoS_2)及含砷、镍、锡、钒、铀的矿石。其中铬铁矿、金属矿和 Na_2O_2 的熔融反应如下：

$$2FeO\cdot Cr_2O_3+Na_2O_2 = 2NaFeO_2+4Na_2CrO_4+2Na_2O$$

此熔块用水处理，$NaFeO_2$ 水解生成 $Fe(OH)_3$ 沉淀：

$$NaFeO_2+2H_2O = NaOH+Fe(OH)_3\downarrow$$

黑钨矿与 Na_2O_2 的反应为：

$$MnWO_4+Na_2O_2 = Na_2WO_4+MnO_2$$

$$2FeWO_4+3Na_2O_2 = 2NaFeO_2+2Na_2WO_4+O_2\uparrow$$

用 Na_2O_2 熔融后用水浸出时，Fe、Co、Ni、Mn、Mg、Ti、Zr、Th、稀土等形成高价氢氧化物进入沉淀；Pb、Cr、As、Sb、Si、P、W、V 等形成高价含氧酸根与 Ca、Mg 形成沉淀，例如 $Ca_3(PO_4)_2$、$CaWO_4$ 等。

Na_2O_2 与 C、Al 粉、木屑、硫磺等被氧化的物质作用时可引起猛烈爆炸。所以当试样中的硫化物、砷化物、有机物含量较高时，应预先灼烧再进行熔融，以防反应激烈而飞溅，甚至燃烧爆炸。Na_2O_2 对坩埚腐蚀严重，通常用铁坩埚在 600℃熔融，也可用镍、刚玉坩埚，但不能用铂坩埚。锆坩埚能抵抗其腐蚀。Na_2O_2 与 Na_2CO_3 混合使用，可减少对坩埚的侵蚀，并防止氧化反应过于剧烈。Na_2O_2 熔块用水浸取时反应十分剧烈，放出大量热。Na_2O_2 熔融后，未分解的 Na_2O_2 可能影响以后的测定。应加热煮沸浸取溶液，以驱除分解 H_2O_2。

c NaOH 或 KOH

其熔点分别为 318℃和 360℃，两者都是低熔点强碱性熔剂，常用于硅酸盐、铝土矿、钼矿、黏土和耐火材料等的分解，熔融常在 400℃时，在 Fe、Ni、Ag、刚玉坩埚中进行，而不用铂坩埚。NaOH 在 500℃，KOH 在 400℃即腐蚀铂坩埚。黏土与 NaOH 的反应为：

$$FeO_3\cdot 2SiO_2\cdot H_2O+6NaOH = 2NaFeO_2+2Na_2SiO_3+4H_2O$$

应用 NaOH、KOH 作熔剂时，最好先脱水，以免熔融时排出水分而发生大量气泡致使熔融物溅出。

NaOH 和 KOH 含杂质多，且不易提纯，因此应用受到限制。

NaOH 和 KOH 常与其他熔剂混合使用，在用 Na_2CO_3 熔融试样时，加入 NaOH 可以降低熔点并稍提高分解能力，它们经常与 Na_2O_2 混合使用，或与锌粉混合用于分解锡石：

$$SnO_2+4NaOH+Zn = Na_2SnO_2+Na_2ZnO_2+2H_2O$$

d 铵盐混合熔剂

该熔剂属于碱性混合熔剂。分解试样最突出的优点是：不引入金属盐类，试剂本身经加热易于分解除去，同时还保持有酸分解法的某些优点，其分解试样的能力通常较相应的酸要强，且分解速度快(2～3 min 内)，费用低。其作用原理为：铵盐在高温下加热分解出相应的无水酸，其反应式为：

$$NH_4F \xrightarrow{>110℃} NH_3\uparrow+HF$$

$$5NH_4NO_3 \xrightarrow{>190℃} 4N_2\uparrow+9H_2O+2HNO_3$$

$$NH_4Cl \xrightarrow{330℃} NH_3\uparrow+HCl$$

$$(NH_4)_2SO_4 \xrightarrow{350℃} 2NH_3\uparrow+H_2SO_4$$

铵盐易于吸湿潮解或结块，使用前应烘干，否则加热时易跳溅。

将铵盐或适当比例的铵盐混合物在瓷研钵中研细，60～100℃烘箱中烘烤 1～2h，取出，冷却研细，装瓶备用。

硅酸盐试样用镍坩埚熔融，其他试样可以在瓷坩埚、玻璃器皿、石英器皿、聚四氟乙烯器皿或金属坩埚中进行。

采用铵盐熔融，要求样品磨得比较细，通常要求在 0.085～0.074 mm(160～200 目)；有些样品，如铜矿、镍矿、铅或锌精矿，则应通过 0.074 mm(200 目)筛，样品与 10～20 倍熔剂充分混匀，用过多的熔剂分解没有好处。

早期报道用单一的铵盐，或 NH_4NO_3-NH_4Cl 的混合物作熔剂。近年来这方面有新发展。根据试样性质和分析的目的，选用适当比例的数种铵盐的混合物进行熔融，提高了分解能力。

不同试样选用不同比例混合铵盐熔剂：

含铅试样	1 份 NH_4Cl 加 1 份 NH_4NO_3
含锌试样	1.5 份 NH_4Cl 加 1 份 NH_4NO_3 加 0.5 份 $(NH_4)_2SO_4$
硅酸盐试样	1 份 NHH_4Cl 加 1 份 NH_4NO_3 加 3 份 $(NH_4)_2SO_4$

所有硫化物都可被 NH_4NO_3 熔融分解，同时发生氧化作用，生成硫酸盐。

1.3.6.3 试样分解方法和溶(熔)剂的选择

试样分解方法和溶(熔)剂的选择，应根据试样的组成、性质、分析项目等因素来确定。要得到准确的分析结果，试样必须分解完全。怎样判断试样分解完全呢？从现象上看酸溶法和熔融法还不一样，酸溶法溶解试样时，开始反应激烈(置换、氧化等反应为主)，试样表面有大量气泡产生(氢气等)，液面剧烈沸腾，出现大量小气泡。试样溶解完全后，器皿底部不存在未溶固体试样，液面出现大气泡。熔融法分解试样，开始反应激烈，试样分解完全后，熔剂与试样呈均匀的熔融状态。试样的分解方法和溶(熔)剂选择原则如下：

(1) 根据试样的化学组成、结构和特性选择试剂。绝大部分的碱金属化合物、大多数氯化物(除 Ag、Hg、Pb、Ti 的氯化物外)、硝酸盐(除 W、Sn、Sb 的硝酸盐外)、硫酸盐(除 Ca、Sr、Ba、Pb 的硫酸盐外)等都可用水溶解。电位顺序位置在氢以前的金属，可被非氧化性的强酸所溶解。电位顺序位置在氢以后的金属，可用氧化性的强酸或混合酸溶解。如试样为氧化物，则酸性试样(如酸性炉渣)用碱性溶(熔)剂分解；碱性试样(如镁砂)用酸性溶(熔)剂分解；对还原性试样(如硫化物矿石)用氧化性溶(熔)剂分解；氧化性试样用还原性溶(熔)剂分解；试样中的碳化物用强氧化剂($KMnO_4$)和氧化性酸(HNO_3)加以破坏；含硅量较高的试样加入 HF，使 Si 变成 SiF_4 逸出。Fe、Al、Ni、Cr 等元素遇 HNO_3 发生钝化，而盐酸、稀 H_2SO_4 则不产生钝化膜。有时由于晶体结构不同，虽然化学组成相同，选择的分解方法也不一样。如化学试剂 Al_2O_3 可溶于盐酸中，但天然的 Al_2O_3(如刚玉等)不溶于盐酸，而需用熔融法分解。

(2) 所选试剂应对被测组分无影响。所加的溶(熔)剂不能含有和被测组成相同的物质，也不能使被测组成生成气态逸出或固态沉淀。还应注意尽可能不引进干扰离子，如测定钢铁中的磷时，不能用磷酸溶样，也不能单独用非氧化性的盐酸和硫酸，因为可使 P 变成 PH_3 逸出，只能用 HNO_3 或王水将 P 氧化成 H_3PO_4 后再进行测定。钢中 Mn、Cr 连续测定不能加入 $KMnO_4$ 破坏碳化物，常使用 HNO_3、H_2SO_4 或 $HClO_4$ 冒烟。在测定酸性炉渣中的 Al_2O_3 时，由于试样中的含硅量较高，需用 HF 挥 Si，但引入 F^- 会形成 AlF_6^{3-} 络离子而影响测定，故需用 H_2SO_4 或 $HClO_4$ 冒烟去 F^-，或加 H_3BO_3 使 F^- 生成没有影响的 BF_4^- 络离子。试样中若含易水解的元素如 Ti(Ⅳ)、Th(Ⅳ)、Zr(Ⅳ)、Fe(Ⅲ)、Sn(Ⅳ)、Sb(Ⅴ)等，溶解后的溶液应保持一定的酸度。

(3) 分解方法、溶(熔)剂、器皿要相对应。分解方法确定之后，器皿的选择也很重要，酸溶样一般采用玻璃器皿。若测低含量硼，就要选用不含硼的石英器皿或塑料器皿。HF 溶样须用塑料器皿或铂器皿。

熔剂熔融也应选择适当的坩埚材料，如焦硫酸钾熔样在瓷坩埚中进行。测定含硅试样用碱性熔剂时不能用瓷坩埚。用过氧化钠熔样通常用铁坩埚在 600℃左右熔融，也可用镍、刚玉坩埚，不能用铂坩埚。用铵盐混合熔剂时，含硅酸盐试样用镍坩埚熔融，其他试样在瓷坩埚中进行。

常用溶剂和应用范围如表 1-14 所示，常用熔剂和容器的选择如表 1-15 所示。

表 1-14 常用溶剂和应用范围

溶剂	应用范围					备注
	钢铁	有色金属	铁合金	矿石	硅酸盐	
HCl (1+1) (1+4)	普通碳素钢、合金钢	铝、锌、钴、镍、锡、镁及其合金	铬铁、铝铁	铁矿、锑矿、铬矿、白云石、石灰石、硼、磷、锡、钛、铀、锌等碳酸盐矿及其氧化物	碱性炉渣	
HNO_3 (1+1) (1+3)	普通碳素钢、低合金钢	锰铁、镍铁、钼铁	镍矿、钼矿			
H_2SO_4 (1+4) (1+9)	铁镍铬合金	镍铬合金、钴镍锌合金	钛铁	铁矿、铝、铍、锰、铅、钛等矿石		滴加硝酸氧化
H_3PO_4 (1+1)	高合金钢（高铬、高钨）		锰铁 铬铁	锰矿、独居石、金红石		
$HCl+H_2O_2$	不锈钢	铜合金、镍合金、锌合金、镁合金		铁矿、锰矿		
$HCl+HClO_4$	高合金钢（高碳高铬）		铬铁	铬矿、萤石		
王水	高合金钢	黄铜、青铜等部分有色金属		镍矿、锡矿、钼矿		金、铂及其合金全部溶解
红酸（$HCl+HNO_3$为1+1）	高合金钢及一般低合金钢	铜合金	铬铁、钒铁、钼铁	铜矿、铅锌矿、铁钼铀等硫化物矿		
H_2SO_4-HNO_3混酸	生铁		钛铁、钼铁			
HF-HNO_3			硅铁、钨铁稀土合金	硅酸盐矿、稀土合金		在金、铂或塑料器皿中进行
HF-H_2SO_4		铜合金		铜矿	硅酸盐矿石	在铂或金皿中进行
NaOH (30%～40%)		铝及铝合金、铝镁合金、锌基合金			酸性炉渣	在不锈钢、镍、银聚四氟乙烯器皿中进行
H_2SO_4-H_3PO_4混酸	普通碳素钢、低合金钢		钒铁、钨铁、铬铁	铁矿		

表 1-15 常用熔剂和容器的选择

熔剂	用量（试样量的倍数）	适用坩埚	熔融温度/℃	熔剂的用途
Na_2CO_3 或 K_2CO_3	6～8	铂、铁、镍	850～900	用于分析酸性炉渣、黏土、耐火材料、不溶于酸的残渣、硫酸盐
$Na_2CO_3+K_2CO_3$(1+1)	6～8	铂、铁、镍	850～900	

续表 1-15

熔　剂	用量(试样量的倍数)	适用坩埚	熔融温度/℃	熔 剂 的 用 途
Na_2CO_3+MgO(1+2)半熔法	4～8	铂、镍、铁、瓷、石英	750～800	用于测定煤中硫和分解铁合金
Na_2CO_3+1 ZnO(2+1)半熔法	8～10	瓷、石英	750～800	用于测定矿石中的硫
$Na_2O_2+Na_2CO_3$(2+1)或 Na_2O_2	6～8	铁、镍、银	600～700	用于测定矿石和铁合金中 Cr、V、Mn、P、S、Mo 等
$NaOH(K)+NaNO_3(K)$(6+0.5)	4～6	镍	600～700	代替 Na_2O_2
$KHSO_4$(或 $NaHSO_4$) $K_2S_2O_7$($Na_2S_2O_7$)	10～14 8～12	铂、瓷石英	500～700	用于分解铁矿石、铬渣及含铌、钽、钛等矿物
$NH_4Cl+CaCO_3$(1+8) $LiBO_3+Li_2B_4O_7$(1+1)		铂	1000	测定矿石中碱金属、钾石、云母
$(NH_4)_2SO_4+NH_4F$(4+1)		镍、瓷	400～500	测定硅酸盐矿中 K、Na、Ca、Ni 等
$NH_4Cl+(NH_4)_2SO_4+NH_4F$(2+1+1)		镍、瓷	350 左右	测定硫化中 Cu、Pb、Zn、Ca、Ni 等
$Na_2CO_3+H_3BO_3$(1+1)	10～14	铂、铁、镍	950	用于分解矿物、炉渣、氟石等

1.4　化学分析计量

1.4.1　化学分析法定计量单位

化学分析法定计量单位有：

(1) 物质的量。表示物质的基本单元为多少的物理量，用 n 表示，单位为 mol。

1 mol 定义为：系统中所包含的基本单元数与 0.012 kg 碳 12 的原子数目相等。物质的量用 mol 表示时应明确其基本单元，它可以是原子、分子、离子及其他粒子以及这些粒子的组合。如 HCl 式量为 36.46，基本单元为 HCl，其摩尔质量 M_{HCl} 为 36.46 g，与式量一样；而 H_2SO_4 式量为 98.08，以 H_2SO_4 为基本单元和以 1/2 H_2SO_4 为基本单元时，其 $M_{H_2SO_4}$ 为 98.08 g，为 1 mol，而 $M_{1/2H_2SO_4}$ 为 49.04 g，如这时 98.08 g H_2SO_4 则为 2 mol。这说明相同质量的同一物质由于所采用的基本单元不同，物质的量也不同。基本单元的确定以化学反应中的最小单元为准，如酸碱反应中以最小粒子 H^+ 和 OH^- 数为准；氧化还原反应中以电子转移数为准。这样 Na_2CO_3 在酸反应时基本单元为 1/2 Na_2CO_3；$K_2Cr_2O_7$ 在与 Fe^{2+} 反应中，基本单元为 1/6 $K_2Cr_2O_7$；$KMnO_4$ 与 Fe^{2+} 反应中基本单元为 1/5 $KMnO_4$。

(2) 质量。习惯称为重量，用 m 表示，单位为 kg，也用 g、mg、μg、ng 等表示。

(3) 体积。用 V 表示，单位 m^3，也用 L、mL、μL 等表示。

(4) 摩尔质量。$M=\dfrac{m}{n}$，即质量除以物质的量，单位 g/mol，也用 mg/mmol 等表示。M 与物质所采用的基本单元有关。

(5) 摩尔体积。$V_m=\dfrac{V}{n}$，即体积除以物质的量，单位为 m^3/mol，也用 L/mol、mL/mmol 等表示。

(6) 密度。$\rho=m/V$，单位为 kg/m^3，也用 g/cm^3 或 g/mL 表示。由于体积受温度的影响，对密度须注明有关温度。

(7) 相对原子质量 A_r。同于原来的原子量，指物质的平均原子质量与碳 12 原子质量的1/12之比。

(8) 相对分子质量 M_r。同于原来的分子量，指物质的分子或特定单元的平均质量与碳 12 原子质量的 1/12 之比。

1.4.2 溶液浓度的表示方法

溶液浓度的表示方法有以下几种：

(1) B 的物质的量浓度 c_B：

$$c_B=\frac{n_B}{V}$$

式中，n_B 为物质 B 的量，mol；V 为溶液体积，L；c_B 单位常用mol/L、mmol/L。

如物质 B 的质量为 m_B(g)，摩尔质量为 M_B(g/mol)，则：

$$c_B=\frac{n_B}{V}=\frac{m_B}{M_B V};n_B=\frac{m_B}{M_B}=c_B V;m_B=n_B M_B=c_B M_B V$$

例：称取 NaOH8.0 g，配成 1000 mL 溶液，求 NaOH 溶液的浓度。

解：已知 $M_{NaOH}=40.00$ g/mol

$$c_{NaOH}=\frac{8.0}{40.00\times1.000}=0.20\ \text{mol/L}$$

例：有浓度为 0.102 mol/L 的草酸溶液 400 mL，求草酸的量和质量。

解：$n=cV=0.102\times0.400=0.0408$(mol)

$$M_{(\frac{1}{2}H_2C_2O_4)}=\frac{1}{2}\times90.04=45.02\text{(g/mol)}$$

$$m_{(\frac{1}{2}H_2C_2O_4)}=nM=0.0408\times45.02=1.84\text{(g)}$$

(2) B 的质量浓度 ρ_B：

$$\rho_B=\frac{m_B}{V}$$

ρ_B 单位为 g/L、mg/L、μg/L，也有 μg/mL。

(3) B 的质量分数 w_B：

$$w_B=\frac{m_B}{m}$$

式中，m_B 为溶质 B 的质量；m 为溶液的质量。两者取相同的质量单位。

例：10 g NaOH 溶于 90 g 水中，求该 NaOH 溶液的质量分数。

解：$w_{NaOH}=\frac{10}{10+90}=0.10=10\%$

本例若求 NaOH 的质量浓度，设以上溶液体积为 0.09L，则：

$$\rho_{NaOH}=\frac{10}{0.09}=111.1\text{(g/L)}$$

本例中注意质量分数是无量纲量，也可用 μg/g，mg/g，g/kg 等表示。而 ppm、ppb 的使用则不规范，ppm 应为 μg/g；ppb 应为 ng/g。

(4) B 的体积分数 φ_B：

$$\varphi_B=\frac{V_B}{V}$$

式中，V_B 为物质 B 的体积；V 为溶液的体积。φ_B 的单位常用%表示。

例：取 75 mL 纯乙醇，用水稀释至 100 mL，求乙醇溶液体积分数。

解：
$$\varphi_{(C_2H_5OH)}=\frac{75}{100}=0.75=75\%$$

(5) 滴定系数(滴定度)，指 1 mL 标准溶液 A 相当于被测物质 B 的质量：

$$T_{A/B}=m/V$$

式中，m 为物质 B 的质量，g；V 为标准溶液 A 的体积，mL。滴定度的单位为 g/mL。例如 $T_{K_2Cr_2O_7/Fe}=0.005000$ g/mL，只要已知消耗的 $K_2Cr_2O_7$ 标准溶液毫升数，就可计算出铁的质量。

(6) 百分浓度(不推荐使用)：

1) 质量百分浓度，指 100 g 溶液中所含溶质的质量(g)，质量百分浓度为质量分数 w_B 的特例。

2) 体积百分浓度，指 100 mL 溶液中所含溶质的体积(mL)，体积百分浓度为体积分数 φ_B 的特例。

3) 质量—体积百分浓度，指 100 mL 溶液中所含溶质的质量(g)。

(7) 稀释度 $1+x$。x 是指 x 体积水稀释 1 体积的原液。例如，(1+3) HNO_3 是指 1 体积 HNO_3 加 3 体积的水混合而成。

1.4.3　等物质的量规则

对化学反应：

$$aA+bB=cC+dD$$

根据质量作用定律，反应前反应物的总质量等于反应后生成物的总质量。现在用等物质的量规则表述为：反应物 A、B 的基本单元 aA、bB，与生成物 C、D 的基本单元 cC、dD，它们的物质的量相等。也可表述为：A 与 B 反应完全时，两种反应物所消耗的基本单元的量相等，即 $n(aA)=n(bB)$。

1.4.3.1　对滴定反应的计算

如 n_A 为滴定剂 A 的量，n_B 为待测物质 B 的量，则 $n_A=n_B$，$c_AV_A=c_BV_B=\frac{m_B}{M_B}\times1000$，则：

$$B\%=\frac{m_B}{m_s}\times100=\frac{c_AV_AM_B}{m_s\times1000}\times100$$

式中，m_B 为待测物质消耗的量，g；m_s 为待测物质称样量，g；c_A 为滴定剂浓度，mmol/mL；V_A 为滴定剂消耗的体积，mL；M_B 为待测物质 B 基本单元的摩尔质量，g/mol。

例：称取铁矿石样 0.1917 g，溶于酸，将铁还原为 Fe^{2+}，用 $c_{(\frac{1}{6}K_2Cr_2O_7)}=0.05124$ mol/L 的 $K_2Cr_2O_7$ 标准溶液滴定，消耗 38.04 mL，计算试样中铁的质量分数。

解：$K_2Cr_2O_7$ 与 Fe^{2+} 反应为：

$$\frac{1}{6}Cr_2O_7^{2-}+Fe^{2+}+\frac{7}{3}H^+=\frac{1}{3}Cr^{3+}+Fe^{3+}+\frac{7}{6}H_2O$$

则 $K_2Cr_2O_7$ 的基本单位为 $\frac{1}{6}K_2Cr_2O_7$，Fe^{2+} 的基本单元为 Fe^{2+}，$M(Fe)=55.85$ g/mol，故

$$Fe\%=\frac{0.05124\times38.04\times55.85}{0.1917\times1000}\times100=56.79$$

1.4.3.2　用换算因数法计算(涉及两个化学反应的问题)

$n_A:n_B=a:b$，$n_B=\frac{b}{a}n_A$，$c_BV_B:c_AV_A=\frac{b}{a}$，则 $c_BV_B=\frac{b}{a}c_AV_A$，$\frac{b}{a}$ 为换算因数，则：

$$B\%=\frac{m_B}{m_s}\times100=\frac{\frac{b}{a}c_AV_AM_B}{m_s\times1000}\times100$$

式中，$\frac{b}{a}$为待测物质 B 与滴定物质 A 的系数比；m_s 为待测物质称样量，g；M_B 为待测物质的摩尔质量，g/mol。

例：称取铁矿石试样 0.3348 g，用酸溶解后，以 $SnCl_2$ 把 Fe^{3+} 还原为 Fe^{2+}，用 $c_{K_2Cr_2O_7}$ 为 0.02000 mol/L $K_2Cr_2O_7$ 标准溶液滴定至终点，耗去 22.60 mL。计算试样中 Fe_2O_3 的质量分数，已知 $M_{Fe_2O_3}=159.7$ g/mol。

解：反应历程为：

$$Fe_2O_3+6H^+=2Fe^{3+}+3H_2O$$

$$2Fe^{3+}+Sn^{2+}=2Fe^{2+}+Sn^{4+}$$

$$Cr_2O_7^{2-}+6Fe^{2+}+14H^+=2Cr^{3+}+6Fe^{3+}+7H_2O$$

从反应系数可知：

$$n_{Fe_2O_3}:n_{K_2Cr_2O_7}=3:1$$

$$n_{Fe_2O_3}=3n_{K_2Cr_2O_7}$$

故

$$B\%=Fe_2O_3\%=\frac{3c_{K_2Cr_2O_7}V_{K_2Cr_2O_7}M_{Fe_2O_3}}{m_s\times1000}\times100$$

$$=\frac{3\times0.02000\times22.60\times159.7}{0.3348\times1000}\times100$$

$$=64.68$$

1.4.3.3 溶液的稀释

如 c_1 和 c_2 为稀释前后溶液的浓度，V_1 和 V_2 为稀释前后溶液的体积，则有 $c_1V_1=c_2V_2$。注意稀释前后的浓度和体积的单位保持一致。

1.5 分析结果的评价与处理

分析过程中，由于操作人员、仪器设备及实验条件、分析方法等因素的影响，不可能得到绝对准确的结果，也就是说，分析结果必然存在误差，或者说存在测量不确定度。通过分析产生误差的原因，估计误差的大小，或者说通过不确定度的计算，确定结果的可靠性，从而采取适当的方法来提高分析的准确度。

1.5.1 测量结果的评价

1.5.1.1 误差与偏差

A 误差

误差表示测量结果的准确度。误差为测量值与真实值两者的差，若 x 为测量值，x_T 为真实值，则误差 $E=x-x_T$。有正误差和负误差，其差的绝对值又称绝对误差。为比较准确度常用相对误差，即绝对误差与真实值的比值，常以百分数(%)表示，由于真实值难以绝对准确地测得，故一般用多次准确测量值的平均值来代替。

B 偏差

偏差表示测量结果的精密度，为某次测量值与多次平行测量算术平均值的差，也有正、负偏差之分，其差的绝对值也称绝对偏差 d，同时也用相对偏差 RD，即绝对偏差与算术平均值的比值：

$$RD=\frac{d}{\bar{x}}\times100\%=\frac{x-\bar{x}}{\bar{x}}\times100\%$$

标准偏差是大量数据情况下用统计方法处理时表示一组测量的精密度，如不考虑总体(详见

1.5.1.5 节)，只考虑样本即有限次测量，其平均偏差$\overline{d}$、标准偏差 S、样本方差 S^2 分别为：

$$\overline{d}=\frac{\Sigma(x_i-\overline{x})}{n},S=\sqrt{\frac{\Sigma(x_i-\overline{x})^2}{n-1}},S^2=\frac{\Sigma(x_i-\overline{x})^2}{n-1}$$

式中，$\overline{x}$ 为样本平均值；$n-1$ 为自由度(用以校正以 $\overline{x}$ 代替总体平均值所引起的误差)。

相对标准偏差又称变异系数。同时又说明数据的分散程度，用 RSD 表示：

$$RSD=\frac{S}{\overline{x}}\times100\%$$

1.5.1.2　准确度和精密度

准确度表示测量结果与被测量真值(或称真实值、约定真值)接近的程度，是一个定性的概念。实验值与真实值越接近，则准确度越高。准确度可划分等级，可依据标准的法定规定来表示测量质量。

精密度表示在多次平行试验中，实验值彼此接近的程度。各实验值彼此越接近，则精密度越高，可通过统计方式用标准偏差、相对标准偏差等数据来定量描述。

精密度与准确度是两个不同的概念，精密度高并不说明准确度好，准确度好也不一定精密度就高，如数据很分散，但平均值刚好很准确，这时精密度不高，说明数据可靠程度不高。我们追求的是较高精密度下的准确度。

依据测量条件的相同和不相同，精密度可分为重复性精度和再现性精度；依据测量时间的长短(主要对仪器)分为短期重复性和长期重复性。

重复性(r)是指在相同的测量条件下，对同一被测量进行连续多次测量所得结果的一致性，相同的条件是指同一观测者、同一仪器、同一地点，同一测量程序，在较短时间内进行重复测量。短期重复性一般指连续 11 次以上的测量；长期重复性可以是 4～8h，也可以 1～3d 每隔一定时间重复测量，这些都是考查仪器稳定性的重要依据。分析方法中的重复性限既可用允许差，也可用回归方式确定 r 与 x_i 间的函数关系来表示。

再现性(R)是指在改变了的测量条件下，同一被测量的测量结果之间的一致性。其变化的测量条件为：观测者、仪器、时间、地点、测量参考标准及测量方法、原理。这些条件可以改变局部，也可改变全部。例如测量试样及指定成分的比对试验时，可用不同方法、不同仪器；进行标准样品成分定值分析中就应在指定方法范围内各有关单位报出数据，再进行数据统计分析，其再现性必须符合一定要求才能汇总数据。分析方法中的再现性即室间差 R 也同 r 一样，既可用允许差，也可用回归成 R 与 x_i 之间的函数关系来表示。

1.5.1.3　误差分类

根据误差产生的原因，可分成系统误差、随机误差和过失三类。

A　系统误差

系统误差是由固定原因造成的，其数值具有单向性，即在同一原因的影响下，其结果总是偏高或总是偏低，因此也称为可测误差。针对误差产生的原因采取适当的方法可予以消除，产生系统误差的原因主要有以下几种：

(1) 方法误差。这是所采用的分析方法本身造成的误差。例如，在重量分析中，由于沉淀的溶解，会使分析结果偏低；而由于杂质的包藏，又会使分析结果偏高。在滴定分析中，由于终点与化学计量点的不一致，或溶液中干扰离子一同被滴定，都会产生系统误差。

(2) 仪器误差。分析化学中所用的各种仪器和器皿都存在一定的误差，例如，天平两臂长不等，砝码未校准，滴定管、容量瓶和移液管等容量器皿的刻度不准等，都会使测定结果产生误差；玻璃或塑料制的容器所含杂质的溶出，也往往会影响结果的准确度。

(3) 试剂误差。所用化学试剂或蒸馏水中若含有干扰测定的组分或空白信号高，必然会造成测定误差，对痕量分析造成的影响尤其严重。作为基准物的纯度如果达不到要求，无疑也会造成系统误差，标准物质中标准样品定值本身就有一定误差。

(4) 操作误差。这是由于分析人员的操作不完全正确所造成的误差，例如，在称量时未注意样品吸湿，在洗涤沉淀时用水过多，在滴定分析中指示剂用量不当等。

(5) 主观误差。不同的分析人员即使用相同的方法，在同样条件下，对同一样品的分析，往往也会得出不同的结果。由于不同的分析人员判断颜色的能力、估计刻度的习惯等往往有所不同，有的分析人员为了使测定结果重复，在读数时常常带有主观倾向性，这也造成主观误差。

系统误差需通过健全实验室质量管理体系和方法，有针对性地去解决。

B 随机误差

产生随机误差的原因是不定的，而且往往是不易察觉的。在分析过程中，由于环境条件和测量仪器的微小波动，例如温度的偶然变化，电压的瞬间变动；或者操作中的微小差异，例如滴定管读数估计的不确定性等，都会导致分析结果的微小波动。这种情况下所产生的误差大小不定，可正可负，完全是随机的，因此这种误差也称为偶然误差或不定误差。这种误差是不可避免的，只能采取一定措施使之减小。为了使分析结果可靠，对这种误差须用统计学的方法来处理。

C 过失

过失是由于分析人员责任心不强出现失误而造成的，如加热溶液时溅失、转移沉淀时丢失或被污染、记错砝码、读错滴定管刻度、加错标准溶液、计算出错等。这些不属于所讨论的误差，而且过失是可以避免的，也是必须防止的。

1.5.1.4 误差的传递

分析结果 Q 的误差为 dQ，它是测量过程中各测量值的误差的积累。如有函数 $Q=f(A,B,C,\cdots)$，其中 $A,B,C,\cdots$ 是各个测量值，彼此互不影响。

计算误差 dQ 在数学上就是对函数 f 求偏微分，则有：

$$dQ=\frac{\partial f}{\partial A}dA+\frac{\partial f}{\partial B}dB+\frac{\partial f}{\partial C}dC+\cdots$$

如设 E_Q 为分析结果的绝对误差，则有 $E_Q=dQ$，同样设 $E_A=dA, E_B=dB, E_C=dC$，系数 $\frac{\partial f}{\partial A}$ 用 m，$\frac{\partial f}{\partial B}$ 用 n，$\frac{\partial f}{\partial C}$ 用 p 来表示，则上式成为：

$$E_Q=mE_A+nE_B+pE_C+\cdots$$

A 系统误差的传递

加减法

如分析结果为各测量值的代数和：

$$Q=mA+nB+pC$$

则

$$E_Q=mE_A+nE_B+pE_C$$

即分析结果的绝对误差为各测量值绝对误差与相应系数之积的代数和。

乘除法

如分析结果为各测量值的积或商：

$$Q=m\frac{AB}{C}$$

将上式取对数：

$$\ln Q=\ln m+\ln A+\ln B-\ln C$$

偏微分后得：

$$\frac{dQ}{Q}=\frac{dA}{A}+\frac{dB}{B}-\frac{dC}{C}$$

则有：

$$\frac{E_Q}{Q}=\frac{E_A}{A}+\frac{E_B}{B}-\frac{E_C}{C}$$

即分析结果的相对误差为各测量值的相对误差的代数和，而与算式的系数 m 无关。

指数

$$Q=mA^n$$

取对数、偏微分后为：

$$\frac{dQ}{Q}=n\frac{dA}{A}$$

则：

$$\frac{E_Q}{Q}=n\frac{E_A}{A}$$

即分析结果的相对误差为测量值的相对误差的 n（指数）倍。

对数

$$Q=m\lg A$$

取自然对数：

$$Q=0.4343m\ln A$$

偏微分后：

$$dQ=0.4343m\frac{dA}{A}$$

则：

$$E_Q=0.4343m\frac{E_A}{A}$$

即分析结果的绝对误差为测量值相对误差的 0.4343 倍。

B　随机误差的传递

设有限次测量标准偏差为 S_Q，方差为 S_Q^2，各测量值的标准偏差为 S_A，S_B，S_C，方差为 S_A^2，S_B^2，S_C^2。

加减法

$$Q=mA+nB+pC$$

有：

$$S_Q^2=m^2S_A^2+n^2S_B^2+p^2S_C^2\text{（推导省略）}$$

即分析结果的方差为各测量值方差与相应系数的平方之积的和。

乘除法

$$Q=m\frac{AB}{C}$$

有：

$$\left(\frac{S_Q}{Q}\right)^2=\left(\frac{S_A}{A}\right)^2+\left(\frac{S_B}{B}\right)^2+\left(\frac{S_C}{C}\right)^2$$

即分析结果的相对标准偏差的平方为各测量值相对标准偏差的平方之和，而与系数无关。

指数

$$Q=mA^n$$

有：

$$\frac{S_Q}{Q}=n\frac{S_A}{A}$$

即分析结果的相对标准偏差为测量值相对标准偏差的 n 倍。

对数

$$Q=m\lg A$$

有：

$$S_Q=0.4343m\frac{S_A}{A}$$

即分析结果的标准偏差为测量值偏差的 $0.4343m$ 倍。

以上误差的传递在误差及不确定度的计算中都可用到，也是分析结果数理统计的基础知识之一。

1.5.1.5 偶然误差的正态分布及 *t* 分布

A 正态分布

分析误差中的系统误差相对比较好发现和解决，而偶然误差即统计上称随机变量似乎没规律可循，但是在消除系统误差之后，在同样条件下，进行多次测定如图 1-4 所示，其误差出现的频次服从正态分布，即为正态分布曲线（图 1-4*d*）。图中小方块为同一总体中取出来的若干份样品的测定值，曲线为所有可能的 Fe 测定值的分布，中心线为总体平均值。从中可知，增加测定次数，采用算术平均值，就可减小随机误差。

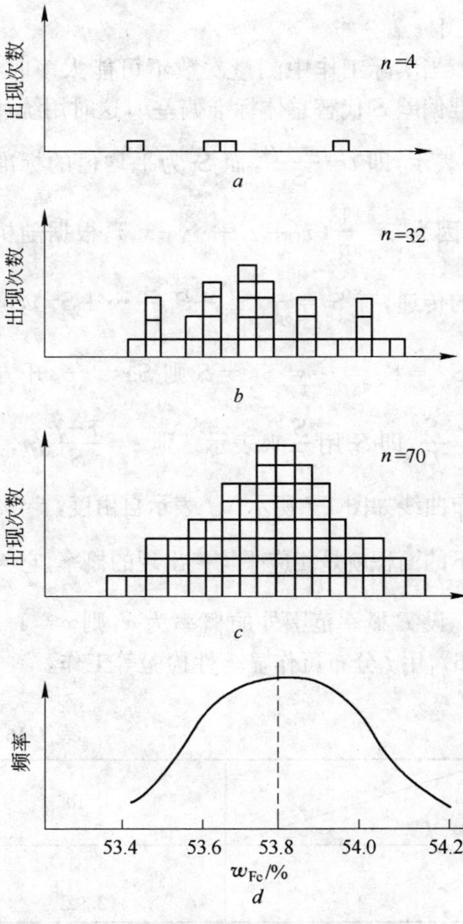

图 1-4 测定结果的分布

从偶然误差的正态分布曲线还可反映出以下规律：

(1) 绝对值相等的正误差和负误差出现的概率相同；

(2) 绝对值小的误差出现的概率大，绝对值大的误差出现的概率小，绝对值很大的误差出现的概率非常小。正态分布的概率密度函数（y）用下式表示：

$$y=\frac{1}{\sigma\sqrt{2\pi}}e^{-(x-\mu)^2/2\sigma^2}$$

式中，y 为概率密度；x 为测量值；μ 为总体平均值（无系统误差时代表真值）；σ 为总体标准偏差。

μ 反映数据的集中趋势，σ 反映数据的分散程度。从图 1-5 可看出 $\mu\pm1\sigma$ 范围内出现的概率为

68.26%，$\mu\pm2\sigma$ 为 95.44%，$\mu\pm3\sigma$ 为 99.73%，而超出 $\mu\pm3\sigma$ 的只有 0.27%，即特大误差的概率接近零。从图 1-6 更清楚地看出，σ 越大，测定值越分散，精密度也越低。

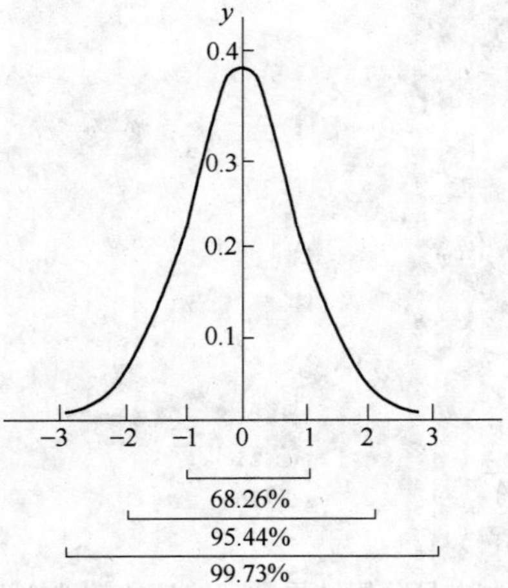

图 1-5 标准正态分布曲线

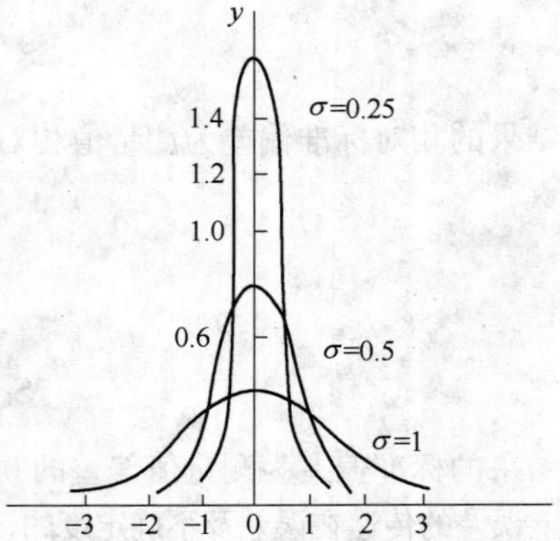

图 1-6 不同精密度的正态分布

B t 分布

当实际工作中测量次数不可能太多时，用标准偏差 S 代替总体标准偏差 σ，这时用统计量 t 来表示，即 $t=\frac{\overline{x}-\mu}{S_{\overline{x}}}$，而 $S_{\overline{x}}$ 为平均值的标准偏差，因为 $\overline{x}=\frac{1}{n}(x_1+x_2+\cdots+x_n)$，根据随机误差的传递，有 $S_{\overline{x}}^2=\frac{1}{n^2}(S_{x_1}^2+S_{x_2}^2+\cdots+S_{x_n}^2)$，可认为 $S_{x_1}=S_{x_2}=\cdots=S_{x_n}=S$ 则 $S_{\overline{x}}^2=\frac{S^2}{n}$，开方后 $S_{\overline{x}}=\frac{S}{\sqrt{n}}$，即 $S_{\overline{x}}$ 用 $\frac{S}{\sqrt{n}}$ 来表示。则 $t=\frac{\overline{x}-\mu}{S}\sqrt{n}$，其 t 分布曲线如图 1-7 所示。f 表示自由度，$f=n-1$。当 f 趋于∞时，t 分布趋于正态分布。t 分布曲线下的面积就是相应平均值出现的概率，它与 t 值和 f 值都有关。如设 $P=\mu\pm\frac{S}{\sqrt{n}}$ 为置信度。

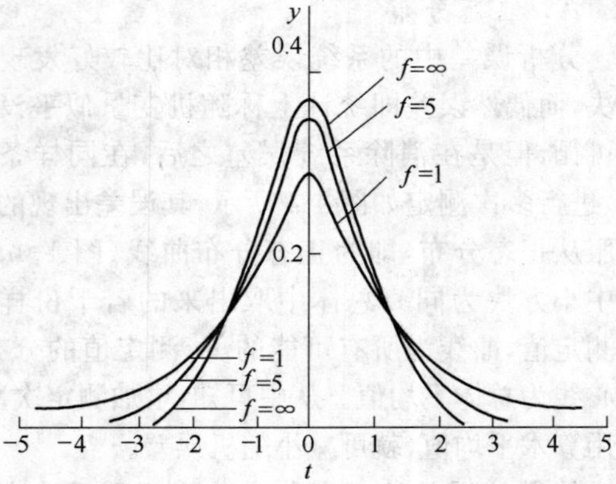

图 1-7 t 分布曲线

设 P 概率范围外的概率为 α，则 $\alpha=1-P$，并称为显著性水平。三者构成 t 分布表（见表 1-16），用 t 分布可作显著性检验等工作。

表 1-16 $t_{\alpha,f}$ 值表（双侧）

f \ α	0.10	0.05	0.01
1	6.31	12.71	63.66
2	2.92	4.30	9.93

续表 1-16

f \ α	0.10	0.05	0.01
3	2.35	3.18	5.84
4	2.13	2.78	4.60
5	2.02	2.57	4.03
6	1.94	2.45	3.71
7	1.90	2.37	3.50
8	1.86	2.31	3.36
9	1.83	2.26	3.25
10	1.81	2.23	3.17
11	1.80	2.20	3.11
12	1.78	2.18	3.06
13	1.77	2.16	3.01
14	1.76	2.15	2.98
15	1.75	2.13	2.95
20	1.73	2.09	2.85
30	1.70	2.04	2.75
40	1.68	2.02	2.70
∞	1.64	1.96	2.58

分析结果用真值 μ 表示(其中，$t_{\alpha,f}$ 可由表 1-16 查得)：

$$\mu = \overline{x} \pm \frac{S}{N} \times t_{\alpha,f}$$

1.5.1.6 不确定度

不确定度是表示合理赋予被测量之值的分散性与测量结果相联系的参数。在测量结果的完整表达中，应包括测量不确定度。其评定与表示方式按国家计量技术规范 JJF 1059—1999 执行处理。它适用于各种准确度等的测量，但主要是准确度要求较高的领域应用较多，如计量标准、校准规范、标准样品定值、质量认证、实验室认可、国际比对及重要部门检测等。测量不确定度的评定过程是充分考虑影响测量结果的各种因素，既有随机性和系统性引入的不确定度分量，也有模糊性引入的因素，其分量的计算有的具有统计性，有的具有非统计性，有时还引入经验的信息进行评定。鉴于这种周全性和复杂性，应对有代表性的日常分析做些不确定度的评定工作，作为判定测量结果质量的依据，为提高检测质量、改进试验方法等指明方向。

A 不确定度的来源

不确定度的来源包括：

(1) 对被测量的定义不完善。例如铁矿石中全铁的测定和铁含量的测定，前者明确，后者模糊。因为铁矿石中铁的形态有金属铁、亚铁和三价铁，只有全铁的定义才明确包括所有形态的铁。所以当被测量的定义易发生误解时，测量就会带来不确定因素。

(2) 所用测量方法不理想。对同一物质可有不同的分析方法，如化学标准方法、仪器快速方法、简易方法等。应根据对准确度、时间、数量等要求和操作者的熟练程度来选择，如果考虑不周，就会因方法选择不当带来不确定因素。

(3) 取样的代表性不够。如取样量及方法不对，缺乏代表性，或样品均匀性有问题，性能上有缺陷，必然不能代表整批样。

(4) 测量环境条件控制不完善，如温度、湿度、压力、电压、灰尘等的影响，都会造成不确定因素。

(5) 计量仪器性能、稳定性及操作者读数出现人为偏移或操作水平限制等，都会使测量结果出现漂移、偏差。

(6) 标准样品或计量标准值，计量用器皿本身的不准确。这些也带来不确定度。

(7) 与测量方法和程序有关的近似性，如线性回归方程模式、干扰校正模式的使用是否合理、正确等，其质量控制手段是否严谨，都会影响测量结果。

(8) 测量重复性带来的变化等。

从分析中可看出测量不确定度的来源与分析误差的产生都是差不多的，应该说各种误差都会对测量结果的分散性做出贡献，即误差与不确定度是同宗的，都是对测量结果准确度的描述。误差是测量结果接近真实值的程度，有正负误差之分；不确定度是表示被测量值的分散性，是对被测量真值所处范围的估计，或者说测量结果的变化，它用标准偏差或置信区间的宽度来表示。测量不确定的科学性和规范性使误差理论有新发展。

B　不确定度的评定步骤

不确定度的评定步骤为：

(1) 建立数学模型，列出被测量值 Q 与输入量 x_i 的函数关系式，在化学分析中就是被测量值 Q 的计算公式 $Q=f(x_i)$，由 x_i 求得 Q 的最佳估计值 q。

(2) 列出测量不确定度的来源，找出影响不确定度的主要因素。

(3) 标准不确定度评定，分 A 类和 B 类不确定度评定计算 $u(x_i)$，也可计算相对标准不确定度 $u_{\mathrm{rel}}(x_i)$。

(4) 计算合成标准不确定度 $u(q)$，也可计算相对合成不确定度 $u_{\mathrm{rel}}(q)$ 后再计算 $u(q)$。

(5) 确定包含因子 k，扩展不确定度 U 评定。

(6) 不确定度报告 $q \pm U$，而测量结果的真值被认定在其中。

C　A 类不确定度的评定

贝塞尔法：指对测量数据进行统计分析的方法来评定的标准不确定度。在充分的重复次数下，其重复测量值相互独立情况下，设样本的算术平均值为 $\bar{x}$，x_i 为各次测量结果，其单次测量结果的标准偏差为 S，则以平均值的标准偏差 $S(\bar{x})$ 作为测量结果的标准不确定度，定义为 A 类标准不确定度，用 u 表示。

因为 $S(\bar{x})=\dfrac{S}{\sqrt{n}}$，则有 $u=\dfrac{S}{\sqrt{n}}=\sqrt{\dfrac{\Sigma(x_i-\bar{x})^2}{n(n-1)}}$，其自由度 $v=n-1$，一般 $n>10$。这是用贝塞尔法导出的计算公式，通常情况下化学分析都采用此定义计算 A 类不确定度。当测量次数较少时，可采用极差法和最大残差法计算，介绍如下。

极差法：在对样本(x_i)进行 n 次独立观测，取 $R=x_{\max}-x_{\min}$，用 c 代表极差系数，与 n 有关，见表 1-17。一般 n 为 4～9。根据 n 查出 c，则有：

$$u=\frac{R}{c\sqrt{n}}$$

表 1-17　极差系数(c)及自由度(v)

n	2	3	4	5	6	7	8	9
c	1.13	1.64	2.06	2.33	2.53	2.70	2.85	2.97
v	0.9	1.8	2.7	3.6	4.5	5.3	6.0	6.8

最大残差法：在对样本(x_i)进行 n 次独立测量，如测量值与平均值之差中最大者为 $R_{\mathrm{m}}=$

$|x_{\max}-\bar{x}|$，c_m 为最大残差法系数，见表 1-18，则有：

$$u=\frac{1}{\sqrt{n}}c_m R_m=\frac{1}{\sqrt{n}}c_m|x_{\max}-\bar{x}|$$

表 1-18　最大残差法系数(c_m)及自由度(v)

n	2	3	4	5	6	7	8	9
c_m	1.77	1.02	0.83	0.74	0.68	0.64	0.61	0.59
v	0.9	1.8	2.7	3.6	4.4	5.0	5.6	6.2

例：独立测得铁矿石中铁的质量分数为：55.95，55.84，55.83，55.85，55.84，55.80，55.80，55.80 用不同方法计算 A 类标准不确定度。

解：贝塞尔法：

$$u=\frac{S}{\sqrt{n}}=\frac{0.0466}{\sqrt{8}}=0.017$$

最大残差法：

$$u=\frac{1}{\sqrt{8}}\times 0.61\times(55.95-55.80)=0.024$$

极差法：

$$u=\frac{R}{c\sqrt{n}}=\frac{55.95-55.80}{\sqrt{8}\times 2.85}=0.019$$

从自由度看最大残差法为 5.6，极差法为 6.0，贝塞尔法为 7，所以贝塞尔法计算不确定度可靠性高。

D　B 类不确定度的评定

B 类不确定度的评定是指用不同于对测量数据进行统计分析的方法进行评定得到的标准不确定度。即根据有关经验信息来评定，这些信息包括手册、资料给出的参考数据及不确定度，或技术文件中提供的准确度等级别，极限误差以及方法标准中给的重复性限 r 和再现性限 R 等。具体有以下方法：

(1) 已知置信区间和包含因子。已知被测量值 x_i 误差范围或不确定度区间为$[\bar{x}-a,\bar{x}+a]$即$[-a、+a]$，a 为置信区间半宽，并估计区间内被测量值的概率分布，再按置信水平 P 来估计包含因子 k，则 B 类标准不确定度 u 为：

$$u=\frac{a}{k}$$

常用分布 k 与 u 的关系见表 1-19。正态分布中 k 与 P 有关，而其他分布中设定 P 为 100%，化学分析中用的较多的是正态分布、三角分布和均匀分布。

表 1-19　常用分布 k 与 u 的关系及应用

分布类别	P/%	k	u	应　用
正　态	50	0.67		通常测量值不确定度用 $k=2$ 较多
	90	1.645		
	95.45	2	$a/2$	
	99	2.573		
	99.73	3	$a/3$	

续表 1-19

分布类别	$P/\%$	k	u	应　用
三角	100	$\sqrt{6}$	$a/\sqrt{6}$	容量瓶、移液管、滴定管，a 为示值允差
梯形(β=0.71)	100	$\sqrt{2}$	$a/\sqrt{2}$	
矩形(均匀)	100	$\sqrt{3}$	$a/\sqrt{3}$	天平称量，温度，往往在不知何分布时采用，如长度，纯物质等
反正弦	100	$\sqrt{2}$	$a/\sqrt{2}$	
两点	100	1	a	

(2) 已知扩展不确定度 U 和包含因子 k，则：

$$u=\frac{U}{k}$$

常用于标准物质，如重铬酸钾标准物质纯度为 99.987×10^{-2}，相对不确定度为 1×10^{-4}，按 95% 的概率 $k=2$，其标准不确定度 $u=\frac{1}{2}\times10^{-4}=5\times10^{-5}$。又如某基准物质纯度 99.99±0.01%，按均匀分布计算：$u=0.01/\sqrt{3}=0.0058\%$，其相对标准不确定度为 5.8×10^{-5}。

(3) 已知扩展不确定度 U 及置信水平 P 与有效自由度的 t 分布，则：

$$u=\frac{U}{t(v)}$$

常用于标准证书上，如砝码标准证书上给出实际质量为 $m=500.00078$ g，其扩展不确定度 $U_{95}=48$ mg，有效自由度 $v=35$。查 t 分布表，$t_{35}=2.03$，故有：

$$u=\frac{U_{95}}{t_{35}(v)}=\frac{48}{2.03}=24(\text{mg})$$

(4) 由重复性限或再现性限求不确定度。重复性限 r 或再现性限 R 的置信水准为 95%，按正态分布。对于测试方法而言，实验室内标准差 S_r 与 r 有如下关系：

$$r=2\sqrt{2}S_r=2.83S_r\text{，同样 }R=2\sqrt{2}S_R=2.83S_R$$

当无法计算测量结果的标准差时，可从 r 和 R 来估计其不确定度，则有：

$$u=r/2.83\quad\text{或}\quad u=R/2.83$$

B 类不确定度评定中既然与被测量值的概率分布有关，设 σ 为标准不确定度 u 的标准差，σ/u 为 u 的相对标准不确定度，即 $\frac{\sigma}{u}$ 为不确定度 u 的不确定度。在正态分布时，则自由度 v 与 u 和 σ 有如下关系：

$v\approx\frac{1}{2}\frac{u^2}{\sigma^2}\approx\frac{1}{2}\left[\frac{u}{\sigma}\right]^2\approx\frac{1}{2}\frac{1}{\left(\frac{\sigma}{u}\right)^2}$，按此式计算出的 v 列于表 1-20。如设 $\frac{\sigma}{u}\approx[2(n-1)]^{-\frac{1}{2}}$，则

计算表明 $n=10$ 时，$\frac{\sigma}{u}\approx[2\times(10-1)]^{-\frac{1}{2}}\approx0.24$，代入前式 $v=\frac{1}{2}\times\frac{1}{0.24^2}=8.7\approx10-1=n-1$，故通常 $v=n-1$。

表 1-20　σ/u 与 v 关系

σ/u	0	0.10	0.20	0.25	0.30	0.40	0.50
v	∞	50	12	8	6	3	2

所以自由度的大小直接与不确定度的可靠程度相关。如果不确定度是用来衡量结果的可靠程度,自由度则是用来衡量不确定度的可靠程度,上述公式不仅适用于正态分布,也适用于其他任何分布。B 类不确定度的评定不仅要设定概率分布,还要设定评定的可靠程度,这要靠经验的积累。

E 合成标准不确定度的评定

对于 $Q=f(x_1, x_2+\cdots+x_n)$,不确定度传播率公式其灵敏系数为 1 时,有:

$$u(q)=\sqrt{u_1^2+u_2^2+\cdots+u_n^2}$$

其函数关系为量的加减及量的乘除时,分别有:

如 $q=a\pm b\pm c$:

$$u=\sqrt{u_a^2+u_b^2+u_c^2} \quad u_{\mathrm{rel}}=\sqrt{u_{\mathrm{rel.}a}^2+u_{\mathrm{rel.}b}^2+u_{\mathrm{rel.}c}^2}$$

如 $q=\dfrac{ab}{cd^2}$,d^2 是平方项灵敏系数为 2,平方后系数为 4,则:

$$u_{\mathrm{rel}}=\sqrt{u_{\mathrm{rel.}a}^2+u_{\mathrm{rel.}b}^2+u_{\mathrm{rel.}c}^2+4u_{\mathrm{rel.}d}^2}$$

测量项多时,都可以通过相对标准不确定度来求出合成标准不确定度。

F 扩展不确定度的评定

扩展不确定度等于合成标准不确定度乘以包含因子:$U=ku$,结果表示成 $Q=q\pm U, k=2$ 等。

包含因子选择:正态分布 U_{95} $k=2$,U_{99} $k=3$;其他分布 U_{95} $k=1.65$,U_{99} $k=1.71$;如 t 分布则查 t 分布表,按自由度及置信度,如 $v=10$,$t_{95}=2.23$,$t_{99}=3.17$ 等。

G 评定不确定度的几个要点

评定不确定度的几个要点如下:

(1) 所有重要不确定度分量不能遗漏,否则不确定度过小。

(2) 不能重复评定,否则不确定度过大。

(3) 如仪器的测量有修正量应加入测得值,并依据规则剔除异常值,尤其不能让过失因素造成的异常数据进入计算中。

(4) 由于不确定度评定与人们对测量过程及影响因素的认识有关,所以会出现测量结果误差很小,由于认识不足,评定的不确定度可能较大,或相反,因此有必要时应对评定加以验证。

明确不确定度的评定后,为与误差概念相区别,将其对比见表 1-21。

表 1-21 测量误差与测量不确定度的主要区别

序 号	测 量 误 差	测量不确定度
1	有正号或负号的量值,其值为测量结果减去被测量的真值	无符号的参数,用标准差或标准差的倍数或置信区间的半宽表示
2	表明测量结果偏离真值	表明被测量值的分散性
3	客观存在,不以人的认识程度而改变	与人们对被测量、影响量及测量过程的认识有关
4	由于真值未知,往往不能准确得到,当用约定真值代替真值时,可以得到其估计值	可以由人们根据实验、资料、经验等信息进行评定,从而可以定量确定。评定方法有 A,B 两类
5	按性质可分为随机误差和系统误差两类,按定义随机误差和系统误差都是无穷多次测量情况下的理想概念	不确定度分量评定时一般不必区分其性质,若需要区分时应表述为:"由随机效应引入的不确定度分量"和"由系统效应引入的不确定度分量"
6	已知系统误差的估计值时可以对测量结果进行修正,得到已修正的测量结果	不能用不确定度对测量结果进行修正,在已修正测量结果的不确定度中应考虑修正不完善而引入的不确定度

H　示例

EDTA滴定法测定铁矿石中全铁量的不确定度评定

(1) 方法和测量参数概述

称取0.2500 g试料碱熔，移取碱熔母液25.00 mL（视含量而定）于500 mL三角瓶中，加浓硝酸1 mL，煮沸2 min，稍冷，加磺基水杨酸6滴，用1+1氨水中和至深紫色（此时pH约2～3），补加磺基水杨酸10滴，加pH=2.5缓冲溶液20 mL，以0.0100 mol/L EDTA标准溶液滴定至亮黄色为终点，根据EDTA的消耗量计算铁的含量，结果为55.95，55.84，55.84，55.84，55.84，55.84，55.80，55.80。

(2) 被测量值 w_{Fe} 与输入量的函数关系（数学模型）

$$w_{Fe}=TV$$

式中，T 为EDTA标准溶液对铁的滴定度，Fe%/mL；V 为滴定试样所消耗的EDTA标准溶液体积，mL。

滴定度的确定：称取和试样同质量，其含量与试样相近，同品种标样两份，按分析步骤操作。两份所消耗EDTA标准溶液的毫升数的极差值不超过0.05 mL，取其平均值。

EDTA标准溶液对铁的滴定度按下式计算：

$$T=\frac{X\%}{V_{标}}$$

式中，T 为EDTA标准溶液对铁的滴定度，Fe%/mL；X 为所代标样的质量分数，%；$V_{标}$ 为滴定标样所消耗的EDTA标准溶液体积的平均值，mL。

(3) 不确定度分量的识别

根据被测量值 w_{Fe} 与输入量的函数关系，铁量的测量不确定度与以下各分量有关：

1) 测量重复性的不确定度分量；

2) EDTA标准溶液浓度的不确定度分量；

3) 滴定度的不确定度分量；

4) 锌的摩尔质量的不确定度分量；

5) 称取试料及分取母液的不确定度分量。

(4) 测量不确定度分量的评定

评定的各项参数和各不确定度分量列于表1-22。

表1-22　量值及不确定度

项目	量值 x	标准不确定度 u	相对标准不确定度 u_{rel}
S	55.84%	0.017%	3.0×10^{-4}
c	0.010 mol/L		3.57×10^{-4}
V	25.27 mL	0.012 mL	4.64×10^{-4}
M_{Zn}	65.38 g/mol	0.0012 g/mol	1.8×10^{-5}
m	0.2500 g	0.116 mg	4.1×10^{-4}
w_{Fe}	55.84%	0.043%	7.75×10^{-4}

1) 测量结果重复性的不确定度

根据滴定所消耗重铬酸钾标准溶液的体积，可计算得8次独立测定的铁量分别为55.95%，55.84%，55.84%，55.84%，55.84%，55.84%，55.80%，55.80%。

其平均值为 $\bar{x}=55.84375\%$，标准偏差为 $S=0.0466$，标准不确定度为：

$$u(S)=\frac{S}{\sqrt{n}}=\frac{0.0466}{\sqrt{8}}=0.0166$$

相对标准不确定度为：

$$u_{rel}(S)=0.0166/55.84375=3.0\times10^{-4}$$

2）EDTA 标准溶液的不确定度分量

① Zn 标准溶液的配制

称取 0.6539 g 含量为 100±0.01%的 Zn 基准试剂于烧杯中用盐酸溶解，移入 1000 mL *A* 级容量瓶中，用水稀释至刻度，混匀。此 Zn 标准溶液浓度 $c=0.01000$ mol/L。

② Zn 含量的不确定度分量

已知 Zn 含量的变动性为 0.01%，按均匀分布其变动性的标准不确定度为：$u(c)_1=0.01/\sqrt{3}=0.00577\%$，$u_{rel}(c)_1=0.00577/100=5.8\times10^{-5}$。

③ 称取 Zn 时测量引起的不确定度

天平称量的误差为±0.1 mg，按均匀分布其误差的标准不确定度 $0.1/\sqrt{3}=0.058$ mg。称量需进行两次，两次测量的标准不确定度 $\sqrt{0.058^2\times2}$。天平称量重复性约 0.1 mg，按均匀分布处理，$0.1/\sqrt{3}=0.058$(mg)。称量标准不确定度为：

$$u(c)_2=\sqrt{0.058^2\times2+0.058^2}=0.10(\text{mg}),u_{rel}(c)_2=0.10/(2.4519\times1000)=4.1\times10^{-5}。$$

④ 稀释体积引起的不确定度

1000 mL *A* 级容量瓶的允许差±0.4 mL，按三角分布处理，其容量瓶误差的标准不确定度为 $0.4/\sqrt{6}=0.163$(mL)。溶液稀释的重复性误差约为 0.1 mL，按均匀分布处理，其标准不确定度为 $0.1/\sqrt{3}=0.058$(mL)。稀释体积引起的不确定度为：

$$u(c)_3=\sqrt{0.163^2+0.058^2}=0.18(\text{mL}),u_{rel}(c)_3=1.8\times10^{-4}$$

⑤ Zn 标准溶液的标准不确定度(各分量不相关)为：

$$u_{rel}(c)=\sqrt{u_{rel}^2(c)_1+u_{rel}^2(c)_2+u_{rel}^2(c)_3}=3.57\times10^{-4}$$

3）标定 EDTA 消耗 Zn 标准溶液体积引起的不确定度

用 25 mL *A* 级滴定管，滴定消耗(25.25，25.25，25.25，25.30)平均体积 25.27 mL，滴定管允许差为±0.025 mL，按三角分布估计，其标准不确定度为 $u(V)_1=0.025/\sqrt{6}=0.025/2.4495=0.010$(mL)。

又，用 Zn 标准溶液滴定，滴定时与标准溶液配制时有±2℃的温差。水的膨胀系数为 2.1×10^{-4}/℃，温差使溶液体积变化幅度有 $25.27\times2\times2.1\times10^{-4}=0.0106$(mL)，按均匀分布，误差引起滴定体积的相对标准不确定度为 $u(V)_2=0.0106/\sqrt{3}=0.00612$(mL)。

滴定体积的标准不确定度为：

$$u(V)=\sqrt{0.00612^2+0.01^2}=0.012(\text{mL}),u_{rel}(V)=0.012/25.27=4.64\times10^{-4}$$

4）Zn 摩尔质量的不确定度分量

Zn 的摩尔质量 65.38 g/mol，不确定度为±0.002 g/mol，按均匀分布估计，其标准不确定度为：

$$u(\text{Zn})=\frac{0.002}{\sqrt{3}}=0.0012(\text{g/mol}),u_{rel}(\text{Zn})=0.0012/65.38=1.8\times10^{-5}$$

5）称量的不确定度分量

称取 0.2500 g 样品，天平的允许差为±0.1 mg，按均匀分布处理，其标准不确定度为：$0.1/\sqrt{3}=0.058(\text{mg})$，称量需两次，称量重复性误差已包括在测量重复性误差中，不再重复评估。其相对不确定度为：

$$u_{\text{rel}}(m)=\frac{\sqrt{0.058^2\times 2}}{0.2000\times 1000}=4.1\times 10^{-4}$$

(5) 合成标准不确定度

各分量互不相关，合成标准不确定度为：

$$\begin{aligned}u_{\text{rel}}(w_{\text{Fe}})&=\sqrt{u_{\text{rel}}^2(S)+u_{\text{rel}}^2(c)+u_{\text{rel}}^2(V)+u_{\text{rel}}^2(M_{\text{Zn}})+u_{\text{rel}}^2(m)}\\&=\sqrt{(3\times 10^{-4})^2+(3.57\times 10^{-4})^2+(4.64\times 10^{-4})^2+(1.8\times 10^{-5})^2+(4.1\times 10^{-4})^2}\\&=7.75\times 10^{-4}\end{aligned}$$

$$u(w_{\text{Fe}})=55.844\times 7.75\times 10^{-4}=0.043\%$$

(6) 扩展不确定度评定

取 95%置信水平，$k=2$，$U=u(w_{\text{Fe}})\times 2=0.043\times 2=0.086\%$

(7) 不确定度报告

铁矿石中全铁含量的分析结果为(55.84±0.086)%，$k=2$

(8) 结果讨论

从不确定度分量可以看出，滴定法测定铁矿石中全铁含量不确定度贡献最大的是测量重复性的不确定度，其次是滴定时消耗 EDTA 标准溶液体积和称取铁矿石样品的不确定度，Zn 的摩尔质量的不确定度可以忽略不计。

1.5.2 测量结果的处理

1.5.2.1 *有效数字及修约*

A 正确记录数据

实验记录的数据不仅表明测量数值的大小，而且表明测量仪器的准确度。例如，用万分之一的分析天平称得某物质质量为 0.5180 g，它不仅表明物质的具体质量，而且也表明最后一位数字“0”不可靠，可能有上下一个单位的误差，即实际质量为 0.5180±0.0001 g 范围内的某一数值，此时称量的绝对误差为±0.0001 g，则相对误差为：

$$\frac{\pm 0.0001}{0.5180}\times 100\%=\pm 0.02\%$$

若将物质质量写成 0.518 g，则该物质实际质量将成为 0.518±0.001 g 范围内的某一数值，即称量绝对误差为±0.001 g，则相对误差为：

$$\frac{\pm 0.001}{0.518}\times 100\%=\pm 0.2\%$$

显然测量误差增大了 10 倍，这样降低了结果的准确度。若用粗天平称量物体，物体质量应记为 0.5 g，若写成 0.500 g，则夸大了准确度。又如滴定管读数，若为 20 mL 的体积，应记为 20.00 mL，若记为 20 mL，使读者认为是用量管粗略量取的，这样降低了测量准确度。

由此可见，在测量中记录的每一个数字都代表着一定的量，都是重要的，不能任意改变。

B 正确计算数据的意义

在计算数据时，有人认为保留的位数越多越准确，这样的想法是错误的，因为所计算的结果，不仅表明被测物质的含量大小，而且也表明是以怎样的准确度进行分析的。如果不适当地采用过多的数字或不适当地采用过少的数字，都会给读者一个错误的印象。例如，用万分之一的分析天平称量，用 50 mL 滴定管滴定，以下面三种形式报告结果：14.201012%，14%，14.2%，哪一种形式正确呢？

第一种形式不适当地采用了过多的位数，因为在测量中所用的仪器准确度达不到那么高，所以测不出这么多的位数，夸大了准确度。

第二种形式不适当地采用了过少的位数，使人以为分析过程中是用粗天平称量，量筒测量体积，减小了分析结果的准确度，同时也降低了分析结果的价值。

第三种形式数据正确地反映了测量准确度，是适宜的。

由此看出数据的正确记录和计算很重要。那么，如何做到正确地记录和计算呢？这就涉及有效数字及其运算问题。

C 有效数字及其运算

a 有效数字

有效数字是指测量时实际能测量到的数字，在这个数字中，除了最后一位数是不甚确定的外，其余各位数字都是确定的，它不仅表明一个数的大小，而且还反映出测量的准确度。

用仪器测量时，除了由仪器上的刻度读取准确数字外，还可以估计一位数字。如 50 mL 滴定管刻度只准确到 0.1 mL，读数时可估计到 0.01 mL，假设我们在滴定管中观察到液面位于 15.2 mL与 15.3 mL 之间，经估计，确定液体的体积是 15.25 mL。有效数字是四位，前三位数字是准确数字，后一位“5”是估计出来的，也可能是“4”，也可能是“6”，有±1 个单位的误差。“5”这个数是不甚确定的数，因此又称可疑数。

根据有效数字的定义，下列数据的有效数字的位数为：

1.0001	12345	五位有效数字
0.1000	10.00%	四位有效数字
0.0123	1.32×10^{-4}	三位有效数字
0.0040	12	二位有效数字
0.005	2×10^{-4}	一位有效数字
12000	1000	位数不能确定

数字中的“0”可以是有效数字，也可以不是有效数字，需根据具体情况而定：

(1) “0”在数字中间是有效数字，如 1.0001 其中三个“0”均为有效数字。

(2) 小数结尾的“0”为有效数字。如 0.1000，10.00%中小数点后的“0”均为有效数字。

(3) 以“0”开头的小数值，数字前面的“0”都不是有效数字。如 0.005，0.0123 其中的“0”都不是有效数字，因为它只起定位作用。这些“0”只与所取的单位有关与测量准确度无关。1.32×10^{-4}、2×10^{-4}中的 10^{-4}都是定位，不是有效数字。

(4) 以整数结尾的“0”，若写为 1200 是含糊不清的，难以确定几位有效数字。若写成 1.2×10^3 即为二位有效数字，若写成 1.20×10^3 即为三位有效数字。

b 有效数字的修约

在运算时，首先舍弃多余数字，一般以“四舍五入”为原则。但目前在分析化学中，采用“四舍六入五留双”法。

“四舍六入五留双”法是当数字的尾数≤4 时弃去，尾数≥6 时进位，若尾数 5 后有数则进位；若 5 后无数，而尾数＝5 时，当进位后得偶数则进位，弃去后得偶数则弃去。总保留尾数为偶数，故称五留双(其中“0”以偶数论)。例如，将下列数字分别修约为二位有效数时，3.14 应为3.1，7.55应为 7.6，7.45 应为 7.4，7.549 应为 7.5，7.58 应为 7.6，7.4501 应为 7.5。

“四舍六入五留双”法的最大优点是避免了数字偏向一边的倾向。

c　有效数字加减法

当几个数相加或相减时，它们的和或差只能保留一位不确定的数字。即有效数字的保留位数应以小数点后位数最少的数据为标准（或以绝对误差最大的那个数为标准）。

例如，将 38.58，0.127，1.3855，0.0024 四个数相加时，先确定有效数字保留的位数，按"四舍六入五留双法"弃去不必要的数字，然后再进行运算。在这四个数中，38.58 这个数的小数点后位数最少，只有两位，以此为准修约其他三个数，便得到 38.58＋0.13＋1.39＋0.00＝40.10。

d　有效数字的乘除法

当几个数相乘除时，所得的积或商的有效数字位数应以有效数字位数最少的那个数为标准（或以相对误差最大的数为标准）。

例如，2.318×0.0318×125.45 经修约可得到 2.32×0.0318×125＝9.22。

冶金分析中，根据方法所能达到的准确度一般报出结果位数是：含量≥10％者报四位，如15.00％，68.12％等；含量≥1％而＜10％者报三位，如 1.50％，8.93％等；含量＜1％者报二位，如0.25％，0.025％，0.0025％等。

1.5.2.2　可疑数据的取舍

在一系列的测定数据中，有时可能会出现一两个与其他数据相差较大的数据，此数据称为可疑值，又称异常值。在未发现有操作错误的情况下，不能轻易弃去。可疑值是保留还是舍去，应按一定的统计方法进行处理。

下面介绍几种检验可疑值取舍的方法：

A　Grubbs 法

本法是先将一组数据，从小到大排列为：

$$X_1, X_2, X_3, \cdots, X_{n-1}, X_n$$

其中，X_1 或 X_n 可能是可疑值，然后计算出该组数据的平均值和标准偏差，再根据统计量 T 进行判断，决定其取舍。

设 X_1 是可疑值，则算出 $T=\dfrac{\overline{X}-X_1}{S}$；或 X_n 是可疑值，则算出 $T=\dfrac{X_n-\overline{X}}{S}$。

查表 1-23，如计算出的 T 值大于或等于表中 T 值，可疑值应舍去，否则应保留。如在舍去 X_1 后，仍怀疑 X_2，可在舍去 X_1 的基础上重新算出 X 与 S，如上检验。该法计算麻烦，但是最合理而普遍使用的方法。

表 1-23　Grubbs 检验法 T 值表

测定次数 n	置信度		测定次数 n	置信度	
	95％	99％		95％	99％
3	1.15	1.15	11	2.23	2.48
4	1.46	1.49	12	2.29	2.55
5	1.67	1.75	13	2.33	2.61
6	1.82	1.94	14	2.37	2.66
7	1.94	2.10	15	2.41	2.71
8	2.03	2.22	16	2.44	2.75
9	2.11	2.32	18	2.50	2.82
10	2.18	2.41	20	2.56	2.88

例：测量某碱石灰的总碱度（Na_2O％）得结果如下：40.08，40.12，40.16，40.18，40.20，

40.28,试问40.28这数应否保留?(置信度为95%)

解:$X_n=40.28$,$\overline{X}=40.17$,$S=0.069(\%)$

代入 $T=\dfrac{X_n-\overline{X}}{S}=\dfrac{40.28-40.17}{0.069}=1.59$

查表1-23,$n=6$,置信度为95%时得 $T=1.82$,$1.59<1.82$,故40.28不能舍去,应保留。

B Q检验法

本法步骤为:

(1) 首先将各测量值由小到大依次排列,可疑值将在序列的开头或末尾出现,因而可将首项或末项作为可疑值检验。

(2) 找出可疑值与其近邻之差。若首项为可疑值,则为 X_2-X_1;如末项为可疑值,则为 X_n-X_{n-1},其中 X_1 为序列首项即最小值,X_2 为其近邻值,X_n 为序列末项最大值,X_{n-1} 为其近邻值。

(3) 求该组数据的极差即 X_n-X_1。

(4) 将极差 X_n-X_1,除可疑值与其邻近之差得 Q 值。

若 X_1 为可疑值,则算出 $Q=\dfrac{X_2-X_1}{X_n-X_1}$;若 X_n 为可疑值,则算出 $Q=\dfrac{X_n-X_{n-1}}{X_n-X_1}$。

查表1-24如计算出的 Q 值大于或等于表列值,则可疑值舍弃,否则应保留。

表1-24 舍弃商 Q 值表

置信度 \ 测定次数	3	4	5	6	7	8	9	10
90%	0.94	0.76	0.64	0.56	0.51	0.47	0.44	0.41
95%	1.53	1.05	0.86	0.76	0.69	0.64	0.60	0.58

例:分析样品Fe含量所得结果为43.67%,43.90%,43.94%,43.98%,44.08%,44.11%,用Q检验法检验43.67%是否应舍弃。(置信度为95%)

解:$X_1=43.67$,$X_2=43.90$,$X_6=44.11$,代入公式得:

$$Q=\frac{43.90-43.67}{44.11-43.67}=\frac{0.23}{0.44}=0.52$$

查表1-24,$n=6$,置信度为95%时,$Q=0.76$,$0.52<0.76$,故43.67%应保留,不舍去。

C $4\bar{d}$ 法

由误差的正态分布特性(图1-5)可知大于 3σ 的概率只有0.3%,所以当测量数据很少时,偏差大于 3σ 的测定值可看作离群值将其舍去。已知总体标准偏差 σ 与总体平均偏差 δ 的关系为 $\delta=0.80\sigma$,即 $3\sigma\approx4\delta$,在有限次测定时,用样本标准偏差 S 代替 σ,用样本平均偏差 $\bar{d}$ 代替 δ,则可将偏差大于 $4\bar{d}$ 的测定值舍弃,其方法是:

将可疑值除外,求其余测定值的平均值 $\bar{x}_{n-1}$ 和平均偏差 $\bar{d}_{n-1}$:若 $\dfrac{|可疑值-\bar{x}_{n-1}|}{\bar{d}_{n-1}}>4$,则将可疑值舍去,否则应予保留。此法简单,但不够严密。

D t 检验法

将分析数据的平均值与试样标准值(代表真值)进行比较,检验有无显著性差异,这种方法称为 t 检验法。由 $t=\dfrac{|\bar{x}-\mu|}{S}\sqrt{n}$,其中 μ 用标准值代替,则可算出 t 值,再用置信度95%时 $\alpha=0.05$ 和 $f=n-1$,查出 $t_{表}$ 值,如 $t>t_{表}$,则有显著差异,如 $t<t_{表}$ 则无显著性差异,也表明该分析方法无

系统误差。

如用于检查可疑值，只需看可疑值是否在 $\bar{x}\pm\frac{tS}{\sqrt{n}}$ 区间内，如在，则保留，不在区间内则剔除。

例：前例某碱碳的总碱度（$Na_2O\%$）的测量结果中，40.08，40.12，40.16，40.18，40.20，40.28，在置信度99%时，40.28应保留否？

解：$n=6$，$f=6-1=5$，$a=0.01$ 查表1-16，$t_{表}=4.03$，已知 $\bar{x}=40.17$，$S=0.069$ 则：

$t=\frac{40.28-40.17}{0.069}\times\sqrt{6}=3.91<t_{表}$，故应予保留。

习　题

1. 下列情况分别引起的是系统误差还是随机误差或是过失：
   (1) 砝码受损或被腐蚀；
   (2) 天平零点稍有变动；
   (3) 滴管读数最后一位数字读不准；
   (4) 试剂中含有微量被测组分；
   (5) 称量时样品吸收了微量水分；
   (6) 容量瓶体积未校准；
   (7) 溶样时发生外溅；
   (8) 控样检查连续5个值偏高；
   (9) 拿错控样使结果超标。
2. 用有效数字表示下列结果：
   (1) $213.64+4.4+0.3244$
   (2) $2.52\times4.10\times15.04/6.15\times104$
   (3) $51.0\times4.03\times10^{-4}/2.512\times0.002034$
3. 测定EDTA标准溶液浓度为：0.1045，0.1049，0.1050，0.1052(mol/L)，求结果的平均值、平均偏差、相对平均偏差、标准偏差、相对标准偏差。
4. 两位化验员分析结果分别为甲：14.8，14.9，15.1，15.4，15.5；乙：15.2，15.2，15.2，15.3，15.6，问甲乙之间有无显著性差别？
5. 甲方法测定试样8次，标准偏差0.25；乙方法测定同一试样5次，标准偏差为0.35，甲方法是否优于乙方法？
6. 如置信度为95%，使平均值的置信区间不超过 $\pm S$，$\pm 2S$，$\pm 3S$，分别至少应测定多少次？
7. 如4次测定结果为21.56，21.61，21.63，21.54，试用4d法检验最小值21.56是否可以舍去？
8. 铁矿中总铁量测定60.88，60.84，60.90，60.93，61.94，61.09，用Q检验法判断有无可疑值舍去？（置信度90%）
9. 电子天平称准到0.1 mg，滴定管读准到0.02 mL，为得到0.2%的准确度，应称量多少，滴定液又是多少？

2 重量分析法

2.1 重量分析法简介

2.1.1 基本原理

重量分析也称绝对分析，是通过称量物质的质量进行测定的。测定时，通常先用适当的方法，使被测组分与其他组分分离，然后称量，由称得质量计算该组分的含量。

根据被测组分与其他组分分离方法的不同，重量分析法分为以下3种方法：

(1) 沉淀法。利用沉淀反应使待测组分以难溶化合物的形式沉淀出来，再使之转化为称量形式称量。沉淀法是重量分析中最重要的方法，其大致步骤如下：

$$\text{试样}\xrightarrow{\text{溶解}}\text{试液}\xrightarrow{\text{沉淀}}\text{沉淀形式}\xrightarrow[\text{烘干或灼烧}]{\text{过滤、洗涤}}\text{称量形式}\xrightarrow{\text{恒量}}\text{计算被测组分的质量分数。}$$

这种方法是以沉淀反应为基础，将被测组分变成难溶化合物沉淀形式分离出来，经过滤、洗涤、灼烧(或干燥)、称量等步骤，最后计算出被测组分的质量分数。

(2) 气化法。试样通过加热或其他方法，使被测组分挥发逸出，根据试样减轻的质量，或将逸出气体通过吸收剂吸收，测其增加的质量，来计算该组分的质量分数。

(3) 电解重量法。试样通过电解，使被测组分在电极上析出，然后称出电极的质量，可计算出该组分的质量分数。

在上述方法中，由于沉淀重量法应用最多，涉及有关理论和操作技术也比较系统，通常所说的重量分析就是指这一种。

2.1.2 沉淀的溶解度及影响沉淀溶解度的因素

利用沉淀反应进行重量分析，要求沉淀反应尽可能进行得完全。沉淀反应是否完全，要根据沉淀溶解度的大小来衡量，溶解度越小，沉淀越完全。现结合沉淀反应的基本原理，进一步讨论沉淀的溶解度及其影响因素。

2.1.2.1 *沉淀的溶解度和溶度积*

沉淀的摩尔溶解度是指在一定温度下，难溶化合物的1L饱和溶液中所溶解的摩尔数。

沉淀物的溶解度大小，常常利用溶度积常数来进行计算。所谓溶度积常数就是指在一定温度下，难溶化合物在水中溶解并达到饱和状态时，组成沉淀的各离子浓度的乘积是一个常数值，简称为溶度积，以 K_{SP} 表示：

$$MA_{(\text{固})} \rightleftharpoons M^+ + A^-$$

$$\frac{[M^+][A^-]}{[MA]_{(\text{固})}} = K_{\text{常数}}$$

$$[M^+][A^-] = K_{SP}$$

对 $BaSO_4$ 的沉淀平衡为：

$$BaSO_{4(固)} \rightleftharpoons Ba^{2+} + SO_4^{2-}$$

$$K_{SP} = [Ba^{2+}][SO_4^{2-}]$$

显然,溶度积实际上是难溶化合物的沉淀或溶解平衡中的平衡常数。它代表物质的溶解能力大小。不同的难溶化合物有不同的溶度积,$BaSO_4$ 的 K_{SP} 为 1.1×10^{-10}。根据溶度积可计算出难溶化合物的溶解度。硫酸钡的溶解度以 S 表示:

$$S = [Ba^{2+}] = [SO_4^{2-}]$$

$$K_{SP} = [Ba^{2+}][SO_4^{2-}] = S^2$$

$$S = \sqrt{K_{SP}} = 1.05\times10^{-5} \quad (mol/L)$$

溶液中$[Ba^{2+}][SO_4^{2-}] < K_{SP}$时,称为不饱和溶液,沉淀不能生成。在此不饱和溶液中加入 $BaSO_4$ 固体时,则将继续溶解。

溶液中$[Ba^{2+}][SO_4^{2-}] > K_{SP}$时,称为过饱和溶液,这时有沉淀析出。

溶液中$[Ba^{2+}][SO_4^{2-}] = K_{SP}$时,称为饱和溶液,此时沉淀中离子处于平衡状态,沉淀析出与溶解速度相等,是动态平衡。

在 $BaSO_4$ 饱和溶液中加入$[Ba^{2+}]$或$[SO_4^{2-}]$,离子浓度乘积便超过了溶度积,平衡移向析出沉淀的方向,这时若$[Ba^{2+}]$越大,则$[SO_4^{2-}]$越小,反之亦然,因两者的浓度乘积为一常数。

2.1.2.2　影响沉淀溶解度的因素

影响沉淀溶解度的因素很多,如同离子效应、盐效应、酸效应、络合效应等。此外,温度、介质、沉淀的颗粒大小等,也对沉淀溶解度有影响。

A　同离子效应

重量分析通常要求沉淀在溶液中的损失量不应超过 0.0002 g(即小于分析天平的允许差),但是很多沉淀不能满足这个要求。如 $BaSO_4$ 的溶解度等于 1.05×10^{-5} mol/L,按沉淀体积为 500 mL计算,则由于沉淀不完全而引起的损失量为:

$$1.05\times10^{-5}\times233.4\times\frac{500}{1000}=0.0012(g)$$

可见 $BaSO_4$ 的实际损失量为允许量的 6 倍,显然是不符合重量分析的要求。为了使沉淀完全,向溶液中加入过量的沉淀剂,则沉淀的溶解度大大减少。例如,用 $BaCl_2$ 沉淀 SO_4^{2-},如果沉淀平衡时溶液中 $BaCl_2$ 的浓度为 0.01 mol/L,则 $BaSO_4$ 因溶解而损失的量为:

$$[SO_4^{2-}]=\frac{1.1\times10^{-10}}{0.01}=1.1\times10^{-8}(mol/L)$$

$$1.1\times10^{-8}\times233.4\times\frac{500}{1000}=0.0000012(g)$$

$BaSO_4$ 溶解度大大减少,损失量减少为千分之一。这就是实际工作中利用“同离子效应”即加大沉淀剂用量,使沉淀的损失量小至一般分析天平的允许称量误差,使被测组分沉淀完全。

B　盐效应

当溶液中有大量强电解质存在时,离子间互相吸引力增加,离子运动受到阻碍,离子与晶体表面碰撞的次数减少,沉淀的溶解度也将增加,这种由于加入了强电解质而增大溶解度的现象称为盐效应。

实验结果表明,在 KNO_3、$NaNO_3$ 等强电解质存在的情况下,$PbSO_4$、AgCl 的溶解度比在纯水中大,而且溶解度随这些强电解质的浓度增大而增大。

应该指出,如果沉淀本身的溶解度很小,如氢氧化物沉淀,则盐效应的影响实际上是非常小的，可以忽略不计。一般说来，只有当沉淀的溶解度本身就比较大，而溶液中强电解质的浓度较大时，才考虑盐效应的影响。

C 酸效应

溶液的酸度对沉淀溶解度的影响称为酸效应。

溶液的酸度对弱酸盐沉淀的溶解度影响极大，如 CaC_2O_4 沉淀在溶液中的平衡关系式：

$$CaC_2O_{4(固)} \rightleftharpoons Ca^{2+} + C_2O_4^{2-}$$

$$\downarrow\uparrow H^+$$

$$HC_2O_4^- \overset{H^+}{\rightleftharpoons} H_2C_2O_4$$

当增大酸度时，破坏了 CaC_2O_4 的沉淀平衡，沉淀向右方向进行，导致 CaC_2O_4 沉淀溶解度增大。所以这一类弱酸盐应在较低的酸度下进行沉淀。

强酸盐沉淀如 $BaSO_4$、AgCl，酸度对其影响不大，因为酸度变化时，溶液中强酸根离子的浓度无显著的变化。

D 络合效应

在进行沉淀反应中，若溶液存在能与金属离子生成可溶性络合物的络合剂，则反应向沉淀溶解的方向进行，影响沉淀的完全程度，甚至不产生沉淀，这种影响称为络合效应。例如，AgCl 沉淀的溶液中，加入氨水则生成银氨络离子 $[Ag(NH_3)_2]^+$，使 AgCl 沉淀的溶解度增大。AgCl 在 0.01 mol/L 氨水中沉淀的溶解度比在纯水中溶解度大 40 倍。

E 温度对沉淀的影响

沉淀的溶解过程，绝大部分是吸热反应，因此沉淀的溶解度一般随温度上升而增大，沉淀的性质不同，其影响程度也不一样。

影响溶解度的其他因素，如溶剂的影响、沉淀颗粒大小的影响、形成胶体溶液的影响等，都应在分离过程中注意沉淀条件的选择，采用有效措施，以减少沉淀的损失。

2.1.3 沉淀的条件及对沉淀的要求

2.1.3.1 沉淀的形状

在定量测定中，为了获得准确的分析结果，要求被测组分沉淀要完全、纯净、易于过滤和洗涤。因此应根据沉淀类型的不同，选择最合适的沉淀条件。实验证明，大多数沉淀在不同条件下可形成晶形或无定形两种状态。沉淀成为哪一种状态主要由其生成沉淀时的速度决定，即由聚集速度与定向速度来决定。

在沉淀形成过程中，溶液中的离子以较大的速度互相结合成小晶核，这种作用速度称聚集速度。与此同时又以静电引力使离子按一定顺序排列于晶格内，这种作用速度称为定向速度。当聚集速度大于定向速度时，离子很快聚集起来形成晶核，但却又来不及按一定的顺序排列于晶格内，因此得到的是无定形沉淀。如 $Fe_2O_3 \cdot nH_2O$ 等。反之，当聚集速度小于定向速度时，离子聚集成晶核的速度慢，因此晶核的数量就少，相应地溶液中的离子的数量就多，此时就有足够的离子按一定的顺序排列于晶格内，使晶体长大，这时得到的是晶形沉淀，如 $BaSO_4$ 等。由此可见，沉淀的条件不同，所获得的沉淀的形状也不同。

2.1.3.2 形成晶形沉淀的条件

许多晶形沉淀如 $BaSO_4$、CaC_2O_4 等，容易形成能穿过滤纸的微小结晶，因此必须创造生成较大晶形的条件，这就必须使生成结晶核的速度慢，而晶体成长的速度快，为此必须创造以下条件：

(1) 沉淀要在适当稀的溶液中进行。在沉淀形成过程中,溶液的过饱和度不至于太大,有利于降低结晶核生成的速度,容易形成较大的晶体颗粒。

(2) 在不断搅拌的情况下,慢慢加入沉淀剂,尤其是在开始时,要避免溶液局部形成过饱和的溶液,生成过多的结晶核。

(3) 要在热溶液中进行沉淀,因为在热溶液中沉淀的溶解度一般都增大,这样可使溶液的过饱和度相对降低,从而使晶核生成得较少,同时在较高的温度下,晶体吸附的杂质量也较少。

(4)过滤前进行"陈化"处理。在生成晶形沉淀时,有时并非立刻沉淀完全,而是需要一定的时间,此时小晶体逐渐溶解,大晶体继续成长,这个过程称"陈化"作用。陈化作用的发生是由于小晶体的溶解度比大晶体的溶解度大。在同一溶液中,对小晶体是饱和溶液,而对大晶体即为过饱和溶液,这时就会有沉淀在大晶体表面上析出,同时溶液对小晶体又变为不饱和的,于是小晶体继续溶解。由于小晶体不断溶解,大晶体不断的成长,如此反复进行,使沉淀转化为便于过滤和洗涤的大颗粒晶体。

陈化时,晶体重新排列,被吸附和夹杂的部分杂质释放出来,不再结合在晶体中,同时又由于晶体颗粒长大,总表面积变小,吸附杂质的量相应减少,使沉淀更为纯净。加热和搅拌可加速陈化作用,缩短陈化时间。

2.1.3.3 形成无定形沉淀的条件

首先要注意避免形成胶体溶液,其次要使沉淀形成较为紧密的形状,以减少吸附。因此必须创造以下条件:

(1) 热溶液中进行,既可防止形成胶体溶液,又可减少杂质的吸附量。

(2) 加入电解质(如挥发性的铵盐等)作凝结剂破坏胶体溶液。

(3) 在浓溶液中,迅速加入沉淀剂并不断搅拌可促使微粒凝聚。

(4) 沉淀后用热水冲稀。在浓溶液中杂质浓度较大,会增加杂质吸附量。因此,沉淀后立即加入热水充分搅拌,使被吸附的杂质离子离开沉淀表面转入溶液中。

(5) 冲稀后立即过滤,因为这类沉淀不需要陈化,在冷溶液中陈化反而会增加杂质的吸附量,而且趁热过滤可以加快过滤速度。

2.1.3.4 对沉淀形式的要求

对沉淀形式的要求如下:

(1) 沉淀形式应具有最小的溶解度。实验证明,对一一离子型的电解质如 $BaSO_4$ 或 AgCl 等,其 K_{SP}不大于 10^{-8},在实用上可以认为沉淀完全。

(2) 沉淀形式应当尽可能具有便于过滤和洗去杂质的结构,颗粒较大的晶形沉淀比同质量的小颗粒沉淀具有较小的总表面积,易于洗涤。

(3) 沉淀形式应当容易转变为称量形式。

2.1.3.5 对称量形式的要求

对称量形式的要求如下:

(1) 称量形式的组成必须与化学式完全符合。在重量分析中得到的沉淀,有时不能完全符合这一要求。如氢氧化铁沉淀的组成与化学式 $Fe(OH)_3$ 是不符合的,沉淀中所含水分,随着沉淀条件的不同而改变。因此最好用 $Fe_2O_3 \cdot nH_2O$ 来表示它。但当加热灼烧时,氢氧化铁失去水分成为组成一定的、与化学式 Fe_2O_3 完全符合的氧化铁。

(2) 要稳定。也就是说称量形式应该不易吸收空气中的水分和二氧化碳，不易被空气中的氧所氧化。

(3) 称量形式的分子量要尽可能大，而被测组分在称量形式中的含量应尽可能小。

例：测定铬含量，以哪种称量形式（Cr_2O_3 或 $BaCrO_4$）称量可得较小误差？

称量形式：Cr_2O_3

在 152 mgCr_2O_3 中含有 104 mgCr

在 1 mgCr_2O_3 中含有：

$$Cr=\frac{104}{152}=0.7(mg)$$

称量形式：$BaCrO_4$

在 253.4 mg$BaCrO_4$ 中含有 52 mgCr

在 1mg$BaCrO_4$ 中含有：

$$Cr=\frac{52}{253.4}=0.2(mg)$$

从上面两例的计算中可知，以 $BaCrO_4$ 称量形式称量可得较小的误差。

2.1.3.6 沉淀剂的选择

选择沉淀剂的原则如下：

(1) 沉淀剂应为易挥发或易分解的物质，在灼烧时可自沉淀中将其除去。

(2) 沉淀剂应具有选择性。目前广泛应用有机沉淀剂，因为它具有较大的分子量和较高的选择性，形成的沉淀具有较小的溶解度，并具有鲜艳的颜色和便于洗涤的结构，其所形成的沉淀只需烘干即可称量。

丁二酮肟是选择性较高的沉淀剂，在金属离子中，只有 Ni^{2+}、Pd^{2+}、Pt^{2+}、Fe^{2+} 能与它生成沉淀。在氨性溶液中，丁二酮肟与 Ni^{2+} 生成鲜红色的螯合物沉淀，沉淀组成恒定，可烘干后直接称量，常用于重量法测定镍。

2.2 沉淀重量法的基本操作

重量分析的基本操作包括样品溶解、沉淀、过滤、洗涤、干燥或灼烧、称量等步骤。简要介绍如下。

2.2.1 沉淀的过滤和洗涤

过滤和洗涤的目的是将沉淀与母液分离。过滤通常是通过滤纸进行。具体操作如下。

2.2.1.1 滤纸的选择

滤纸分定性滤纸和定量滤纸两种。重量分析中常用定量滤纸（或称无灰滤纸）进行过滤。定量滤纸灼烧后灰分极少，其质量可忽略不计，如果灰分较重，应扣除空白。定量滤纸一般为圆形，按直径分有 7 cm、9 cm、11 cm、12.5 cm 等几种，按滤纸孔隙大小分为“快速”、“中速”和“慢速”三种。根据沉淀的性质选择合适的滤纸，如 $BaSO_4$、$CaC_2O_4\cdot 2H_2O$ 等细晶形沉淀，应选用“慢速”滤纸过滤；$Fe_2O_3\cdot nH_2O$ 为胶状沉淀，应选用“快速”滤纸过滤；$MgNH_4PO_4$ 等粗晶形沉淀，应选用“中速”滤纸过滤。根据沉淀量的多少，选择滤纸的大小。表 2-1 为北京滤纸厂生产的滤纸规格。

表 2-1　滤纸的规格

编　号	102	103	105	120	127	209	211	214
类　别	定　量　滤　纸				定　性　滤　纸			
灰　分	0.02 mg/张		0.2 mg/张					
滤　速 /s·(100 mL)$^{-1}$	60～100	100～160	160～200	200～240	60～100	100～160	160～200	200～240
滤纸区别	快速	中速	慢速	慢速	快速	中速	慢速	慢速
色带标志	白	蓝	红	橙	白	蓝	红	橙

2.2.1.2　漏斗

用于重量分析的漏斗应该是长颈漏斗，颈长为 15～20 cm，漏斗锥体角为 60°，颈的直径要小些，一般为 3～5 mm，以便在颈内容易保留水柱，出口处磨成 45°角，如图 2-1 所示。漏斗在使用前应洗净。

2.2.1.3　滤纸的折叠

折叠滤纸的手要干净。滤纸的折叠如图 2-2 所示。

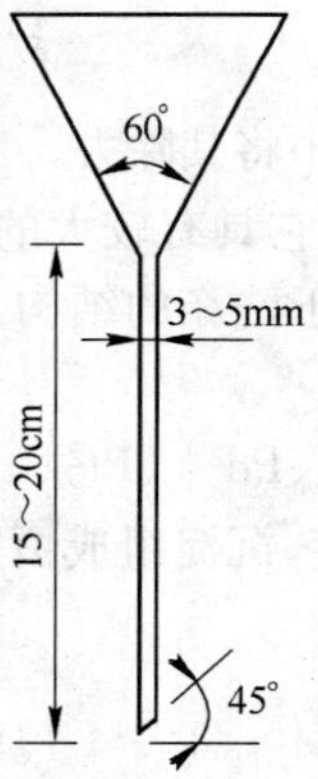

图 2-1　漏斗

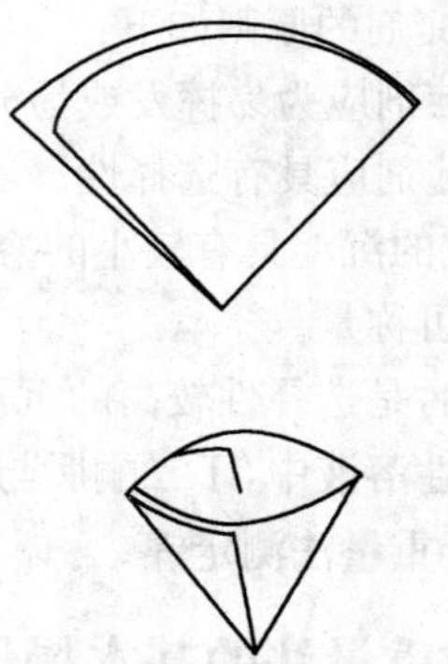

图 2-2　滤纸的折叠

先把滤纸对折并按紧一半，然后再对折但不要按紧，把折成圆锥形的滤纸放入漏斗中，滤纸应低于漏斗边缘 0.5～1 cm 左右，若高出漏斗边缘，可剪去一圈。观察折好的滤纸是否能与漏斗内壁紧密贴合，若未贴合紧密可以适当改变滤纸的折叠角度，直至与漏斗贴紧后把第二次的折边折紧，取出圆锥形滤纸，将半边为三层滤纸的外层折角撕下一块，这样可以使内层滤纸紧密贴在漏斗内壁上。撕下的那一小块滤纸保留作擦拭烧杯内残留的沉淀用。

2.2.1.4　做水柱

滤纸放入漏斗后，用手按紧使之密合，然后加水润湿全部滤纸。用手指轻压滤纸赶去滤纸与漏斗壁间的气泡，然后加水至滤纸边缘。此时漏斗颈内应全部充满水，形成水柱。滤纸上的水已全部流尽后，漏斗颈内的水柱应仍能保住。这样，由于液体的重力可起抽滤作用。加快过滤速度。

若水柱做不成,可用手指堵住漏斗下口,稍掀起滤纸的一边,向滤纸和漏斗间的空隙内加水,直到漏斗颈及锥体的一部分被水充满,然后边按紧滤纸边慢慢松开下面堵住出口的手指,此时水柱应该形成。如仍不能形成水柱,或水柱不能保持,应更换漏斗。

2.2.1.5 倾泻法过滤和洗涤

过滤一般分三个阶段进行。第一阶段采用倾泻法把尽可能多的清液过滤过去,并将烧杯中的沉淀作初步洗涤。第二个阶段把沉淀转移到漏斗上。第三个阶段清洗烧杯和洗涤漏斗上的沉淀。

首先要强调,过滤和洗涤一定要一次完成,因此必须事先计划好时间,不能间断,特别是过滤胶状沉淀。

过滤时,为了避免沉淀堵塞滤纸的空隙,影响过滤速度,一般多采用倾泻法过滤,即倾斜静置烧杯,待沉淀下降后,先将上层清液倾入漏斗中,而不是一开始过滤就将沉淀和溶液搅混后过滤。

过滤操作如图 2-3 所示。将烧杯移到漏斗上方,轻轻提取玻璃棒,将玻璃棒下端轻碰一下烧杯壁使悬挂的液滴流回烧杯中,将烧杯嘴与玻璃棒贴紧,玻璃棒直立,下端接近三层滤纸的一边,慢慢倾斜烧杯,使上层清液沿玻璃棒流入漏斗中,漏斗中的液面不要超过滤纸高度的 2/3,或使液面离滤纸上边缘约 5 mm,以免少量沉淀因毛细管作用越过滤纸上缘,造成损失。

在上层清液倾注完了以后,在烧杯中做初步洗涤。选用什么洗涤液洗涤沉淀,应根据沉淀的类型而定:

(1) 晶形沉淀,可用冷的稀的沉淀剂进行洗涤,由于同离子效应,可以减少沉淀的溶解损失。但是如沉淀剂为不挥发的物质,就不能用作洗涤液,此时可改用蒸馏水或其他合适的溶液洗涤沉淀。

(2) 无定形沉淀,用热的电解质溶液作洗涤剂,以防止产生胶溶现象,大多采用易挥发的铵盐溶液作洗涤剂。

(3) 对于溶解度较大的沉淀,采用沉淀剂加有机溶剂洗涤沉淀,可降低其溶解度。

沉淀用倾泻法洗涤后,在盛有沉淀的烧杯中加入少量洗涤液搅拌混合,全部倾入漏斗中,如此重复 2～3 次,然后将玻璃棒横放在烧杯口上,玻璃棒下端比烧杯口长出 2～3 cm,左手食指按住玻璃棒,大拇指在前其余手指在后拿住烧杯,放在漏斗上方,倾斜烧杯使玻璃棒仍指向三层滤纸一边,冲洗烧杯壁上附着的沉淀,使之全部转移入漏斗中,如图 2-4 所示。用带胶管的玻璃棒擦拭烧杯上的沉淀,然后洗净带胶管的玻璃棒,再冲洗烧杯 2～3 次。

沉淀全部转移到滤纸上后,应由滤纸边缘稍下一些地方螺旋形向下移动冲洗沉淀如图 2-5

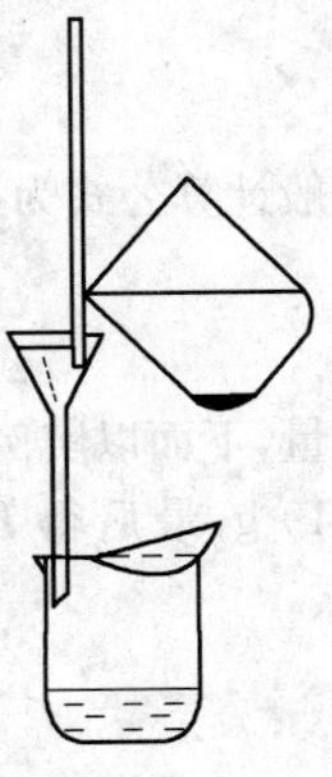

图 2-3 倾泻法过滤

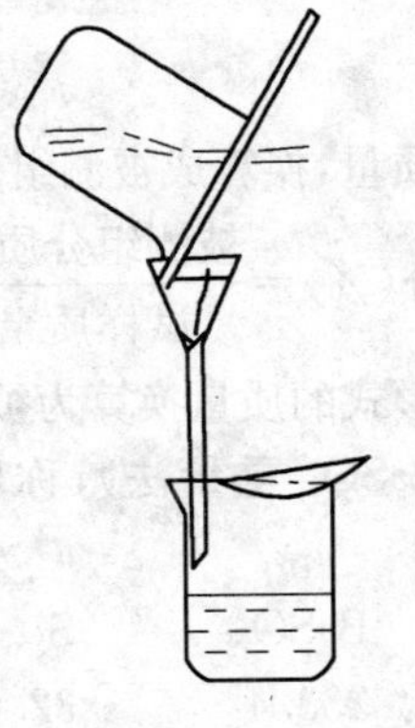

图 2-4 最后少量沉淀的冲洗

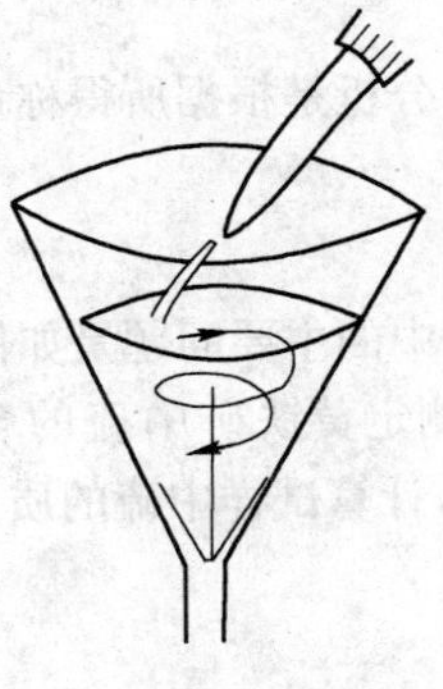

图 2-5 沉淀的洗涤

所示。这样可使沉淀集中到滤纸锥体的底部，切不可将洗涤液直接冲到滤纸中央沉淀上，以免沉淀外溅。每次加少量洗涤液，洗后尽量沥干，再加第二次洗涤液，这样可提高洗涤效率。洗涤次数一般都有规定。例如洗涤 8～10 次，或规定洗至流出液无 Cl^- 离子为止等。

2.2.2　干燥和灼烧

过滤、洗涤的沉淀物，须经烘干或灼烧，烘干或灼烧都是为了除去沉淀中的水分子和挥发性物质，使之成为组成固定的称量形式。究竟采用灼烧或采用烘干的方法，这主要决定于沉淀的化学性质和操作要求。高温灼烧法的操作如下。

2.2.2.1　坩埚的准备

先将瓷坩埚或铂坩埚用稀盐酸煮沸 30 min 左右，取出用水洗净、烘干（瓷坩埚可用含 Fe^{3+} 或 Co^{2+} 的蓝墨水在坩埚外壁上编号），然后放入高温电炉，在所需温度（与灼烧沉淀的温度一致）下，灼烧 0.5 h，将坩埚移入干燥器中，冷却至室温。取出称量。随后进行第二次灼烧，约15～20 min，冷却和称量。如果前后两次质量之差不大于 0.2 mg，即可认为坩埚已达恒量，否则还需再灼烧，直至恒量为止。

2.2.2.2　沉淀的干燥和灼烧

坩埚准备好后，将滤纸和沉淀从漏斗中取出，折卷成小包，把沉淀折卷在里面，并放入恒量的坩埚内，使滤纸层较多的一边向上，而后将坩埚置于电热板（铂坩埚不能与炉丝直接接触）上烘干、碳化，转入高温电炉中灼烧，然后移入干燥器中，待冷至室温后称量，直至恒量。第一次灼烧一般为 30～45 min，第二、三次灼烧可减至 15～20 min。

2.2.3　重量分析的称量和计算

2.2.3.1　称量

重量分析要求称量准确，沉淀称量物要求在称量时误差小于 0.0002 g，因此称量多使用微量天平，一般也要万分之一的电光天平来称量。

称量方法有两种：

(1) 直接称量法。对于不易潮解或不易与空气中各组分作用的物质，可以把灼烧后的沉淀放在天平盘上直接进行称量。这种方法的优点是称量快。

(2) 差减法。预先称取玻璃坩埚或坩埚质量，然后再称取放入经烘干或灼烧后的沉淀物的质量，两次称量的差就是沉淀称量物的质量。由称量物质量换算为被测组分的质量分数。

2.2.3.2　重量分析结果的计算

重量分析是根据所得称量形式的质量，换算成被测组分的含量，一般计算公式为：

$$\text{被测组分}(\%)=\frac{\text{被测组分质量}}{\text{试样质量}}\times 100$$

计算中的主要问题是如何将称量形式的质量换算为被测组分的质量，下面以实例来说明。

例：测定黄铁矿中硫的含量（用 $BaSO_4$ 重量法），称取试样 0.1819 g，最后得 $BaSO_4$ 沉淀 0.4821 g，计算试样中硫的质量分数。

解：

$BaSO_4$	S
233.4	32.06
0.4821	x

$$x=\frac{32.06\times 0.4821}{233.4}=0.0662(\mathrm{g})$$

已知 $BaSO_4$ 沉淀中硫的质量，所以试样中硫的质量分数为：

$$硫的质量分数(\%)=\frac{硫质量}{试样质量}\times 100=\frac{0.0662}{0.1819}\times 100=36.39$$

上例说明被测物硫的质量是由沉淀称量形式的质量乘以被测组分的式量与称量形式式量之比：

$$\frac{硫的相对原子质量}{硫酸钡的相对分子质量}=\frac{32.06}{233.4}=0.1374$$

这个比值称为换算因数。上式的比值是硫酸钡对硫的换算因数。

因此根据 $BaSO_4$ 沉淀的质量和 $BaSO_4$ 对 S 的换算因数，就可以计算出试样中硫的质量分数：

$$硫的质量分数(\%)=\frac{硫酸钡质量\times\dfrac{硫的相对原子质量}{硫酸钡的相对分子质量}}{试样质量}\times 100$$

在计算“换算因数”或“化学因数”时，在被测定组分的相对原子质量（或相对分子质量）或称量形式的相对分子质量上必须乘以适当的数字，使分子分母中某一元素的原子数目相等。换算因数一般都可以在分析化学手册中查到。

例：计算称量形式为 $Mg_2P_2O_7$，被测组分的形式为 P 的换算因数。

解：1 mol 的 $Mg_2P_2O_7$ 相当于 2 mol 的 P，换算因数为：

$$\frac{2\mathrm{P}}{Mg_2P_2O_7}=\frac{2\times 30.97}{222.54}=0.2783$$

2.3 应用实例

重量分析法直接用分析天平称量而获得分析结果，不需要标准物质或基准物质进行比较。如果分析方法可靠，操作细心，对于含量在 1% 以上的常量组分的测定，可获得很准确的分析结果，其相对误差约为 0.1%～0.2%，若采用有机沉淀剂和分离富集等方法，也适用于微量和痕量组分的测定。在冶金分析中，碳、硅、硫、磷、钨，钼、镍等元素的日常分析和仲裁分析，常采用重量分析法。在标准物质分析中，重量分析法为必须采用的分析方法。

重量分析法的主要缺点是操作繁琐，分析周期长，灵敏度低。因此在日常分析中已逐渐被其他简便、快速的分析方法所取代。

2.3.1 钢中硅的测定

硅在钢中主要以 Fe_2Si、FeSi 或更复杂的化合物 FeMnSi 的形式存在，也有少部分硅酸盐状态的夹杂物，在高碳硅钢中可能有少量 SiC 形成。

2.3.1.1 测定方法

测定硅最通常的方法是重量法和比色法。比色法快速、准确，应用广泛；在高硅试样以及仲裁分析和标准物质分析中往往采用重量法。

重量法测定硅是将试样以强酸分解后，在较高温度下使硅酸脱水、过滤、洗涤并灼烧沉淀，为了得到纯净的硅酸质量，沉淀须用氢氟酸处理。

重量法测定硅的关键，在于脱水是否完全。一般脱水在硫酸、盐酸或高氯酸中进行，也有用动物胶使硅酸凝聚的方法。使用高氯酸脱水最为方便，一次脱水即可。在分析高含量硅（2%以上）时，无论用盐酸、硫酸或高氯酸进行一次脱水，其结果均稍偏低。因此，在特别精确分析时应为二次脱水。硅在高氯酸中脱水时，锡、锑、铌、钽、钨等与硅酸同时被沉淀。

硅酸的洗涤，以用盐酸溶液（5＋95）洗涤沉淀转入溶液中的硅酸量最少，同时又防止盐类的水解作用。因此，先用热盐酸（5＋95）洗涤至无铁离子，再用热水洗涤。

灼烧时，必须待滤纸完全灰化后，才可进一步灼烧。否则，在灼烧时，SiO_2 与碳反应生成 SiC（黑色），致使长时间灼烧也不可能把碳除去。

从实验得知 1000℃以上硅酸完全失水，在 1100℃灼烧出的硅酸吸湿性很小。从实际应用考虑，常规分析中用 950～1000℃灼烧 SiO_2 沉淀。

经高温灼烧后与二氧化硅伴随在一起的有铁等金属氧化物，须用氢氟酸和硫酸处理。在处理时 SiO_2 以 SiF_4 的形式挥发掉：

$$SiO_2 + 4HF = SiF_4\uparrow + 2H_2O$$

而在沉淀中所有杂质将以相应的金属硫酸盐形式存在，再灼烧它们转变为氧化物。处理前后的质量差值即为纯净二氧化硅的质量。

加入硫酸是为了防止氟化硅水解为不挥发性的化合物：

$$3SiF_4 + 4H_2O = 2H_2SiF_6 + Si(OH)_4$$

或：

$$SiF_4 + 2HF = H_2SiF_6$$

也防止硅酸中夹杂的金属氧化物形成相应的氟化物：

$$Fe_2O_3 + 6HF = 2FeF_3 + 3H_2O$$

氟和硼的存在对测定有干扰。硼可与 SiO_2 共沉淀，用 $HF\text{-}H_2SO_4$ 处理 SiO_2 沉淀时，硼也呈 BF_3 而挥发。氟的影响一般加入硼砂使生成 BF_3 除去，而硼可用甲醇使之生成 $B(OCH_3)_3$ 蒸发逸出。

钨、钼部分地与硅酸一起析出，灼烧硅酸沉淀应在 1000～1100℃下，灼烧 2 h，让大量 WO_3、MoO_3 挥发除去，处理后的残渣，灼烧温度保持在 750～800℃为宜，此时 WO_3、MoO_3 不致损失。锡、锑等易水解与硅酸一起沉淀，在用 $HF\text{-}H_2SO_4$ 处理时，也易挥发，故干扰硅的测定，可在溶解试样时加氢溴酸蒸发除去。

方法要点：测定钢中硅时试样用酸分解，蒸发至高氯酸冒烟，使硅酸脱水转变成难溶性的硅酸凝胶，用热水溶解盐类，经过滤、洗涤后灼烧成二氧化硅，称量，求出硅的质量分数。

2.3.1.2　分析步骤

称取试样 1.0000 g（按含量高低酌量增减），置于 250 mL 烧杯中，分次加 30～50 mL 硝盐混酸（HNO_3＋HCl 为 1＋1），盖好表面皿，加热至冒高氯酸白烟，沿杯壁回流 15～20 min。稍冷，加 150 mL 热水，加热搅拌至盐类溶解，立即用快速滤纸加少许纸浆过滤，用带橡皮头的玻璃棒将杯壁擦净，用热盐酸（5＋95）洗涤烧杯 3～5 次、沉淀 5～7 次至无铁离子（用硫氰化铵溶液检查），并用热水洗涤 5～6 次，将沉淀连同滤纸放入洁净的铂坩埚中，于低温炭化后放入高温炉中，在 950～1000℃灼烧 30 min，取出置于干燥器中，冷却到室温，称量。记下质量 m_1，然后于铂坩埚中滴加硫酸（1＋1）数滴润湿沉淀，加 1～3 mL 氢氟酸（40%），加热并蒸发至三氧化硫白烟冒干，再放入 950℃以上的高温炉中灼烧 15～20 min（如试样含钨、钼，灼烧温度应为 750～850℃）取出坩埚，置于干燥器中冷却至室温，称量 m_2。

试样中硅含量的计算：

$$Si(\%)=\frac{(m_1-m_2)\times 0.4674}{m}\times 100$$

式中，m_1 为不纯二氧化硅与铂坩埚质量，g；m_2 为挥散后的残渣与铂坩埚质量，g；m 为试样量，g；0.4674 为二氧化硅换算成硅的系数。

2.3.1.3 注意事项

注意事项如下：

(1) 随带试剂空白，并从结果中减去空白值。

(2) 精确分析时，应将滤液蒸发至冒高氯酸浓厚白烟 10～15 min 后，再按上述过滤、洗涤操作重复一次，将两次沉淀连同滤纸合并炭化。

(3) 炭化时应于低温充分炭化后，方可置于高温炉中，在有足够的氧气下进行灼烧，否则易损坏铂坩埚。为了防止损坏铂坩埚，也可将沉淀放入瓷坩埚中灼烧后，移入恒量过的铂坩埚中称量，再进行挥散。

(4) 铂坩埚不能直接放在电炉上加热，以免接触炉丝，使之变为低熔点的合金而损坏铂坩埚，为了防止铂坩埚污染，一般将其放在垫有少量石棉板的瓷坩埚中使用。

(5) 高铬钢也可用盐酸(1＋1)分解，滴加过氧化氢(30%)氧化，或以不同比例的盐酸—硝酸混合酸溶解。

2.3.2 钢中镍的测定

镍在钢中主要以固溶体和碳化物状态存在。钢中镍的含量为千分之几到百分之几十。普通碳素钢中的含镍量在 0.3%以下，主要是由废钢中带入的。含镍在 0.8%以上的钢称为镍钢。

由于镍在钢中并不形成稳定的化合物，所以大多数含镍钢和合金钢都可溶于酸中。溶解低镍钢可用硝酸(1＋3)或盐酸(1＋1)；高镍钢用稀硝酸；高镍铬钢用盐硝混合酸或高氯酸，而镍铬钼钢用 $H_2O_2+HF+HCl(4+2+1)$ 的混合酸，在常温下溶解。

2.3.2.1 测定方法

镍的测定方法通常有丁二酮肟重量法、容量法、丁二酮肟光度法等。

在重量法中，能作为镍的沉淀剂较多，如有二甲基乙二酮肟(简称丁二酮肟)、4-甲基二酮二肟、7-二酮二肟及 4-异丙基二酮二肟等，后三种试剂优点甚多，但无商品试剂出售。因此，在所有测定镍的试剂中仍以丁二酮肟为最常用，以丁二酮肟重量法为最重要。

丁二酮肟重量法是利用丁二酮肟在氨性溶液中，可与 Ni^{2+} 作用，生成丁二酮肟镍的红色沉淀，进行重量法测定。丁二酮肟与 Ni^{2+} 的反应式如下：

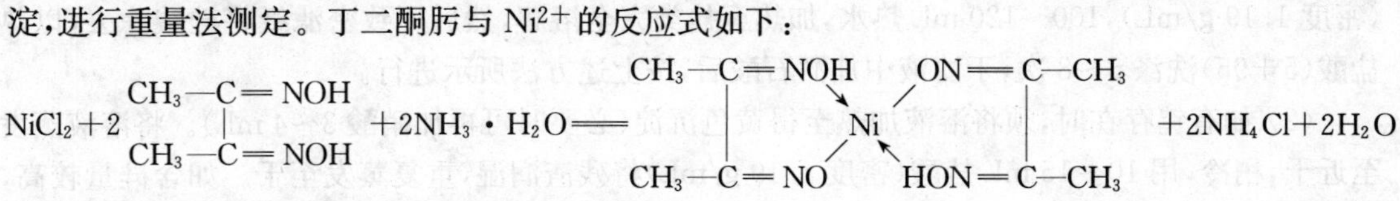

镍的沉淀 pH 值要在 7.5 以上，不超过 10.2。

主要干扰元素为铁、铜、钴。在碱性介质中，Fe^{2+} 能与丁二酮肟生成沉淀，干扰测定，应预先用硝酸将 Fe^{2+} 氧化为 Fe^{3+}。

为了防止在氨性溶液中所存在的铁、锰、铬、铝和其他元素的共沉淀，须加入柠檬酸或酒石酸

(或酒石酸钾钠)、焦磷酸钠等隐蔽剂,使与之生成可溶性络合物,不再影响镍的测定。

铜与镍发生共沉淀并消耗沉淀剂的用量,发生共沉淀的情况在室温时更严重;为避免铜的干扰,除加入过量丁二酮肟试剂外,沉淀应在80～90℃下进行。

钴的干扰情况与铜相似,钴与丁二酮肟生成可溶性的络合物,二价钴又可被该试剂氧化:

$$2CoCl_2+2HCl+C_4H_8N_2O_2 = 2CoCl_3+C_4H_{10}N_2O_2$$

当钴量较高时,镍与钴共沉淀(生成很细的沉淀难以过滤),须将钴用过硫酸铵或过氧化氢氧化至三价。

方法要点:测定钢中镍时,试样用盐酸分解,硝酸氧化,在酒石酸(或柠檬酸)存在下,于氨性溶液中用丁二酮肟使镍定量沉淀,经过滤、洗涤、烘干后称量。

2.3.2.2　分析步骤

称取试样(含镍量15%～30%称0.2000g;8%～15%称0.5000g;4%～8%称1.0000g;2%～4%称2.0000g)置于400 mL烧杯中,加入30～60 mL盐酸(密度1.19g/mL),盖上表面皿,低温加热至试样完全溶解。取下表面皿,于溶液中滴加硝酸(密度1.42 g/mL)氧化,待激烈作用停止后,煮沸以除去氮的氧化物。于溶液中加50%酒石酸(或柠檬酸)溶液(每1g试样应加10 mL),然后将溶液不断搅拌,加氢氧化铵溶液(1+1)至呈弱碱性(用石蕊试纸或刚果红试纸试验)。过滤,用热的氢氧化铵—氯化铵洗液(每100 mL水中加氢氧化铵1 mL及氯化铵1 g)洗涤数次,于滤液中加10～15滴盐酸(1+1),用热水稀释至400 mL,加热至75～80℃,加丁二酮肟溶液(1%乙醇溶液)使镍沉淀(每0.01g镍需加丁二酮肟溶液10 mL,但所加试剂总体积不得超过试液体积的1/3,以免部分沉淀溶解于乙醇中),然后滴加氢氧化铵溶液(1+1)呈弱碱性反应为止(以石蕊试纸试验),于60～70℃静置30～40 min,过滤,用抽滤法滤入已知质量的玻璃过滤坩埚中(过滤时不宜抽干),以冷水洗涤8～10次,在130～150℃烘干至恒量。

计算:

$$Ni(\%)=\frac{m'\times 0.2032}{m}\times 100$$

式中,m'为丁二酮肟镍的质量,g;m为试样量,g;0.2032为丁二酮肟对镍的换算因数。

2.3.2.3　注意事项

注意事项如下:

(1) 如钢样中含有大量复杂碳化物,虽加热甚久仍不能被硝酸氧化时,则应补加高氯酸(每1 g试样需加高氯酸12～15 mL)。加热蒸发使冒白色浓烟3～5 min,冷却后,加10～15 mL盐酸(密度1.19 g/mL),100～120 mL热水,加热至盐类完全溶解,然后用致密滤纸将硅酸滤去,以热盐酸(5+95)洗涤5～8次,于滤液中加酒石酸后,按上述方法所示进行。

(2) 如有钨存在时,须将溶液加热至得黄色沉淀(必要时可再加硝酸3～4 mL)。将溶液蒸发至近干,稍冷,用10～15 mL盐酸(密度1.19 g/mL)将残渣润湿,重复蒸发至干。如含硅量较高,将此干燥残渣于130～135℃处保温20～40 min,稍冷,加入15～25 mL盐酸(密度1.19 g/mL),2～3 min后,加入80～120 mL热水,微热并搅拌使可溶性盐类完全溶解。用致密滤纸过滤,用热盐酸(5+95)洗涤5～8次。

如含钨超过2%时,则应将钨酸中夹带的微量镍回收。

(3) 精确分析时，须将丁二酮肟镍沉淀用热盐酸溶解后，进行再沉淀。

(4) 丁二酮肟镍沉淀时，溶液的 pH 值以 7.5～8.6 为宜，如超过 10.2，沉淀将由于空气中氧的氧化作用生成可溶性络合物，使沉淀部分溶解而遭致损失。

(5) 丁二酮肟镍沉淀时，温度以 75～80℃为宜，温度太高，由于 Fe^{3+} 被酒石酸还原，影响镍沉淀完全。

(6) 铜存在时会消耗一部分丁二酮肟，量大时会因此影响镍沉淀不完全，在温度低时，铜也能伴同沉淀使结果偏高，应当适当增加镍试剂用量，同时严格控制温度，必要时重沉淀一次。

(7) Co^{2+} 在氨性酒石酸（或柠檬酸）溶液中当有 Fe^{3+} 共存时，也能与丁二酮肟生成褐色沉淀，因此必须用过硫酸铵将其氧化至高价，以消除干扰，过量的过硫酸铵必须煮沸除去。

(8) 丁二酮肟镍沉淀也可灼烧成氧化镍称量，即将洗净的丁二酮肟镍沉淀及滤纸用另一无灰滤纸（稍加润湿）紧密包住，置于瓷坩埚或铂坩埚中，仔细烘干，使滤纸稍为炭化后，徐徐灰化（不得产生火焰），然后置于 800～825℃高温炉中灼烧 20～30 min 至恒量。将坩埚置于干燥器中，冷却称量。

试样中镍含量的计算：

$$\mathrm{Ni}(\%)=\frac{\text{氧化镍质量}\times 0.7858}{\text{试样质量}}\times 100$$

2.3.3 钢中钨的测定

钨在钢中主要以简单碳化物 WC、W_2C、W_3C 或复式碳化物 $Fe_2C \cdot WC$、$Fe_3C \cdot 3WC$ 或 $3W_2C \cdot 2FeC$ 以及钨化铁 Fe_2W 形式存在。部分钨能在铁中以固溶体形式存在。钢中含钨量差别很大，从 0.3% 到 20%，钨铁中含钨量为 65%～70%。

含钨的钢通常易溶于盐酸（1+1）或硫酸（1+4）中。要使钨的碳化物或金属钨变成钨酸，需将它加以氧化，最常用的氧化剂是硝酸：

$$W+2HNO_3 = H_2WO_4+2NO\uparrow$$

用硝酸氧化时，要慢慢将硝酸加入，否则，会使较多的铁、铬、钒、钼、钛、锆、锡、硅、磷等夹杂在钨酸中。必须注意钨酸稍溶于过量的盐酸和硝酸的混合酸中。

钨铁可采用氢氟酸和硝酸溶解。对于一般含钨较高的合金钢也可用硫磷混合酸分解，滴加硝酸破坏化合物。

2.3.3.1 测定方法

通常测定钨的方法有重量法、容量法和光度法。含钨高的钨钢或钨铁中钨的测定，采用重量法是比较适宜的，特别是分析含钨较高的标准物质，这是因为迄今还无理想的容量法。

辛可宁（或盐酸奎宁）重量法是用盐酸和硝酸处理含钨试样，使钨成钨酸析出：

$$FeW+2HCl = FeCl_2+W\downarrow+H_2\uparrow$$

$$Fe_2W+4HCl = 2FeCl_2+W\downarrow+2H_2\uparrow$$

$$W+2HNO_3 = H_2WO_4\downarrow+2NO\uparrow$$

$$3WC+10HNO_3 = 3H_2WO_4\downarrow+10NO\uparrow+3CO_2\uparrow+2H_2O$$

加辛可宁使钨酸完全沉淀：

$$H_2WO_4 \cdot 2H_2O + C_{19}H_{22}N_2OHCl \cdot 2H_2O = C_{19}H_{22}N_2OWO_3 \downarrow + HCl + 4H_2O$$

过滤洗涤灼烧成钨酸酐(不纯)：

$$H_2WO_4 \xlongequal{800℃} WO_3 + H_2O$$

$$C_{19}H_{22}N_2OWO_3 + 24O_2 \xlongequal{800℃} WO_3 + 19CO_2 \uparrow + N_2 \uparrow + 11H_2O \uparrow$$

不含铌时，用 $HF+H_2SO_4$ 挥散除硅，再灼烧至恒量，即为不纯三氧化钨质量。

含铌时，挥硅后将五氧化二铌和三氧化钨沉淀用碳酸钠熔融，经镁合剂沉淀分离铌后，再用β-萘酚喹啉或罗丹明B沉淀钨，灼烧至恒量，为不纯三氧化钨质量。

将不纯三氧化钨用碳酸钠熔融：

$$WO_3 + Na_2CO_3 = Na_2WO_4 + CO_2 \uparrow$$

$$2Cr_2O_3 + 4Na_2CO_3 + 3O_2 = 4Na_2CrO_4 + 4CO_2 \uparrow$$

$$V_2O_5 + Na_2CO_3 = 2NaVO_3 + CO_2 \uparrow$$

$$MoO_3 + Na_2CO_3 = Na_2MoO_4 + CO_2 \uparrow$$

用水浸取熔块，将铁、钛等的氢氧化物过滤洗涤后，灼烧成氧化物称量。滤液中所含 Na_2MoO_4、$NaVO_3$、Na_2CrO_4 可分别采用硫氰酸盐直接光度法、钽试剂萃取光度法、碳酸钠分离——二苯碳酰二肼光度法测定。

由不纯三氧化钨质量中减去这些氧化物的质量，即为纯三氧化钨质量。

2.3.3.2 分析步骤

分析步骤如下：

(1) 试样的溶解。试样必须先用盐酸低温下进行溶解后，再加硝酸，否则引起钨酸过早析出，包裹试样，致使样品难溶。溶解必须一次完成，不得搁置。

(2) 钨酸沉淀条件。从溶液中析出的钨酸有两种形态，一种是黄色钨酸 H_2WO_4 一种是白色钨酸 $H_2WO_4 \cdot H_2O$。从浓热的酸中析出黄色钨酸，结晶颗粒较大，易于过滤洗涤，不易形成胶体。而从稀冷的酸中析出的白色钨酸，难以过滤洗涤，易产生胶溶。故采用在较小体积中用浓热酸析出钨酸。

用辛可宁沉淀时，适宜酸度为 0.15～3.9 mol/L。

必须适当保温陈化，一般需于 80～90℃保温陈化 3～4 h，低钨（如<2%）应保温陈化 18～24h。含钼高时，需保温陈化 36～48 h，这样得出的钨酸较为纯净且易于过滤。

(3) 钨酸沉淀的过滤。在过滤时最好加点滤纸浆，这样可以增快过滤速度，避免沉淀“爬行”。如遇沉淀粘着杯壁洗不下来时，可用氨水润湿的无灰滤纸擦下与沉淀合并灼烧。

(4) 钨酸沉淀的灼烧。灼烧温度以 750～850℃，灼烧时间 15～20 min 为好。在 600℃时生成的 WO_3 吸水率很大，700℃时，吸水率约减一半，750℃以上始能完全脱水，至 800℃时 WO_3 即开始挥发，但 900℃以下挥发很慢。在 900℃时可生成组成不定的化合物 W_5O_9、W_5O_{14}、W_4O_{11}、W_2O_5 等。

(5) 干扰及消除。铵及碱金属与钨酸生成可溶性的复盐，如 $Na_2W_4O_5$；磷、砷、钒、溴与氟等和钨生成杂多酸和络合物，如 H_2WO_2F，使钨沉淀不完全，可加入辛可宁、动物胶避免之。

铁、硅、铌、铬、钼、钒、钛等都可与钨酸一起沉淀下来，玷污所得沉淀，可照上述方法加以校正。

2.3.4 铜合金中铜的测定

2.3.4.1 测定方法

纯铜中铜含量为98%～99.99%，铜合金中铜是主体元素，一般均不低于50%，不超过98%，故常用电解重量法、碘量法及EDTA法测定铜。

电解重量法又分为恒电流电解重量法和控制电位电解重量法。

控制电位电解法的主要特点是选择性高，干扰金属不会在电极上析出，但仪器较复杂。实际上在许多较简单的测定中，不必控制阴极电位，故常采用恒电流电解法测定铜合金中的铜。

试样经硝酸分解后，在酸性介质中，加适当的电压于两铂电极上，溶液中带有正电荷的Cu^{2+}被吸引而移向阴极，从阴极上取得电子被还原成金属铜。

$$Cu^{2+} + 2e \longrightarrow Cu$$

根据电解前后阴极质量的增加，计算铜的含量。

2.3.4.2 电解条件

(1) 分解电位通常可为2.0～2.5 V。外加电压高时，会引起氢的放出而导致多孔状的、难附着的铜沉积出来。

(2) 在搅拌情况下电流密度为1.5～3 A/100 cm^2。

(3) 溶液的性质及酸度。以硝酸盐或硫酸盐溶液为好，切忌氯化物溶液。酸度为0.2 mol/L，酸度高时使电解时间延长或电解不完全；酸度过低则析出的铜易被氧化。

(4) 以在室温下不断搅拌进行电解为好

2.3.4.3 干扰情况

As、Sb、Sn、Ag、Mo、Hg、Bi、Se(Ⅵ)及Te(Ⅵ)使沉积沾污；HCNS、HCl也使沉积疏松多孔，大量铁也有妨碍，因为Fe^{3+}在阴极还原为Fe^{2+}的作用占优先，而Fe^{2+}又在阳极被氧化为Fe^{3+}，如此循环不止。

氧化剂如氮的氧化物或过量的硝酸铁或硝酸使析出的铜氧化为氧化亚铜，致使结果偏高。

若首先使铁成两价并使电解保持冷却状态，则其妨碍不大。砷的干扰在硝酸溶液中不严重，并可由再电解避免之。钼在硫酸溶液中较好，也可由再电解补救。

在阴极上由于H^+可能还原NO_3^-成NO_2^-：

$$NO_3^- + 2H^+ + 2e \longrightarrow NO_2^- + H_2O$$

所生成之HNO_2可阻止铜沉积，并在电极移出及洗涤之前，将已沉积的铜溶解。因此在电解末期，加入少量尿素将HNO_3除去：

$$2HNO_3 + CO(NH_2)_2 \longrightarrow 2N_2\uparrow + CO_2\uparrow + 3H_2O$$

痕量的Cl^-(即1滴0.1 mol/L HCl)可使铜的沉积完全。这样少量的Cl^-对阳极的侵蚀极不显著。

2.3.4.4 操作关键

(1) 电极要清洁。不可用手摸电极以避免油渍。油渍物可用磨细的海砂及软布或海绵摩擦和擦拭，或加热电极至红热(必须除去任何沉积物后才能加热铂电极，否则形成合金而破坏电极)，或把电极浸入浓硫酸的铬酸(或铬酸钾)饱和溶液中加以除去，然后用蒸馏水洗涤并烘干。

(2) 电解溶液中铜的沉积完全与否的检验。溶液电解至无色时，可将电极浸入溶液中更深一些或加入少量水继续电解，以观察新浸入的电极表面是否有铜沉积。

(3) 对电解后溶液中遗留的微量铜的处理。当进行特别精确的分析时，于电解铜以后的溶液中可借助于内电解法或光度法对微量铜进行分析。

(4) 电解中应注意的问题。有时阴极的沉积物发黑，这或许是 pH 值太高以致阴极形成 Cu_2O 析出。在电解之前若未将锡除去，则铜的沉积物可能带灰色。硝酸浓度太高足以形成氮的氧化物，或者在移去阴极之前将电流切断，均使沉积的铜再溶解。太高的电位或缺少去极剂（如 HNO_3）时，将产生氢而使沉积的铜多孔和不易附着。

(5) 沉积铜的洗涤及干燥。由于沉积是在酸性溶液中进行，因而电极完全移出之前电流不应停止，否则沉积的铜将于洗涤电极之前开始溶解而使结果偏低。但在多数情况下，断电后立刻倾出溶液并迅速用蒸馏水洗涤，可得到足够准确的结果。最后用 5 mL 无水乙醇或乙醚洗涤，在 100～105℃烘 3～5 min 称量。铜的沉积物烘得太久或温度过高则变黑和变暗。

(6) 分析电极的清洗。阴极浸入 6mol/L HNO_3 中清洗后用水冲洗。阳极有 PbO_2 时须浸入含有 H_2O_2 的稀硝酸中。

习　题

1. 已知 25℃时 $BaSO_4$ $K_{SP}=1.1\times10^{-10}$，求硫酸钡在水中的溶解度(mol/L)，如果使溶液中的 SO_4^{2-} 增至 0.1 mol/L 时，则此时 $BaSO_4$ 的溶解度又为多少？
2. 影响沉淀溶解度的主要因素有哪些，试举例说明。
3. 简述晶形沉淀及非晶形沉淀的条件。
4. 解释下列现象：

   (1) CaF_2 在 pH=3 的溶液中的溶解度较在 pH=5 的溶液中的溶解度大；

   (2) Ag_2CrO_4 在 0.0010 mol/L$AgNO_3$ 溶液中的溶解度较在 0.0010 mol/L K_2CrO_4 溶液中的溶解度小；

   (3) AgCl 在 0.010 mol/L HNO_3 溶液中的溶解度较在 0.010 mol/L $NH_3\cdot H_2O$ 溶液中的溶解度小；

   (4) $BaSO_4$ 沉淀要陈化，而 $Fe_2O_3\cdot nH_2O$ 沉淀不要陈化；

   (5) $BaSO_4$ 可用水洗，而 $Fe_2O_3\cdot nH_2O$ 要用氯化铵溶液洗。
5. 计算下列换算因数：

测定物	称量物
(1) FeO	Fe_2O_3
(2)KCl($\rightarrow K_2PtCl_6\rightarrow$Pt)	Pt
(3)Al_2O_3	$Al(C_9H_6ON)_3$
(4)MgO	$Mg_2P_2O_7$
(5)P_2O_5	$(NH_4)_3PO_4\cdot 12MoO_3$

6. 0.5000 g 含铁化合物产生 0.4990 gFe_2O_3，求该化合物中 Fe_2O_3 和 Fe 的质量分数？
7. 称取某可溶性盐 0.3232 g，用硫酸钡重量法测定其中含硫量，得 $BaSO_4$ 沉淀 0.2982 g，计算试样含 SO_3 的质量分数。
8. 称取含磷矿石 0.4530 g，溶后以 $MgNH_4PO_4$ 形式沉淀，灼烧后得到 $Mg_2P_2O_7$ 0.2825 g。计算试样中 P 及 P_2O_5 的质量分数。
9. 测定硅酸盐中 SiO_2 含量，称取 0.4817 g 试样，获得 0.2630 g 不纯的 SiO_2（主要含有 Fe_2O_3、Al_2O_3），将不纯的 SiO_2 用 H_2SO_4-HF 处理，使 SiO_2 转化为 SiF_4 除去，残渣经灼烧后质量为 0.0013 g。计算试样中纯 SiO_2 的质量分数。若不经 H_2SO_4-HF 处理，杂质造成的误差有多大？

10. 用丁二酮肟重量法测定钢中镍，取钢样 2.0000 g，获丁二酮肟镍沉淀 0.2498 g，计算钢中镍的质量分数。
11. 用辛可宁重量法测定钢中钨，称取钢样 5.0000 g，校正杂质后得纯 WO_3 0.2015 g，计算钢中钨的质量分数。
12. 用重量法测定生铁中硅，称取试样 1.0000 g，测得 SiO_2 0.0208 g，计算生铁中硅的质量分数。
13. 称取风干(空气干燥)的石膏试样 1.2030 g，经烘干后得吸附水分 0.0208 g。再经灼烧后又得结晶水 0.2424 g，计算分析试样换算成干燥物质的 $CaSO_4 \cdot 2H_2O$ 的质量分数。
14. 说明辛可宁重量法测定钨的基本原理，主要干扰元素及消除办法。

3 酸碱滴定法

3.1 概述

酸碱滴定法是利用酸标准溶液或碱标准溶液依据酸碱反应测量物质含量的方法。

酸碱滴定法在化工原料、冶金产品等产品检验中应用极为广泛。凡能与酸或碱直接或间接发生酸碱反应的物质，都可以用酸碱滴定法进行测定。因此，酸碱滴定法是最基础的分析方法。

酸度是影响溶液中各类化学反应完全的重要因素，在分析方法和分离方法中酸度是重要的反应条件之一。

3.1.1 溶液的酸碱性

3.1.1.1 酸碱的概念

按布朗斯台德(Bransted)酸碱定义：凡能给出质子(H^+)的物质是酸，能接受质子的物质是碱。酸(HA)失去质子后变成碱(A)，而碱(A)接受质子后便成为酸(HA)，它们之间的关系如下：

$$\underset{酸}{HA} \rightleftharpoons \underset{碱}{A} + \underset{质子}{H^+}$$

酸与碱相互依存的关系叫做共轭关系，HA 是 A 的共轭酸，A 是 HA 的共轭碱，HA-A 称为共轭酸碱对。酸和碱可以是中性分子，也可以是阳离子或阴离子。酸较其共轭碱多一个正电荷，例如：

酸　　碱　　质子

$$HCl = Cl^- + H^+$$

$$HAc = Ac^- + H^+$$

$$HCO_3^- = CO_3^{2-} + H^+$$

$$NH_4^+ = NH_3 + H^+$$

$$H_6Y^{2+} = H_5Y^+ + H^+$$

其中，HCl、HAc、HCO_3^-、NH_4^+、H_6Y^{2+}为酸，Cl^-、Ac^-、CO_3^{2-}、NH_3、H_5Y^+为它们的共轭碱，只是酸较它们的共轭碱多一个质子。这种反应称为酸碱半反应。

共轭酸碱体系是不能单独存在的酸碱半反应，酸给出质子必须有另一种能接受质子的碱存在才能实现。酸碱半反应实际上是两个共轭酸碱对共同作用的结果，其实质是质子的转移。

HAc 在水溶液中的离解平衡可表示为两个半反应共同作用的结果：

半反应 1　　$HAc(酸1) = Ac(碱1) + H^+$

半反应 2　　$H^+ + H_2O(碱2) = H_3O^+(酸2)$

总的反应　　$HAc + H_2O = H_3O^+ + Ac^-$

酸 1　碱 2　　酸 2　　碱 1

其结果是质子从 HAc 转移到 H_2O，此处溶剂 H_2O 起着碱的作用。通常可将 H_3O^+ 写作 H^+，以上反应式常简化为：

$$HAc = H^+ + Ac^-$$

这一简化式代表的是一个完整的酸碱反应，不要把它看作是酸碱半反应，即不可忘记溶剂水所起的作用。

同样，碱在水溶液中的离解平衡，水也参加了反应，这时水分子给出质子起酸的作用，以 NH_3 为例：

半反应 1　　$NH_3(碱1)+H^+ \rightleftharpoons NH_4^+(酸1)$

半反应 2　　$H_2O(酸2) \rightleftharpoons OH^-(碱2)+H^+$

总的反应　　$NH_3+H_2O \rightleftharpoons NH_4^+ + OH^-$

根据电离理论称之为“盐的水解”的反应，也是质子转移反应。例如：

$$NH_4^+ + H_2O \rightleftharpoons NH_3 + H_3O^+$$

$$Ac^- + H_2O \rightleftharpoons HAc + OH^-$$

实际上仍是弱酸弱碱在水中的离解。因此就不再提“盐的水解”了。

酸碱质子理论较电离理论的概念具有更为广泛的含意。酸碱质子理论中，酸或碱既可以是中性分子，也可以是阳离子或阴离子。质子理论直接把弱酸的盐（如 NaAc、Na_2CO_3 等）看作碱，因为酸根能接受质子，把弱碱的盐（如 NH_4Cl 等）看作酸，因为它能给出质子。

质子理论中的酸碱概念具有相对性。例如 H_2O、HCO_3^-、HPO_4^{2-} 等既能给出质子，又能接受质子，HCO_3^- 在水溶液中存在两个平衡：

$$HCO_3^- \rightleftharpoons H^+ + CO_3^{2-}$$

$$HCO_3^- + H^+ \rightleftharpoons H_2CO_3$$

在前一反应中呈酸的特性，在后一反应中呈碱的特性。它在化学反应中所表现出的酸碱性决定于与之反应的另一物质酸碱性的强度。HCO_3^- 与 NH_3 反应，由于 NH_3 接受质子的能力较 HCO_3^- 强，HCO_3^- 起酸的作用；HCO_3^- 与 HCl 反应，HCl 给出质子的能力较 HCO_3^- 强，HCO_3^- 起碱的作用，所以这些物质称为两性物质。

酸碱质子理论还强调了溶剂在酸碱平衡中的作用。酸或碱在溶液中的离解程度（即它们与溶剂之间的酸碱反应）不仅与其本身的性质有关，还与溶剂接受或给出质子的能力有关。例如 H_2CO_3 在水中是很弱的酸，但在乙二胺中它呈现较强的酸性，这是因为溶剂乙二胺接受质子的能力较水强，乙二胺的存在提高了 H_2CO_3 给出质子的能力。利用这一性质，许多的弱酸或弱碱可以在非水介质中进行酸碱滴定。

3.1.1.2 水的质子自递反应

水有微弱的离解，一个水分子可以将其质子转移至另一个水分子，形成 H_3O^+ 和 OH^-：

$$H_2O + H_2O \rightleftharpoons H_3O^+ + OH^-$$

这种水分子之间的质子转移称为质子的自递作用或称为水的质子自递反应，其反应的平衡常数称为质子自递常数，也称水的离子积常数：

$$K_W = [H_3O^+][OH^-] = 1.00 \times 10^{-14} \quad (25℃)$$

或简化为：

$$K_W = [H^+][OH^-] = 1.00 \times 10^{-14} \tag{3-1}$$

$$pK_W = pH + pOH = 14.00 \tag{3-2}$$

由于水的质子自递作用，它既能给出质子，又能接受质子；既能起酸的作用，又能起碱的作用。水也是两性溶剂，在酸性溶液中，H_2O 接受质子；在碱性溶液中，H_2O 给出质子。

在水溶液中的酸碱反应也是通过水合质子的转移来实现的：

$$HCl + H_2O \rightleftharpoons H_3O^+ + Cl^-$$

$$NH_3 + H_3O^+ \rightleftharpoons NH_4^+ + H_2O$$

$$HCl + NH_3 \rightleftharpoons NH_4^+ + Cl^-$$

3.1.1.3　水溶液中的酸碱平衡常数

对于酸，平衡常数用 K_a 表示；对于碱，平衡常数用 K_b 表示。它们也称酸或碱的离解常数。平衡常数愈大，其酸或碱的强度也愈大。

例如，HCl 溶解于水中：

$$HCl + H_2O \rightleftharpoons H_3O^+ + Cl^-$$

$$K_a = \frac{[H^+][Cl^-]}{[HCl]}$$

溶解在水中的 HCl 几乎全部与 H_2O 反应生成 H_3O^+，而其共轭碱 Cl^- 几乎没有从 H_2O 中夺取质子的能力，反应的平衡常数很大。因此，HCl 的水溶液是一个很强的酸，而 Cl^- 是一个非常弱的碱。

又如：

$$HF + H_2O \rightleftharpoons H_3O^+ + F^-$$

$$K_a = \frac{[H^+][F^-]}{[HF]} = 6.6 \times 10^{-4}$$

$$HAc + H_2O \rightleftharpoons H_3O^+ + Ac^-$$

$$K_a = \frac{[H^+][Ac^-]}{[HAc]} = 1.8 \times 10^{-5}$$

$$NH_4^+ + H_2O \rightleftharpoons H_3O^+ + NH_3$$

$$K_a = \frac{[H^+][NH_3]}{[NH_4^+]} = 5.6 \times 10^{-10}$$

这三种酸都是弱酸，HF 的酸性最强，NH_4^+ 的酸性最弱。

任何一种酸，它的 K_a 愈大，酸性愈强，给出质子的能力愈强，则其共轭碱接受质子的能力愈弱，K_b 愈小，碱性愈弱。上述三种酸的共轭碱在水溶液中的平衡和 K_b 可表示为：

$$F^- + H_2O \rightleftharpoons HF + OH^-$$

$$K_b = \frac{[HF][OH^-]}{[F^-]} = 1.5 \times 10^{-11}$$

$$Ac^- + H_2O \rightleftharpoons HAc + OH^-$$

$$K_b = \frac{[HAc][OH^-]}{[Ac^-]} = 5.6 \times 10^{-10}$$

$$NH_3 + H_2O \rightleftharpoons NH_4^+ + OH^-$$

$$K_b = \frac{[NH_4^+][OH^-]}{[NH_3]} = 1.8 \times 10^{-5}$$

它们的碱性次序与相应共轭酸的酸性次序正好相反，以 NH_3 的碱性最强，F^- 的碱性最弱。

就共轭酸碱对 HA-A 来说，共轭酸碱对的 K_a 和 K_b 间的关系可由共轭酸碱的平衡常数和水的质子自递常数导出：

$$K_aK_b=\frac{[H^+][A]}{[HA]}\times\frac{[HA][OH^-]}{[A]}=[H^+][OH^-]=K_W$$

或写成：

$$pK_a+pK_b=pK_W \tag{3-3}$$

因此由酸的平衡常数 K_a 可求出其共轭碱的 K_b，反之亦然。正像溶液的酸、碱度统一用 pH 值表示一样，酸和碱的强度也可以统一地用 pK_a 表示。近年来在化学书籍与文献中常常只给出酸的 pK_a 值，其共轭碱的 pK_b 值可通过上述关系计算出来。

例：已知氢氰酸 HCN 的 $K_a=6.2\times10^{-10}$，求 CN^- 的 K_b。

解：由于 $HCN+H_2O \rightleftharpoons H_3O^++CN^-$，$CN^-$ 是 HCN 的共轭碱，因此：

$$K_b=\frac{K_W}{K_a}=\frac{1.00\times10^{-14}}{6.2\times10^{-10}}=1.6\times10^{-5}$$

由于 HCN 的平衡常数 K_a 很小，是一个很弱的酸，而它的共轭碱 CN^- 的 K_b 较大，表示其接受质子的能力较强，所以氰化物的水溶液呈明显的碱性。

3.1.1.4　溶液的酸碱性

在 25℃时纯水中氢离子浓度（以$[H^+]$表示）和氢氧根离子浓度（以$[OH^-]$表示）相等，即 $[H^+]=[OH^-]=10^{-7}$mol/L，所以纯水不显酸性或碱性，而是呈中性。如果在纯水中加入酸，溶液中$[H^+]$增加，$[OH^-]$就变小，溶液中$[H^+]>10^{-7}$ mol/L，而$[OH^-]<10^{-7}$mol/L，则溶液呈酸性。同理，如果在纯水中加入碱，$[OH^-]$增大，$[H^+]$就减小，溶液中$[OH^-]>10^{-7}$ mol/L，而$[H^-]<10^{-7}$mol/L，因而溶液呈碱性。总之，任何物质的水溶液，不论它显中性、酸性或碱性，其中都同时含有 H^+和 OH^-。至于溶液所显出的酸碱性，主要是由其中$[H^+]$和$[OH^-]$的相对大小来决定：

$[H^+]=[OH^-]=1\times10^{-7}$mol/L 时，溶液呈中性；

$[H^+]>1\times10^{-7}$mol/L，$[H^+]>[OH^-]$时，溶液呈酸性；

$[H^+]<1\times10^{-7}$mol/L，$[H^+]<[OH^-]$时，溶液呈碱性。

3.1.1.5　溶液的 pH 值

酸的浓度和酸度是两个不同的概念。酸的浓度指溶液中酸的总浓度，包括未离解和已离解酸的浓度。酸度是指溶液中氢离子的浓度。溶液中$[H^+]$越大，它的酸性越强。如果用 H^+ 浓度来表示溶液的酸碱性时，在实际使用上又常常遇到 H^+ 浓度很小的溶液。例如 0.1 mol/L 醋酸溶液中$[H^+]$是 1.33×10^{-3}mol/L；0.1 mol/L 氨水中$[H^+]$是 7.52×10^{-12}mol/L；0.1mol/L 氢氧化钠溶液中$[H^+]$是 1×10^{-13}mol/L，这样的一些数值，若用来表示溶液的酸碱性，显然是十分不方便的。因此，在化学上常常采用 pH 值来表示溶液的酸碱性。

溶液中 H^+ 浓度的负对数值叫做 pH 值：

$$pH=-\lg[H^+]=\lg\frac{1}{[H^+]} \tag{3-4}$$

例如，纯水中$[H^+]=1\times10^{-7}$mol/L，它的 pH 值为 $pH=-\lg10^{-7}=-(-7)=7$；$[H^+]=1\times10^{-5}$mol/L 的酸性溶液，它的 pH 值为 $pH=-\lg10^{-5}=5$；0.1 mol/L 氨水中$[H^+]=7.52\times10^{-12}$mol/L，它的 pH 值为 $pH=-\lg(7.52\times10^{-12})=12-\lg7.52=11.12$；0.1 mol/L 氢

氧化钠溶液中$[H^+]=1\times10^{-13}$mol/L，它的pH值为$pH=-lg10^{-13}=13$；$[H^+]=1$ mol/L的酸性溶液，它的pH值为$pH=-lg1=0$。

从上面的计算可以看到，在中性溶液中pH=7；在酸性溶液中pH<7；在碱性溶液中pH>7。因此，溶液的酸性越强，pH值越小；溶液的碱性越强，pH值越大。但是pH值的应用范围一般是0～14之间，即相当于溶液中的$[H^+]$在$1\sim10^{-14}$mol/L之间。更强的酸性溶液pH值可以小于0，如10 mol/L的HCl溶液，pH=−1；更强的碱性溶液pH值可大于14，如10 mol/L NaOH溶液，pH=15。在这样的情况下，一般不用pH值表示溶液的酸碱性，而直接用H^+或OH^-浓度表示。严格地说，对于非理想溶液应当用活度表示。

因为水的离子积常数$K_W=1.00\times10^{-14}$，所以无论是在酸性溶液或碱性溶液中，H^+浓度与OH^-浓度的乘积也为1.00×10^{-14}，即酸或碱水溶液中的pH值与pOH值之和等于14.00，pH+pOH=14.00。

同样，碱的浓度和碱度在概念上也是不同的。碱度可用pOH表示（$pOH=-lg[OH^-]$），但通常也是用pH来表示。

3.1.2　酸碱溶液pH值的计算

酸度是溶液中最基本和最重要的因素，故H^+浓度的计算有重要的意义。一般情况下，计算H^+浓度的准确度要求不是太高，近似计算时，往往忽略离子强度的影响，以H^+浓度来计算溶液的pH值。

3.1.2.1　强酸、强碱溶液

强酸强碱在溶液中全部离解。在一般情况下，溶液的酸度（或碱度）等于酸（或碱）的浓度。例如，0.1 mol/LHCl溶液，$[H^+]=0.1$ mol/L，$pH=-lg0.1=1$；0.002mol/L HCl溶液，$[H^+]=0.002$mol/L，$pH=-lg0.002=2.7$；0.1mol/L NaOH溶液$[OH^-]=0.1$mol/L，$pOH=-lg0.1=1$，$pH=14-1=13$；0.002mol/L NaOH溶液，$[OH^-]=0.002$mol/L，$pOH=-lg0.002=2.7$，$pH=14.0-2.7=11.3$。

需要指出的是，除酸（或碱）在溶液中离解出H^+（或OH^-）外，作为溶剂的水本身也离解出极少量的H^+和OH^-。一般情况下，由于受到溶液中酸（或碱）离解出来的H^+（或OH^-）的抑制，水离解的H^+（或OH^-）是十分少的，可以忽略不计。但当酸（或碱）的浓度非常稀时，例如小于1×10^{-6}mol/L，接近纯水固有的H^+（或OH^-）浓度（1×10^{-7}mol/L），这时溶液中的H^+（或OH^-）浓度，除考虑酸（或碱）离解出来的H^+（或OH^-）外，还要考虑水本身离解出来的H^+（或OH^-）。

3.1.2.2　一元弱酸弱碱溶液

一元弱酸HAc在水溶液中的离解平衡为：

$$HAc \rightleftharpoons H^+ + Ac^-$$

$$K_{HAc}=\frac{[H^+][Ac^-]}{[HAc]}$$

设溶液中醋酸的总浓度为C，平衡时HAc的浓度等于总浓度减去已离解部分的浓度，即为：$C-[Ac^-]$或$C-[H^+]$。因HAc的离解度比较小（$K_a=1.8\times10^{-5}$），HAc离解出来的H^+浓度远小于醋酸原来的浓度C，则$[HAc]=C-[H^+]\approx C$所以：

$$K_{HAc}=\frac{[H^+]^2}{C}$$

$$[H^+]=\sqrt{K_{HAc}C}$$

故计算一元弱酸溶液中$[H^+]$的简化公式为:

$$[H^+]=\sqrt{K_aC} \tag{3-5}$$

如果一元弱酸的离解平衡常数较大,当$\frac{C}{K_a}<500$时,则需采用一般公式计算溶液中$[H^+]$,计算出的酸度其相对误差不大于2.2%:

$$[H^+]=\frac{1}{2}(-K_a+\sqrt{K_a{}^2+4K_aC}) \tag{3-6}$$

同理,计算一元弱碱溶液中$[OH^-]$的简化公式为:

$$[OH^-]=\sqrt{K_bC} \tag{3-7}$$

计算一元弱碱溶液中$[OH^-]$的一般公式为:

$$[OH^-]=\frac{1}{2}(-K_b+\sqrt{K_b{}^2+4K_bC}) \tag{3-8}$$

上面的计算中都忽略了由于水的离解而产生的H^+和OH^-,多数情况下不影响计算结果。但对极稀或极弱的酸(碱)溶液,由于H^+(或OH^-)浓度非常小,计算中就要考虑水本身离解出来的H^+或OH^-,可采用精确公式计算。

例:计算0.10 mol/L HAc溶液的pH值($K_a=1.8\times10^{-5}$)。

解:$[H^+]=\sqrt{K_aC}=\sqrt{1.8\times10^{-5}\times0.10}=1.3\times10^{-3}$(mol/L)

$$pH=-\lg1.3\times10^{-3}=2.89$$

例:计算0.10mol/L $NH_3\cdot H_2O$溶液的pH值($K_b=1.8\times10^{-5}$)。

解:$[OH^-]=\sqrt{K_bC}=\sqrt{1.8\times10^{-5}\times0.10}=1.3\times10^{-3}$(mol/L)

$$pOH=-\lg1.3\times10^{-3}=2.89$$

$$pH=11.11$$

例:计算0.10mol/L NaAc溶液的pH值($K_a=1.8\times10^{-5}$)。

解:NaAc溶于水离解成Ac^-,Ac^-是HAc的共轭碱,HAc的$K_a=1.8\times10^{-5}$,因此Ac^-的$K_b=\frac{1.0\times10^{-14}}{1.8\times10^{-5}}=5.6\times10^{-10}$。

$$[OH^-]=\sqrt{5.6\times10^{-10}\times0.10}=7.5\times10^{-6}\text{(mol/L)}$$

$$pOH=5.12\qquad pH=8.88$$

分析实践中,常遇到H_2CO_3、H_3PO_4、$H_2C_2O_4$等多元酸及相应的共轭碱Na_2CO_3、Na_3PO_4、$Na_2C_2O_4$等,它们在水中是分步离解的。多元酸碱溶液是一个复杂的平衡体系,准确计算其pH值是很困难的。由于它们的第一级离解是溶液中H^+或OH^-的主要来源,而第一级离解出来的H^+或OH^-,就可按一元弱酸弱碱的计算公式计算多元酸碱溶液的pH值。

3.1.3 缓冲溶液

3.1.3.1 缓冲作用的基本原理

分析化学中有许多反应,必须在一定的pH值范围内才能够进行,或进行得比较完全,这就需要使用缓冲溶液来控制pH值。什么是缓冲溶液呢?

取五只烧杯，在 A、B、C 三只烧杯中分别加入 0.1 mol/L HAc-0.1 mol/L NaAc 的混合液 90 mL；在 D、E 两只烧杯中各加入 90 mL 蒸馏水，分别用 pH 试纸（广泛 pH 试纸）测定五只烧杯中溶液的 pH 值，测得 HAc 和 NaAc 混合溶液的 pH 值大约为 5，蒸馏水的 pH 值是 7 左右。

然后，在 A、D 两只烧杯中各加入 0.01 mol/L HCl 溶液 10 mL，这时用 pH 试纸测得 A 烧杯的溶液的 pH 值仍为 5 左右，而 D 烧杯溶液的 pH 值降低到 3。在 B、E 两烧杯中各加入 0.01 mol/L的 NaOH 溶液 10 mL，这时测得 B 烧杯溶液的 pH 值仍为 5 左右，E 烧杯溶液中的 pH 值上升到 11。在 C 烧杯中加入 10 mL 蒸馏水，测得这溶液的 pH 值仍为 5 左右。

实验表明，在纯水中加入少量酸或碱，溶液的 pH 值发生很大变化，降低或升高的范围约为 4 个单位左右。而在 0.1 mol/L HAc-0.1 mol/L NaAc 混合液中，加入少量的酸、碱或用水稀释时，溶液的 pH 值几乎不变。这说明由弱酸和它的共轭碱（如 HAc-NaAc）组成的混合溶液，能抵御外加少量酸、碱或稀释的影响，而使溶液的 pH 值保持稳定。

能够抵御外加少量酸、碱或稀释，而本身 pH 值不改变的溶液叫做缓冲溶液。

缓冲溶液通常由浓度较大的（0.01～1 mol/L）的弱酸及其共轭碱（或弱碱及其共轭酸）组成。例如醋酸和醋酸钠，氨水和氯化铵等。缓冲溶液为什么会有抵御外加少量酸、碱或稀释影响的能力呢？现以 HAc-NaAc 的缓冲溶液为例来说明它的原理。

因为 HAc 是弱酸，只能部分离解：

$$\mathrm{HAc} \rightleftharpoons \mathrm{H^+} + \mathrm{Ac^-}$$

在含有醋酸和醋酸钠的混合溶液中，醋酸和醋酸根离子的浓度很高，而 H^+ 浓度却相对的比较低。当在这种溶液中加入少量强酸时，H^+ 和 Ac^- 结合形成 HAc 分子，平衡向左移动，使溶液中 H^+ 浓度不致由此而显著增加。如果加入少量强碱，H^+ 能与 OH^- 结合形成 H_2O，这时 HAc 的离解平衡向右移动，溶液中未离解的 HAc 分子不断离解为 H^+ 和 Ac^-，因而 H^+ 能得到补充并使浓度保持较稳定，所以 pH 值改变不大。加水稀释时，虽然降低了 H^+ 浓度，但是 HAc 的离解度却增加，同时由于 NaAc 浓度降低，使 Ac^- 的同离子效应减弱，而使 H^+ 浓度增加，所以稀释时溶液就能维持原来的 pH 值。这就是缓冲溶液具有缓冲能力的原因。

3.1.3.2 缓冲溶液 pH 值的计算

对于弱酸及其共轭碱所组成的缓冲溶液，其溶液的 pH 值可按下式计算：

$$\mathrm{pH} = \mathrm{p}K_a + \lg\frac{[\text{共轭碱}]}{[\text{酸}]} \tag{3-9}$$

以 HAc-NaAc 体系为例，公式推导如下。

根据离解平衡：

$$\mathrm{HAc} \rightleftharpoons \mathrm{H^+} + \mathrm{Ac^-}$$

由于溶液中有由 NaAc 离解出来的 Ac^- 抑制了 HAc 的离解，从而降低了 HAc 的离解度，所以由 HAc 离解出来的那一部分 Ac^- 可忽略不计，因此平衡时 HAc 的浓度可用 HAc 的原始浓度表示。同理，平衡时 Ac^- 的浓度可用 NaAc 的原始浓度表示。可得：

$$[\mathrm{H^+}] = K_a\frac{[\mathrm{HAc}]}{[\mathrm{Ac^-}]}$$

$$\mathrm{pH} = -\lg K_a\frac{[\mathrm{HAc}]}{[\mathrm{Ac^-}]} = -\lg K_a - \lg\frac{[\mathrm{HAc}]}{[\mathrm{Ac^-}]} = \mathrm{p}K_a + \lg\frac{[\mathrm{Ac^-}]}{[\mathrm{HAc}]}$$

即：

$$\mathrm{pH} = \mathrm{p}K_a + \lg\frac{[\text{共轭碱}]}{[\text{酸}]}$$

这就是计算缓冲溶液的一般公式。由于缓冲溶液是以共轭酸碱对存在的，如果是由弱碱及其共轭酸组成的缓冲溶液，同样可计算其 pH 值。由于 $pK_a = pK_W - pK_b$，因此：

$$pH = pK_W - pK_b + \lg\frac{[碱]}{[共轭酸]} \tag{3-10}$$

例：称取 67.5 g 氯化铵溶于水，加 570 mL 氨水(15 mol/L)，用水稀释至 1 L，此溶液 pH 值是多少。

解：

$$K_{NH_3 \cdot H_2O} = 1.8\times10^{-5} \quad pK_{NH_3 \cdot H_2O} = 4.74$$

$$[NH_3 \cdot H_2O] = \frac{15\times570}{1000} = 8.55$$

$$[NH_4^+] = \frac{67.5}{53.5} \div 1 = 1.26$$

$$pH = pK_W - pK_b + \lg\frac{[碱]}{[共轭酸]}$$

$$= 14.00 - 4.74 + \lg\frac{8.55}{1.26} = 10.09$$

3.1.3.3　缓冲容量

缓冲溶液中加入少量的强酸或强碱或者将溶液稍加稀释时，溶液的 pH 值基本上保持不变。显然，当加入大量的强酸或者强碱时，溶液中的 HAc 或者 Ac^- 消耗将尽，它就不再有缓冲能力了。所以缓冲溶液的缓冲能力是有限的，而不是无限的。通常用缓冲容量的概念来衡量其缓冲能力的大小。

缓冲容量首先与溶液的浓度大小有关。溶液中 HAc 和 NaAc 的浓度越大，其缓冲容量越大。例如，向 50 mL1 mol/L HAc-1mol/L NaAc 缓冲溶液(pH＝4.74)中加入 0.5 mL1 mol/L HCl，可计算得 pH 值从 4.74 减小至 4.73，pH 值变化 0.01 个单位；如果向 50 mL0.1 mol/L HAc-0.1 mol/L NaAc 缓冲溶液中加入同量的 HCl，则 pH 值从 4.74 减小至 4.66，pH 值变化 0.08 个单位。

其次，缓冲容量与缓冲溶液中共轭酸碱对的组分比例有关。可以证明，缓冲溶液的浓度一定时，共轭酸碱对组分比为 1∶1 的缓冲容量最大，而组分比离 1∶1 越远的缓冲容量就越小。为了使缓冲溶液具有一定的缓冲容量，一般控制其组分比在 10∶1 至 1∶10 之间，这就是使缓冲溶液的适用范围为 $pH = pK_a \pm 1$。

3.1.3.4　常用缓冲溶液

缓冲溶液一般是由浓度较大的弱酸及其共轭碱所组成，如 HAc-NaAc、NH_4Cl-$NH_3 \cdot H_2O$、$H_2PO_4^-$-HPO_4^{2-} 等。在高浓度的强酸强碱溶液中，由于 H^+ 或 OH^- 的浓度本来就很高，故外加少量酸或碱不会对溶液的酸度产生太大的影响，在这种情况下，强酸强碱也是缓冲溶液。它们主要是高酸度(pH＜2)和高碱度(pH＞12)时的缓冲溶液。

3.1.4　酸碱指示剂及指示剂的选择

3.1.4.1　酸碱指示剂

A　指示剂的变色原理

常用的酸碱指示剂是一些有机弱酸或弱碱，它们在溶液中或多或少地离解成离子，同时发生结构变化，呈现不同颜色。

现以甲基橙为例，说明指示剂的变色原理。设 HI_n 为甲基橙的红色分子，I_n^- 为甲基橙的黄色离子，当达到平衡时，存在下述平衡：

$$HI_n \rightleftharpoons H^+ + I_n^-$$

红色分子　　　　黄色离子

（指示剂酸式结构）　（指示剂碱式结构）

$$K_{HI_n} = \frac{[H^+][I_n^-]}{[HI_n]}$$

K_{HI_n} 是指示剂的离解常数，简称指示剂常数。其数值取决于指示剂的性质和温度。由于甲基橙的酸式结构 HI_n 是红色的，所以甲基橙在酸性溶液中显红色。当加入碱时，OH^- 与 H^+ 结合生成难离解的水，使平衡向右移动，此时溶液显黄色。由此可知指示剂本身结构的变化是指示剂变色的内因，而溶液 pH 值的改变是外因。

B　指示剂的变色范围

酸碱指示剂的颜色是随溶液 pH 值的改变而变化的，但由于人的观察对颜色的辨别能力有局限性，事实证明当指示剂的一种颜色为另一种颜色的 10 倍时，人们才能看出浓度大的那种颜色。所以其颜色改变的范围在

$$\frac{酸式结构的浓度}{碱式结构的浓度} = \frac{10}{1} \sim \frac{1}{10}$$

其比值是由溶液的 pH 值决定的。我们用眼睛看到的指示剂明显地由一种颜色变到另一种颜色的 pH 值范围称为指示剂的“变色范围”。

各种指示剂由于其离解常数不相同，其变色点的 pH 值也不相同。指示剂变色范围通常在变色点前后各一个 pH 单位，即 $pH = pK_a \pm 1$。也就是通常在两个 pH 单位之间。这是从理论上推出的变色范围，它只能说明变色范围的由来，由于人的视觉对各种颜色的敏感程度不同，所以实验测得的变色范围常小于两个 pH 单位。

例如，在一系列不同 pH 值溶液中，各加入一滴甲基橙，可以看出溶液颜色的变化：

红色	红橙色	橙	黄橙色	黄色
pH=3.1		pH=4		pH=4.4
酸式色				碱式色

当溶液的 pH 值从 3.1 逐渐增加到 4.4，人们视觉所能观察到甲基橙呈现出红色→红橙色→橙色→黄橙色→黄色的渐变过程。因此甲基橙指示剂的变色范围为：

$$pH = 3.1 \sim 4.4$$

常见的酸碱指示剂，如酚酞、甲基红的变色范围是 8.0（无色）～9.6（红色）、4.4（红色）～6.2（黄色），均可在有关分析书籍中查找。

C　指示剂的用量

对于二色指示剂，例如甲基橙等，由指示剂的离解可以看出，指示剂用量多一点或少一点，不会影响指示剂的变色范围。但是如果指示剂用量太多了，色调变化并不明显，而且指示剂本身也会消耗一些滴定剂，带来误差。

对于一色指示剂，指示剂用量的多少对它的变色范围是有影响的。例如酚酞，它的酸式无色，碱式红色。设人眼观察红色形式酚酞的最低浓度为 a，它应该是固定不变的。假设指示剂的总浓度为 c，由指示剂的离解平衡式可以看出

$$\frac{K_a}{[H^+]}=\frac{[I_n^-]}{[HI_n]}=\frac{a}{c-a}$$

如果 c 增大了，因为 K_a、a 都是定值，所以 H^+ 浓度就会相应地增大，就是说，指示剂会在较低的 pH 值时变色。例如在 50～100 mL 溶液中加 2～3 滴 0.1%酚酞，pH≈9 出现微红，而在同样情况下加 10～15 滴酚酞，则在 pH≈8 时出现微红。

D　混合指示剂

在酸碱滴定中有时需要用颜色变化明显而变色范围较窄的指示剂，即混合指示剂。混合指示剂是由一种酸碱指示剂和一种惰性染料或由两种酸碱指示剂按一定比例配制成的混合物。例如，将 0.1%甲基橙溶液与 0.25%靛蓝二磺酸钠等体积混合，靛蓝二磺酸钠是一种染料，本身为蓝色，它与甲基橙混合后，颜色随溶液酸度而改变：

红色＋蓝色	橙色＋蓝色	黄色＋蓝色
pH<4	pH＝4	pH>4

三种颜色的差别很大，颜色变化非常明显。

应当指出，配制混合指示剂时，应严格控制两种组分的比例，否则颜色变化将不显著。

3.1.4.2　指示剂的选择

酸碱滴定中最重要的是了解滴定过程中溶液 pH 值的变化规律，再根据 pH 值的变化规律选择最适宜的指示剂确定终点，然后通过计算求出被测物的含量。下面选择几种实例来进行讨论。

A　强碱滴定强酸

以 0.1000mol/L NaOH 滴定 20.00mL 0.1mol/L HCl 为例：

$$NaOH+HCl \longrightarrow NaCl+H_2O$$

如果以溶液的 pH 值为纵坐标，以 NaOH 加入的量为横坐标作图，可得如图 3-1 所示曲线，即强碱滴定强酸的滴定曲线，以及表 3-1 的数据。

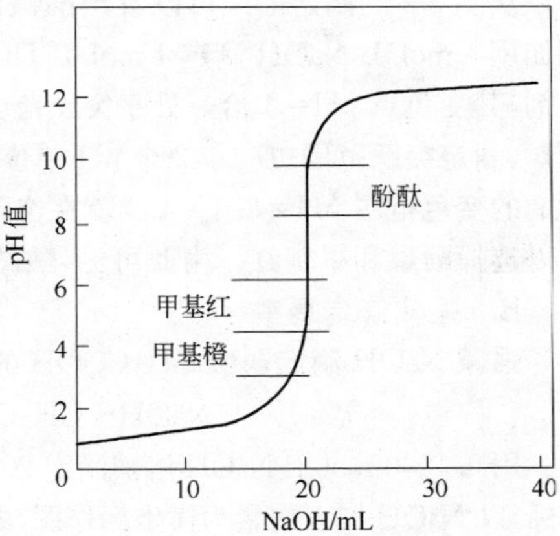

图 3-1　用 0.1000 mol/L NaOH 滴定 0.1 mol/L HCl 的滴定曲线

表 3-1　0.1000 mol/L NaOH 滴定 20.00 mL 0.1 mol/L HCl

加入的 NaOH 溶液 %	加入的 NaOH 溶液 mL	剩余 HC/mL	过量 NaOH /mL	$[H^+]$ /mol·L^{-1}	pH 值
0	0.00	20.00		1×10^{-1}	1.0
90	18.00	2.00		5×10^{-3}	2.3
99	19.80	0.20		5×10^{-4}	3.3
99.9	19.98	0.02		5×10^{-5}	4.3 } 突跃范围
100.0	20.00	0.00		1×10^{-7}	7.0 } 突跃范围
100.1	20.02		0.02	2×10^{-10}	9.7 } 突跃范围
101	20.20		0.20	2×10^{-11}	10.7
110	22.00		2.00	2×10^{-12}	11.7
200	40.00		20.00	2×10^{-13}	12.7

从表 3-1 的数据和图 3-1 的滴定曲线可以看出：

(1) 从滴定开始到加入 19.98 mL NaOH，pH 从 1.0 增加到 4.3，即改变 3.3 个 pH 单位，溶液的 pH 值仍在酸性范围内，发生不显著的渐变。

(2) 在化学计量点附近，加入 0.04 mL NaOH(从剩余 0.02 mL HCl 到过量 0.02 mL NaOH) pH 值从 4.3 增加到 9.7 改变 5 个 pH 单位，形成滴定曲线中的突跃部分。此后由于溶液中有过量的 NaOH，所以溶液呈碱性，此时又出现不显著的渐变。

根据以上分析可以看出，滴定到化学计量点附近溶液 pH 值所发生的突跃现象是有重要意义的，它是选择指示剂的依据。变色范围全部或一部分在滴定突跃范围内的指示剂可选用来指示滴定终点。用 0.1000 mol/L NaOH 滴定 0.1 mol/L HCl 时，滴定突跃的 pH 值范围是从 4.3 到 9.7，可选择甲基红、甲基橙和酚酞为指示剂。

用 0.1000 mol/L HCl 滴定 0.1 mol/L NaOH 时，与上述滴定曲线相似，只是 pH 值的变化相反，滴定突跃的 pH 范围是从 9.7 到 4.3，可选择甲基红和酚酞为指示剂，而不能选用甲基橙为指示剂。

必须指出，强碱滴定强酸的滴定突跃范围的大小，不仅与体系的性质有关，而且还与酸碱溶液的浓度有关。不同浓度的酸碱滴定的突跃范围如图 3-2 所示。

从图 3-2 的滴定曲线可以看出酸碱浓度每增大 10 倍，滴定突跃范围就增加 2 个 pH 单位。例如用 1 mol/L NaOH 滴定 1 mol/L HCl，滴定突跃范围从 3.3 到 10.7，这时若选择甲基橙为指示剂，其变色点 pH＝4 恰好处于突跃范围内，可使滴定误差小于 0.1%，相反，若酸碱浓度减小到 1/10，滴定突跃范围也减小 2 个 pH 单位，即 pH 值从 5.3 到 8.7，如仍选用甲基橙为指示剂，则指示剂的变色范围 pH＝3.1～4.4 就在突跃范围外，滴定误差将大于 0.1%，因此不能选用甲基橙。可以选择酚酞和甲基红。由此可见，酸碱浓度对滴定突跃范围是有直接影响的。

B 强碱滴定弱酸

强碱 NaOH 滴定弱酸 CH_3COOH 的反应式如下：

$$NaOH + CH_3COOH \xlongequal{} CH_3COONa + H_2O$$

用 0.1000 mol/L NaOH 溶液滴定 20.00 mL 0.1 mol/L HAc 溶液时，如果以溶液的 pH 值为纵坐标，以 NaOH 加入的量为横坐标作图，即可得曲线图 3-3，这就是强碱滴定弱酸的滴定曲线。

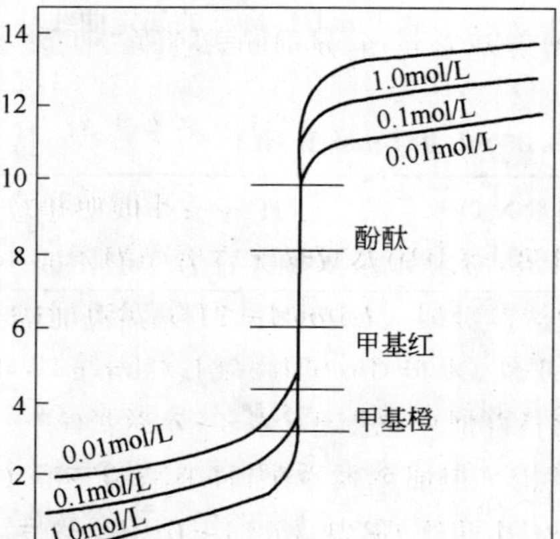

图 3-2 用不同浓度 NaOH 滴定不同浓度 HCl 的滴定曲线

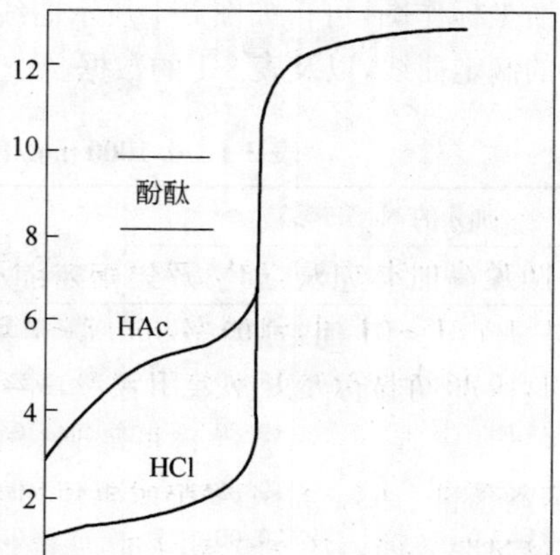

图 3-3 用 0.1000 mol/L NaOH 滴定 0.1 mol/L HAc 的滴定曲线

表 3-2 0.1000 mol/L NaOH 滴定 20.00 mL0.1mol/L HAc

加入 NaOH 溶液		剩余 HAc /mL	过量 NaOH /mL	计算公式	pH 值
%	mL				
0	0.00	20.00		$[H^+]=\sqrt{K_aC}$	2.9
90	18.00	2.00		$[H^+]=K_a\frac{[酸]}{[共轭碱]}$	5.7
99	19.80	0.20			6.7
99.9	19.98	0.02			7.7 突跃范围
100.0	20.00	0.00		$[OH^-]=\sqrt{K_bC}$	8.7 突跃范围
				$[OH^-]=\frac{V_{碱}}{V_{总}}C_{碱}$	9.7 突跃范围
100.1			0.02		
101			0.20		10.7
110			2.00		11.7
200			20.00		12.7

从表 3-2 的数据和图 3-3 的滴定曲线可以看出：

(1) 由于 HAc 是弱酸所以溶液的 pH 值不等于弱酸的原始浓度，因此滴定曲线的起点不在 pH=1 处，而是通过弱酸的 pH 值的计算得出，是 2.9。

(2) 由于滴定反应生成 Ac^-，所以滴定突跃范围不是由酸性到碱性，而是从 7.7～9.7，滴定突跃范围窄。化学计量点时溶液 pH 值为 8.7。

(3) 化学计量点前各点 pH 值均较强酸时大。滴定曲线形成一个由倾斜到平坦又到倾斜的坡度，原因是由于滴定一开始即有 NaAc 生成，它抑制了 HAc 的离解，使溶液的 pH 值急剧增大，致使滴定曲线的斜度也相应地增大。但继续滴定时，HAc 浓度减小，NaAc 浓度相应增大，由于形成了缓冲溶液，结果使溶液 pH 值的增大速度减慢，因此滴定曲线又呈现平坦状。当接近终点时，HAc 已很少，缓冲作用减弱，溶液的 pH 值又急剧增大，致使滴定曲线又呈现倾斜状。在化学计量点附近有一个较为短小的滴定突跃。

(4) 化学计量点后，溶液的 pH 值主要由过量的 NaOH 来决定，与强碱滴定强酸相同。

根据这类滴定突跃范围(pH=7.7～9.7)来选择指示剂，显然选用甲基橙是不行的，选用酚酞是适宜的，它的变色范围恰在滴定突跃范围内。

在此必须指出，除酸碱浓度对滴定突跃范围有影响外，弱酸的离解常数 K_a 的大小也是影响突跃范围的因素。图 3-4 为用 0.1000mol/L NaOH 滴定 0.1 mol/L 各种强度酸的滴定曲线。从图中可以看出，当酸的浓度一定时，K_a 值越大即酸愈强，滴定突跃范围越大；K_a 值越小即酸愈弱，滴定突跃范围越小。当 $CK_a \leqslant 10^{-8}$时，就看不出明显的突跃了，必须采用其他措施。

强酸滴定弱碱的滴定曲线与 NaOH 滴定 HAc 的滴定曲线相似，只是 pH 值的变化相反，如图 3-5 所示。化学计量点时 pH=5.3，滴定突跃范围是 6.3～4.3。因此，只能选择酸性区域内变色的指示剂如甲基红、溴酚蓝等。

滴定突跃范围受弱碱的浓度及强度影响，因此一般要求碱的离解常数与浓度乘积应为 $CK_b \geqslant 10^{-8}$，符合这个条件才有明显的滴定突跃范围，有可能选择指示剂。

弱酸与弱碱的滴定由于得不到明显的滴定突跃，一般不能用作滴定体系来测定弱酸或弱碱，而弱酸或弱碱还是可用其他滴定方法测定的。例如硼酸是弱酸，$K_a=5.8\times10^{-10}$，但是加甘露醇强化后形成配合酸，其 K_a 为 8.4×10^{-6}，这时可用 0.1 mol/L NaOH 溶液来滴定，化学计量点在 pH＝8.9 处，用酚酞作指示剂，终点误差约 0.1%。同样氨和胺类在水中都是弱碱性，但在甲酸中都呈现强碱性。这些也是拉平效应的实际应用。

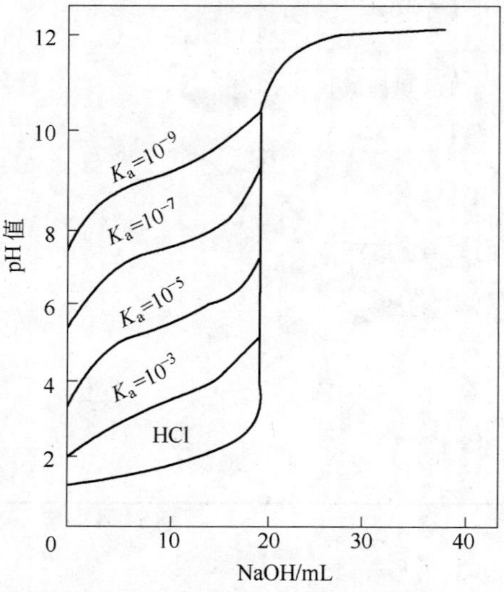

图 3-4　用 0.1000 mol/L NaOH 滴定 0.1 mol/L 不同强度酸的滴定曲线

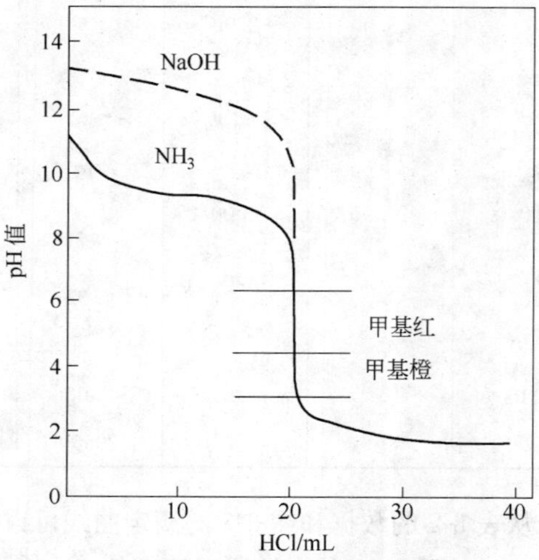

图 3-5　强酸滴定弱碱的滴定曲线

C　多元碱的滴定

用盐酸滴定 Na_2CO_3 等多元碱在分析化学中有较大的实用价值。

Na_2CO_3 是二元弱碱，它在水溶液中发生离解，并分两步进行：

$$CO_3^{2-}+H_2O \rightleftharpoons HCO_3^-+OH^-$$

$$HCO_3^-+H_2O \rightleftharpoons H_2CO_3+OH^-$$

因此当用酸滴定 Na_2CO_3 时，也分两步反应：

第一步：

$$Na_2CO_3+HCl = NaHCO_3+NaCl$$

即：

$$CO_3^{2-}+H^+ = HCO_3^-$$

到达化学计量点时，Na_2CO_3 全部变成 $NaHCO_3$，溶液呈碱性。第一化学计量点溶液的 pH 值为 8.3，此时可选酚酞为指示剂。但由于 $K_{b_1}/K_{b_2}\approx10^4$，差别不够大，则 CO_3^{2-} 未反应完时，HCO_3^- 就开始参加反应，通常采用 $NaHCO_3$ 溶液作参比液，或使用混合指示剂。如甲酚红与百里酚蓝混合指示剂，它的变色范围为 pH＝8.2(粉红)～8.4(紫)，如采用它指示终点，能获得较好的结果。

第二步：

$$NaHCO_3+HCl = NaCl+CO_2+H_2O$$

即：

$$HCO_3^-+H^+ = CO_2+H_2O$$

到达第二化学计量点时，溶液为 CO_2 的饱和溶液显酸性。第二化学计量点溶液的 pH 值为 3.9，此时可选用甲基橙为指示剂，由于在滴定过程中形成 CO_2 的饱和溶液而使滴定终点提前出现，通常在滴定至近终点时，加热煮沸（或剧烈摇动溶液）除去 CO_2，冷却后再滴定到终点。HCl 滴定 Na_2CO_3 的滴定曲线如图 3-6 所示。

从滴定曲线和反应关系可以看出，当用酚酞为指示剂滴定到第一化学计量点时，用去 HCl 体积为 V_1，溶液由粉红色变为无色。这时再往溶液中加甲基橙指示剂继续滴定到第二化学计量点时，用去 HCl 体积为 V_2，溶液由黄色变为橙色，两者所消耗 HCl 体积为

$$V_1 = V_2$$

这一事实在工业生产中，有其实际意义。

工业 Na_2CO_3 含量的测定是应用甲基橙为指示剂，用 HCl 标准溶液滴定到化学计量点，反应式如下

$$Na_2CO_3 + 2HCl = 2NaCl + H_2O + CO_2\uparrow$$

根据称取工业 Na_2CO_3 的质量和所用去 HCl 标准溶液的体积，计算出 Na_2CO_3 的质量分数。

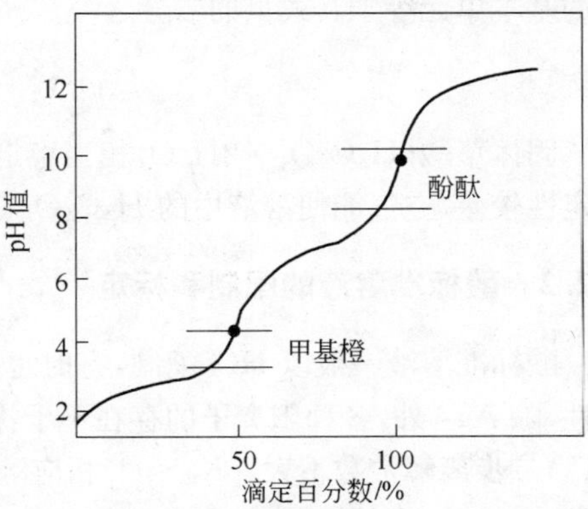

图 3-6 用 HCl 滴定 Na_2CO_3 的滴定曲线

3.2 酸碱标准溶液的配制和标定

酸碱滴定法中，为了获得较大的 pH 值突跃范围，一般以强酸和强碱作滴定剂，浓度一般为 0.1 mol/L。

3.2.1 碱标准溶液的配制和标定

常用 NaOH 和 KOH 来配制碱标准溶液。

A 配制方法

NaOH 的吸湿性强，易吸收空气中的水分和 CO_2，因此不能用直接法来配制标准溶液。为了配制不含 CO_2 的 NaOH 标准溶液，可先配成 NaOH 的浓溶液，因为在浓溶液中 Na_2CO_3 的溶解度很小。待 Na_2CO_3 下沉后，吸取上层清液，用沸后水稀释至所需浓度。按下式计算：

$$N_1V_1 = N_2V_2$$

NaOH、KOH 溶液能侵蚀玻璃，最好贮存于塑料瓶中。

B 标定方法

标定 NaOH 溶液的基准物质常用邻苯二甲酸氢钾和草酸。

邻苯二甲酸氢钾易制得纯品，不吸水，易保存。它与 NaOH 的反应为：

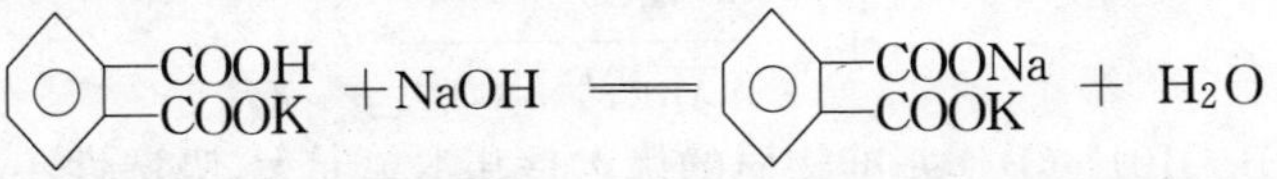

因此它的基本单元等于它的分子量 $E_{KHC_8H_4O_4} = 204.2$。邻苯二甲酸钾钠呈弱碱性，化学计量点 pH 值约为 9.1，应选酚酞作指示剂。

可称取在 105～110℃ 烘至恒量的基准物邻苯二甲酸氢钾 $KHC_8H_4O_4$ m 克，溶解于 20 mL 水中，温热使之溶解，冷后加 2～5 滴 1% 酚酞指示剂，用要标定的碱溶液滴至呈粉红色。用去 NaOH 溶液的体积为 V_{NaOH}，则 NaOH 溶液的准确量浓度 c_{NaOH} 按下式计算：

$$c_{NaOH} = \frac{m_{KHC_8H_4O_4} \times 1000}{V_{NaOH} E_{KHC_8H_4O_4}}$$

草酸是二元酸，$K_{a_1} = 5.9 \times 10^{-2}$，$K_{a_2} = 6.4 \times 10^{-5}$，滴定反应为：

$$H_2C_2O_4+2NaOH \longrightarrow Na_2C_2O_4+2H_2O$$

化学计量点 pH 值为 8.4，pH 值突跃范围为 7.7～10.0 可用酚酞作指示剂。由反应可知，草酸的基本单元等于其式量的二分之一。

$$E_{H_2C_2O_4 \cdot 2H_2O}=\frac{126.07}{2}=63.04$$

固体草酸（$H_2C_2O_4 \cdot 2H_2O$）相当稳定，相对湿度在 5%～95%时，不会风化。但草酸溶液的稳定性较差，空气能使溶液中的 $H_2C_2O_4$ 逐渐氧化。

3.2.2　酸标准溶液的配制和标定

酸标准溶液一般以 HCl 配制，有时也用 H_2SO_4 和 HNO_3 配制。HCl 标准溶液有一定的稳定性，除 Ag^+ 外，各种阳离子的存在不干扰滴定。H_2SO_4 标准溶液稳定，但它的酸性较盐酸稍弱（其第二步离解常数不大，$pK_{a_2}\approx 2$）相应滴定的突跃范围较小，而且有些硫酸盐难溶于水，不利于滴定。HNO_3 也是强酸，但稳定性稍差。

A　配制方法

将 HCl 配制成近似 0.1 mol/L 的溶液，用清洁量筒量取浓 HCl（密度 1.19 g/mL）9 mL，倾入清洁的细口瓶中，用水稀释至 1000 mL，以玻璃塞塞紧瓶口，充分混匀。

B　标定方法

标定盐酸的基准物质，通常用无水碳酸钠和硼砂等。

碳酸钠的优点是易制得纯品，价格便宜，但它有强烈的吸湿性，使用前应在 270～300℃的电炉内加热 1 h，然后置于干燥器中备用。用 Na_2CO_3 标定 HCl 的反应为：

$$Na_2CO_3+HCl \longrightarrow NaHCO_3+NaCl$$

$$NaHCO_3+HCl \longrightarrow NaCl+H_2O+CO_2$$

反应完全时，pH 值突跃范围为 5.0～3.5，可用甲基橙作指示剂。滴定至终点时应煮沸溶液或剧烈摇动溶液以消除 CO_2 的影响，由上面反应可知，反应中 Na_2CO_3 的基本单元为其式量的一半。

$$E_{Na_2CO_3}=\frac{106.0}{2}=53.00$$

可称取在 270～300℃烘至恒量的基准物质 Na_2CO_3 mg，溶于 20 mL 水中，温热使之溶解，加 1～2 滴甲基橙指示剂，用要标定的 HCl 标准溶液滴定至刚呈橙色后剧烈振荡溶液并继续滴定至刚呈橙色。HCl 标准溶液的准确量浓度 c_{HCl} 按下式计算：

$$c_{HCl}=\frac{m_{Na_2CO_3}\times 1000}{V_{HCl}E_{Na_2CO_3}}$$

用硼砂（$Na_2B_4O_7 \cdot 10H_2O$）作基准物质的优点是基本单元大，吸湿性小，易制得纯品。但由于硼砂含有结晶水，当空气的相对湿度小于 39%时，有明显的风化作用。在准确的分析工作中，常把它保存在相对湿度为 60%左右的器皿中，以免其组成与化学式不符。

硼砂 $Na_2B_4O_7 \cdot 10H_2O$ 可以看作是由 H_3BO_3 和 NaH_2BO_3 按 1∶1 组成的。在硼砂水溶液中，四硼酸离子解聚为 H_3BO_3 和 $H_2BO_3^-$：

$$B_4O_7^{2-}+5H_2O \rightleftharpoons 2H_3BO_3+2H_2BO_3^-$$

H_3BO_3 的 $K_a=5.7\times 10^{-10}$，非常小，所以硼砂的水溶液就显较强的碱性。如果硼砂的浓度不是很稀，则有较明显的滴定突跃，所以能用强酸准确进行滴定。滴定的基本反应为：

$$H_2BO_3^-+H^+ \longrightarrow H_3BO_3$$

或：$$B_4O_7^{2-}+2H^++5H_2O=\!=\!=4H_3BO_3$$

由反应可知，硼砂的基本单元为其式量的一半：

$$E_{硼砂}=\frac{381.42}{2}=190.71$$

用盐酸滴定硼砂，反应产物为硼酸，化学计量点 pH 值为 5.1，用甲基红作指示剂。

3.3 酸碱滴定法在冶金分析中的应用

酸碱滴定法在生产实践中应用广泛。冶金产品及其原材料中磷、碳、硅、氮、硼等元素都可用酸碱滴定法直接或间接地测定，其他如制碱、化学、医药等工业中也常应用酸碱滴定法测定产品纯度及其成分。

3.3.1 硅铁中硅的测定

3.3.1.1 测定方法

硅铁中硅主要以固溶体、硅化铁等形式存在。硅铁中硅的含量为 40%～95%。其测定方法有重量法、容量法和比重法。

氟硅酸钾容量法的理论依据，是使硅酸与氟、钾离子作用形成氟硅酸钾沉淀：

$$SiO_3^{2-}+4F^-+6H^+\rightleftharpoons SiF_4+3H_2O$$

$$SiF_4+2F^-\rightleftharpoons SiF_6^{2-}$$

$$SiF_6^{2-}+2K^+\rightleftharpoons K_2SiF_6$$

随后将氟硅酸钾溶于热水，产生氢氟酸：

$$K_2SiF_6+3H_2O\rightleftharpoons 2KF+H_2SiO_3+4HF$$

用氢氧化钠标准溶液滴定水解出的氢氟酸。

试样一般用硝酸和氢氟酸分解，硅能以氟硅酸的稳定形式保留在溶液中，并和水、氢氟酸三者构成一个动态平衡。若将溶液继续加热，氢氟酸和水逐渐蒸发，其恒沸点为 116℃，恒沸点组成为：HF10%，水 54%，氟硅酸 36%，所以在某些条件下，氟硅酸、氢氟酸、水能共处于溶液中，但当溶液加热蒸发到恒沸的三元体系时，就是氟硅酸分解以四氟化硅逸出。因此，在溶解试样过程中，只要氢氟酸溶液保持一定体积，硅就以氟硅酸形式保留在溶液中，而不成四氟化硅形式挥发损失。

沉淀氟硅酸钾的条件如下：

(1) 沉淀应保持适当的酸度。在硝酸介质中，酸度 1～6 mol/L 均可，一般在 3～4 mol/L 酸度下进行沉淀。酸度太低，易形成其他的氟化物沉淀，影响测定；酸度太高，会增加氟硅酸钾的溶解度，而使沉淀不完全。

(2) 氟离子浓度。只需略过量的氟(不超过理论量两倍的氟)即可保证硅的完全沉淀，游离 F^- 浓度应维持在 3×10^{-3}～3×10^{-5} mol/L 之间。

(3) 硝酸钾量的影响。硝酸钾量加入不足，氟硅酸钾沉淀不完全，造成结果偏低。通常控制硝酸钾用量以使溶液近饱和为佳。但切忌以固体加入，因由于溶解过程中局部钾离子浓度很高，杂质共沉淀和继沉淀的现象严重，结果偏高。所以硝酸钾必须以溶液形式加入，并充分搅拌，可获得较纯净的沉淀。

(4) 温度与体积。在 25℃温度以下，溶液体积应控制在 40～60 mL 为宜。温度较高和体积较大时，均会增加氟硅酸钾的溶解度，使沉淀反应不完全；体积过小时，溶液中某些干扰离子浓度增大而易形成其他的氟化物沉淀，影响测定。

沉淀的过滤和洗涤：氟硅酸钾沉淀，不需陈化过程，加入硝酸钾后即可过滤（在 6 h 内无影响）。如放置过夜，其他元素（铁、铝、钛等）产生共沉淀，使结果偏高。过滤速度应快，可采取抽滤。为了防止沉淀的水解与溶解通常在硝酸钾洗液中加入一定量的乙醇。乙醇、丙酮或其他有机溶剂的存在，可抑制氟硅酸钾的溶解和水解，但同时其他元素的氟化物也易于析出。所以一般在洗涤沉淀和中和残余酸时使用。

沉淀的水解和滴定：氟硅酸钾在热水中溶解后，氟硅酸离子先离解为四氟化硅，而后四氟化硅迅速水解生成氢氟酸。由于四氟化硅的水解是吸热反应，故滴定溶液的温度不宜过低，以70～90℃为宜。通常用注入沸水的方法使沉淀水解，然后立即进行滴定。这样既可排除水中的碳酸，又可使滴定结束时溶液的温度维持在 70℃左右。

氟硅酸钾水解后，产生氢氟酸和硅酸，两种酸的离解常数相差较大（$K_{HF}=10^{-3}$，$K_{H_2SiO_3}=10^{-9}$），所以用 NaOH 滴定时，首先滴定氢氟酸。若无硅酸存在，化学计量点的 pH＝6.96，化学计量点附近的突跃为 5.5～9.5。但在 pH＝7.8 时硅开始被滴定，故应选用变色点 pH＝7～8 的指示剂。一般采用酚酞或溴百里酚蓝作指示剂；也可用混合指示剂如中性红—次甲基蓝、溴百里香酚蓝—酚红等。

以前认为铝、钛、钙、锆等干扰测定，经我国分析工作者对本法做了许多研究，克服了干扰等问题，扩大了使用范围。此法不仅适用于硅铁、硅锰合金、钨铁、铌铁、钼铁等铁合金中硅的测定，也适用于炉渣、硅酸盐矿中二氧化硅的测定。

经试验结果证明，铁、铝、碱土金属、铜、铅、锌、铌、钽、稀土、锡、锆、砷、硼、钼、钒、钨、磷、草酸、酒石酸、柠檬酸、硫酸等均无干扰，含硫高的矿样可在 600℃灼烧后再溶样，防止大量硫使终点不稳。铅和锰的存在会生成棕色沉淀使终点模糊，可加入几滴过氧化氢使之溶解。硼和铍的存在能与氟离子形成稳定络合物，含量高时，使溶液中氟离子浓度降低，可适当增加其用量。大量铝和钙共存时影响终点观察，可改用甲基红—次甲基蓝作指示剂。钛量较高时有干扰（大于毫克量），大量钛存在时，可在沉淀前加入过氧化氢或草酸钠以消除其影响。

方法要点：试样以硝酸及氢氟酸分解，使硅转化为氟硅酸，加入硝酸钾生成氟硅酸钾沉淀。经过滤洗涤后，加热水使其水解而释放出氢氟酸，用氢氧化钠标准溶液滴定释放出的氢氟酸，根据氢氧化钠标准溶液的用量计算硅的质量分数。

3.3.1.2　分析步骤

称取试样 0.1000 g，置于塑料杯中，加 10 mL 硝酸（1＋1），滴加 5 mL 氢氟酸（40％），轻轻摇动，加 4～5 滴过氧化氢（30％）助溶。待试样溶解后，加 5 mL 酒石酸—尿素混合液（20 g 酒石酸溶于 100 mL 水中，加 10 g 尿素），摇动后，加滤纸浆少许，加 20 mL 硝酸钾饱和溶液，流水冷却至室温，并搅拌 1 min，放置 10～15 min（夏天置于冷水中），使氟硅酸钾沉淀完全，用抽滤法置于塑料漏斗中过滤。在滤纸周围加数滴甲基橙指示剂（0.1％），用洗液（取10 g硝酸钾溶于 90 mL 水中，加乙醇 10 mL）将塑料杯及滤纸上游离酸洗净，至滤纸上无残留的甲基橙为止。将沉淀及滤纸置于原烧杯中，加入约 100～150 mL 沸中性水（将蒸馏水煮沸15 min；或用去离子水，加数滴酚酞指示剂，滴加氢氧化钠标准溶液中和，并大力振荡至稳定微红色，然后煮沸），加 10 滴酚酞指示剂（取 1 g 酚酞溶于 60 mL 乙醇中，以水稀释至 100 mL），以氢氧化钠标准溶液（0.2500 mol/L 或 0.1000 mol/L）滴定（边滴边用塑料棒搅拌），当接近终点时再补加 10 滴指示剂，继续滴定至稳定微红色为终点。

试样中硅含量的计算：

$$Si(\%)=\frac{cV\times 0.007022}{m}\times 100$$

式中，c 为 NaOH 标准溶液的量浓度；V 为滴定时消耗 NaOH 标准溶液的毫升数；0.007022 为 1 mmol量的 NaOH 相当于硅的克数；m 为试样量，g。

3.3.1.3 注意事项

注意事项如下：

(1) 每批需平行作空白和标准物质(或称标准样品)，空白值应从试样结果中扣除；空白高时将氢氟酸用下法精制：于 100 mL 氢氟酸(40%)中加 100 mL 乙醇，20 g 硝酸钾，放置 24 h，过滤，使用时按原量 2 倍加入。

(2) 洗涤是本法的关键：

1) 务必将滤纸及杯壁上的游离酸洗净，否则使结果偏高。

2) 洗涤次数不宜太多，以免沉淀溶解，使结果偏低，故每次用少量洗液洗涤，滤干后再接着洗下一次。

(3) 快速分析时，可将沉淀洗 2～3 次后，将沉淀连同滤纸移入原塑料杯中，加 15 mL 洗涤液，加 5 滴酚酞指示剂，用氢氧化钠标准溶液仔细滴定余酸，至出现稳定的微红色，不计毫升数，然后加 100～150 mL 沸水，补加 5～10 滴酚酞指示剂，按上法滴定。

3.3.2 钢中氮的测定

钢中氮主要是以氮化物(如 Fe_4N、CrN、VN、Mo_2N_2 等)形式存在，只有极少一部分成固态溶液。

测定氮的化学法有酸碱容量法、纳氏比色法、麝香草酚法及石碳酸钠—次氯酸钠法等。化学法只能测定钢中化合氮和溶解的原子氮，吸附在金属表面或处于金属内气孔的氮，因用酸处理时，呈分子形式，无法测定，故总氮量的测定，需采用其他物化法。

3.3.2.1 方法要点

试样用稀盐酸，硫酸或高氯酸溶解，移入盛有氢氧化钠溶液的蒸馏瓶中进行蒸馏，蒸出的氨被硫酸标准溶液吸收，用氢氧化钠标准溶液滴定过剩的酸，根据硫酸标准溶液与氨作用的量，计算氮的质量分数。其主要反应如下：

试样溶解：

$$2Fe_2N+5H_2SO_4 = 4FeSO_4+(NH_4)_2SO_4+H_2\uparrow$$

$$2Fe_2N+10HCl = 4FeCl_2+2NH_4Cl+H_2\uparrow$$

在碱性介质中进行蒸馏：

$$(NH_4)_2SO_4+2NaOH = 2NH_3\cdot H_2O+Na_2SO_4$$

$$NH_3\cdot H_2O \xlongequal{\triangle} NH_3\uparrow+H_2O$$

氨被硫酸标准溶液吸收：

$$2NH_3+H_2SO_4 = (NH_4)_2SO_4$$

用氢氧化钠标准溶液滴定过剩的硫酸：

$$H_2SO_4+2NaOH = Na_2SO_4+2H_2O$$

3.3.2.2 工作前的准备

检查蒸馏装置各部分橡皮管接头是否严密不漏气；电热设备是否正常。

蒸馏瓶中装水后，加入约 1 mL 硫酸（密度 1.84 g/mL），打开冷却水管，加热蒸馏，用锥形瓶接收器放入冷凝管下端，蒸出溶液约 100 mL 时，加数滴混合指示剂（称取 0.03 g 甲基红溶于 100 mL乙醇中，另取次甲基蓝 0.015 g 溶于 10 mL 水中，将两溶液混合），用硫酸标准溶液（0.00500 mol/L）滴定至红色，消耗硫酸标准溶液 0.2 mL 以下时，装置处于正常状态。否则清洗装置继续蒸馏，直至装置和水空白达到正常状态。将废液抽出，往蒸馏瓶漏斗加入 40 mL 氢氧化钠溶液（50%），用少许水冲洗一次漏斗。定氮装置如图 3-7 所示。

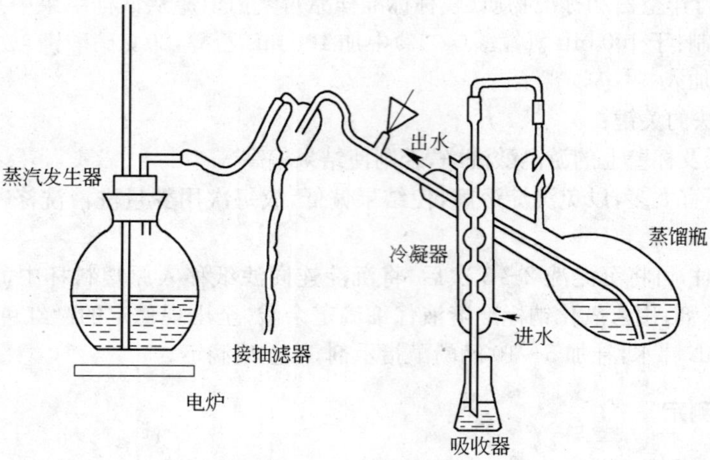

图 3-7　定氮装置

3.3.2.3　分析步骤

试样溶解：称取试样（随同操作做试剂空白）置于 150 mL 锥形瓶中，加入 50 mL 硫酸（1＋4）低温加热至试样溶解后，滴加过氧化氢破坏碳化物，煮沸，取下冷却。

蒸馏测定：将盛有 20 mL 硫酸标准溶液（0.00500 mol/L），数滴混合指示剂的 250 mL 锥形瓶接收器放在冷凝管下端。将试液通过漏斗，装入预先盛有 50%氢氧化钠溶液（碳素钢 40 mL，合金钢 90 mL，快速法 40 mL）的蒸馏瓶中，用少量水冲洗试液瓶及漏斗 2～3 次，关闭漏斗活塞，加热通蒸汽蒸馏。当吸收液约为 100 mL 时，放低 250 mL 锥形瓶接收器，使冷凝管下端离开液面，继续蒸馏一会停止蒸馏，用 0.01000 mol/L 氢氧化钠标准溶液滴定，至红色变绿色即为终点。

试样中氮含量的计算：

$$\mathrm{N}(\%)=\frac{[(V-V_1K)-(V^0-V_1^0K)]\times 0.0001401}{m}\times 100$$

式中，V 为试液所用硫酸标准溶液的毫升数；V_1 为试液所用氢氧化钠标准溶液的毫升数；V^0 为空白所用硫酸标准溶液的毫升数；V_1^0 为空白所用氢氧化钠标准溶液的毫升数；K 为氢氧化钠标准溶液与硫酸标准溶液的比例系数；0.0001401 为每 1 mL 硫酸标准溶液（0.00500 mol/L）相当氮的克数。m 为试样量，g。

3.3.2.4　注意事项

注意事项如下：

(1) 定氮室内不得有酸烟和氨的气氛。

(2) 含氮量低(<0.05%)的试样,宜选用比色法。

(3) 试样含氮量大于 0.15%,可称样 0.2 g;小于 0.1%,可称样 1~3 g。

(4) 对含有钛、钒、硼、锆、铌等元素的试样,在溶样时再加 2~3 mL 氢氟酸,待试样溶解后,中温加热冒硫酸烟 10~15 min(当硫酸冒烟易产生崩溅时,应采用茄形瓶在砂浴上冒烟 15 min),取下冷却,加 50 mL 水,加热溶解盐类后蒸馏。

(5) 对难溶于盐酸的试样可先用 40 mL 盐酸(1+1),1 mL 过氧化氢溶解后,加 10 mL 硫酸(密度 1.84 g/mL)冒烟 10~15 min,取下冷却,加 50 mL 水,加热溶解盐类后蒸馏。

(6) 对普碳钢、纯铁、铬锰氮钢等试样也可加 10 mL 盐酸(1+1)、30 mL 高氯酸(1+1)溶解后,进行蒸馏测定。

(7) 硅钢试样可在溶样时加 2~3 mL 氢氟酸或约 0.5 g 氟化钠。

(8) 试样难溶时,可适当增加酸量,但蒸馏时必须相应增加碱量,蒸馏时碱量除中和溶样酸外,一般再过量 50%NaOH15 mL。

(9) 每分析一批试样需带空白,并自结果中减去空白值。

3.3.3 混合碱的分析

NaOH 俗称烧碱。在生产和贮藏过程中,常因吸收空气中的 CO_2 而产生部分 Na_2CO_3,所以常需测定烧碱中 NaOH 和 Na_2CO_3 的含量。

Na_2CO_3 俗称纯碱。纯碱通常是由焙烧 $NaHCO_3$ 而制得的,所以常需测定纯碱中 Na_2CO_3 和 $NaHCO_3$ 的含量。

混合碱的分析一般可采用氯化钡法和双指示剂法。

3.3.3.1 烧碱中 NaOH 和 Na_2CO_3 的测定

A 方法提要

试样经水溶解,以酚酞作指示剂,用 HCl 标准溶液滴定,继以甲基橙作指示剂,再用盐酸标准溶液滴定。根据二次 HCl 标准溶液体积,分别计算 NaOH 和 Na_2CO_3 的质量分数。主要反应如下:

以酚酞作指示剂:

$$NaOH + HCl = NaCl + H_2O$$

$$Na_2CO_3 + HCl = NaHCO_3 + NaCl$$

以甲基橙作指示剂:

$$NaHCO_3 + HCl = CO_2 + H_2O + NaCl$$

B 分析步骤

采用差减法称取 5.00 g 烧碱,用水溶解后,移入 250 mL 容量瓶中,并以水稀释至刻度,混匀。吸取 25.00 mL 溶液于 250 mL 锥形瓶中,加 3~4 滴酚酞指示剂(0.1%乙醇溶液),用盐酸标准溶液(0.2500 mol/L)滴定至红色刚消失,记下盐酸标准溶液所消耗的体积 V_1,再加 3~4 滴甲基橙指示剂(0.1%),继续用盐酸标准溶液(0.2500 mol/L)滴定至橙色。剧烈摇动溶液并滴至溶液呈稳定橙色,记下盐酸标准溶液所消耗的体积 V_2。

计算 NaOH 和 Na_2CO_3 的质量分数:

$$Na_2CO_3(\%)=\frac{2cV_2\times\frac{106.0}{2000}}{m}\times 100$$

$$NaOH(\%)=\frac{c(V_1-V_2)\times\frac{40.00}{1000}}{m}\times 100$$

式中，V_1 为以酚酞作指示剂所用盐酸标准溶液的毫升数；V_2 为以甲基橙作指示剂所用盐酸标准溶液的毫升数；c 为盐酸标准溶液的量浓度；m 为试样量，g。

3.3.3.2 纯碱中 Na_2CO_3 和 $NaHCO_3$ 的测定

A 方法提要

试样经水溶解，以酚酞作指示剂，用盐酸标准溶液滴定，继以甲基橙作指示剂，再用盐酸标准溶液滴定。根据二次盐酸标准溶液体积，分别计算 Na_2CO_3 和 $NaHCO_3$ 的含量。主要反应如下：

以酚酞作指示剂： $Na_2CO_3+HCl = NaHCO_3+NaCl$

以甲基橙作指示剂：$NaHCO_3$（由 Na_2CO_3 转变成的）$+HCl = CO_2+H_2O+NaCl$

$NaHCO_3+HCl = CO_2+H_2O+NaCl$

B 分析步骤

称取纯碱 0.5000 g 置于 250 mL 锥形瓶中，以 50 mL 水溶解，加 3～4 滴酚酞指示剂（0.1%乙醇溶液），用盐酸标准溶液（0.2500 mol/L）滴定至红色刚消失，记下盐酸标准溶液所消耗的体积 V_1。再加 3～4 滴甲基橙指示剂（0.1%），继续用盐酸标准溶液（0.2500 mol/L）滴定至橙色，剧烈摇动溶液并滴定至溶液呈稳定橙色，记下盐酸标准溶液所消耗的体积 V_2。

计算 Na_2CO_3 和 $NaHCO_3$ 的质量分数：

$$Na_2CO_3(\%)=\frac{2cV_1\times\frac{106.0}{2000}}{m}\times 100$$

$$NaHCO_3(\%)=\frac{c(V_2-V_1)\times\frac{84.01}{1000}}{m}\times 100$$

式中，V_1 为以酚酞作指示剂所用盐酸标准溶液的毫升数；V_2 为以甲基橙作指示剂所用盐酸标准溶液的毫升数；c 为盐酸标准溶液的量浓度；m 为试样量，g。

习　题

1. 用质子理论解释 NH_4Cl 溶液的酸碱性。
2. 把下列 pH 值换算成[H^+]，将[H^+]换算成 pH 值：

pH 值	0.24	1.3	5.52	10.23
[H^+]	2×10^{-1}	4.2×10^{-4}	5×10^{-5}	1.698×10^{-10}

3. 当 pH 值增加 2 个单位时，[H^+]怎样变化？当 pH 值减少 3 个单位时，[H^+]怎样变化？

4. 计算下列溶液的 pH 值：
   (1) 0.05 mol/L H_2SO_4；
   (2) 0.01 mol/L NaOH；
   (3) 0.01 mol/L HAc；
   (4) 0.01 mol/L $NH_3 \cdot H_2O$；
   (5) 0.05 mol/L NaAc；
   (6) 0.05 mol/L NH_4Cl。
5. 什么叫缓冲溶液，组成缓冲溶液需具备什么条件，$NH_3 \cdot H_2O$ 和 NH_4Cl 组成的溶液是否具有缓冲作用，为什么？
6. 缓冲容量与哪些因素有关？
7. 计算含 0.2 mol/L HAc 和 0.4 mol/L NaAc 溶液的 pH 值。
8. 称取 136 g 醋酸钠($CH_3COONa \cdot 3H_2O$)溶于水，加 50 mL 冰醋酸(17 mol/L)，用水稀释至 2 L，此溶液 pH 值是多少？
9. 判断下列酸碱能否直接进行酸碱滴定，如能滴定，应选择什么指示剂：
   (1) 0.01 mol/L HAc；
   (2) 0.1 mol/L H_3BO_3；
   (3) 0.1 mol/L $NH_3 \cdot H_2O$；
   (4) 0.1 mol/L 六次甲基四胺。
10. 简述影响酸碱滴定 pH 值突跃大小的因素和选择指示剂的原则。
11. 称取干燥的基准草酸($H_2C_2O_4 \cdot 2H_2O$)0.2000 g 溶于水后，以 NaOH 溶液滴定，消耗 NaOH 溶液 31.56 mL，求 NaOH 溶液的浓度 c_{NaOH}，并指出应采用何指示剂？
12. 取钢样 2.0000 g，将其中的磷沉淀为磷钼酸铵沉淀，沉淀以水洗涤后用 0.1500 mol/LNaOH 标准溶液 20.00 mL 溶解，过量的 NaOH 用 0.1500 mol/L HNO_3 标准溶液返滴定，消耗 16.50 mL，计算钢中磷的质量分数。
13. 用氟硅酸钾法测定炉渣中的 SiO_2，称样量为 0.2000 g，滴定时消耗 0.1500 mol/LNaOH 标准溶液 32.50 mL，计算炉渣试样中 SiO_2 的质量分数。
14. 用酸碱容量法测定钢中氮，称取 5.0000 g 钢样，用 20.00 mL0.00500 mol/L H_2SO_4 标准溶液吸收蒸馏试液产生的 NH_3，返滴定时，消耗 0.005000 mol/L NaOH 标准溶液 12.50 mL。计算钢中氮的质量分数。
15. 标定 HCl 溶液时，称取 $Na_2C_2O_4$ 0.3042 g，灼烧成 Na_2CO_3 以后，溶于水用盐酸滴定，以甲基橙作指示剂，用去 HCl22.38 mL，计算 HCl 溶液的浓度 c_{HCl}。
16. 称取纯碱 0.5000 g，溶于水后，用酚酞作指示剂，消耗 0.1000 mol/L HCl46.15 mL，计算纯碱中 Na_2CO_3 的质量分数。
17. 称取 NaOH 和 Na_2CO_3 混合试样 0.5000 g，溶于水后，用 0.2500 mol/L HCl 标准溶液滴定到酚酞褪色，消耗 33.60 mL，加甲基橙后继续用盐酸滴定，共消耗 43.10 mL，计算试样中 NaOH 和 Na_2CO_3 的质量分数。
18. 某试样含 Na_2CO_3、$NaHCO_3$ 及其他惰性物质。称取试样 0.3010 g，用酚酞作指示剂滴定时，用去 0.1060 mol/L HCl20.10 mL，继续用甲基橙作指示剂滴定，又用去 HCl27.60 mL，计算试样中 Na_2CO_3 与 $NaHCO_3$ 的质量分数。
19. 采用氟硅酸钾容量法测定硅的滴定反应，属哪种酸碱滴定类型，应选用什么指示剂，为什么？

4　氧化还原滴定法

氧化还原滴定法是以氧化还原反应为基础的滴定分析方法。在分析化学中，氧化还原反应除了应用于滴定分析法之外，还广泛地应用光度法，例如借离子在不同价态时有各种不同的色泽进行吸光光度分析。在氧化还原滴定法中，由于氧化还原类型不同，所以应用的标准溶液比较多。通常根据所用标准溶液，将氧化还原法分为以下几类：

$KMnO_4$ 法：以 $KMnO_4$ 为标准溶液；

$K_2Cr_2O_7$ 法：以 $K_2Cr_2O_7$ 为标准溶液；

Na_3AsO_3-$NaNO_2$ 法：以 Na_3AsO_3-$NaNO_2$ 为标准溶液；

碘量法：以 I_2 和 $Na_2S_2O_3$ 为标准溶液。

氧化还原反应的实质是电子转移，反应历程复杂，反应速度快慢不一，而且受外界条件影响较大。因此，在氧化还原滴定法中就要控制反应条件使其符合容易分析的要求。

本章仅就氧化还原基础理论及在滴定法中的应用做介绍。

4.1　氧化还原平衡

氧化还原反应

$$2FeCl_3 + SnCl_2 \rightleftharpoons 2FeCl_2 + SnCl_4$$

或：

$$Sn^{2+} + 2Fe^{3+} \rightleftharpoons 2Fe^{2+} + Sn^{4+}$$

（Sn^{2+} → $2Fe^{3+}$：$2e$；$2Fe^{2+}$ → Sn^{4+}：$2e$）

还原态　氧化态　还原态　氧化态

可看做由两个半反应组成，反应中 Fe^{3+} 得到电子和 Sn^{2+} 失去电子：

$$2Fe^{3+} + 2e \rightleftharpoons 2Fe^{2+}$$

$$Sn^{2+} - 2e \rightleftharpoons Sn^{4+}$$

每个半反应都有作为反应物或反应产物的氧化态（或称还原剂，如 Fe^{3+}、Sn^{4+}）和还原态（或称氧化剂，如 Fe^{2+}、Sn^{2+}），它们组成氧化还原电对。

氧化还原电对中氧化剂氧化能力的强弱（或还原剂还原能力的强弱）可用标准电极电位（用 $E^{\ominus}$ 表示）来衡量。例如：

$$Fe^{3+} + e \rightleftharpoons Fe^{2+} \qquad E^{\ominus}_{Fe^{3+}/Fe^{2+}} = 0.77V$$

$$Sn^{4+} + 2e \rightleftharpoons Sn^{2+} \qquad E^{\ominus}_{Sn^{4+}/Sn^{2+}} = 0.15V$$

电位的单位是 V。两电对相比，Fe^{3+}/Fe^{2+} 电对的标准电极电位较 Sn^{4+}/Sn^{2+} 电对高，这说明 Fe^{3+} 和 Sn^{4+} 两氧化剂中 Fe^{3+} 的氧化能力较 Sn^{4+} 强，即 Fe^{3+} 结合电子的能力较 Sn^{4+} 强；在 Fe^{2+} 和 Sn^{2+} 两还原剂中 Sn^{2+} 的还原能力较强，即 Sn^{2+} 给出电子的倾向较 Fe^{2+} 大，由于两个电对间存在一定的电位差（$E^{\ominus}_{Fe^{3+}/Fe^{2+}} - E^{\ominus}_{Sn^{4+}/Sn^{2+}} = 0.77\ V - 0.15\ V = 0.62\ V$），因而电子从 Sn^{2+} 转移至 Fe^{3+} 而发生氧化还原反应。

需要指出的是，氧化还原反应是两个氧化还原电对（两个半反应）共同作用的结果，即还原剂给出电子必须转移到另一种能接受电子的氧化剂物质上去，单个氧化还原电对并不构成氧化还原反应。

下面是分析反应中常遇到的几个氧化还原电对：

$$MnO_4^- + 8H^+ + 5e \rightleftharpoons Mn^{2+} + 4H_2O \qquad E^{\ominus}_{MnO_4^-/Mn^{2+}} = 1.51V$$

$$Fe^{3+} + e \rightleftharpoons Fe^{2+} \qquad E^{\ominus}_{Fe^{3+}/Fe^{2+}} = 0.77V$$

$$Sn^{4+} + 2e \rightleftharpoons Sn^{2+} \qquad E^{\ominus}_{Sn^{4+}/Sn^{2+}} = 0.15V$$

$$2H^+ + 2e \rightleftharpoons H_2 \qquad E^{\ominus}_{2H^+/H_2} = 0.00V$$

$$Zn^{2+} + 2e \rightleftharpoons Zn \qquad E^{\ominus}_{Zn^{2+}/Zn} = -0.76V$$

众所周知，酸性溶液中 $KMnO_4$ 能氧化 Fe^{2+} 至 Fe^{3+}、氧化 Sn^{2+} 至 Sn^{4+}；Fe^{3+} 能氧化 Sn^{2+} 或 Sn^{2+} 能还原 Fe^{3+} 至 Fe^{2+}；金属锌能还原 HCl(稀)中的 H^+ 成 H_2，还能还原溶液中的 Fe^{3+} 至 Fe^{2+}、Sn^{4+} 至 Sn^{2+}。根据这些反应，联系它们相应的标准电极电位，不难看出：标准电极电位愈高（$E^{\ominus}$值愈大），电对中氧化态的氧化能力愈强（上列电对中 MnO_4^- 的氧化能力最强）；标准电极电位愈低（$E^{\ominus}$值愈小），电对中还原态的还原能力愈强（上列电对中金属锌的还原能力最强）。作为一种氧化剂，它可以氧化电极电位较它为低的还原剂，作为一种还原剂，它可以还原电极电位较它为高的氧化剂。

当一种氧化剂可以同时和几种还原剂作用时，首先氧化其中还原能力最强的还原剂。例如，在含 Fe^{2+} 和 Sn^{2+} 的酸性溶液中加入 $KMnO_4$，则 $KMnO_4$ 首先与还原能力强的 Sn^{2+} 作用，后与 Fe^{2+} 作用；同样，当一种还原剂同时和几种氧化剂作用时，它首先还原其中氧化能力最强的氧化剂，Sn^{2+} 与 $KMnO_4$ 和 Fe^{3+} 作用时，它先与氧化能力最强的 $KMnO_4$ 反应，然后再与 Fe^{3+} 作用。

应该指出，标准电极电位是与 $2H^+/H_2$ 电对电位为 0.00V（温度为 25℃，有关离子浓度为 1 mol/L、气体分压约等于 0.1 MPa）相比较得来的。但是，一般分析条件并非都是标准条件，例如：溶液中有大量的电解质存在，有可能与反应物及反应产物发生络合，沉淀作用的其他试剂存在等。这些因素都会影响电对的电极电位。如果要精确计算其电极电位，必须对影响因素进行逐一校正，那是十分复杂的事，在分析化学中常用条件电位（用 $E^{\ominus\prime}$表示）来代替标准电极电位。条件电位是在一定的外界条件下，电对的氧化态和还原态的条件浓度均为 1 mol/L 时的实际电位，在条件不变时是一常数。条件电位考虑了该条件下溶液的离子强度以及各种副反应后的实际电位。例如，Fe^{3+}/Fe^{2+} 电对的 $E^{\ominus}=0.77$ V，但它在 0.5 mol/L HCl 中 $E^{\ominus\prime}=0.71$ V，在 1 mol/L HCl中 $E^{\ominus\prime}=0.68$ V，在 2 mol/L H_3PO_4 中 $E^{\ominus\prime}=0.46$ V，而在 1 mol/L EDTA 溶液（PH=4～6）中 $E^{\ominus\prime}=0.12$ V。标准电极电位 $E^{\ominus}$与条件电位 $E^{\ominus\prime}$之间的关系就像络合反应中络合物的稳定常数 K 和表观稳定常数 K'之间的关系一样。络合平衡中 K'正是校正了酸效应、络合效应等因素的影响所实际表现出来的络合物稳定常数。

有关书籍中列出部分氧化还原电对的条件电位。当缺乏相同条件下的条件电位数据时，可采用条件相近的条件电位数据。例如，未查到 1.5 mol/L H_2SO_4 溶液中 Fe^{3+}/Fe^{2+} 电对的条件电位，可用 1 mol/L H_2SO_4 溶液中该电对的条件电位 0.68 V 代替，若采用标准电位 0.77 V，误差更大。

4.2 氧化还原基本单元

氧化还原分析结果的计算，主要依据氧化还原达到化学计量点时氧化剂和还原剂所消耗的基本单元量相等的原则。因此，在计算中首先要确定氧化剂和还原剂的基本单元。

氧化剂和还原剂基本单元的确定，是以一个分子、原子或离子的物质在滴定反应中转移一个电子所相当的量，就是该物质的基本单元。表示为：

$$E=\frac{\text{式量}}{n} \tag{4-1}$$

式中，E 为氧化剂或还原剂的基本单元；n 为氧化剂或还原剂在滴定反应中转移的电子数。

因此，计算氧化还原基本单元，必须根据实际的滴定反应，确定电子得失数 n。同一物质，在不同的氧化还原反应中，其基本单元可能不同。

下面举例说明在不同反应中，氧化还原基本单元计算。

例：在酸性溶液中 $K_2Cr_2O_7$ 与 Fe^{2+} 作用，生成 Cr^{3+} 和 Fe^{3+}，计算 $K_2Cr_2O_7$、Cr、Fe、$(NH_4)_2Fe(SO_4)_2\cdot 6H_2O$ 的基本单元。

解：
$$K_2Cr_2O_7+6Fe^{2+}+14H^+ \rightleftharpoons 2Cr^{3+}+6Fe^{3+}+7H_2O$$

1个 $K_2Cr_2O_7$ 分子，在反应中得到 6 个电子，$n=6$，因此：

$$E_{K_2Cr_2O_7}=\frac{K_2Cr_2O_7}{n}=\frac{294.18}{6}=49.03$$

1个 Cr 原子相当于 1/2 个 $Cr_2O_7^{2-}$，反应中得到 3 个电子（Cr 的氧化数由＋6 减至＋3），$n=3$，因此：

$$E_{Cr}=\frac{Cr}{3}=\frac{52.00}{3}=17.33$$

1个 Fe^{2+} 氧化为 Fe^{3+} 时，失去一个电子，$n=1$，因此：

$$E_{Fe}=\frac{Fe}{1}=55.85$$

$$E_{(NH_4)_2Fe(SO_4)_2\cdot 6H_2O}=\frac{392.10}{1}=392.10$$

常用的氧化剂和还原剂的基本单元见表 4-1。

表 4-1 氧化还原基本单元

标准溶液	反应条件	半反应	基本单元
$KMnO_4$	强酸（H_2SO_4）	$MnO_4^-+8H^++5e \rightleftharpoons Mn^{2+}+4H_2O$	$E_{KMnO_4}=\frac{1}{5}KMnO_4$
$K_2Cr_2O_7$	强酸	$Cr_2O_7^{2-}+14H^++6e \rightleftharpoons 2Cr^{3+}+7H_2O$	$E_{K_2Cr_2O_7}=\frac{1}{6}K_2Cr_2O_7$
$FeSO_4$ 或 $(NH_4)_2Fe(SO_4)_2$	酸性	$Fe^{2+} \rightleftharpoons Fe^{3+}+e$	$E_{FeSO_4}=FeSO_4$
$Ce(SO_4)_2$	强酸	$Ce^{4+}+e \rightleftharpoons Ce^{3+}$	$E_{Ce(SO_4)_2}=Ce(SO_4)_2$
I_2	中性或弱酸	$I_2+2e \rightleftharpoons 2I^-$	$E_{I_2}=\frac{1}{2}I_2$
$Na_2S_2O_3$	中性或弱酸	$2S_2O_3^{2-} \rightleftharpoons S_4O_6^{2-}+2e$	$E_{Na_2S_2O_3}=Na_2S_2O_3$
$KBrO_3$	酸性	$BrO_3^-+6H^++6e \rightleftharpoons Br^-+3H_2O$	$E_{KBrO_3}=\frac{1}{6}KBrO_3$
KIO_3	酸性	$IO_3^-+6H^++6e \rightleftharpoons I^-+3H_2O$	$E_{KIO_3}=\frac{1}{6}KIO_3$

4.3 能斯特方程

氧化还原电对电位的大小，反映了氧化剂或还原剂参加氧化还原能力的大小。因此，正确估价或计算电对电位的大小，对了解氧化还原反应进行的方向和程度是必要的。

电对电位的大小,不仅决定于电对本身的性质,而且还与溶液的温度和参加反应的离子浓度有关。通常温度对电位的影响较小,溶液中电对的氧化态浓度和还原态浓度对电位 E 的影响可用能斯特方程式表示:

$$E=E^{\ominus}+\frac{0.059}{n}\lg\frac{[\text{氧化态}]}{[\text{还原态}]} \tag{4-2}$$

式中,E 为某电对在溶液中(非标准状况下)的电极电位;$E^{\ominus}$ 为电对的标准电极电位;n 为电对反应中电子转移数。

[氧化态]和[还原态]分别表示电对中氧化态物质和还原态物质在溶液中的浓度。例如 Fe^{3+}/Fe^{2+} 电对在溶液中的电极电位可表示为:

$$E=E^{\ominus}+\frac{0.059}{n}\lg\frac{[Fe^{3+}]}{[Fe^{2+}]}=0.77+\frac{0.059}{n}\lg\frac{[Fe^{3+}]}{[Fe^{2+}]}$$

氧化还原电对中,如果氧化态或还原态物质前的系数不是 1,则[氧化态]或[还原态]要乘以与系数相同的方次;如果电对中有氢离子参加反应,例如氢离子参与氧化剂的氧化作用,则能斯特方程中氧化剂浓度还要乘以相应方次的氢离子浓度。例如,$Cr_2O_7^{2-}/Cr^{3+}$ 的电对的反应为:

$$Cr_2O_7^{2-}+14H^{+}+6e \rightleftharpoons 2Cr^{3+}+7H_2O \quad E^{\ominus}=1.33V$$

电对电位的能斯特方程为:

$$E=E^{\ominus}+\frac{0.059}{n}\lg\frac{[Cr_2O_7^{2-}][H^{+}]^{14}}{[Cr^{3+}]^2}$$

上式中氢离子浓度为 14 次方,可见氢离子浓度对电对电位有相当大的影响。$[H^{+}]$愈大,电对的电位愈高,$Cr_2O_7^{2-}$ 的氧化能力愈强。

从能斯特方程式中可以看出,E 的大小对于一个给定电对来讲,除忽略溶液中离子强度的影响,以浓度代替活度外,主要取决于:

(1) 氧化剂和还原剂浓度的影响。溶液中氧化剂或还原剂的浓度发生改变时,电对的电极电位也发生改变,由式 4-2 可以看出,当增加氧化态物质浓度时,电极电位 E 值增高;当增加还原态物质浓度时,其 E 值就降低,因此,当改变各电对物质的浓度时,氧化还原反应的方向也可能会改变。

(2) 生成沉淀的影响。在氧化还原反应中,使氧化剂或还原剂生成沉淀时,由于改变了它们在溶液中的浓度,电极电位发生改变,反应方向也可能改变。例如:

$$Cu^{2+}+e \rightleftharpoons Cu^{+} \qquad E^{\ominus}_{Cu^{2+}/Cu^{+}}=0.159V$$

而:

$$I_3^{-}+2e \rightleftharpoons 3I^{-} \qquad E^{\ominus}_{I_3^{-}/3I^{-}}=0.545V$$

按标准电极电位判断,Cu^{2+}不能氧化 I^{-},但是由于 Cu^{+} 能与溶液中过量的 I^{-} 生成难溶性沉淀 CuI(浓度积 $K_{SP}=1.1\times10^{-12}$),从而使溶液中的 Cu^{+} 总是保持很小浓度,Cu^{+} 浓度的降低相应提高了 Cu^{2+} 的氧化能力。根据 CuI 的浓度积,从能斯特方程可计算得在该条件下 Cu^{2+}/Cu^{+} 的条件电位约为 0.865V,高于 I_3^{-}/I^{-} 电对的电位,这表明在有过量 I^{-} 存在下,Cu^{2+} 能氧化 I^{-},合金和矿石中高含量 Cu 的碘量法测定就是利用这个反应。

(3) 形成络合物的影响。氧化还原反应中,如果氧化态或还原态物质能形成较稳定的络合物时,由于浓度的改变,电极电位也改变,氧化还原的方向,就会受到影响。例如,Fe^{3+}可以将 I^{-} 氧化成 I_2,但是当有 F^{-} 存在时,Fe^{3+} 形成$[FeF]^{2+}$、$[FeF_2]^{+}$、…、$[FeF_6]^{3-}$ 等络合物,氧化态

Fe^{3+}的浓度大大降低，$\frac{[Fe^{3+}]}{[Fe^{2+}]}$的比值变小，从能斯特方程式看出：

$$E_{Fe^{3+}/Fe^{2+}}=E^{\ominus}_{Fe^{3+}/Fe^{2+}}+\frac{0.559}{1}\lg\frac{[Fe^{3+}]}{[Fe^{2+}]}$$

电对 Fe^{3+}/Fe^{2+} 的电位也变小，在这种情况下，Fe^{3+} 的氧化能力变弱，以致 Fe^{3+} 不能再将 I^- 氧化。

定量分析中，碘量法测定 Cu 时，就是利用这个办法来消除 Fe^{3+} 对 Cu^{2+} 的干扰。

(4) 溶液酸度的影响。有些电对中包含有 H^+ 或 OH^-，因此它们浓度的改变，对电极电位也有很大影响，从计算电极电位的能斯特方程式可以明显地看出，如：

电对 MnO_4^-/Mn^{2+}

$$E=E^{\ominus}+\frac{0.059}{5}\lg\frac{[MnO_4^-][H^+]^8}{[Mn^{2+}]}$$

电对 $Cr_2O_7^{2-}/2Cr^{3+}$

$$E=E^{\ominus}+\frac{0.059}{6}\lg\frac{[Cr_2O_7^{2-}][H^+]^{14}}{[Cr^{3+}]^2}$$

当 H^+ 浓度改变时，E 也改变，$[H^+]$增加 E 也增加，$[H^+]$减小 E 也随之变小，E 改变的结果，使氧化剂的氧化能力和还原剂的还原能力发生了变化。也就可能影响反应的方向。

在分析工作中，当使用含氧酸或含氧酸盐作氧化剂时（如 $Cr_2O_7^{2-}$、MnO_4^-、AsO_4^{3-}、BrO_3^-、IO_3^- 等），常常提高溶液的酸度，以增强其氧化能力，使反应顺利进行。

4.4 氧化还原滴定曲线

4.4.1 氧化还原滴定过程中的电位变化

在氧化还原滴定中，随着滴定剂的加入，氧化态或还原态的浓度逐渐改变，电对的电位也随之不断变化，这种电位改变的情况可用滴定曲线表示，滴定曲线可以通过实验方法求得，也可用能斯特公式进行计算。

用 0.1000 mol/L $Ce(SO_4)_2$ 标准溶液滴定 20.00 mL 0.1000 mol/L Fe^{2+} 溶液时，溶液的酸度保持为 1 moL/L H_2SO_4，此时：

$$Fe^{3+}+e \rightleftharpoons Fe^{2+} \qquad E^{\ominus'}_{Fe^{3+}/Fe^{2+}}=0.68V$$

$$Ce^{4+}+e \rightleftharpoons Ce^{3+} \qquad E^{\ominus'}_{Ce^{4+}/Ce^{3+}}=1.44V$$

滴定过程中电位变化可计算如下：

(1) 滴定前。溶液是 0.1000 mol/L Fe^{2+} 溶液，可以预料，由于空气中的氧的氧化作用，其中必有极少量 Fe^{3+} 存在，组成 Fe^{3+}/Fe^{2+} 电对，但由于 Fe^{3+} 浓度不知道，故此时的电位无法计算。

(2) 滴定开始至化学计量点前。这时溶液中存在 Fe^{3+}/Fe^{2+} 和 Ce^{4+}/Ce^{3+} 两电对，滴定过程中反应随时达到平衡，两电对电位相等，即：

$$E=E^{\ominus'}_{Fe^{3+}/Fe^{2+}}+\frac{0.059}{n}\lg\frac{[Fe^{3+}]}{[Fe^{2+}]}$$

$$=E^{\ominus'}_{Ce^{4+}/Ce^{3+}}+\frac{0.059}{n}\lg\frac{[Ce^{4+}]}{[Ce^{3+}]}$$

由于滴入的 Ce^{4+} 被还原成 Ce^{3+}，滴定过程中 Ce^{4+} 浓度很小，不易直接求得，但可利用 Fe^{3+}/Fe^{2+} 电对计算 E 值。

例如，滴入 18.00mL $Ce(SO_4)_2$ 溶液时，溶液中 90% 的 Fe^{2+} 被氧化成 Fe^{3+}，剩下 10% 的 Fe^{2+}，$[Fe^{3+}]:[Fe^{2+}]=9:1$，因此：

$$E=E^{\ominus'}_{Fe^{3+}/Fe^{2+}}+0.059\lg\frac{[Fe^{3+}]}{[Fe^{2+}]}=0.68+0.059\lg\frac{9}{1}=0.74\text{V}$$

用同样的方法可计算滴入不同量 $Ce(SO_4)_2$ 溶液时的 E，数据列于表 4-2。

表 4-2 用 0.1000 mol/L$Ce(SO_4)_2$ 标准溶液滴定 20.00mL0.1000 mol/LFe^{2+} 溶液

滴入 Ce^{4+} 溶液/mL	滴定百分率/%	剩余 Fe^{2+}/mL	过量 Ce^{4+}/mL	电位/V
8.00	40.00	12.00		0.67
10.00	50.00	10.00		0.68
18.00	90.00	2.00		0.74
19.80	99.00	0.20		0.80
19.98	99.99	0.02		0.86 } 突跃范围
20.00	100.00	0.00	0.00	1.06 } 突跃范围
20.02	100.10		0.02	1.26 } 突跃范围
20.20	101.00		0.20	1.32
22.00	110.00		2.00	1.38
40.00	200.00		20.00	1.44

(3) 化学计量点时。滴入 $Ce(SO_4)_2$ 溶液 20.00 mL，化学计量点时，Fe^{2+} 几乎全部被 Ce^{4+} 氧化，因此溶液中$[Fe^{2+}]$和$[Ce^{4+}]$都非常小，不便计算电对的电位。但是，这时溶液中两电对的电位仍相等，可将它们联系起来计算。

令化学计量点时两电对的电位为 E_{eq}，则：

$$E_{eq}=E^{\ominus'}_{Fe^{3+}/Fe^{2+}}+0.059\lg\frac{[Fe^{3+}]}{[Fe^{2+}]}$$

$$E_{eq}=E^{\ominus'}_{Ce^{4+}/Ce^{3+}}+0.059\lg\frac{[Ce^{4+}]}{[Ce^{3+}]}$$

两式相加得：

$$2E_{eq}=E^{\ominus'}_{Fe^{3+}/Fe^{2+}}+E^{\ominus'}_{Ce^{4+}/Ce^{3+}}+0.059\lg\frac{[Fe^{3+}][Ce^{4+}]}{[Fe^{2+}][Ce^{3+}]}$$

化学计量点时：

$$[Ce^{4+}]=[Fe^{2+}]\qquad [Fe^{3+}]=[Ce^{3+}]$$

所以：
$$\lg\frac{[Fe^{3+}][Ce^{4+}]}{[Fe^{2+}][Ce^{3+}]}=\lg1=0$$

则：

$$E_{eq}=\frac{1}{2}(E^{\ominus'}_{Fe^{3+}/Fe^{2+}}+E^{\ominus'}_{Ce^{4+}/Ce^{3+}})=\frac{1}{2}(0.68+1.44)=1.06(V)$$

即化学计量点时电对的电位为 1.06V。

Ce^{4+}滴定Fe^{2+}体系化学计量点电位的计算比较简单，对其他体系化学计量点电位的计算公式可表示为：

$$E_{eq}=\frac{n_1E_1^{\ominus'}+n_2E_2^{\ominus'}}{n_1+n_2}$$

式中，$E_1^{\ominus'}$ 和 $E_2^{\ominus'}$ 分别为电对 1 和电对 2 的标准电极电位；n_1 和 n_2 分别为两电对的电子转移数。

(4) 化学计量点后。此时溶液中存在过量的 Ce^{4+}，可利用 Ce^{4+}/Ce^{3+} 电对来计算电位。

根据表 4-2，以滴定百分数（或 Ce^{4+} 加入量）为横坐标，相应电对的电位为纵坐标，即得 Ce^{4+} 滴定 Fe^{2+} 的滴定曲线（图 4-1）。

与其他几种滴定原理相似，化学计量点附近的电位突跃越大，就越容易准确地确定化学计量点。在氧化还原滴定中，用指示剂目测终点时，通常要求化学计量点附近有 0.2 V 以上的突跃。

从图 4-1 可以看出，用氧化剂滴定还原剂时，滴定百分数为 50％处的电位是还原剂电对的条件电位，滴定百分率为 200％处的电位是氧化剂电对的条件电位，这两个条件电位相差越大，化学计量点附近的突跃也越大。

用 $KMnO_4$ 和 $K_2Cr_2O_7$ 滴定亚铁溶液，是分析化学中两个重要的氧化还原体系，由于它们都是不可逆反应，所以用能斯特公式计算的滴定曲线与实测的有差别（图 4-2）。

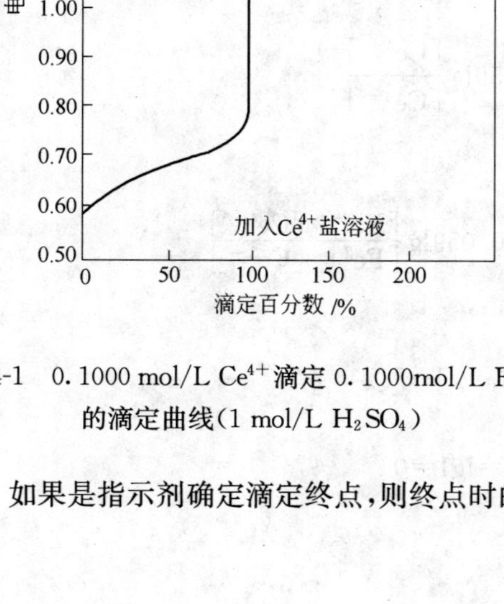

图 4-1　0.1000 mol/L Ce^{4+}滴定 0.1000mol/L Fe^{2+} 的滴定曲线（1 mol/L H_2SO_4）

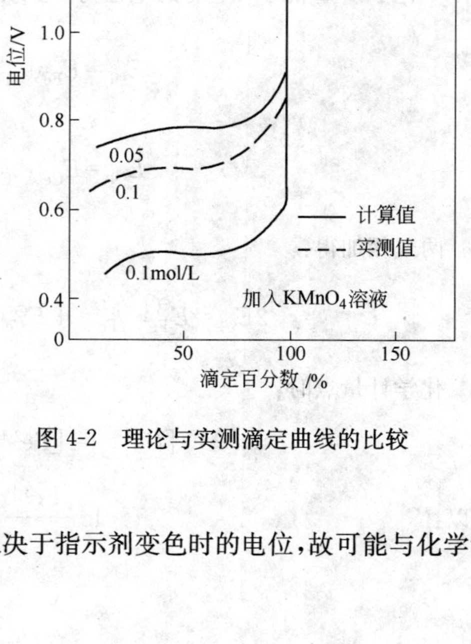

图 4-2　理论与实测滴定曲线的比较

如果是指示剂确定滴定终点，则终点时的电位取决于指示剂变色时的电位，故可能与化学计量点电位不一致，这一点在实际工作中应考虑到。

4.4.2 氧化还原滴定终点的确定

在氧化还原滴定过程中，除了用电位确定化学计量点外，还可以根据所用标准溶液的不同，选用不同类型的指示剂来确定滴定的终点。

根据指示剂反应性质的不同，氧化还原滴定中常用的指示剂有下面几种类型：

(1) 本身发生氧化还原反应的指示剂。这类指示剂本身在滴定过程中发生氧化或还原，其氧化型和还原型具有不同的颜色。在滴定的化学计量点附近，指示剂由氧化型变为还原型，或由还原型变为氧化型，根据其颜色的突变来指示滴定的终点。

例如，用 $K_2Cr_2O_7$ 溶液滴定 Fe^{2+} 溶液，常用二苯胺磺酸钠作指示剂。二苯胺磺酸钠的还原型为无色，氧化型为紫红色。因此，在 $K_2Cr_2O_7$ 滴定 Fe^{2+} 至化学计量点附近时，稍微过量的 $K_2Cr_2O_7$ 将二苯胺磺酸钠氧化为紫色的氧化型，溶液呈明显的紫红色，从而判断滴定终点。

各种氧化还原指示剂都有其自身的条件电极电位。当滴定体系的电极电位达到指示剂的条件电位时，指示剂即发生颜色的变化。

表 4-3 列出了一些常用氧化还原指示剂的性质。在选用指示剂时，应使指示剂的条件电位 $E^{\ominus\prime}$ 尽量与反应化学计量点的电位 E 一致，以减小滴定误差。

表 4-3 常用的氧化还原指示剂

指示剂	颜色		$E^{\ominus}$/V $[H^+]=1$ mol/L	配制方法
	氧化型	还原型		
亚甲基蓝	蓝	无	0.36	0.05%水溶液
二苯胺磺酸钠	紫红	无	0.85	0.2%水溶液
苯代邻氨基苯甲酸	紫红	无	1.08	0.02 g 溶入 100 mL 含有 0.2gNa_2CO_3 的水溶液中
邻菲罗啉—亚铁	浅蓝	红	1.06	1.5 g 试剂及 0.7 g $FeSO_4 \cdot 7H_2O$ 溶入 100 mL 水中
5-硝基邻菲罗啉—亚铁	浅蓝	紫红	1.25	1.6 g 试剂及 0.7 g $FeSO_4 \cdot 7H_2O$ 溶入 100 mL 水中

指示剂被氧化或还原时也要消耗一定量的滴定剂，虽然这种消耗量很小，一般可忽略不计，但在精确测定时需要进行指示剂空白的校正。

(2) 自身指示剂。用 $KMnO_4$ 溶液作滴定剂时，由于 $KMnO_4$ 本身呈很深的紫红色，而它的还原产物 Mn^{2+} 几乎是无色的。因此，当滴定到化学计量点时，只要过量 1 滴 $KMnO_4$ 溶液，整个滴定溶液即呈现较明显的粉红色(此时滴定液中 MnO_4^- 约为 10^{-5} mol/L)。在测定锰量时，通常选用 $(NH_4)_2S_2O_8$ 将 Mn^{2+} 氧化至 MnO_4^-，试液呈紫红色，用还原剂标准溶液(如 Na_3AsO_3-$NaNO_2$)滴定至粉红色刚消失转为乳白色(有难溶的 AgCl 存在)，即指示终点到达。滴定时不用另加指示剂，$KMnO_4$ 称为自身指示剂。

(3) 淀粉指示剂。在碘量法中，利用可溶性淀粉与碘生成深蓝色化合物的作用来指示滴定终点。反应灵敏作用迅速。在室温下，淀粉可检出约 10^{-5} mol/L 的碘。

4.5　氧化还原滴定法的应用

4.5.1　$KMnO_4$ 法

4.5.1.1　滴定方法

$KMnO_4$ 是一种强氧化剂，在酸性溶液中被还原成 Mn^{2+}：

$$MnO_4^- + 8H^+ + 5e \rightleftharpoons Mn^{2+} + 4H_2O \qquad E^{\ominus} = 1.51\ V$$

因此，$KMnO_4$ 的基本单元为：

$$E_{KMnO_4} = \frac{39+55+16\times4}{5} = 31.6$$

在碱性溶液中被还原为 MnO_2：

$$MnO_4^- + 2H_2O + 3e \rightleftharpoons MnO_2 + 4OH^- \qquad E^{\ominus} = 0.588\ V$$

因此，$KMnO_4$ 的基本单元为：

$$E_{KMnO_4} = \frac{1}{3}KMnO_4$$

但在分析实验中很少用后一种反应，因为反应后生成的 MnO_2 为棕色沉淀，影响终点的观察。在酸性溶液中的反应，常用 H_2SO_4 酸化而不用 HNO_3，是因为 HNO_3 是氧化性酸，可能与被测物反应；也不用 HCl，是因为 HCl 中 Cl^- 有还原性，也能与 $KMnO_4$ 反应。

利用 $KMnO_4$ 作氧化剂时，可用直接法测定还原性物质，也可用间接法测定氧化性物质，此时先将一定量的还原剂标准溶液加入到被测定的氧化性物质中，待反应完毕后，再用 $KMnO_4$ 标准溶液返滴定剩余量的还原剂标准溶液，用 $KMnO_4$ 法进行测定是以 $KMnO_4$ 自身为指示剂。

A　标准溶液的配制

市售 $KMnO_4$ 纯度仅在 90%左右，其中含有少量的 MnO_2 及其他杂物，同时蒸馏水中也含有还原性物质如有机物等，这些物质都能促使 $KMnO_4$ 还原。因此，$KMnO_4$ 标准溶液不能用直接法配制，必须配制成近似浓度，然后再用基准物质标定，为此采取下列步骤：

(1) 称取稍多于计算用量的 $KMnO_4$，溶解于一定体积的蒸馏水中，将溶液加热煮沸，保持微沸 1 h，并放置 2～3 天，使还原性物质完全被氧化。

(2) 用微孔玻璃漏斗过滤，除去 MnO_2 沉淀，滤液移入棕色瓶中保存，避免 $KMnO_4$ 见光分解。配制后再稀释的 $KMnO_4$ 溶液不宜长期储存，暂时存放在暗处，使用前应进行标定。

B　标定

标定 $KMnO_4$ 标准溶液的基准物质很多，为 $Na_2C_2O_4 \cdot 2H_2O$，$(NH_4)_2Fe(SO_4)_2 \cdot 6H_2O$ 和纯铁丝等。其中常用的基准物质是 $Na_2C_2O_4$，因它易于提纯，而且稳定，无结晶水。在 105～110℃烘 2 h 即可使用。

标定反应如下：

$$2MnO_4^- + 5C_2O_4^{2-} + 16H^+ \rightleftharpoons 2Mn^{2+} + 10CO_2\uparrow + 8H_2O$$

此反应速度较慢，为加速反应注意以下几点：

(1) 温度。将溶液加热到 75～85℃，在此条件下进行滴定，但如果温度超过 90℃，则 $C_2O_4^{2-}$ 会部分分解，使结果偏低：

$$2H^+ + C_2O_4^{2-} \xlongequal{>90℃} CO_2\uparrow + CO\uparrow + H_2O$$

温度低于 60℃时反应速度太慢。

(2) 酸度。酸度应保持在 1 mol/L 左右，酸度过低，则 MnO_4^- 会部分还原为 MnO_2，出现红棕色沉淀;过高会使 $C_2O_4^{2-}$ 分解。

(3) 滴定速度。开始时第一滴 $KMnO_4$ 溶液褪色很慢,因为此时溶液中还没有生成能使反应加速进行的 Mn^{2+}(Mn^{2+} 在此反应中为催化剂)。在第一滴 $KMnO_4$ 没有褪色以前,不要加入第二滴,等到几滴 $KMnO_4$ 起了作用,产生了 Mn^{2+},滴定速度逐渐加快,但不能使 $KMnO_4$ 溶液像流水般的滴下去,这样易使 $KMnO_4$ 在热溶液中分解。其反应为:

$$4MnO_4^- + 12H^+ = 4Mn^{2+} + 5O_2\uparrow + 6H_2O$$

近终点时滴定速度要慢,并不断搅拌,至溶液呈淡粉色在半分钟内不消失为止,此时即达到终点。

计算公式:

$$c_{KMnO_4} = \frac{m_{Na_2C_2O_4} \times 1000}{V_{KMnO_4} E_{Na_2C_2O_4}}$$

其中: $$E_{Na_2C_2O_4} = 67.00$$

根据所取 $Na_2C_2O_4$ 的量和消耗 $KMnO_4$ 标准溶液的量,即可求得该 $KMnO_4$ 标准溶液的浓度。

例:取 0.2500 g 基准 $Na_2C_2O_4$,溶于水,在 H_2SO_4 介质中用 $KMnO_4$ 标准溶液滴定,消耗 36.50 mL,计算该 $KMnO_4$ 标准溶液的浓度。

解:已知 $Na_2C_2O_4$ 的基本单元为 67.00,则 0.2500 g $Na_2C_2O_4$ 的 mmol 数为:

$$\frac{m}{E} \times 1000 = \frac{0.2500}{67.00} \times 1000 = 3.731$$

$Na_2C_2O_4$ 的 mmol 数与消耗的 $KMnO_4$ mmol 数相等:

$$c_{KMnO_4} V_{KMnO_4} = \frac{m_{Na_2C_2O_4}}{E_{Na_2C_2O_4}} \times 1000$$

$$c_{KMnO_4} = \frac{m_{Na_2C_2O_4} \times 1000}{E_{Na_2C_2O_4} V_{KMnO_4}} = \frac{3.731}{36.50} = 0.1022(\text{mol/L})$$

$KMnO_4$ 溶液也可以用其他已知准确浓度的还原性标准溶液如 Fe^{2+} 标准溶液,或 $Na_2S_2O_3$ 标准溶液来标定。

4.5.1.2 $KMnO_4$ 法的应用

$KMnO_4$ 法可间接测定铁矿石、白云石、石灰石、炉渣、萤石中的钙,在微酸性溶液(pH≈4.5)中 $C_2O_4^{2-}$ 可将 Ca^{2+} 沉淀为 CaC_2O_4,沉淀经过滤、洗涤后,将所得 CaC_2O_4 沉淀溶于热的 H_2SO_4(稀)中,用 $KMnO_4$ 标准溶液滴定试液中的 $C_2O_4^{2-}$,由于 Ca^{2+} 与 $C_2O_4^{2-}$ 生成 1∶1 的 CaC_2O_4 沉淀,根据滴定 $C_2O_4^{2-}$ 所消耗 $KMnO_4$ 标准溶液的量即可计算 Ca^{2+} 含量。用 $KMnO_4$ 溶液滴定 $C_2O_4^{2-}$ 的条件与用 $Na_2C_2O_4$ 标定 $KMnO_4$ 的条件相同,$KMnO_4$ 法间接测定 Ca^{2+} 是一个准确度高的分析方法。

利用 $KMnO_4$ 与 $C_2O_4^{2-}$ 的反应,$KMnO_4$ 法可用于软锰矿中 MnO_2 的测定。在 H_2SO_4 溶液中 MnO_2 与 $C_2O_4^{2-}$ 作用,反应为:

$$MnO_2 + C_2O_4^{2-} + 4H^+ = Mn^{2+} + 2CO_2\uparrow + 2H_2O$$

将矿样在含一定过量的 $Na_2C_2O_4$ 的 H_2SO_4 溶液中缓缓加热,反应完全后,用 $KMnO_4$ 标准

溶液滴定过量的 $C_2O_4^{2-}$ 即可求出 MnO_2 的含量。

例：取 0.2500 g 石灰石样品，用酸分解后，将 Ca^{2+} 沉淀为 CaC_2O_4，经过滤、洗涤，用 0.1000 mol/L $KMnO_4$ 标准溶液滴定，消耗 46.55 mL，求试样中 CaO 和 $CaCO_3$ 的含量?

解：根据 $KMnO_4$ 滴定 CaC_2O_4 沉淀的反应可知滴定中 $KMnO_4$ mmol 数＝CaC_2O_4 的 mmol 数＝CaO的 mmol 数＝$CaCO_3$ 的 mmol 数。反应中 $C_2O_4^{2-}$ 失去的电子数为 2，一个 $C_2O_4^{2-}$ 相当于一个 Ca^{2+}，所以它们的基本单元为：

$$E_{CaO}=\frac{56.08}{2}$$

$$E_{CaCO_3}=\frac{100.09}{2}$$

因此：

$$CaO(\%)=\frac{0.1000\times 46.55\times \frac{56.08}{2\times 1000}}{0.2500}\times 100=52.21$$

$$CaCO_3(\%)=\frac{0.1000\times 46.55\times \frac{100.09}{2\times 1000}}{0.2500}\times 100=93.18$$

4.5.2　$K_2Cr_2O_7$ 法

$K_2Cr_2O_7$ 是一种常用的氧化剂，在酸性溶液中，$K_2Cr_2O_7$ 与还原剂作用，$Cr_2O_7^{2-}$ 被还原为 Cr^{3+}，其反应为：

$$Cr_2O_7^{2-}+14H^++6e \rightleftharpoons 2Cr^{3+}+7H_2O \quad E^{\ominus}=1.36V$$

$K_2Cr_2O_7$ 容易提纯，在 140～150℃烘干后可作基准试剂直接称量配制标准溶液。称取干燥的基准 $K_2Cr_2O_7$ 4.903 g，用适量水溶解后，移入 1 000 mL 容量瓶中，以水稀释至刻度，摇匀，即得 0.1000 mol/L $K_2Cr_2O_7$ 标准溶液。该标准溶液非常稳定，可长期保存。$K_2Cr_2O_7$ 的氧化能力比 $KMnO_4$ 稍弱，室温下不与 Cl^- 作用，因此可在 HCl 介质中滴定 Fe^{2+}，但 HCl 浓度太大或煮沸溶液时，$K_2Cr_2O_7$ 也能部分地被 Cl^- 还原。

冶金分析中 $K_2Cr_2O_7$ 法主要用于测定各种合金、矿石、炉渣及原材料中 Fe 的含量。试样分解后，在热 HCl 溶液中，用 $SnCl_2$ 将 Fe^{3+} 还原成 Fe^{2+}，过量的 $SnCl_2$ 用 $HgCl_2$ 氧化，生成 Hg_2Cl_2 沉淀除去，或者用 $SnCl_2$-$TiCl_3$ 联合还原 Fe^{3+}（即无汞定铁法）。在 1～2 mol/L H_2SO_4-H_3PO_4 介质中，以二苯胺磺酸钠为指示剂，用 $K_2Cr_2O_7$ 标准溶液滴定 Fe^{2+}，反应在 H_3PO_4 介质中进行。Fe^{3+} 与 H_3PO_4 生成稳定的 $Fe(HPO_4)_2^-$ 络合物，降低了 Fe^{3+}/Fe^{2+} 电对的电位（2 mol/L H_3PO_4 中，$E^{\ominus'}_{Fe^{3+}/Fe^{2+}}=0.46$ V），致使滴定化学计量点附近电位突跃增大，此外，由于生成了稳定的无色 $Fe(HPO_4)_2^-$ 络合物，消除了 $FeCl_6^{3-}$ 络合物的黄色干扰，有利于终点颜色变化的观察。

4.5.2.1　铁矿石中全铁的测定

A　方法原理

试样以盐酸及氟化钠溶解，在热浓盐酸溶液中，加稍过量的二氯化锡使 Fe^{3+} 还原为 Fe^{2+}，过量的 $SnCl_2$ 用 $HgCl_2$ 氧化（如采用 $TiCl_3$ 还原，则以 $SnCl_2$ 预还原，以钨酸钠为指示剂，三氯化

钛将 Fe^{3+} 全部还原成 Fe^{2+} 至生成“钨蓝”，在硫酸—磷酸介质下进行）；然后以二苯胺磺酸钠为指示剂，用 $K_2Cr_2O_7$ 标准溶液滴定，主要反应如下：

$$Fe_2O_3 + 6HCl \longrightarrow 2FeCl_3 + 3H_2O$$

$$FeO + 2HCl \longrightarrow FeCl_2 + H_2O$$

$$FeCO_3 + 2HCl \longrightarrow FeCl_2 + CO_2\uparrow + H_2O$$

$$FeSiO_3 + 4NaF + 6HCl \longrightarrow FeCl_2 + 4NaCl + SiF_4\uparrow + 3H_2O$$

或：

$$FeCl_3 + TiCl_3 \longrightarrow FeCl_2 + TiCl_4$$

加入 $SnCl_2$ 使 Fe^{3+} 还原为 Fe^{2+} 的反应为：

$$2FeCl_3 + SnCl_2 \longrightarrow 2FeCl_2 + SnCl_4$$

加入 $HgCl_2$ 破坏过剩的 $SnCl_2$ 的反应为：

$$SnCl_2 + 2HgCl_2 \longrightarrow SnCl_4 + Hg_2Cl_2\downarrow \text{（丝状物）}$$

用 $K_2Cr_2O_7$ 滴定 Fe^{2+} 的反应为：

$$K_2Cr_2O_7 + 6FeCl_2 + 14HCl \longrightarrow 6FeCl_3 + 2KCl + 2CrCl_3 + 7H_2O$$

B 主要试剂

$SnCl_2$ 溶液（6%）：称取 $SnCl_2$ 6 g，溶于 20 mL 微热浓盐酸中，以水稀释至 100 mL。

H_2SO_4-H_3PO_4 混合酸：于 700 mL 水中，缓慢加入 H_2SO_4（密度 1.84 g/mL）250 mL，冷却后加 H_3PO_4（密度 1.70 g/mL）50 mL，混匀。

C 分析步骤

称取 0.2000 g 试样，置于 500 mL 锥形瓶中，加 10 mL NaF 溶液（5%），15～20 mL HCl（密度 1.19 g/mL），低温加热溶解，并慢慢滴加 $SnCl_2$ 溶液（6%）还原至浅黄色。待试样溶解完全后，浓缩体积至 8 mL 左右（或浓缩体积约 20 mL，加 100 mL 水，1 mL 钨酸钠（250 g/L）加三氯化钛溶液（1+14）至呈蓝色，水冷却至室温，加 15 mL 硫磷混合酸，以下同 $SnCl_2$ 法），趁热滴加 $SnCl_2$ 溶液（6%）至溶液变为无色后，再过加 1～2 滴。迅速以流水冷却，加 5 mL $HgCl_2$ 溶液（饱和），摇匀，静置 1～2 min。以水稀释至 120～150 mL，加 15 mL 硫磷混合酸，二苯胺磺酸钠溶液 4～5 滴，立即用 $K_2Cr_2O_7$ 标准溶液（0.0500 mol/L）滴定至溶液由无色经绿色变为紫红色为终点。

D 分析结果的计算

$$TFe(\%) = \frac{cV \times 0.05585}{m} \times 100$$

式中，c 为 $K_2Cr_2O_7$ 标准溶液的浓度；V 为消耗 $K_2Cr_2O_7$ 标准溶液的毫升数；0.05585 为铁的基本单元质量的 10^{-3}；m 为试样称取量，g。

E 注意事项

注意事项如下：

(1) 含 C、S 高的试样，称样后，应先经高温灼烧后再以酸溶解。

(2) 用 $SnCl_2$ 还原 Fe^{3+} 为 Fe^{2+}，过量 1～2 滴即可，若过量太多，能使 Hg_2Cl_2 还原为 Hg：

$$Hg_2Cl_2 + SnCl_2 \rightleftharpoons SnCl_4 + 2Hg\downarrow$$

析出的 Hg，在用 $K_2Cr_2O_7$ 标准溶液滴定时，能起还原作用，使结果偏高：

$$6Hg+K_2Cr_2O_7+7H_2SO_4 = 3Hg_2SO_4+Cr_2(SO_4)_3+K_2SO_4+7H_2O$$

若不慎将 $SnCl_2$ 加过量，可用 $KMnO_4$ 氧化至溶液呈黄色，煮沸后再进行还原。

(3) $HgCl_2$ 溶液要由瓶中央一次加入，加入后溶液中应产生白色混浊或丝状物，否则 $SnCl_2$ 溶液的量不够，使结果偏低。加入 $HgCl_2$ 后必须摇动并静置 1～2 min，这是因为 $SnCl_2$ 被氧化为高价时，作用较慢，否则结果会偏高。考虑环保，现在多用 $TiCl_3$ 还原方法，不再用到 $HgCl_2$。

(4) 成批分析时，用 $SnCl_2$ 还原后，可先用水稀释，再加 $HgCl_2$，放置时间为 3 min。

(5) 如试样分解后有明显残渣，需过滤，灼烧残渣，氢氧酸去硅，用焦硫酸钾熔融，浸取后合并生液再测。

重铬酸钾法最重要的应用是测定铁的含量。通过 $Cr_2O_7^{2-}$ 和 Fe^{2+} 的反应，还可以测定其他氧化性或还原性的物质。例如钢铁中铬的测定，先用适量的氧化剂将铬氧化为 $Cr_2O_7^{2-}$，然后用 Fe^{2+} 标准溶液滴定。

4.5.2.2 钢铁和合金中 Cr 的测定

A 方法原理

试样溶于酸中，经硫磷混合酸冒烟处理，以 $AgNO_3$ 为催化剂，在 0.5 mol/L 左右的 H_2SO_4 和 0.5 mol/L 左右的 H_3PO_4 介质中，用 $(NH_4)_2S_2O_8$ 氧化 Cr 和 Mn 至高价状态：

$$2Cr_3C_3+18H^+ = 6Cr^{3+}+6C+9H_2\uparrow$$

$$Cr_4C+12H_3PO_4 = 4Cr^{3+}+12H_2PO_4^-+C+6H_2\uparrow$$

$$3C+4HNO_3 = 3CO_2\uparrow+4NO\uparrow+2H_2O$$

$$2Cr^{3+}+3S_2O_8^{2-}+7H_2O \xlongequal{Ag^+} Cr_2O_7^{2-}+6SO_4^{2-}+14H^+$$

$$2Mn^{2+}+5S_2O_8^{2-}+8H_2O \xlongequal{Ag^+} 2MnO_4^-+10SO_4^{2-}+16H^+$$

磷酸可以防止在煮沸时析出 MnO_2。加入酸或氯化钠煮沸，使 MnO_4^- 还原并除去氯：

$$2MnO_4^-+10Cl^-+16H^+ = 2Mn^{2+}+5Cl_2\uparrow+8H_2O$$

加苯基邻氨基苯甲酸指示剂，指示剂被 $Cr_2O_7^{2-}$ 氧化而呈现樱桃红色，然后用硫酸亚铁铵标准溶液滴定至亮绿色或绿黄色为终点：

$$Cr_2O_7^{2-}+6Fe^{2+}+14H^+ = 2Cr^{3+}+6Fe^{3+}+7H_2O$$

钒存在时也被过硫酸铵氧化，并被亚铁标准溶液还原：

$$2VO^{2+}+S_2O_8^{2-}+4H_2O = 2VO_3^-+2SO_4^{2-}+8H^+$$

$$VO_3^-+Fe^{2+}+4H^+ = Fe^{3+}+VO^{2+}+2H_2O$$

因此，测定的结果为铬，钒的总量。但可以在测定铬＋钒后的溶液中加高锰酸钾溶液，使钒重新氧化：

$$5VO_2^{2+}+MnO_4^-+6H_2O = 5VO_3^-+Mn^{2+}+12H^+$$

苯基邻氨基苯甲酸指示剂能被高锰酸钾氧化分解，特别是在磷酸酸度低，温度较高的情况下。如果试样含铬高，部分铬也被氧化为高价，可加入亚砷酸钠选择性还原铬，这时溶液中 Mn(Ⅱ)由于诱导反应，有部分氧化成 Mn(Ⅲ)；同时过量的高锰酸钾也被亚砷酸钠还原为 $Mn^{3.3+}$

(平均价)：

$$5Cr^{3+} + 3MnO_4^- + 3H_2O = 5CrO_3 + 3Mn^{2+} + 6H^+$$

$$Cr^{6+} + As^{3+} = Cr^{4+} + As^{5+}$$

$$Cr^{4+} + Mn^{2+} = Mn^{3+} + Cr^{3+}$$

$$MnO_4^- + 2AsO_3^{3-} + 4H^+ = Mn^{3+} + 2AsO_4^{3-} + 2H_2O$$

但还原性程度更符合于 Mn_3O_5。

加入指示剂，指示剂被 $Mn^{3.3+}$ 氧化呈紫色，然后加入亚硝酸钠溶液还原 Mn(Ⅲ)，指示剂的紫红色不被还原而仍保留：

$$2Mn^{3+} + NO_2^- + H_2O = 2Mn^{2+} + NO_3^- + 2H^+$$

过量的亚硝酸钠用尿素分解：

$$2NaNO_2 + CO(NH_2)_2 + H_2SO_4 = 2N_2\uparrow + CO_2\uparrow + 3H_2O + Na_2SO_4$$

最后用亚铁标准溶液滴定，自滴定铬的亚铁毫升数中减去滴定钒的亚铁毫升数，然后计算铬。因此，也可从分析结果中直接减去这一校正值。

滴定过程中，指示剂也参加氧化还原反应，因此，必须进行校正。指示剂校正随铬量不同而稍有不同，滴定 2 mg 以下铬时，每滴指示剂约相当于浓度为 0.0200 mol/L 亚铁标准溶液 0.04 mL；滴定 2 mg 以上铬时，校正值为 0.045 mL。

B 分析步骤

称取 1.0000 g(含 Cr 大于 1.5%的称取 0.5000 g)，置于 500 mL 的锥形瓶中，加 40 mL 硫磷混合酸，加热溶解，滴加约 2 mL HNO_3 氧化，煮沸。驱除氮的氧化物。如有黑色碳化物不溶解时，需蒸发至冒硫酸烟，使碳化物完全溶解，冷却，用水稀释至 150～170 mL(如系铸铁，则将溶液稀释至 80 mL，过滤，用热水洗涤沉淀，使体积约为 170 mL)，加 5 滴 $AgNO_3$ 溶液(1%)，15 mL $(NH_4)_2S_2O_8$(如溶液不呈现紫红色，应适当补加 $(NH_4)_2S_2O_8$ 溶液)；加入 6～7mLHCl(1+3)继续煮沸 3min，至紫红色消失(红色不消失，再补加 3～4 mL HCl(1+3)，继续煮沸)。冷却，加尿素 2 g，摇动使其溶解，滴加 $NaNO_2$ 溶液(1%)到红色刚消失，并过量 1 滴，放置 1 min 加苯基邻氨基苯甲酸指示剂 2 滴，用硫酸亚铵标准溶液(0.02 mol/L)滴定至溶液由樱桃红色变为亮绿色或绿黄色为终点。

试样中铬含量的计算：

$$Cr(\%) = \frac{c(V_1 + B - V_2) \times \frac{52.00}{3 \times 1000}}{m} \times 100$$

式中，c 为亚铁标准溶液的浓度；V_1 为滴定 Cr+V 总量所消耗的亚铁标准溶液的体积，mL；V_2 为检定 V 时，所消耗亚铁标准溶液的体积，mL；B 为指示剂的校正值，即苯基邻氨基苯甲酸指示剂，相当于亚铁标准溶液的毫升数；m 为试样称取的质量，g。

C 注意事项

注意事项如下：

(1) $NaNO_2$ 溶液不可过量太多，否则将产生下列反应，使结果偏低：

$$H_2Cr_2O_7 + 3NaNO_2 + 3H_2SO_4 = Cr_2(SO_4)_3 + 3NaNO_3 + 4H_2O$$

(2) 过量的 $(NH_4)_2S_2O_8$ 必须煮沸水解：

$$(NH_4)_2S_2O_8+2H_2O \xlongequal{\Delta} (NH_4)_2SO_4+2H_2SO_4+O_2\uparrow$$

如果未分解完全时，滴定终点有时呈现紫色，隐蔽绿色，使结果偏高。

(3) 在溶解试样时存在下列情况之一要补加磷酸后蒸发至冒烟：

1) 不含钨、钒试样，当称样 2～3 g，应补加 5～10 mL 磷酸。

2) 含钨不含钒的试样，含钨量小于 30 mg，补加 10 mLH_3PO_4；含钨量 30～100 mg，补加 20 mL H_3PO_4，含钨量不宜超过 100 mg，否则终点不易辨认。

3) 含钒不含钨的试样，当称样量小于 1 g，补加 10 mLH_3PO_4；1～2 g，补加 15 mLH_3PO_4；2 g 以上，补加 20 mLH_3PO_4。每多加 1 mLH_3PO_4，要多加 1 g 无水乙酸钠或 1.66g 结晶乙酸钠。

4) 钒、钨共存时，含钨量小于 10 mg，补加 15～25 mLH_3PO_4、15～25 g 无水乙酸钠；含钨量 10～100 mg，补加 25～30 mLH_3PO_4、25～30 g 无水乙酸钠。

(4) 测定结果为铬、钒总量，试样含钒时应减去校正值，如测定未知试样时应检定钒，方法如下：在滴定铬后的溶液里(约 200 mL)，滴加 5～7 滴 $KMnO_4$ 溶液(1%)，加 15 mLH_2SO_4(1+1)，2 g尿素，此时指示剂被高锰酸钾氧化分解，溶液呈现高锰酸钾的紫红色，放置 1～2 min 后，加入 5mLNa_3AsO_3 溶液(0.1 mol/L)，紫红色消褪，溶液中留存 $Mn^{3.3+}$ 离子，加入 3～4 滴指示剂，加 8～10滴 $NaNO_2$(1%)还原锰，1 min 后，用硫酸亚铁标准溶液(0.02 mol/L)滴定至溶液由樱桃红色转变为绿色或绿黄色为终点。

试样中钒含量的计算：

$$V(\%)=\frac{c(V-B_1)\times 0.05094}{m}\times 100$$

式中，c、V 分别为亚铁标准溶液的浓度及滴定的毫升数；B_1 为指示剂的校正值；m 为试样称取的质量，g。

4.5.3　碘量法

碘量法是利用 I_2 的氧化性和 I^- 的还原性来进行滴定的方法，固体 I_2 在水中的溶解度很小(0.00133 mol/L)，故通常将 I_2 溶解在 KI 液中，此时 I_2 在溶液中以 I_3^- 形式存在：

$$I_2+I^- \xlongequal{} I_3^-$$

为方便起见，一般就简写为 I_2。

用 I_3^- 滴定时的基本反应是：

$$I_3^-+2e \rightleftharpoons 3I^- \qquad E^\ominus=0.545$$

I_2 是较弱的氧化剂，能与较强的还原剂作用，如 Sn(Ⅱ)、Sb(Ⅲ)、H_2S 等，这种方法称为直接碘量法或碘滴定法；而 I^- 是中等强度的还原剂，可与氧化剂(如 Cu^{2+}、$K_2Cr_2O_7$ 等)反应，产生等当量的碘，再用还原剂 $Na_2S_2O_3$ 滴定析出的碘，从而间接测定这些氧化剂的含量，这种方法称为间接碘量法或碘量法。

碘量法中采用淀粉作指示剂，在有少量 I^- 存在时，痕量的碘能与淀粉生成蓝色络合物。此反应很灵敏，即使在浓度为 $1\sim10^{-5}$ I_2 溶液中也能看出蓝色。并且 I^- 浓度越高则显色的灵敏度也越高。在碘量法中，淀粉指示剂一般在近终点前才加入，因为当有大量碘存在时，淀粉与碘生成络合物不易与 $Na_2S_2O_3$ 反应，将给滴定带来误差，而终点的临近则可根据碘的颜色变浅得到预示。

4.5.3.1 间接碘量法(碘量法)

间接碘量法基本反应有两个,一个欲测的氧化剂与碘离子反应生成碘,另一个是用 $Na_2S_2O_3$ 滴定析出的碘。用 $Na_2S_2O_3$ 滴定碘的反应在中性成微酸性溶液中进行:

$$2Na_2S_2O_3 + I_2 = Na_2S_4O_6 + 2NaI$$

因为在碱性溶液中,碘与 $S_2O_3^{2-}$ 将会发生下述反应,而且碘会发生歧化反应:

$$S_2O_3^{2-} + 4I_2 + 10OH^- = 2SO_4^{2-} + 8I^- + 5H_2O$$

$$3I_2 + 6OH^- = IO_3^- + 5I^- + 3H_2O$$

而使滴定反应不呈计量关系。

碘量法的误差来源主要有两方面:一是碘的挥发损失;二是酸性碘化物溶液能被空气中氧缓慢地氧化:

$$4I^- + 4H^+ + O_2 = 2I_2 + 2H_2O$$

光线照射能促进 I^- 被空气中的氧氧化。为了保证分析结果的准确度,一般控制反应在室温下进行,加入过量的碘化钾,使碘生成 I_3^-,可减少碘的挥发。

A $Na_2S_2O_3$ 溶液的配制和标定

固体 $Na_2S_2O_3$ 容易风化,并含有少量杂质,如 S、S^{2-}、SO_4^{2-}、SO_3^{2-}、CO_3^{2-}、Cl^- 等,所以不能按理论值直接称量来配制标准溶液。并且 $Na_2S_2O_3$ 溶液不太稳定,容易分解,其原因如下:

(1) 细菌的作用:

$$S_2O_3^{2-} \xlongequal{\text{细菌}} SO_3^{2-} + S\downarrow$$

(2) 溶解于水中的 CO_2 的作用:

$$S_2O_3^{2-} + CO_2 + H_2O = HSO_3^- + HCO_3^- + S\downarrow$$

(3) 空气的氧化作用:

$$2Na_2S_2O_3 + O_2 = 2Na_2SO_4 + 2S\downarrow$$

此外,水中微量 Cu^{2+} 和 Fe^{3+} 也能促使 $Na_2S_2O_3$ 溶液分解,所以溶液配好后要标定。

$Na_2S_2O_3$ 溶液(0.1 mol/L)的配制:称取 25 g 硫代硫酸钠($Na_2S_2O_3 \cdot 5H_2O$),溶于 1 L 新煮沸并冷却的水中,加入约 2 g Na_2CO_3,贮存于棕色试剂瓶中,放在暗处,一天后标定其浓度。

标定 $Na_2S_2O_3$ 溶液的基准试剂有:KIO_3、$K_2Cr_2O_7$、$KBrO_3$、纯 Cu 等。这些物质都能与碘化钾作用而析出碘:

$$IO_3^- + 5I^- + 6H^+ \rightleftharpoons 3I_2 + 3H_2O$$

$$Cr_2O_7^{2-} + 6I^- + 14H^+ \rightleftharpoons 2Cr^{3+} + 3I_2 + 7H_2O$$

$$2Cu^{2+} + 4I^- \rightleftharpoons 2CuI\downarrow + I_2$$

$$BrO_3^- + 6I^- + 6H^+ \rightleftharpoons 3I_2 + Br^- + 3H_2O$$

析出的 I_2 用 $Na_2S_2O_3$ 溶液滴定,淀粉作指示剂。通常用 $K_2Cr_2O_7$ 作氧化剂进行标定,具体步骤如下:吸取 $K_2Cr_2O_7$(0.1000 mol/L)标准溶液 25.00 mL 于 300 mL 锥形瓶中,加 20 mLKI 溶液(10%),20 mLHCl(1+4),摇匀后,加盖,于暗处放置 5 min,加 150 mL 水,用 $Na_2S_2O_3$ 溶液(0.1mol/L)滴定,当溶液由棕色变为黄绿色时,加 5 mL 淀粉溶液(0.2%),继续滴定至蓝色刚好消失,溶液呈绿色,即为终点。$Na_2S_2O_3$ 溶液的准确浓度按下式计算:

$$c_2=\frac{c_1V_1}{V_2}$$

式中，c_1 为 $K_2Cr_2O_7$ 标准溶液的浓度；V_1 为 $K_2Cr_2O_7$ 标准溶液的体积，mL；c_2 为 $Na_2S_2O_3$ 溶液的浓度；V_2 为 $Na_2S_2O_3$ 溶液消耗的体积，mL。

B 铜合金中铜的测定

a 方法原理

用盐酸、过氧化氢溶解试样，其反应如下：

$$Cu+2HCl+H_2O_2 = CuCl_2+2H_2O$$

在弱酸性溶液(pH=3.2～4.0)中，Cu 与 KI 反应析出 I_2：

$$2Cu^{2+}+4I^- = 2CuI\downarrow+I_2$$

以淀粉为指示剂，用 $Na_2S_2O_3$ 标准溶液滴定。

加入 KI 有三个方面的作用：还原剂作用(使 $Cu^{2+}+e\rightarrow Cu^+$)；沉淀剂作用($Cu^++I^-\rightarrow CuI\downarrow$)；络合剂作用($I_2+I^-\rightarrow I_3^-$)。

碘化铜沉淀表面上会吸附一些碘，这样不但使滴定结果偏低，而且终点也不易观察。为了改变这一情况，可在滴定接近终点时加入硫氰酸铵，使碘化铜沉淀转化为溶解度更小的硫氰酸铜沉淀：

$$CuI+SCN^- = CuSCN\downarrow+I^-$$

硫氰酸铜沉淀吸附碘的倾向小，可以提高结果的准确性。但硫氰酸盐的加入量不宜过多，以免有少量碘被硫氰酸盐还原。

试样中有铁存在时，妨碍 Cu 的测定，因为：

$$2Fe^{3+}+2I^- = 2Fe^{2+}+I_2$$

加入 NH_4HF_2，可使 Fe^{3+} 生成稳定的 FeF_6^{3-}，降低了 Fe^{3+} 电对的电位，就不与 I^- 作用。

b 操作步骤

称取试样 0.5000 g，置于 300 mL 锥形瓶中，加入 5 mLHCl 及 4 mLH_2O_2。加热溶解后煮沸，使多余的 H_2O_2 分解。冷却，滴加氨水至开始出现沉淀。加入 3g NH_4HF_2。加水至100 mL，摇匀。加入 25 mLKI 溶液(10%)，摇匀。放置约 0.5 min 后用 $Na_2S_2O_3$ 标准溶液滴定至碘的棕色褪去至淡黄色。加入 5 mL 淀粉溶液(1%)，继续滴定至蓝色将近消失，再加 10 mL 硫氢酸铵溶液(10%)，摇匀，继续滴定至蓝色恰好消失为止。

c 试样中铜含量的计算

$$Cu(\%)=\frac{TV}{m}\times100$$

式中，T 为根据标定结果求得每毫升 $Na_2S_2O_3$ 标准溶液相对于铜的克数；V 为滴定时消耗 $Na_2S_2O_3$ 标准溶液的毫升数；m 为试样称取质量，g。

配制的 KI 溶液必须是无色的，如呈黄色或淡黄色，说明有碘存在，不能使用。

4.5.3.2 直接碘量法(碘滴定法)

碘滴定法中用碘直接滴定待测还原剂，由于碘的挥发损失，造成测定误差，解决这一问题的办法是用 KIO_3 代替碘。KIO_3 易于提纯，在 180℃干燥后可以直接称量配制标准溶液。在 KI 存在下，酸性溶液中，一个分子 KIO_3 能析出 3 个碘分子：

$$IO_3^- + 5I^- + 6H^+ \rightleftharpoons 3I_2 + 3H_2O$$

因此其基本单元等于式量的六分之一，即：

$$E_{KIO_3} = \frac{214.0}{6} = 35.67$$

A 标准溶液的配制与标定

KIO_3 标准溶液(0.03000 mol/L)的配制：称取 1.1889g KIO_3，0.05g Na_2CO_3 及 10 g KI 放于 500 mL 烧杯中，用水溶解后，移入 1000 mL 容量瓶中，用水稀释至刻度，摇匀。

碘标准溶液(0.1 mol/L)的配制：称取 13 g I_2 和 20 g KI，置于研钵中，加少许水研磨，使 I_2 全部溶解，然后将溶液转入棕色试剂瓶中，用水稀释至 1 L，放在暗处保存。

碘标准溶液(0.1 mol/L)的标定：标定碘溶液的浓度时，可用已标定好的 $Na_2S_2O_3$ 标准溶液来标定，也可用 As_2O_3 标定。As_2O_3 难溶于水，可溶于碱溶液中：

$$As_2O_3 + 6OH^- \rightleftharpoons 2AsO_3^{3-} + 3H_2O$$

AsO_3^{3-} 与 I_2 的反应式如下：

$$AsO_3^{3-} + I_2 + H_2O \rightleftharpoons AsO_4^{3-} + 2I^- + 2H^+$$

这个反应是可逆的，在中性或微碱性溶液中(加入 $NaHCO_3$，使溶液的 pH≈8)，反应能定量地向右边进行。在酸性溶液中，则 AsO_4^{3-} 氧化 I^- 而析出 I_2。

B 钢铁中硫的测定

a 原理

试样在高温(1250～1350℃)的燃烧管中通氧气燃烧，使硫转化为二氧化硫，被水吸收生成亚硫酸，以淀粉作指示剂，用碘酸钾标准溶液滴至浅蓝色为终点。其主要反应如下：

燃烧反应：

$$4FeS + 7O_2 = 2Fe_2O_3 + 4SO_2$$

$$3MnS + 5O_2 = Mn_3O_4 + 3SO_2$$

用水吸收 SO_2 而生成 H_2SO_3：

$$SO_2 + H_2O = H_2SO_3$$

用标准碘溶液滴定：

$$KIO_3 + 5KI + 6HCl = 3I_2 + 6KCl + 3H_2O$$

$$I_2 + SO_2 + 2H_2O = 2I^- + SO_4^{2-} + 4H^+$$

滴定时采用淀粉作指示剂，终点非常明显。

应该指出，碘滴定法不能在碱性溶液中进行，否则会发生下列歧化反应：

$$3I_2 + 6OH^- = IO_3^- + 5I^- + 3H_2O$$

然而燃烧容量法测硫受炉温、助熔剂及仪器设备条件等各方面的因素影响。钢铁中硫的转化率随条件变化而变化。如 1399℃时转化率为 90%～95%，1450～1510℃时转化率为 98%。但考虑到实际可能，一般规定为 1250～1350℃，铸铁为 1250～1300℃，高速钢、耐热钢为 1300～1350℃。所以不能用理论值来计算，只能随同操作(用重量法校正过的)标样来计算滴定度。

正确选择助熔剂对确保试样燃烧完全是很重要的。碳钢、低合金钢用 V_2O_5 较好，Sn 次之，而中高合金钢则用 SnO_2 或 V_2O_5 和还原铁粉的混合熔剂为佳。过去习惯用的 CuO 空白虽低，但是使硫的转化率显著降低。

b　仪器和试剂

所用仪器为氧气净化和燃烧装置。

KIO_3 标准贮存溶液(0.0050 mol/L)：称取 0.1780 g KIO_3、0.5 g KI，以水溶解，移入1000 mL容量瓶中，用水稀释至刻度，摇匀。

KIO_3 标准溶液(0.0010 mol/L)：移取 100.00 mLKIO_3 标准贮存溶液(0.0050 mol/L)，置于500 mL容量瓶中，加 0.5 gKI，以水稀释至刻度，摇匀。

淀粉吸收溶液：称取山芋粉 10g，溶于少量冷水中调成糊状。徐徐倒入 500 mL 沸水中搅溶，再加热至刚沸取下。加水 500 mL，并滴加数滴盐酸，搅匀后静置过夜，备用。取上面澄清溶液 50 mL，加 15 mL 盐酸，以水稀释至 1000 mL，摇匀。

助熔剂：

纯 Sn：0.5000 g 试样加 0.5 g；

V_2O_5：0.5000 g 试样加 0.2 g；

SnO_2—还原铁粉(3+4)混合熔剂：0.5000 g 试样加 0.8 g，1.0000 g 试样加 1 g；

V_2O_5—还原铁粉(3+1)混合熔剂：0.5000 g 试样加 0.8 g，1.0000 g 试样加 1 g。

由于助熔剂对硫的转化率也有影响，故烧标样与试样必须用同一种助熔剂。

c　分析方法

分析前的准备工作：炉温升到 1250～1350℃；瓷舟应提前放在另一高温炉内(1000℃)燃烧 1h 后取出放入干燥器中，保存备用，测微量硫(<0.01%)时，瓷舟还应放入管式炉中通氧燃烧 1 min，取出放入干燥器中保存备用。

燃烧管检查：先检查燃烧管漏气与否，再通氧燃烧，去掉可能含有的还原性物质，最后烧两个钢样，以减少系统对硫的吸附。

淀粉吸收液的准备：

取淀粉吸收液 20 mL 倒入吸收杯中，通氧气(2 L/min)，用 KIO_3 标准溶液滴定至淡蓝色不退，即为终点，切断氧气。

d　分析步骤

称取试样 0.2500～1.0000 g；置于瓷舟中，加入助熔剂后放入燃烧管；置入燃烧管的高温处，封闭炉管，预热 0.5～2 min；通氧气燃烧(氧气流量 2 L/min)；生成 SO_2 导入吸收杯中，使蓝色消退，随即用 KIO_3 标准溶液滴定，力求使吸收液蓝色不消失，当吸收液退色与预先设置的色泽相同，间隙通氧，继续滴定至色泽不变，即为终点。取出瓷舟，置于石棉板上，观察燃烧情况，熔渣应平坦光滑，无气孔。调换新的吸收液。重新设置终点色泽，进行另一试样的测定。

e　试样中硫含量的计算

$$S(\%) = T_s(V - V_0)$$

$$T_s = \frac{S_{标}\%}{V_1 - V_0}$$

式中，T_s 为标样换算滴定度，%/mL；V 为滴定试样(或标样)消耗 KIO_3 标准溶液的毫升数；V_0 为滴定空白消耗 KIO_3 标准溶液的毫升数。

f　注意事项

注意事项如下：

(1) 洗瓶中 H_2SO_4 溶液长时间通氧后会自行变黄，但不得变深棕色，发现时则应及时更换。

(2) 硫含量小于 0.010%称 1g；硫含量为 0.01%～0.06%称 0.25 g。

(3) 瓷管及瓷舟处理后方可使用。燃烧试样后管壁上黏附的熔渣应经常清理干净，否则，易使结果偏低。

(4) 低合金钢，碳钢预热 0.5～1 min；中高合金钢预热 1～2 min。

(5) 由于各种氧气流量表规格不一致，使用时应注意选择。

(6) 为使滴定终点易于判断，可在吸收杯一侧装一 8 W 荧光灯，背后放一白色瓷板。

(7) 淀粉吸收液使用一次更换最好，这样条件较一致，使结果稳定，但在日常生产中可连续做 4～5 个试样。

(8) 标样的含硫量应与试样相近，且称样量(最好用同牌号标钢换算)和其他条件也要一致。

4.5.4 Na_3AsO_3-$NaNO_2$ 法测定钢铁中的锰

用 Na_3AsO_3-$NaNO_2$ 混合溶液进行滴定分析的方法称为亚砷酸钠—亚硝酸钠法。这种方法主要应用于普碳钢和低合金钢中 Mn 的测定。

试样用酸分解，锰转化为 Mn^{2+}，在酸性溶液中，以 $AgNO_3$ 作催化剂，利用 $(NH_4)_2S_2O_8$ 将 Mn^{2+} 氧化为 MnO_4^- 然后用 Na_3AsO_3-$NaNO_2$ 混合溶液滴定。

$$2MnO_4^- + 5AsO_3^{3-} + 6H^+ \rightleftharpoons 2Mn^{2+} + 5AsO_4^{3-} + 3H_2O$$

$$2MnO_4^- + 5NO_2^- + 6H^+ \rightleftharpoons 2Mn^{2+} + 5NO_3^- + 3H_2O$$

如果单独用 Na_3AsO_3 溶液滴定 MnO_4^-，在 H_2SO_4 介质中，Mn(Ⅶ)只被还原为平均氧化数为＋3.3 的 Mn，如果单独用 $NaNO_2$ 溶液滴定 MnO_4^-，在酸性溶液中，Mn(Ⅶ)可定量地还原为 Mn(Ⅱ)，但 $NaNO_2$ 和 MnO_4^- 作用缓慢，而且 $NaNO_2$ 不稳定。为此，采用 Na_3AsO_3-$NaNO_2$ 混合溶液来滴定 MnO_4^-，此时，NO_2^- 能使 MnO_4^- 定量地还原为 Mn^{2+}，当然也能将 Mn(Ⅲ)和 Mn(Ⅳ)还原为 Mn(Ⅱ)，而 AsO_3^{3-} 能加速反应。所以，Mn(Ⅶ)几乎全部还原为 Mn(Ⅱ)溶液由紫色变为无色，便于判断终点，测得的结果也较准确。但仍不能按理论值计算，需用已知含 Mn 量的标准试样来确定 Na_3AsO_3-$NaNO_2$ 混合溶液对 Mn 的滴定度。

A 方法原理

试样经酸分解，在硫酸—磷酸介质中，以硝酸银为催化剂，用过硫酸铵将 Mn^{2+} 氧化为 MnO_4^-，用亚砷酸钠—亚硝酸钠标准溶液滴定。其主要化学反应为下：

用 HNO_3、H_2SO_4 溶解试样时：

$$3MnS + 14HNO_3 = 3Mn(NO_3)_2 + 3H_2SO_4 + 8NO\uparrow + 4H_2O$$

$$MnS + H_2SO_4 = MnSO_4 + H_2S\uparrow$$

$$3Mn_3C + 28HNO_3 = 9Mn(NO_3)_2 + 10N + 3CO_2\uparrow + 14H_2O$$

$$Mn_3C + 3H_2SO_4 = 3MnSO_4 + 3H_2\uparrow + C$$

在 $AgNO_3$ 的催化作用下，用 $(NH_4)_2S_2O_8$，将 Mn^{2+} 氧化成 Mn^{7+}，使溶液成紫红色：

$$2Mn(NO_3)_2 + 5(NH_4)_2S_2O_8 + 8H_2O \xlongequal{AgNO_3} 2HMnO_4 + 5(NH_4)_2SO_4 + 4HNO_3 + 5H_2SO_4$$

而实际反应为：

$$2AgNO_3+(NH_4)_2S_2O_8 = Ag_2S_2O_8+2NH_4NO_3$$

$$Ag_2S_2O_8+2H_2O = Ag_2O_2+2H_2SO_4$$

$$5Ag_2O_2+2MnSO_4+3H_2SO_4 = 2HMnO_4+5Ag_2SO_4+2H_2O$$

用 Na_2AsO_3-$NaNO_2$ 标准溶液滴定：

$$2HMnO_4+5Na_3AsO_3+4HNO_3 = 2Mn(NO_3)_2+5Na_3AsO_4+3H_2O$$

$$2HMnO_4+5NaNO_2+4HNO_3 = 2Mn(NO_3)_2+5NaNO_3+3H_2O$$

B 主要试剂

H_2SO_4-H_3PO_4 混合酸：将 150 mLH_2SO_4、150 mLH_3PO_4 缓慢倒入 700 mL 水中，并不断搅拌，冷却。

$Ag(NO_3)$溶液（0.5%）：称取 0.5 g $AgNO_3$ 溶于水中，滴加数滴 HNO_3，用水稀释至 100 mL，贮于棕色瓶中。

NaCl 溶液（0.04%）：称取 4 g NaCl，用 H_2SO_4（2＋3）溶解，并稀释至 1000 mL。

锰标准溶液：称取 1.4383 g $KMnO_4$（基准），置于 600 mL 烧杯中，加 300 mL 水溶解，加 10 mL H_2SO_4（1＋1），滴加 H_2O_2（30%）至红色恰好消失，加热煮沸 5～10 min，冷却，移入 1000 mL容量瓶中，用水稀释至刻度，摇匀，此溶液 1mL 含 100 μg 锰。

Na_3AsO_3-$NaNO_2$ 标准溶液：称取 1.63 g Na_3AsO_3 和 0.86 g $NaNO_2$，置于 1000 mL 烧杯中，用水溶解并稀释至 1000 mL，摇匀。或称取 1.25～1.3 g As_2O_3 置于 1000 mL 的烧杯中，加 25 mL NaOH 溶液（15%）低温加热溶解，用水稀释至 200 mL，滴 H_2SO_4（2＋3）使溶液呈酸性并过量 2～3 mL，然后用 Na_2CO_3 溶液（15%）中和至 pH6～7，再加入 0.86 g Na_2CO_3，用水稀释至 1000 mL，摇匀。

Na_3AsO_3-$NaNO_2$ 标准溶液的标定：称取与试样相近似的铁（锰含量不大于 0.002%）三份，分别置于三个 300 mL 的锥形瓶中，与试样同样处理，除去氮氧化合物后，分别加入等量锰标准溶液（锰含量与试样中锰含量相等），以下按分析步骤进行，三份溶液所消耗的 Na_3AsO_3-$NaNO_2$ 标准溶液毫升数的极差值不超过 0.05 mL，取其平均值。

Na_3AsO_3-$NaNO_2$ 标准溶液对 Mn 的滴定度按下式计算：

$$T=\frac{V_1\rho}{V_2}$$

式中，T 为 Na_3AsO_3-$NaNO_2$ 标准溶液对 Mn 的滴定度，g/mL；V_1 为移取锰标准溶液的体积，mL；V_2 为滴定所消耗 Na_3AsO_3-$NaNO_2$ 标准溶液体积的平均值，mL；ρ 为锰标准溶液的质量浓度，g/mL。

C 分析步骤

称取试样（含 Mn0.1%～1%称 0.5000 g；1%～2.5%称 0.2500 g），置于 300 mL 的锥形瓶中，加 30 mL 硫酸—磷酸混合酸，加热溶解后，滴加 HNO_3 破坏碳化物，煮沸驱尽氮氧化物（若溶液仍有黑色不溶物，则应将试液蒸发刚冒烟时小心滴加 2 mL HNO_3 以破坏碳化物，继续冒烟直至溶液清澈，取下冷却），用水稀释至体积约为 80 mL，加 10 mL $AgNO_3$ 溶液（0.5%），10 mL $(NH_4)_2S_2O_8$ 溶液（20%），低温加热煮沸 45 s，取下，放置 2 min，再用流水冷却至室温，加 10 mLNaCl溶液（0.4%）摇匀，立即用 Na_3AsO_3-$NaNO_2$ 标准溶液以不变速度进行滴定（每 min 不超过6 mL），当溶液呈微红色时，以更慢的速度滴定至粉红色消失为终点。

D 分析结果的计算

试样中锰含量的计算：

$$Mn(\%)=\frac{TV}{m}\times100$$

式中，T 为 Na_3AsO_3-$NaNO_2$ 标准溶液对 Mn 的滴定度，g/mL；V 为滴定所消耗 Na_3AsO_3-$NaNO_2$ 标准溶液的体积，mL；m 为试样称取的质量，g。

E　注意事项

注意事项如下：

(1) 若无基准 $KMnO_4$，可用电解 Mn(99.9%以上)配制：将电解锰放在 H_2SO_4(5+95)中清洗，待表面氧化锰洗净后，取出，立即用蒸馏水反复洗涤，再放在乙醇中洗 4 次，取出放在干燥器中干燥后备用。配制方法如下：称取 0.5000 g 电解锰，置于 250 mL 的烧杯中，加 20 mL 的 HNO_3(1+3)，加热溶解，煮沸驱尽氮氧化物，取下冷却至室温，移入 1000 mL 的容量瓶中，用水稀释至刻度，摇匀。此溶液 1 mL 含 500 μg 锰。

(2) 含 Cr 量大于 5 mg 时，按分析步骤称取试样，置于 300 mL 锥形瓶中，加 10～20 mL 王水，加热溶解(高硅试样可滴加数滴 HF)，加 10 mL $HClO_4$，加热蒸发冒烟使 Cr^{3+} 氧化至 $Cr_2O_7^{2-}$ 后，分数次滴加盐酸，每次加盐酸后须加热至冒烟，蒸发至糖浆状，取下稍冷，沿瓶壁加 15 mL H_2SO_4-H_3PO_4 混合酸($H_2SO_4+H_3PO_4+H_2O$(1+1+1))，加水稀释至体积为 80 mL，以下按分析步骤进行。

也可按下述方法分离 Cr：称取 0.5000～1.000 g 试样于 300 mL 的锥形瓶中，加 10～15 mL 的王水，加热溶解(高硅试样可滴加数滴 HF)，加 10 mL H_2SO_4，加热蒸发至冒硫酸烟，冷却，小心加 100 mL 水，加热使盐类溶解。滴加 NH_4OH 至出现少量氢氧化物沉淀，再滴加 H_2SO_4(2+3)至沉淀溶解，将溶液移入 250 mL 容量瓶中，分次加入 ZnO 悬浮液(称取 50 g ZnO，加 200 mL 水，同时摇匀)至出现较多的氢氧化物沉淀，再过量 15mL，冷却后，用水稀释至刻度，摇匀。干过滤，移取 100.00 mL 滤液，置于 300 mL 的锥形瓶中，加 15 mL 的混合酸($H_2SO_4+H_3PO_4+H_2O$(1+1+1))，10 mL 的 $AgNO_3$ 溶液(0.5%)，以下按分析步骤进行。

(3) 生铁试样：按分析步骤称取试样，置于 300 mL 的锥形瓶中，加 30 mL 的混合酸($H_2SO_4+H_3PO_4+H_2O$(150+150+700))，低温加热溶解(如试样难溶可加 1 mL 的 HNO_3 助溶，如体积蒸发太多时，可添加少量的水)，滴加 HNO_3 氧化，煮沸驱尽氮氧化物，用快速滤纸过滤于另一 300 mL 锥形瓶中，用硝酸(2+98)洗涤锥形瓶和滤纸数次，加水稀释体积至约 80 mL，以下按分析步骤进行。

(4) 试液中含钴大于 5 mg 时，则按 Co∶Ni 为 1∶4 比例加入 Ni 溶液(称取 47.85 g $NiSO_4\cdot7H_2O$ 用水溶解，滴加数滴 H_2SO_4，用水稀释至 100 mL，此溶液 1 mL 含 10 mg Ni)，然后加水稀释至体积约 80 mL，以下按分析步骤进行，加入 Ni 后滴定终点为灰绿色。

(5) 为检验滴定是否过量，可在滴定后的试液中加 1 滴 $KMnO_4$ 溶液(0.10%)，如试液呈微红色说明滴定正常，反之滴定过量。

习　题

1. 在溶液中含有浓度相近的 Fe^{2+} 离子和 Sn^{2+} 离子，加入 $KMnO_4$ 溶液，是 Fe^{2+} 的离子先被氧化，还是 Sn^{2+} 的离子先被氧化？($E^{\ominus}_{Fe^{3+}/Fe^{2+}}=0.77$ V，$E^{\ominus}_{Sn^{4+}/Sn^{2+}}=0.15$ V，$E^{\ominus}_{MnO_4^-/Mn^{2+}}=1.55$ V)
2. 在溶液中同时存在 $HgCl_2$ 和 Cl_2，加入还原剂 $SnCl_2$ 时，哪个先被还原？($E^{\ominus}_{2Hg^{+}/Hg_2}=0.62$ V，$E^{\ominus}_{Sn^{4+}/Sn^{2+}}=0.15$ V，$E^{\ominus}_{Cl_2/2Cl^-}=1.36$ V)

3. 配制下列溶液：

(1) 配制 0.05000 mol/L$FeSO_4$ 溶液 500.00 mL,需称取 $FeSO_4 \cdot (NH_4)_2SO_4 \cdot 6H_2O$ 多少克?

(2) 配制含锰 0.100 mg/mL 的 $KMnO_4$ 溶液 100 mL,需取在酸性溶液中作氧化剂的 $KMnO_4$ ($c_{\frac{1}{5}KMnO_4}=0.0900$ mol/L)溶液多少毫升?

4. 配平下列反应式,并指出每个反应中氧化剂和还原剂的基本单元为其分子量的几分之几。

(1) $KMnO_4+FeSO_4+H_2SO_4 \longrightarrow MnSO_4+Fe_2(SO_4)_3+K_2SO_4+H_2O$;

(2) $KMnO_4+H_2C_2O_4+H_2SO_4 \longrightarrow MnSO_4+K_2SO_4+CO_2\uparrow+H_2O$;

(3) $K_2Cr_2O_7+KI+KCl \longrightarrow CrCl_3+KCl+I_2+H_2O$;

(4) $K_2Cr_2O_7+H_2S+H_2SO_4 \longrightarrow Cr_2(SO_4)_3+K_2SO_4+S\downarrow+H_2O$;

(5) $KIO_3+I^-+H^+ \longrightarrow I_2+K^++H_2O$;

(6) $KMnO_4+Na_3AsO_3+H_2SO_4 \longrightarrow MnSO_4+Na_3AsO_4+H_2O$;

(7) $KMnO_4+KNO_2+H_2SO_4 \longrightarrow MnSO_4+KNO_3+H_2O$;

(8) $SbCl_3+KBrO_3+HCl \longrightarrow SbCl_5+KBr+H_2O$;

(9) $Na_2S_2O_3+I_2+KOH \longrightarrow Na_2SO_4+KI+H_2O$;

(10) $MnO_2+H_2C_2O_4+H^+ \longrightarrow Mn^{2+}+CO_2\uparrow+H_2O$。

5. 试比较 $KMnO_4$、$K_2Cr_2O_7$ 作滴定剂的优缺点。

6. 用碘量法测定铜合金中 Cu 时,试问:

(1) 配制浓度为 0.1 mol/L 的 $Na_2S_2O_3$ 溶液 2000 mL,需要 $Na_2S_2O_3 \cdot 5H_2O$ 多少克?

(2) 称取 $K_2Cr_2O_7$ 490.3 mg,用水溶解后并稀释至 100 mL,移取此溶液 25.00 mL,加入 H_2SO_4 和 KI,用 24.95 mL $Na_2S_2O_3$ 溶液滴定至终点,计算 $Na_2S_2O_3$ 溶液的浓度。

(3) 称取铜合金试样 0.2000 g,用碘量法滴定,消耗上述 $Na_2S_2O_3$ 溶液 25.13 mL 滴至终点,计算铜的百分含量。

7. 用 $K_2Cr_2O_7$ 法测定铁矿石中铁时,试问:

(1) 配制 $K_2Cr_2O_7$ 标准溶液 $c_{\frac{1}{6}K_2Cr_2O_7}=0.0500$ mol/L 1L ,应称取 $K_2C_2O_7$ 多少克? 此溶液对铁的滴定度等于多少?

(2) 称取铁矿石 0.2000 g,试样用酸溶解后,滴定时用去 $c_{\frac{1}{6}K_2Cr_2O_7}=0.05000$ mol/L $K_2Cr_2O_7$ 标准溶液 35.82 mL,计算铁的百分含量。

(3) 有一批铁矿石样品,含铁量在 50%左右,现用 $c_{\frac{1}{6}K_2Cr_2O_7}=0.10000$ mol/L$K_2Cr_2O_7$ 标准溶液滴定,欲使滴定所用的标准溶液在 20～30 mL 以内,称取试样的范围是多少?

8. 用燃烧碘量法测定钢中的硫时,若称取标钢(含硫 0.05%)和钢样各 0.5000 g,滴定标钢中硫时用去碘溶液 11.60 mL,滴定钢试样中硫时用去碘溶液 7.00 mL,试用滴定度来计算出试样中硫的百分含量。

5 络合滴定法

5.1 络合物的基本概念

络合物是组成较为复杂,应用较广的一种化合物。在重量分析、络合滴定、光度分析以及元素的各种分离方法中常用到各种络合剂作为沉淀剂、滴定剂、显色剂和隐蔽剂等。

5.1.1 络合物的结构

络合物不同于一般的化合物,它的主要特征是有一个由配合键结合起来的特征组分——络离子。现以亚铁氰化钾 $K_4[Fe(CN)_6]$为例说明络合物的组成:

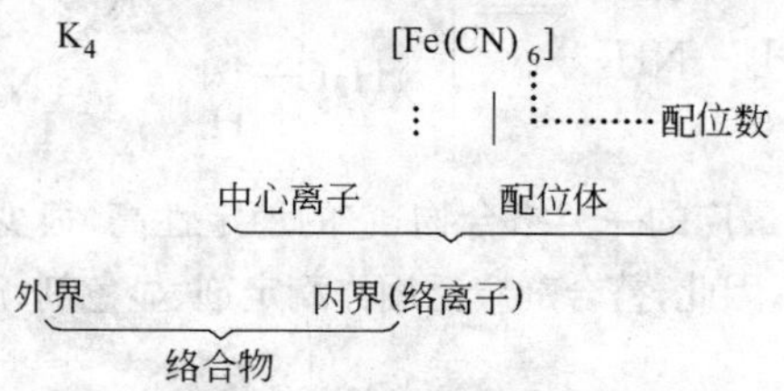

其中,中心离子为 Fe^{2+},配位体为 CN^-,配位数为 6,外界为 $4K^+$。Fe^{2+} 与 CN^- 间以配位键结合成络离子 $Fe(CN)_6^{4-}$,外界与内界之间以离子键结合。

络合物的定义是指金属离子与一定数目的中性分子或负离子,以配位键结合成络离子。通常把含有络离子的化合物叫做络合物,也称作配位化合物。

5.1.2 络合物与一般化合物的主要区别

络合物与一般化合物有如下主要区别:

(1) 络合物分子在水溶液中离解生成一个复杂的络离子。络离子中带电离子与游离态的性质不同。例如,Fe^{3+} 与 Fe^{3+}-EDTA 络合物的 Fe^{3+} 的性质不同,当向上述两种溶液中加氨水时,前者出现棕红色沉淀,后者则没有沉淀产生。

(2) 络合物分子不同于复盐。$KAl(SO_4)_2$、$(NH_4)_2SO_4 \cdot FeSO_4 \cdot 6H_2O$ 都是复盐,复盐在水溶液中离解成简单的离子,而络合物分子却离解成一个稳定的复杂络离子。

5.1.3 络合物的类型和特点

络合物有简单配位络合物、螯合物、多元络合物、多酸络合物。多元络合物和多酸络合物主要用于光度分析。下面简单介绍前两类络合物。

络合物的配位体可分为单基配位体和多基配位体两种。

单基配位体是指配位体分子中只含一个可提供电子对的键合原子,与中心离子只形成一个配位键。如 $\overset{*}{F}^-$、$\overset{*}{C}N^-$、$\overset{*}{N}H_3$ 等(*为键合原子)。

多基配位体是指配位体分子中含有两个或两个以上的可提供电子对的键合原子,与中心离子形成多个配位键。这种配位体也称螯合剂,如乙二胺、EDTA 等都属于这类配位体。按配位体的种类将络合物分为简单配位络合物和螯合物。

5.1.3.1　简单配位络合物

由单基配位体与中心离子形成的络合物称为简单配位络合物，如$[Fe(CN)_6]^{3-}$、$Cu(NH_3)_4^{2+}$。单基配位体与金属离子往往能形成一系列不同配位数的络合物，因此，在溶液中存在着复杂的逐级离解平衡，各级络合平衡常数一般相差很近，络合物的组成比不固定，因此简单配位络合物一般不适于作滴定剂，常用作隐蔽剂等辅助络合剂使用。

5.1.3.2　螯合物

螯合物又称内络合物，它是由多基配位体和中心离子形成的具有环状结构的络合物。例如，乙二胺含两个键合原子、一个Ni^{2+}与两个乙二胺分子形成两个环状结构的络合物：

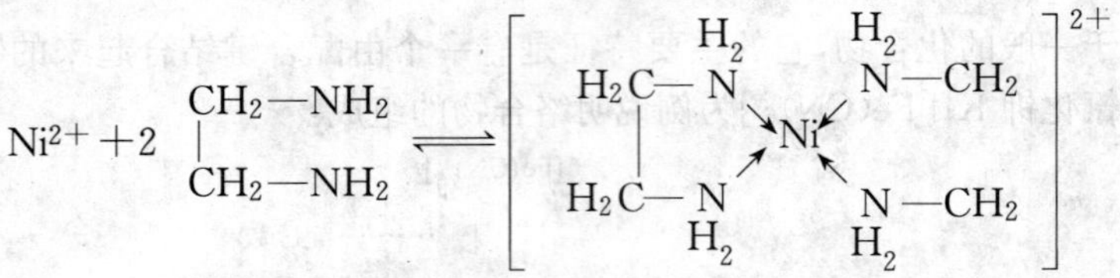

螯合物是分析化学中应用最广的一类络合物，它的稳定性高，很少出现分级络合现象，有的螯合剂对金属离子有很好的选择性，因此，螯合剂广泛用作滴定剂、显色剂、沉淀剂、隐蔽剂和萃取剂等。

5.2　乙二胺四乙酸

乙二胺四乙酸能与大部分金属离子形成稳定的螯合物，它是应用最广的螯合剂，在络合滴定法中常用作滴定剂，在各种分离、测定方法中还广泛用作隐蔽剂。

A　乙二胺四乙酸及其二钠盐

乙二胺四乙酸，简写为EDTA，通常用H_4Y表示。由于EDTA在水中的溶解度很小，通常把它制成二钠盐，简写为EDTA二钠盐，简化结构式为$Na_2H_2Y \cdot 2H_2O$。EDTA二钠盐易溶于水，室温下其饱和溶液的浓度约为0.3 mol/L，水溶液近中性。

B　EDTA的分析特性

EDTA的分析特性如下：

(1) EDTA是一个四元弱酸，在强酸性溶液中两个氨氮可再接受两个H^+（即质子化）形成H_6Y^{2+}，这样EDTA就相当一个六元弱酸。在任何水溶液中都存在六级离解平衡：

$$H_6Y^{2+} \underset{+H^+}{\overset{-H^+}{\rightleftharpoons}} H_5Y^+ \underset{+H^+}{\overset{-H^+}{\rightleftharpoons}} H_4Y \underset{+H^-}{\overset{-H^+}{\rightleftharpoons}} H_3Y^- \underset{+H^+}{\overset{-H^+}{\rightleftharpoons}} H_2Y^{2-} \underset{+H^+}{\overset{-H^+}{\rightleftharpoons}} HY^{3-} \underset{+H^+}{\overset{-H^+}{\rightleftharpoons}} Y^{4-}$$

因此，在任何水溶液中EDTA总是以H_6Y^{2+}、H_5Y^+、H_4Y、H_3Y^-、H_2Y^{2-}、HY^{3-}和Y^{4-}等七种形式存在。溶液中各种形式EDTA所占的比例与pH值有关。上式说明，酸度增高，平衡向左移动；酸度降低，平衡向右移动。$[Y^{4-}]$为EDTA的有效络合浓度，可见酸度增大，不利于络合物的形成。通常$pH<1$时，以H_6Y^{2+}为主；$pH=2\sim6$时，以H_2Y^{2-}为主；$pH>10$时，以Y^{4-}为主。

(2) EDTA与金属离子的络合比。由于EDTA分子有六个键合原子（两个氨氮和四个羧氧原子），而许多金属离子的配位数为4或6，一个EDTA恰能满足各金属离子的配位数要求，因此，EDTA几乎能与所有金属离子（包括二价、三价或四价金属离子）形成1∶1的络合物。

5.3 络合平衡

5.3.1 络合平衡和络合平衡常数

金属离子与 EDTA 形成络合物的同时也存在着络合物的离解，当反应达到平衡时，其平衡常数可以用稳定常数（即形成常数）来表示，如 Ca^{2+} 与 EDTA 的络合反应：

$$Ca^{2+} + Y^{4-} \rightleftharpoons CaY^{2-}$$

当反应达到平衡时，其稳定常数为：

$$K_{CaY} = \frac{[CaY^{2-}]}{[Ca^{2+}][Y^{4-}]} = 4.9 \times 10^{10}$$

稳定常数 K_{MY} 常用对数表示为 $\lg K_{MY}$，因此 Ca-EDTA 络合物的 $\lg K_{CaY} = 10.69$。K_{MY} 或 $\lg K_{MY}$ 越大，则络合物越稳定。常见金属离子-EDTA 络合物的稳定常数见表 5-1。

表 5-1 常见金属离子与 EDTA 络合物的稳定常数

金属离子	$\lg K_{MY}$	金属离子	$\lg K_{MY}$	金属离子	$\lg K_{MY}$
Li^+	2.79	Mn^{2+}	13.87	Zn^{2+}	16.5
Na^+	1.66	Fe^{2+}	14.32	Cd^{2+}	16.46
Mg^{2+}	8.7	Fe^{3+}	25.1	Hg^{2+}	21.7
Ca^{2+}	10.69	Co^{2+}	16.31	Al^{3+}	16.3
Sr^{2+}	8.73	Ni^{2+}	18.62	Pb^{2+}	18.04
Ba^{2+}	7.86	Cu^{2+}	18.80	Bi^{3+}	27.94
Cr^{3+}	23.4	Ag^+	7.32	Th^{4+}	23.2

5.3.2 络合平衡的副反应和副反应系数

络合滴定中，金属离子(M)与滴定剂(Y)的反应为主反应。主反应进行的程度除了与 M、Y 的性质、浓度及络合物稳定常数 K_{MY} 有关外，还与溶液的酸度，共存离子及其他络合剂等因素有关。

设 L 为另一种络合剂，N 为另一种金属离子，则主反应和可能发生的副反应可表示为：

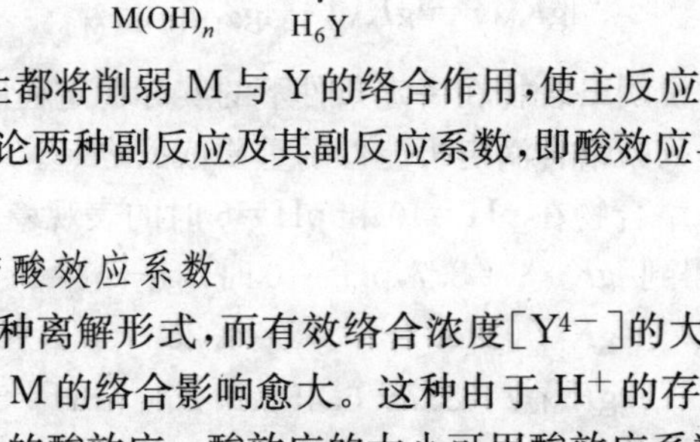

从图可知，各种副反应的发生都将削弱 M 与 Y 的络合作用，使主反应受到影响，其影响程度可用副反应系数 α 表示。这里讨论两种副反应及其副反应系数，即酸效应与酸效应系数、络合效应与络合效应系数。

A EDTA 的酸效应与酸效应系数

EDTA 在溶液中存在各种离解形式，而有效络合浓度$[Y^{4-}]$的大小决定于溶液的酸度。酸度愈大，$[Y^{4-}]$愈小，对 Y 与 M 的络合影响愈大。这种由于 H^+ 的存在使配位体 Y 参加主反应能力降低的现象称为 EDTA 的酸效应。酸效应的大小可用酸效应系数 $\alpha_{(H)}$ 来表示，EDAT 的酸效应系数表示为 $\alpha_{Y(H)}$。

$\alpha_{Y(H)}$ 与 EDTA 在溶液中的 Y^{4-} 形式所占的比例有关，即：

$$\alpha_{Y(H)} = \frac{(Y)_{总}}{[Y^{4-}]} = 1 + \frac{[H^+]}{K\alpha_6} + \frac{[H^+]^2}{K\alpha_6 K\alpha_5} + \cdots + \frac{[H^+]^6}{K\alpha_1 K\alpha_2 \cdots K\alpha_6}$$

式中 $\alpha_{Y(H)}$ 称为络合剂 EDTA 的酸效应系数。$\alpha_{Y(H)}$ 随溶液酸度的增大而增大。当溶液的 pH 值一定时，$\alpha_{Y(H)}$ 是一个常数。$\alpha_{Y(H)}$ 常用对数 $\lg\alpha_{Y(H)}$ 表示。EDTA 在不同 pH 值的 $\lg\alpha_{Y(H)}$ 见表5-2。

表 5-2　EDTA 在不同 pH 值时的 $\lg\alpha_{Y(H)}$ 值

pH 值	0	1	2	3	4	5	6	7	8	9	10	11	12
$\lg\alpha_{Y(H)}$	24.63	18.01	13.51	10.60	8.44	6.45	4.65	3.21	2.27	1.28	0.45	0.07	0.01

其他弱酸性络合剂在不同 pH 值有自己的酸效应系数。

由表 5-2 可见，当溶液酸度小时，$\lg\alpha_{Y(H)}$ 接近于 0，这时酸效应很小或不产生酸效应；当溶液酸度增大时，酸效应相应增大，如不考虑金属离子的水解等因素，可认为络合物的稳定性随着溶液酸度的减小而增加。

B　络合效应和络合效应系数

M 与 Y 络合时，当溶液中有另一络合剂 L 存在，如果它能与 M 形成络合物，则将影响到 M 与 Y 的络合作用。例如，在氨性溶液中用 EDTA 滴定 Cu^{2+}，由于 Cu^{2+} 能与 NH_3 生成一系列络合物，将减弱 Cu^{2+} 与 EDTA 的络合作用。

另一种常遇到的情况是，一些金属离子随着溶液酸度的降低将发生水解作用。M 与 OH^- 生成各种羟基络合物直至最后生成氢氧化物沉淀。羟基可以认为是一种络合剂。例如由于 Fe^{3+} 的强烈水解作用，一般不在 pH>2 的溶液中用 EDTA 直接滴定 Fe^{3+}；在 pH>12 时，Mg^{2+} 将生成 $Mg(OH)_2$ 沉淀，不再与 EDTA 络合。

这种由于其他络合剂(包括羟基)的存在使金属离子参加主反应能力降低的现象称为络合效应。其中由于形成羟基化合物(或沉淀)的络合效应，也称水解效应。

络合效应对主反应影响的程度也可用络合效应系数 $\alpha_{M(L)}$ 表示，络合效应系数常用对数 $\lg\alpha_M$ 表示。络合效应系数 α_M 愈大，表示金属离子发生其他络合作用愈完全，副反应愈严重。如果溶液中不存在金属离子的络合效应，则 $\alpha_M=1$，$\lg\alpha_M=0$。因此，在选择隐蔽剂隐蔽干扰离子时，要避免隐蔽剂与被测离子作用。

C　表观稳定常数

表观稳定常数是考虑了酸效应和络合效应以后，在一定的 pH 条件下络合物的实际稳定程度，也叫有效稳定常数或条件稳定常数，用 K' 表示，通常用 $\lg K'$ 表示。它与稳定常数的关系可用下式表示，即：

$$\lg K'_{MY}=\lg K_{MY}-\lg\alpha_H-\lg\alpha_M$$

表观稳定常数的大小，说明络合物在一定条件下的实际稳定程度，并能判断络合滴定能否进行。因此，表观稳定常数是判断络合滴定可能性的重要依据之一。

例：求 Mg^{2+} 和 EDTA 络合物在 pH=10 和 pH=5 时的表观稳定常数？

解：由表 5-1 和表 5-2 得到 $\lg K_{MgY}=8.7$，pH=10 时，$\lg\alpha_{Y(H)}=0.45$，pH=5 时，$\lg\alpha_{Y(H)}=6.45$。

$$\lg K'_{MgY}=8.7-0.45=8.25\quad (pH=10)$$

$$\lg K'_{MgY}=8.7-6.45=2.25\quad (pH=5)$$

例：计算 pH=5 时，含 0.01 mol/L 氟离子溶液中 Al^{3+} 与 EDTA 络合物的表观稳定常数。已知 $Al^{3+}F^-$ 络合效应的 $\lg\alpha_{Al(F)}=9.95$。

解：由表 5-1 和表 5-2 得知，$\lg K_{AlY}=16.30$，pH=5 时 $\lg\alpha_{Y(H)}=6.45$。

$$\lg K'_{AlY}=16.30-6.45-9.95=-0.10$$

由计算可见，由于 F^- 与 Al^{3+} 强烈的络合作用，使 EDTA 与 Al^{3+} 的络合反应不能进行。

5.4 络合滴定的基本原理

5.4.1 络合滴定曲线

EDTA 滴定金属离子的情况与酸碱滴定相类似，不同的是，络合滴定是以 pM 表示溶液中游离的金属离子的浓度（pM 即金属离子浓度的负对数），随着 EDTA 的加入，溶液中金属离子的浓度逐渐减小，pM 值逐渐增高。当滴定到化学计量点附近时，溶液中的 pM 值将发生急剧变化，根据 pM 值的突跃范围可选择适当的指示剂来指示滴定终点，以 EDTA 加入量（通常用滴定百分数表示）对 pM 值作图，得滴定曲线如图 5-1 所示。

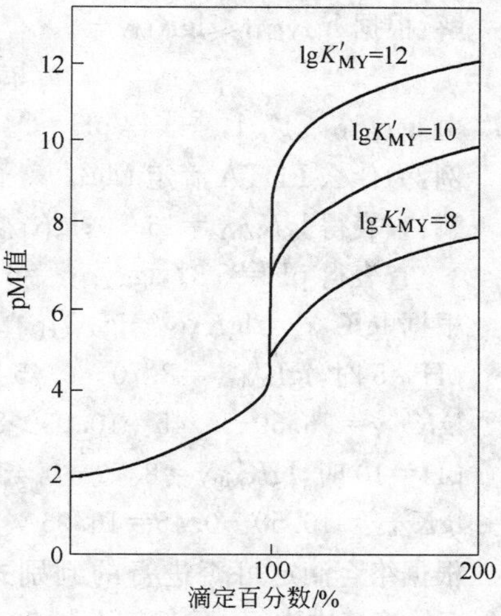

图 5-1 0.01 mol/L EDTA 滴定 0.01mol/L 金属离子

pM 值突跃范围的大小与下面两个因素有关：

（1）金属离子的起始浓度小，开始时 pM 值大，滴定曲线起点高，突跃部分相应缩短，因此 EDTA 不宜滴定浓度很低的金属离子溶液。

（2）金属离子与 EDTA 生成络合物的表观常数愈大，滴定突跃愈长。

滴定突跃范围愈大，有利于选择指示剂，准确判断滴定终点。

5.4.2 络合滴定对表观稳定常数的要求

表观稳定常数比稳定常数更能正确地判断金属离子与 EDTA 的络合情况。络合滴定对表观稳定常数的要求，必须考虑到分析的准确度和被测离子的原始浓度。如果要使滴定的相对误差不大于 0.1%，根据一般指示剂变色的敏锐程度，要求滴定体系的 $\lg c_M K'_{MY} \geqslant 6$（$c_M$ 为金属离子的起始浓度），如果被滴定离子的起始浓度为 0.01 mol/L，则要求滴定体系的 $\lg K'_{MY} \geqslant 8$。

$\lg c_M K'_{MY} \geqslant 6$ 是判断络合滴定能否进行的依据。若放宽滴定误差，则 $\lg K'_{MY}$ 可以小一些，若利用更灵敏的仪器分析（如离子选择电极法）来检测终点，$\lg K'_{MY}$ 也可小一些，如果分析允许差要求很小，则要更大一些。$\lg K'_{MY} \geqslant 8$，只有在 $c_M = 10^{-2}$ mol/L，$T = 0.1\%$ 的特定条件下使用。

5.4.3 络合滴定的最高允许酸度和最低允许酸度

在络合滴定中，如果不考虑络合效应的影响，K'_{MY} 只是与滴定溶液的酸度有关的常数，所以在络合滴定时选择合适的 pH 值是很重要的。那么，如何选择合适的 pH 值呢？

根据 $\lg K'_{MY} = \lg K_{MY} - \lg \alpha_{Y(H)}$ 和 $\lg K'_{MY} \geqslant 8$，可以得出 $\lg K_{MY} - \lg \alpha_{Y(H)} \geqslant 8$，则 $\lg \alpha_{Y(H)} \leqslant \lg K_{MY} - 8$。

利用 EDTA 在不同 pH 值的 $\lg \alpha_{Y(H)}$ 值表，可以估计金属离子滴定时，所允许的最小 pH 值，即最高允许酸度。

当溶液的酸度降低时，如无适当的辅助络合剂存在，则有些金属离子便逐步发生水解以致生成氢氧化物沉淀，此时，难以用 EDTA 直接滴定。如 Fe^{3+} 溶液在 pH=5 时与 EDTA 络合 $\lg K_{Fe^{3+}Y}$ 仍有 14.8，从理论上说似乎 Fe^{3+} 仍能被 EDTA 准确滴定，但事实上，在 pH=5 时 Fe^{3+} 与 OH^- 发生水解生成了氢氧化物沉淀，由于严重的水解现象，在 pH=5 时不能用直接法滴定 Fe^{3+}。

由此可见，EDTA 直接滴定金属离子（M）的最低允许酸度，决定于该金属离子的水解酸度。例如：pH>12 时，因 Mg^{2+} 已生成 $Mg(OH)_2$ 沉淀不能用 EDTA 直接滴定，所以滴定 Mg^{2+} 通常在

pH=10 时进行；另 pH>10 时，由于 Zn^{2+} 生成 $Zn(OH)_2$ 和 ZnO_2^{2-} 也不能用 EDTA 直接滴定。

在实际分析工作中，通常是在最高和最低允许酸度之间某一适宜酸度范围内进行滴定。适宜酸度的确定，主要是希望在此酸度范围内指示剂变色敏锐，干扰元素少。通常用缓冲溶液控制酸度。

例：Fe^{3+} 的络合滴定，$\lg K_{Fe^{3+}Y}=25.1$，求滴定时所允许的最小 pH 值？

解：根据 $\lg\alpha_{Y(H)}\leqslant\lg K_{MY}-8$

$$\lg\alpha_{Y(H)}\leqslant25.1-8=17.1$$

由 $\lg\alpha_{Y(H)}\leqslant17.1$，查表得 pH=1。所以 Fe^{3+} 离子的络合滴定溶液的酸度一般是 pH=1～2。

例：为什么 EDTA 滴定 Mg^{2+} 离子时，必须在 pH=10，而不能在 pH=5 时进行？

解：查表得 $\lg K_{ZnY}=16.50$；$\lg K_{MgY}=8.70$。

查表得 pH=5 时，$\lg\alpha_{Y(H)}=6.45$；pH=10 时，$\lg\alpha_{Y(H)}=0.45$。

根据 $\lg K'_{MY}=\lg K_{MY}-\lg\alpha_{Y(H)}$

pH=5 时，$\lg K'_{MgY}=8.70-6.45=2.25$

$\lg K'_{ZnY}=16.50-6.45=10.05>8$

pH=10 时，$\lg K'_{MgY}=8.70-0.45=8.25>8$

$\lg K'_{ZnY}=16.50-0.45=16.05$

根据络合滴定可否进行的判别式 $\lg K'_{MY}\geqslant8$，可知滴定 Mg^{2+} 必须在 pH=10 而不能在 pH=5的溶液中进行，而滴定 Zn^{2+} 时，可以在 pH=5 时进行。

5.4.4　酸效应曲线

利用 $\lg\alpha_{Y(H)}\leqslant\lg K_{MY}-8$，求出相应的 $\lg\alpha_{Y(H)}$ 值，再根据 EDTA 在不同 pH 值下的 $\lg\alpha_{Y(H)}$ 对应表查得相应的最小 pH 值。然后将 $\lg K_{MY}$ 值和相应的 $\lg\alpha_{Y(H)}$ 值对 pH 值作图所得曲线做 EDTA 的酸效应曲线（即林旁曲线），见图 5-2。

酸效应曲线是在设定金属离子的浓度[M]=10^{-2}，滴定的允许差为 0.1%的情况下绘制的。

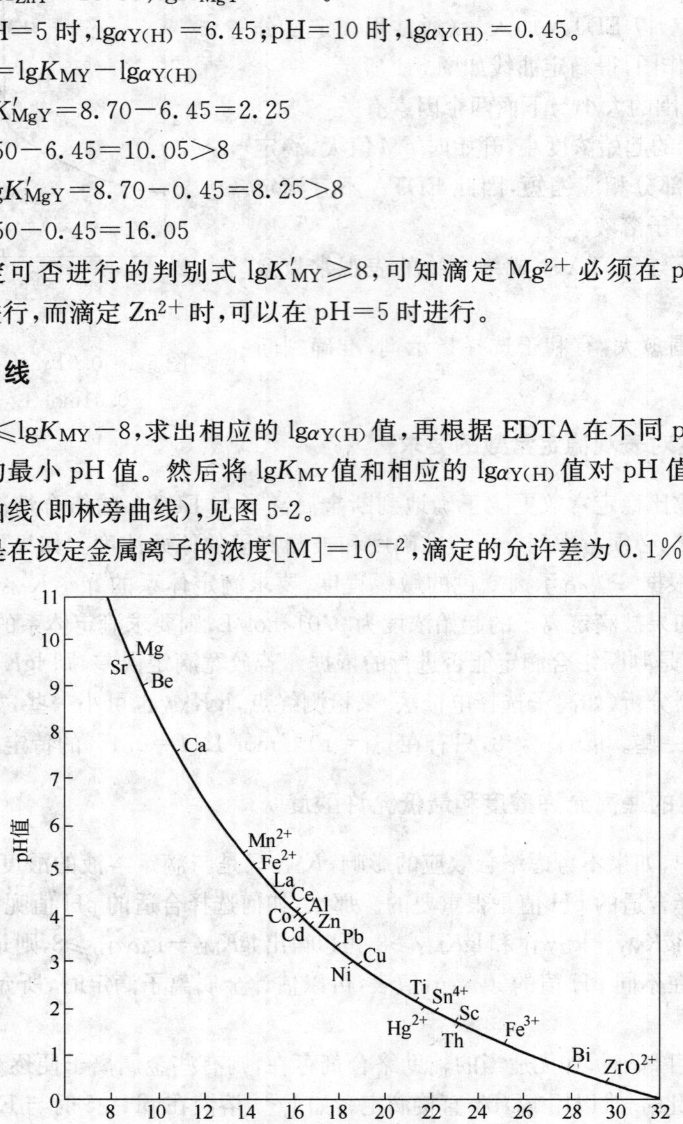

图 5-2　EDTA 的酸效应曲线（金属离子的浓度为 0.01 mol/L）

从酸效应曲线可以查得滴定某金属离子时,允许的最小 pH 值或最高酸度,从而估计滴定时的适宜 pH 值范围。同时还可以看出这样的规律,当络合物的稳定常数较大时,可允许在较酸性的溶液中滴定,络合物的稳定常数较小时,只能在弱酸性或碱性的溶液中滴定。从酸效应曲线还可以大致地判断干扰离子,两个金属离子与 EDTA 络合物的稳定常数相差在 5～6 个数量级以上一般不会互相干扰。

5.5　金属指示剂

在络合滴定中,通常利用一种能与金属离子生成有色络合物的显色剂来指示滴定过程中金属离子浓度的变化,这种指示剂叫做金属离子指示剂,简称金属指示剂。

5.5.1　金属指示剂的作用原理和条件

金属指示剂也是一种络合剂,它能与金属离子形成有色络合物,但这个络合物的颜色与指示剂本身的颜色不同。如:

$$M + I_n \rightleftharpoons MI_n$$

颜色甲　颜色乙

式中,I_n 表示指示剂的配位基团;M 为金属离子;MI_n 为金属离子与金属指示剂形成的络合物。

当 EDTA 溶液滴入后,金属离子逐步被络合,在达到化学计量点时,溶液中游离的金属离子已几乎全部被络合,这时稍微过量一点的 EDTA 便夺取与指示剂络合的金属离子,释放出指示剂,因而引起了溶液颜色的变化,指示终点的到来。

$$MI_n + Y \rightleftharpoons MY + I_n$$

颜色乙　　　　　颜色甲

例如,在 pH=10 时,用 EDTA 滴定 Mg^{2+},以铬黑 T 作指示剂。在未滴入 EDTA 前,Mg^{2+} 与铬黑 T 形成红色的络合物,当反应达到化学计量点时,MgI_n 中 Mg^{2+} 几乎全部被 EDTA 夺取,使指示剂释放出来,于是溶液由红转变为纯蓝色,表示终点到来。

金属指示剂应具备下列条件:

(1) 有色的金属络合物(MI_n)与指示剂(I_n)的颜色要有明显区别。

(2) 有色的金属络合物要有适当的稳定性。所谓稳定性要适当,就是说金属络合物的稳定性不能太低,否则络合物易离解,终点会提前,变色也不敏锐,但金属络合物(MI_n)的稳定性也不能太高,不应高于 EDTA 与被测金属离子所形成络合物的稳定性,否则滴定至化学计量点时 EDTA不能夺取 MI_n 中的金属离子,结果观察不到滴定终点。这种由于 MI_n 的稳定性大于 MY 的稳定性,得不到滴定终点的现象叫做指示剂的封闭现象。

(3) 有色络合物应易溶于水,显色反应要灵敏、迅速、可逆,并具有一定的选择性。

有色络合物如生成胶体或沉淀,EDTA 与 MI_n 的置换作用就缓慢,致使终点拖长,这种现象叫做指示剂的僵化现象。

(4) 指示剂应比较稳定,不易被氧化或变质。

5.5.2　常用金属指示剂

铬黑 T:简称 EBT,是黑褐色粉末,带金属光泽。在不同 pH 值的水溶液中有不同的颜色。如 pH<6 呈紫红色;pH=8～11 呈蓝色;pH>12 呈红色。铬黑 T 与金属离子的络合物呈红色。所以使用铬黑 T 的最适宜酸度是 pH=9～10.5。

在 pH=10 的缓冲溶液中,用 EDTA 能直接滴定 Mg^{2+}、Zn^{2+}、Cd^{2+}、Pb^{2+} 等离子。但

Al^{3+}、Fe^{3+}、Co^{2+}、Ni^{2+}、Cu^{2+}、Ti^{4+}等对指示剂有封闭作用，可加三乙醇胺隐蔽 Fe^{3+}、Al^{3+}；用 KCN 隐蔽 Co^{2+}、Ni^{2+} 等。

固体铬黑 T 性质稳定，但水溶液不稳。通常将铬黑 T 与干燥的 NaCl 按 1∶100 混合研细，密封、避光保存于干燥处。

酸性铬蓝 K：酸性铬蓝 K 的水溶液，在 pH<7 时呈现玫瑰红色，当 pH＝8～13 时呈蓝灰色。酸性铬蓝 K 与金属离子的络合物呈红色。在 pH＝10 时，可作为滴定 Ca^{2+} 和 Mg^{2+} 总量的指示剂，在 pH＝12.5 时，可作 Ca^{2+} 的指示剂，酸性铬蓝 K 对 Ca^{2+} 的灵敏度比铬黑 T 高。为提高终点的敏锐性，常与萘酚绿 B(只起衬托底色作用)混合使用，称为 K-B 指示剂，终点为蓝绿色。

钙指示剂(NN)：钙指示剂在 pH＝7 左右的水溶液中呈紫红色，pH＝12～13 时呈蓝色。可用于 Ca^{2+} 和 Mg^{2+} 共存时测定 Ca^{2+}(pH＝12.5)，终点由红色变蓝色。在 pH>12 时 Mg^{2+} 生成 $Mg(OH)_2$ 沉淀不干扰测定。Fe^{3+}、Al^{3+}、Cu^{2+}、Ni^{2+}、Co^{2+}、Mn^{2+}、Ti(Ⅳ)等离子有封闭现象。

钙指示剂的水溶液或乙醇溶液均不稳定，常用干燥的 NaCl、KNO_3 等混合配制可相应延长放置时间。

二甲酚橙(XO)：二甲酚橙是紫色结晶，易溶于水，在 pH>6.3 时溶液呈红色，pH<6.3 时溶液呈黄色。二甲酚橙与金属离子的络合物都是红紫色，因此，它只适用于在 pH<6 的酸性溶液中使用。很多金属离子可用二甲酚橙作指示剂，以 EDTA 进行直接滴定。如 ZrO^{2+}(pH<1)；Bi^{3+}(pH＝1～2)；Th^{4+}(pH＝2.5～3.5)；Sc^{3+}(pH＝3～5)；Pb^{2+}、Zn^{2+}、Cd^{2+}、Hg^{2+}、Tl^{3+}、稀土离子(pH＝5～6)。终点由红紫色到黄色。Fe^{3+}、Al^{3+}、Ni^{2+} 和 Cu^{2+} 等离子也可以二甲酚橙为指示剂加入过量的 EDTA 后用 Zn^{2+} 离子溶液返滴定。

PAN：纯的 PAN 是橙红色针状结晶，难溶于水，易溶于碱、氨性溶液及乙醇等溶剂中，通常配成乙醇溶液。PAN 在 pH＝1.9～12.2 范围内呈黄色，它与许多金属离子(Cu^{2+}、Bi^{3+}、Cd^{2+}、Hg^{2+}、Pb^{2+}、Zn^{2+}、In^{3+}、Fe^{2+}、Mn^{2+}、稀土)形成紫红色络合物。这些络合物的溶解度都很小，易生成胶体溶液或生成沉淀，使终点有僵化现象。为了加快变色过程，可以加入乙醇或适当加热。Ni^{2+} 和 Co^{2+} 对 PAN 有封闭作用。

金属指示剂还有很多，如紫脲酸铵等。

5.6 络合滴定方式

在络合滴定中，采用不同的滴定方式，不仅可以扩大络合滴定的应用范围，而且是提高络合滴定选择性的途径之一。以下介绍常用的方法。

5.6.1 直接滴定法

直接滴定法是络合滴定中的基本方法。它是将试样处理成溶液后，调节到所需要的酸度，加入必要的其他试剂和指示剂，直接用 EDTA 标准溶液滴定。直接滴定法必须符合下列条件：

(1) 被测定离子浓度及其络合物的表观稳定常数应满足 $\lg c_M K'_{MY} \geqslant 6$ 的要求。

(2) 络合速度要快，且有敏锐的指示剂指示终点。

(3) 在所选用的滴定条件下，被测离子不发生水解和沉淀反应。

结果按下式进行计算：

$$x\% = \frac{MV \times \dfrac{\text{被测物式量}}{n \times 1000}}{m} \times 100$$

式中，M 为 EDTA 标准溶液的摩尔浓度，mol/L；V 为滴定时消耗 EDTA 标准溶液的体积，

mL；n 为 1 mol 的被测物质相当于 EDTA 的摩尔数；m 为试样量，g。

很多金属离子都可以用 EDTA 标准溶液直接滴定，如炉渣、矿样中 Ca^{2+}、Mg^{2+} 的测定。

5.6.2 返滴定法

返滴定法是在溶液中先加入已知过量的 EDTA 标准溶液，用另一种金属离子的标准溶液滴定过量的 EDTA，从两种标准溶液的浓度和用量求出被测物质的含量。

返滴定法主要用于下列情况：

(1) 采用直接滴定法时缺乏合适的指示剂，或者被测离子对指示剂有封闭作用。

(2) 被测定离子与 EDTA 的络合速度很慢。

(3) 被测定离子在测定条件下易发生水解等副反应影响测定。

返滴定的金属离子与 EDTA 所生成的络合物要有足够的稳定性，但不宜超过被测离子与 EDTA 络合物的稳定性，否则在滴定过程中返滴定的金属离子会置换出被测定离子，引起滴定误差。返滴定法计算公式为：

$$x\% = \frac{(M_1V_1 - M_2V_2) \times \frac{\text{被测物式量}}{n \times 1000}}{m} \times 100$$

式中，M_1 为 EDTA 标准溶液的摩尔浓度，mol/L；V_1 为 EDTA 标准溶液的体积，mL；M_2 为返滴定时所消耗的金属离子标准溶液的摩尔浓度，mol/L；V_2 为返滴定时所消耗的金属离子标准溶液的体积，mL；m 为试样量，g；n 为 1 mol 的被测物质相当于 EDTA 的摩尔数。

纯铝的测定常采用返滴定法而不能用直接滴定法，是因为：

(1) Al^{3+} 与 EDTA 络合速度很慢，需加过量 EDTA 并加热煮沸，络合反应才能完全。

(2) 以二甲酚橙等作指示剂时，Al^{3+} 对指示剂有封闭作用。

(3) 在酸度不高时，Al^{3+} 水解生成一系列多核羟基络合物，如$[Al_2(H_2O)_6(OH)_3]^{3+}$等，对滴定不利，即便将酸度提高到 EDTA 滴定 Al^{3+} 的最高酸度（pH＝4.1），仍不能避免水解效应的发生，因此，根据上述情况，采用返滴定法是合适的。

5.6.3 置换滴定法

当采用直接滴定法和返滴定法都有困难时，可利用置换滴定法。例如，测定合金中铝，可于试剂中加入过量的 EDTA 标准溶液煮沸，使 EDTA 与 Al^{3+} 以及可能存在的 Pb^{2+}、Zn^{2+}、Fe^{3+} 等一起络合，以二甲酚橙作指示剂，用 Zn^{2+} 标准溶液滴定过量的 EDTA（不计毫升数），然后加入 NaF，加热煮沸，F^- 选择性地与 Al-EDTA 络合物中的 Al^{3+} 络合，置换出相当量的 EDTA，最后以 Zn^{2+} 标准溶液滴定，由于 EDTA 的量与 Al^{3+} 相当，根据最后一次消耗 Zn^{2+} 标准溶液的量可计算 Al^{3+} 的量。置换滴定的计算公式如下：

$$x\% = \frac{cV \times \frac{\text{被测物式量}}{n \times 1000}}{m} \times 100$$

式中，c 为金属离子标准溶液的摩尔浓度，mol/L；V 为最后滴定时所消耗金属离子的标准溶液的体积，mL；m 为试样量，g；n 为 1 mol 的被测物质相当于 EDTA 的摩尔数。

置换滴定法是提高络合滴定法选择性的主要途径之一。

另外，还有间接滴定法，它主要用于一些不与 EDTA 生成络合物或生成的络合物不稳定离子的测定。例如，为测定 SO_4^{2-} 可在试液中加入过量的 Ba^{2+} 标准溶液，生成 $BaSO_4$ 沉淀，再用返滴定法滴定过量的 Ba^{2+}，间接求得 SO_4^{2-} 的量。

5.7　提高络合滴定选择性的途径

EDTA 能与许多金属离子形成络合物，因此，用它作滴定剂时，金属离子间的干扰比较严重，为此除了采取必要的分离手段外，如何控制滴定条件，消除共存离子的干扰，提高分析方法的选择性，是络合滴定中必须考虑的问题。

提高络合滴定选择性的途径可从以下几方面来考虑。

5.7.1　隐蔽法

隐蔽法就是通过加入某些络合剂、沉淀剂或氧化还原剂，使干扰离子生成稳定的络合物、沉淀或发生氧化还原反应，消除它对被测离子的影响。

络合隐蔽：在络合滴定中，要求所加隐蔽剂与干扰离子生成稳定的无色络合物，络合反应要迅速。络合滴定中常用的隐蔽剂有三乙醇胺、氟化物、氰化物、酒石酸、柠檬酸、苦杏仁酸等。例如，当溶液中有 Ca^{2+}、Mg^{2+}、Fe^{3+}、Al^{3+} 共存时，Fe^{3+}、Al^{3+} 干扰 EDTA 滴定 Ca^{2+}、Mg^{2+}，可在酸性溶液中加入三乙醇胺隐蔽 Fe^{3+}、Al^{3+}，于 pH＝10 时，用 EDTA 滴定 Ca^{2+}、Mg^{2+}。又如，当 Al^{3+}、TiO^{2+} 共存时，用 NaF-EDTA 容量法测定铝，可加苦杏仁酸隐蔽 TiO^{2+}。这些隐蔽作用都属于络合隐蔽。

沉淀隐蔽：沉淀隐蔽法是利用沉淀剂使干扰离子形成沉淀，但不分离而直接进行测定的方法。例如，在强碱溶液中用 EDTA 滴定 Ca^{2+} 时，强碱与 Mg^{2+} 形成 $Mg(OH)_2$ 沉淀，加入 Na_2S 使 Cu^{2+}、Pb^{2+} 等离子形成硫化物沉淀，而不干扰 Ca^{2+} 滴定。此时，强碱就是 Mg^{2+} 的沉淀隐蔽剂，Na_2S 就是 Cu^{2+}、Pb^{2+} 等的沉淀隐蔽剂。

氧化还原隐蔽：氧化还原隐蔽法是利用氧化还原反应，使干扰离子改变价态来消除干扰的方法。例如，pH＝2 时，用 EDTA 滴定 Bi^{3+}，Fe^{3+} 干扰滴定，这时可将 Fe^{3+} 还原成 Fe^{2+}，在高酸度下，Fe^{2+} 与 EDTA 络合能力很弱，不再影响 Bi^{3+} 的测定。有些离子的高价状态对 EDTA 滴定不发生干扰。例如，Cr^{3+} 对络合滴定有干扰，但 CrO_4^{2-}、$Cr_2O_7^{2-}$ 对滴定没有干扰，故将 Cr^{3+} 氧化为 $Cr_2O_7^{2-}$ 后，就可消除其干扰。

5.7.2　酸度的控制

络合滴定中，如果两个金属离子（M 与 N）和 EDTA 所形成络合物的 $\lg K$ 值相差足够大（＞5～6），就有可能实现在同一溶液中选择不同的酸度分步滴定。

例如，对于铁、锌、镁的三元混合物，可先在 pH＝1～2 时滴定铁，继而在 pH＝5～6 时滴定锌，最后在 pH＝10 时滴定镁。

5.7.3　采用不同的滴定方式

铝青铜或其他复杂试样中的铝，可采用置换滴定的方式测定，以此消除其他离子的干扰，提高方法的选择性。此法是先加入过量的 EDTA 溶液，加热煮沸使与 Al^{3+} 和其他金属离子络合，在 pH＝5～6 时以二甲酚橙作指示剂，用 Zn^{2+} 标准溶液返滴定至红色为终点。加入 NaF 使 AlY^- 与 F^- 作用，形成 AlF_6^{3-} 络合物并释放出 EDTA，再用 Zn^{2+} 标准溶液滴定到红色（与第一终点一致）。由所消耗的 Zn^{2+} 标准溶液的浓度及用量算出相应的铝量。

5.7.4 应用其他络合剂的滴定

除以上各种方法外，还可采用更换滴定剂的方法来提高选择性。

例如，EGTA 与 Ca^{2+}、Mg^{2+} 络合物的稳定性和 EDTA 与 Ca^{2+}、Mg^{2+} 络合物的稳定性如下：

	Ca^{2+}	Mg^{2+}
$\lg K_{M\text{-}EGTA}$	10.97	5.21
$\lg K_{M\text{-}EDTA}$	10.69	8.7

可以看出，在大量镁存在时，用 EGTA 代替 EDTA 滴定 Ca^{2+}，Mg^{2+} 的干扰较小。

乙二胺四丙酸(EDP)与铜形成络合物的稳定性比它与锌、镉所形成络合物的稳定性大得多，其差值比相应的 EDTA 络合物大。因此，可在 Zn^{2+}、Cd^{2+} 存在下，用 EDP 滴定 Cu^{2+}。

5.8 应用实例

5.8.1 标准溶液的配制和标定

5.8.1.1 EDTA 标准溶液的配制和标定

A 配制

0.1 mol/L EDTA 溶液：称取分析纯 EDTA($C_{10}H_{14}N_2O_8Na_2 \cdot 2H_2O$)38 g 于 1000 mL 烧杯中，加约 800 mL 水，于 60～70℃溶解后，用水稀释至 1 L，混匀，放置 1～2 日后备用。

0.01 mol/L EDTA 溶液：取 0.1 mol/L EDTA 溶液 100 mL，稀释至 1 L，混匀。

若用基准 EDTA 配制，应准确称取该试剂 3.722 g 按上述方法配制 0.01000 mol/L 溶液。

B 标定

标定 EDTA 的基准物质很多，如碳酸钙、金属锌、氧化锌等。一般采用与被测组分相同的基准物质来标定。

0.01 mol/L EDTA 溶液的标定：称取基准碳酸钙 1.0009 g，置于 1000 mL 容量瓶中，用少许水润湿，加入 50 mL 盐酸溶液(1+4)，溶解后以水稀释至刻度，混匀。移取 20.00 mL 于250 mL锥形瓶中，加 15 mL 水，加 5 mL 硫酸镁溶液(0.01 mol/L)，10 mL KOH 溶液(20%)，立即加 2～3 滴钙指示剂溶液(0.5%)，用欲标定的 EDTA 溶液滴定至溶液呈纯蓝色为终点。

其他浓度 EDTA 溶液的标定方法同上。

C 浓度计算

$CaCO_3$：
$$\frac{1.009}{100.09} \div 1 = 0.01000(\text{mol/L})$$

EDTA：
$$\frac{0.01000 \times 20.00}{V}(\text{mol/L})$$

式中，V 为滴定时消耗 EDTA 溶液毫升数。

5.8.1.2 Zn^{2+} 标准溶液的配制与标定

A 配制

0.1 mol/L Zn^{2+} 溶液的配制：称取锌粉 6.54 g 于 250 mL 烧杯中，加 50 mL 浓盐酸溶解，于电炉上加热，待溶液蒸发至糖浆状，加 50 mL 醋酸溶液(1+1)溶解后，取下，放置 1 日后稀释至 1 L。

0.01 mol/L Zn^{2+} 溶液的配制：移取 0.1 mol/L Zn^{2+} 溶液 100 mL，以水稀释至 1 L。

B　标定

0.01 mol/L Zn^{2+}溶液的标定：移取 0.01000 mol/L EDTA 标准溶液 20.00 mL 至 250 mL 锥形瓶中，加 10 mL HAc-NaAc 缓冲溶液，加 10 mL 水，2～3 滴二甲酚橙溶液(0.2%)，用欲标定醋酸锌溶液滴定至溶液由黄色变至红色为终点。

HAc-NaAc 缓冲溶液的配制：每 100 mL NaAc 溶液(20%)加冰醋酸 0.7 mL。

C　浓度计算

$$Zn^{2+}:\quad \frac{0.01000 \times 20.00}{V}\,(\text{mol/L})$$

式中，V 为滴定时消耗 Zn^{2+}溶液的毫升数。

5.8.2　石灰石中氧化钙、氧化镁的测定

钙、镁可作为一种次要组分或主要组分存在于矿物和岩石中，其含量一般不超过 1%，在某些矿物中达 20%～30%，在石灰石中氧化钙含量可达 50%以上。

5.8.2.1　测定方法

测定氧化钙的经典方法，是用氨水分离铁、铝等离子，以草酸沉淀钙，用重量法或容量法进行测定。若试样中含锰，应事先分离。否则少量锰混入草酸钙沉淀，使钙的测定结果偏高。为了获得纯净的草酸钙沉淀，往往需进行二次沉淀。

络合滴定法快速、简便、有足够的准确度，被广泛地应用于日常分析中。

EDTA 是最广泛使用的络合滴定剂。在一定的酸度条件下，钙、镁与 EDTA 能形成稳定的络合物。通常在 pH＞12 的酸度条件下滴定钙(此时，由于水解效应的影响，Mg^{2+}生成了 $Mg(OH)_2$沉淀而不干扰钙的测定)；在 pH＝10 的溶液中测定钙、镁合量，然后用差减法计算镁量。钙的测定常采用钙指示剂，滴定终点由红变蓝；钙、镁合量的测定常用 K-B 指示剂(酸性络蓝 K、萘酚绿 B 混合指示剂)，滴定终点由红变蓝。

用 EDTA 标准溶液滴定钙、镁时，铁、铝、锰及其他多种重金属离子都能封闭指示剂。因此，存在大量干扰离子时必须用分离法除去。如矿石中钙镁的络合滴定，多采用氨水或六次甲基四胺分离铁、铝后再进行。少量的干扰离子，可采用隐蔽法消除。如用三乙醇胺隐蔽铁、铝；硫化物隐蔽铜等；也可用氰化钾隐蔽重金属。

在白云石、镁砂之类的样品中，镁是大量的。当于 pH＞12 的条件下测定钙时，大量氢氧化镁沉淀的析出会吸附钙离子使结果偏低。同时也会吸附指示剂使终点不明显。为了解决这一问题，常采取加分散剂(如糊精、蔗糖、甘油或聚乙烯醇等)使 $Mg(OH)_2$ 保持胶体溶液状态而不析出沉淀。这种方法对减少吸附有一定效果，但并不能完全解除吸附。

除 EDTA 外，EGTA、CyDTA 也在钙、镁的测定中得以应用。例如在石灰石、白云石化学分析方法国家标准中，是以 EGTA 直接滴定钙；对白云石试样，需预置 90%～95%的 EGTA，并用酒石酸钾钠—蔗糖作分散剂，以消除大量氢氧化镁沉淀对钙吸附的影响。并于另取的溶液中，用稍过量的 EGTA 标准溶液隐蔽钙，在 pH＝10 的条件下，用 CyDTA 标准溶液直接滴定镁。这里利用了 EGTA 和 CyDTA 对钙、镁络合稳定常数相差较大的原理来分别测定钙、镁。($\lg K_{\text{Mg-CyDTA}}=11.02$，$\lg K_{\text{Ca-CyDTA}}=13.20$，$\lg K_{\text{Ca-EGTA}}=10.97$，$\lg K_{\text{Mg-EGTA}}=5.21$)在稍过量的 EGTA 存在下，CyDTA 不能络合钙，而 EGTA 存在却不妨碍用 CyDTA 直接滴定镁。

微量钙、镁的测定常采用原子吸收法或 ICP 光谱法。

测定石灰石中氧化钙、氧化镁时，试样经全熔剂高温熔融分解，制备成试液。取其一份，在

pH>12 的条件下,以钙指示剂作指示剂,用 EDTA 标准溶液滴定至溶液由红色变成纯蓝色为终点,根据消耗 EDTA 标准溶液的量,计算试样中钙的含量。另取一份试液,在 pH=10 的氨性溶液中,以 K-B 指示剂用 EDTA 标准溶液滴定至溶液由红色变成蓝色为终点,按差减法计算试样中镁的含量。

少量的铁、铝用三乙醇胺隐蔽,少量的铜等重金属离子用硫化钠隐蔽。

所用试剂有:

(1) 氨性缓冲溶液,pH=10。取 67.5 g NH_4Cl,570 mL 浓氨水,稀释至 1 L。

(2) 钙指示剂:0.5%。

(3) K-B 指示剂:0.1 g 酸性络蓝 K 与 0.2 g 萘酚绿 B 溶于 50 mL 水中。

5.8.2.2 分析步骤

称取试样 0.3000 g 置于瓷坩埚中,加 0.8~1 g 混合溶剂(碳酸钠+硼酸=2+1),用玻璃棒混匀,移入铂坩埚中,再加少量溶剂覆盖于试样表面,将铂坩埚放入 900~950℃高温炉中熔融 5~8 min。取出稍冷,置于预先盛有 100 mL 沸水的 250 mL 烧杯中,加 20 mL 盐酸(密度 1.19 g/mL),低温加热至熔融物全部溶解,然后移入 250 mL 容量瓶中,用水洗净铂坩埚及烧杯,流水冷却至室温,以水稀释至刻度,摇匀。

分取两份 25.00 mL 试液,分别置于两只 250 mL 锥形瓶中,一份测 CaO,另一份测 MgO。

氧化钙的测定:于一份试液中加 10 mL 三乙醇胺溶液(1+3),20 mL KOH 溶液(20%),2 mL Na_2S 溶液 (5%),5~6 滴钙指示剂,摇匀。以 EDTA 标准溶液(0.01000 mol/L)滴定至溶液呈纯蓝色为终点,记下消耗 EDTA 标准溶液的毫升数 V_1。

氧化镁的测定:于另一份试液中,加 10 mL 三乙醇胺溶液(1+3),10 mL 氨性缓冲液(pH=10),2 mLNa_2S 溶液,5~6 滴 K-B 指示剂,摇匀。以 EDTA 标准溶液(0.01000mol/L)滴定至溶液呈纯蓝色为终点,记下消耗 EDTA 标准溶液的毫升数 V_2。

结果计算:

$$\mathrm{CaO}(\%)=\frac{0.01000\times V_1\times\frac{56.08}{1000}}{0.3000\times\frac{25.00}{250.0}}\times 100$$

$$\mathrm{MgO}(\%)=\frac{0.1000\times(V_2-V_1)\times\frac{40.30}{1000}}{0.3000\times\frac{25.00}{250.0}}\times 100$$

5.8.2.3 注意事项

注意事项如下:

(1) 滴定白云石或镁砂试样时,应加分散剂,以减少氢氧化镁对钙的吸附。

(2) 铁、铝含量较高的样品,应预先分离铁、铝。

(3) 络合滴定钙、镁时,要防止滴定过量。到达滴定终点前,滴定速度要慢,并且应不断摇动溶液。

5.8.3 铝的测定

铝以不同形态广泛存在于冶金用原辅材料及合金中。铝在钢中的作用也越来越引起人们的重视，它是钢的良好脱氧剂、去气剂和致密剂。铝作为合金元素加入钢中能提高钢的抗氧性、改善钢的电磁性能等。

5.8.3.1 测定方法

铝的分析方法很多。微量铝常用光度法或其他仪器方法测定，较高含量的铝多用重量法或容量法测定。

铝的分离和测定是一个比较复杂的问题。从 EDTA 络合滴定法的角度来讲，铝与 EDTA 形成中等强度的络合物（$\lg K_{AlY}=16.30$），pH < 4 时，络合不完全；铝又易水解，pH > 4 时，铝离子逐步水解形成一系列的多羟基络合物，直至生成氢氧化铝沉淀，这一现象影响了铝离子与 ETDA 的络合反应速度，而且络合比不恒定。为了避免发生上述问题，一般不用直接滴定的方法而用返滴定法。为此，可在酸性溶液中加入一定量过量的 EDTA 标准溶液，在 pH = 4 ~ 6 时，加热煮沸溶液，使 Al^{3+} 与 EDTA 络合完全。然后，在 pH = 3 ~ 5 时，以 PAN 为指示剂，用铜标准溶液返滴定。或在 pH = 5 ~ 6 时，以二甲酚橙为指示剂，用铅或锌标准溶液返滴定。当干扰元素较多时，最好采用置换滴定法。因 F^- 与铝形成非常稳定的络合物而且选择性高，故常采用氟化物作置换剂。由于置换速度慢，这一步骤仍需在煮沸条件下进行。置换滴定法测铝时，除稀土、钛、锆和锡外，其余多种阳离子在一定范围内均不干扰测定，大大地提高了方法的准确度和选择性。

铝与其他共存元素的分离方法中应用最多的是沉淀分离和溶剂萃取分离。如：（1）铜铁试剂分离，温度低于 20℃，在酸性溶液中，可用铜铁试剂沉淀分离铁、钛、锆等。（2）EDTA 存在下用 NaOH 分离除去铁、钛等。（3）氢氧化铵或六次甲基四胺作沉淀剂，用于使某些含铁、钛不高的原材料中的铝沉淀，而与大量钙、镁分离。（4）冰晶石分离，于硫酸介质中，在柠檬酸、草酸存在下，控制 pH = 4 ~ 5，用氟化钠使铝生成冰晶石（Na_3AlF_6）沉淀而与铁、铬、镍、铜、锰、钛、钒、钼、钨、锡等分离。（5）在盐酸介质中，用铜铁试剂——三氯甲烷萃取分离钢中的干扰元素。

钛、稀土等严重干扰铝的络合滴定，可事先分离除去。少量钛可用苦杏仁酸隐蔽。稀土的干扰，可从铝的测定值中减去稀土实际含量乘以系数 0.19 的值来克服。

采用 EDTA 络合滴定法测定铝合金中的铝时，试样以碱溶解，硝酸酸化。在部分试液中，加入过量的 EDTA 溶液，加热使 Al 与 EDTA 络合。以二甲酚橙为指示剂，用锌标准溶液滴定过量的 ETDA，然后用氟盐取代与铝络合的 EDTA，再用锌标准溶液滴定，根据所消耗锌标准溶液的量，计算铝含量。

所用试剂有：

（1）HAc-NaAc 缓冲溶液（pH = 6）：取 260 g 乙酸钠（$CH_3COONa \cdot 3H_2O$）溶于 500 mL 水中，加 10 mL 冰乙酸，用水稀释至 1 L。

（2）醋酸锌标准溶液：0.025 mol/L。

5.8.3.2 分析步骤

称取试样 0.2000 g，置于 250 mL 烧杯中，加 10 mL NaOH 溶液（10%），低温溶解，滴加数滴过氧化氢溶液（浓），以加速溶解，取下，冷却，加硝酸（1 + 1）酸化，将溶液移入 100 mL 容量瓶中，以水稀释至刻度，混匀。

分取试液 10.00 mL，置于 500 mL 锥形瓶中，加少量水，30 ~ 40 mL EDTA 溶液（0.025 mol/L），酚酞 1 滴，以 NaOH 溶液（3%）中和至微红色，再以醋酸（1 + 1）中和至恰呈无色，并过加 1 滴，加 15 mL 缓冲溶液，加热煮沸 2 ~ 3 min，冷至室温。加二甲酚橙指示剂 3 ~ 4 滴，用醋酸锌标准溶液（0.2500 mol/L）滴定至溶液由黄色变为微红色（不计毫升数）。加 1 g 氟化钠，煮沸溶液 2 ~

3 min,取下,冷至室温,补加二甲酚橙 2 滴,再以醋酸锌标准溶液(0.2500 mol/L)滴定至溶液呈微红色为终点,记下毫升数 V。

结果计算:

$$\mathrm{Al}(\%)=\frac{0.02500\times V\times 0.02698}{0.2000\times\dfrac{10.00}{100.0}}\times 100$$

最好用标样或铝标准溶液求出醋酸锌对铝的滴定度来计算。

5.8.3.3 注意事项

注意事项如下:

(1) 应随同操作做空白。

(2) EDTA 量不足时(滴加 3%NaOH 溶液后,有沉淀析出)应将溶液调至酸性,使沉淀溶解,再补加 EDTA 溶液。

(3) 两次滴定终点颜色应一致。

5.8.4 钢中镍的测定

镍在钢中主要以固溶体形态存在。普碳钢中的镍主要是由原材料带入的,含量通常在 0.2%以下。在不锈钢中镍含量可达 20%。

镍与盐酸或稀硫酸反应较慢,与浓硫酸共热时生成硫酸镍并析出三氧化硫白烟,浓硝酸使镍钝化,但与稀硝酸反应迅速。溶解含镍钢时,常用硝酸(1+3)、王水或高氯酸。

5.8.4.1 测定方法

在镍的分析方法中,由于丁二酮肟对镍的选择性很高,所以无论重量法、滴定法或分光光度法仍采用这种试剂。高含量镍的测定,采用重量法或 EDTA 滴定法较多;低含量镍的测定,多采用光度法或原子吸收法。

在镍的滴定分析方法中,以 EDTA 法用得最多。镍和 EDTA 的反应,可在 pH=3.5~13 时进行,而在该条件下,铝、钴、铜、铁、锰、稀土、钒、锆、钛等均能与 EDTA 反应,故对镍的测定有干扰。因此,钢中镍的测定,多采用柠檬酸或酒石酸隐蔽铁等元素,在氨性溶液中,镍与丁二酮肟生成红色丁二酮肟镍沉淀与其他元素分离后,再用直接滴定法或返滴定法进行测定。

直接滴定法用得较多的有紫脲酸胺-EDTA 法(铵盐共存量大时,终点变色不够明显)、Cu-PAN-EDTA 法。返滴定法有 EBT-$MgCl_2$ 返滴定法、二甲酚橙—锌返滴定法等,返滴定法的终点都很明显。

丁二酮肟沉淀镍一般在 pH=6.5~10 的氨性溶液中进行,酸度过低或过高都会使沉淀的溶解度增大。

丁二酮肟沉淀镍时,Fe^{3+}、Cu^{2+}、Co^{2+} 与丁二酮肟生成可溶性络合物,消耗丁二酮肟试剂,且沾污丁二酮肟镍沉淀。试液中只有钴与镍共存时,钴除了要消耗一部分丁二酮肟外,并不影响丁二酮沉淀镍。但当铁(Ⅲ)、钴(Ⅱ)、镍(Ⅱ)共存时,无论是在氨性介质中,还是在酸性介质中用丁二酮肟沉淀镍,都形成颗粒很细的丁二酮肟镍沉淀,并吸附大量的钴、铁离子,沉淀颜色呈褐色。铜(Ⅱ)还原为铜(Ⅰ)可大大减少铜与丁二酮肟镍共沉淀。

在国家标准 GB 223.25—84 中,在有酒石酸存在下,同时采用亚硫酸钠和硫代硫酸钠还原铁、钴、铜共存的试样,在 pH=6.0~6.4 时,镍和丁二酮肟完全生成沉淀,与铁、钴、铜等元素分离。

钴低于 5 mg 时可采取用过氧化氢将 Co^{2+} 氧化至三价的方法减小其干扰；铜低于 5 mg 时，加适当过量的丁二酮肟试剂并提高沉淀温度到 95℃左右，可显著减小铜的共沉淀，这种情况下就不必加还原剂；Fe^{3+} 用柠檬酸隐蔽。

影响丁二酮肟镍沉淀溶解的主要因素是：沉淀试液的体积大小，丁二酮肟沉淀溶解量随试液体积增大而增大；试液中乙醇的含量直接影响丁二酮肟镍沉淀的完全程度。乙醇用量与试液的体积比要小于 1/3，以控制在 1/5～1/7 为好。另外，洗涤液用量也不可太多，用 200～300 mL 洗涤水即可将沉淀中杂质元素洗涤干净，用水量太大，镍沉淀溶解量增多。

采用丁二酮肟沉淀分离—EDTA 容量法测定钢中镍时，试样经王水溶解，以高氯酸冒烟处理，破坏碳化物，用柠檬酸络合铁等离子，在 pH＝6.5～9 的氨性溶液中，温度为 70～80℃的条件下，用丁二酮肟沉淀镍。

然后用硝酸、高氯酸溶解沉淀，在氨水—氯化铵缓冲溶液（pH＝10）中，以紫脲酸铵为指示剂，用 EDTA 标准溶液直接滴定，根据 EDTA 消耗量计算镍的含量。

所用试剂有：

(1) 柠檬酸铵：50％。

(2) 丁二酮肟：1％的乙醇溶液。

(3) 氨水—氯化铵缓冲溶液，取 35 g NH_4Cl 溶于水后，加 300 mL 浓氨水，以水稀释至 500 mL。

(4) 紫脲酸铵指示剂：取 0.5 g 紫脲酸铵与 50 g 氯化钠混匀并研成粉末。

(5) EDTA 标准溶液：0.02000 mol/L。

5.8.4.2　分析步骤

称取试样 0.1～3 g（控制镍量 30～40 mg）于 600 mL 烧杯中，加 20～50 mL 王水，低温加热使试样溶解，加 5～10 mL 高氯酸（浓），加热冒烟至近干，稍冷，加 100 mL 水，溶解盐类，加5～30 mL 柠檬酸铵溶液摇匀。以氨水中和溶液的酸度至 pH＝8～9，再过量 15 mL 氨水（1＋100），加 300 mL水，加热至 70～80℃，在搅拌下加丁二酮肟使镍沉淀（每 10 mg 镍加 10 mL，并多加 20～30 mL）。搅拌 1～2 min 后，在 70～80℃保温 15～30 min，趁热过滤，用热氨水（1％）洗涤烧杯及沉淀 5～8 次，再以热水洗 5～8 次，将沉淀连同滤纸放入 300 mL 锥形瓶里，加 15 mL 硝酸，5 mL 高氯酸，加热冒烟至近干，稍冷，加 20 mL 水溶解盐类，加 5 mL 三乙醇胺，5 mL 缓冲溶液，20 mL 水（50～60 ℃），紫脲酸铵指示剂约 0.5 g，用 EDTA 标准溶液滴定，由黄色变为紫色，激烈摇动后不褪色即为终点。

结果计算：

$$\text{Ni}(\%)=\frac{cV\times\frac{58.71}{1000}}{m}\times 100$$

式中，c 为 EDTA 标准溶液的摩尔浓度，mol/L；V 为滴定时溶液消耗 EDTA 标准溶液的体积，mL；m 为试样量，g；58.71 为镍的式量。

习　题

1. 什么是络合物？举例说明络合物的中心离子、配位体、配位数和键合原子。

2. 什么叫螯合物，在结构上和性质上有何特点？
3. 写出 EDTA 二钠盐的分子式、简化式。
4. EDTA 的有效浓度和溶液的 pH 有何关系？
5. 解释络合滴定过程中被滴定金属离子浓度的变化规律，其滴定曲线的突跃范围与哪些因素有关？
6. 络合物的表观稳定常数和稳定常数有何关系？
7. 络合滴定中，为什么溶液的 pH 值是一个重要因素，如何控制溶液的酸度？
8. 络合滴定中金属指示剂的变色原理是什么？
9. 试述提高络合滴定选择性的途径有哪些方面？
10. 下列反应各属于哪种类型的反应？

(1) 金属锌溶于稀硫酸中；

(2) 上步溶液中滴加氨水中和生成白色沉淀；

(3) 继续滴加氨水，白色沉淀溶解；

(4) 加几滴铬黑 T 指示剂，溶液变为红色；

(5) 加入过量 EDTA 溶液，溶液由红色变为蓝色。

11. pH=5 时，Mg^{2+} 和 EDTA 络合物的 $\lg K'_{MgY}$ 是多少；能否用 0.01 mol/L 的 EDTA 滴定 0.01 mol/L 的 Mg^{2+}，pH=10 和 pH=13 时能否滴定，为什么？
12. 查表计算用 EDTA 滴定 0.01 mol/L 的 Mg^{2+}、Ca^{2+}、Fe^{2+} 和 Fe^{3+} 的最高允许酸度。
13. 有 0.1 g 试样，其中含 Pb、Zn、Mg 各 1%，用 0.1 mol/L EDTA 测定这些元素时，有的消耗 EDTA 多，有的消耗 EDTA 少，为什么？
14. 称取 0.500 g 煤试样，灼烧并使其中硫完全氧化成 SO_4^{2-} 离子，处理成溶液，除去重金属离子后，加入 0.0500 mol/L$BaCl_2$ 溶液 20.00 mL，使生成 $BaSO_4$ 沉淀。过量的 Ba^{2+} 离子，用 0.0250 mol/L EDTA 溶液滴定，用去 EDTA20.00 mL。计算煤中含硫量。
15. 称取 0.4206 g 纯 $CaCO_3$，溶于盐酸后，移入 500 mL 容量瓶，稀释至刻度，吸取50.00 mL，在 pH=12 时，加钙指示剂。用 EDTA 滴定，用去 38.84 mL。计算 EDTA 的浓度；求此 EDTA 溶液对 CaO、Fe_2O_3 的滴定度。
16. 称取石灰石试样 0.5000 g，试样分解后在容量瓶中稀释至 500 mL，分取 50.00 mL 两份，一份在pH=10 用铬黑 T 作指示剂，以 0.01000 mol/L EDTA 溶液滴定，消耗 49.25 mL；另一份在 pH=12.5，用钙指示剂指示终点，用 EDTA 滴定，消耗 46.80 mL，求试样中 $CaCO_3$ 和 $MgCO_3$ 的含量。
17. 称取锌合金 0.1000 g，试样分解后用置换滴定法测定其中的铝，最后用每 1 mL 含 ZnO1.000 mg 的 Zn^{2+} 标准溶液滴定消耗 16.35 mL，求试样中铝的百分含量。
18. 大量镁存在下测定钙时应注意什么问题，怎样克服？
19. 铝的测定能否用 EDTA 直接滴定法，为什么？
20. 试述置换滴定法测铝的方法原理。
21. 丁二酮肟分离镍方法中主要干扰元素有哪些，怎样克服？

6 紫外可见分光光度分析法

紫外可见分光光度分析法属于吸光光度法，它是通过研究物质分子对紫外和可见光的选择性吸收来测定物质组分的分析方法。紫外和可见吸收光谱产生于价电子在能级间的跃迁。

6.1 光吸收与物质的颜色

6.1.1 光与光的颜色

光是一种电磁波，按波长范围可分为：紫外光（200～400 nm）、可见光（400～750 nm）和红外光（>760 nm），其中可见光为人眼能感觉到的光，是由不同波长的七种色光组成。各种单色光的波长范围及相应的颜色如下：

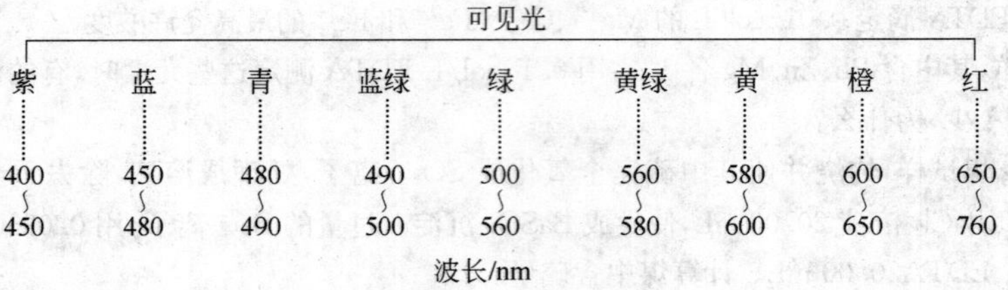

当将某两种颜色的光按适当强度比例混合时，可以形成白光。这两种色光就称为互补色。光色互补如图 6-1 所示。处于直线关系的两种色光为互补色。

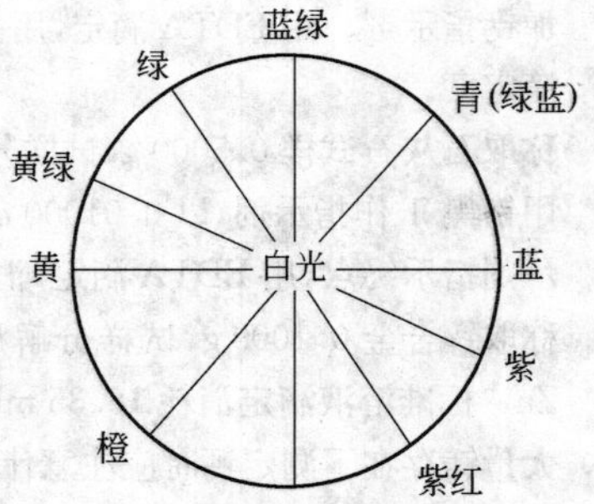

图 6-1 光色互补示意图

6.1.2 光吸收与物质的颜色

具有不同分子结构的各种物质，对电磁波有选择吸收的特性，物质的颜色正是由于物质对不同波长的光具有选择吸收作用而产生的。当一束白光（混合光）通过某溶液时，如果该溶液对可见光区各种波长的光全部吸收了，则该溶液呈黑色。如果可见光全部通过溶液，则该溶液呈无色透明状。如果溶液选择性地吸收了可见光中某种波长的光，而其余波长的光同时透过，则该溶液即呈现出被吸收波长光的互补色。例如，当一束白光通过 $KMnO_4$ 溶液时，因溶液吸收了可见光中绿色光而呈紫红色。

6.1.3 吸收光谱的产生

吸收光谱分为原子吸收光谱和分子吸收光谱两大类。紫外和可见吸收光谱属分子吸收光谱，它比原子吸收光谱复杂得多。分子光谱是带状光谱，这是由于在分子中，除了电子相对于原子核的运动外，还有核间相对位移引起的振动和转动。所以运动的分子具有三种能量，即电子能量（E_e）、振动能量（E_v）和转动能量（E_r）。这三种运动能量都是量子化的，并对应有一定的能级，它们相应的能态组成了分子能级的精细结构。其特征是任一电子能态都包括一组相应的振动能态，而每一振动能态又包括若干转动能态，如图 6-2 所示。

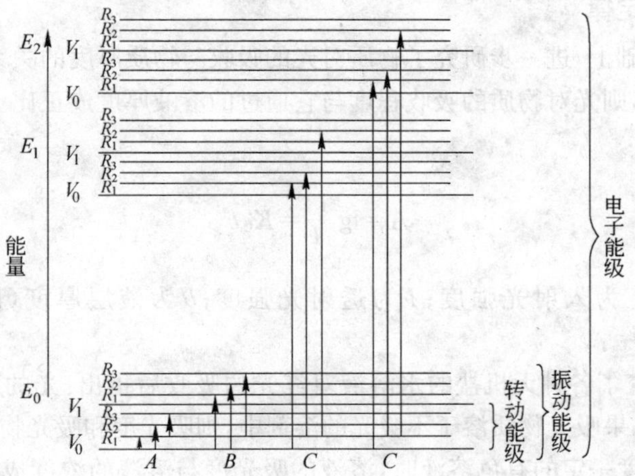

图 6-2 电磁波吸收与分子能级变化

A—转动能级跃迁（远红外区）；B—转动/振动能级跃迁（近红外区）；

C—转动/振动/电子能级跃迁（可见、紫外区）

图 6-2 中，E_0、E_1 和 E_2 表示不同能量的电子能级，在每一电子能级上有许多间距较小的振动能级；在每一振动能级上又有许多间距更小的转动能级。若用 ΔE_e、ΔE_v、ΔE_r 分别表示电子能级、振动能级、转动能级之差，则有 $\Delta E_e > \Delta E_v > \Delta E_r$。当用频率为 ν 的电磁波照射分子，而该分子的较高能级与较低能级之差 ΔE 恰好等于该电磁波能量 $h\nu$，即 $\Delta E = h\nu$ 时，为分子由较低的能级跃迁到较高的能级，表现为透射光的强度变小。若采用一连续辐射的电磁波照射分子，将照射前后光强度的变化转变为电信号，并记录下来，就可以得到光强度变化对波长的关系曲线图，即分子吸收光谱图。图 6-3 为 $KMnO_4$ 溶液的吸收曲线。从图中可以看出：

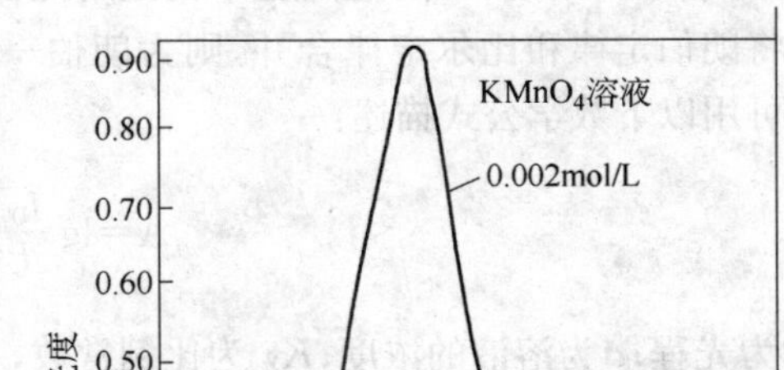

图 6-3 $KMnO_4$ 溶液的吸收光谱图

(1) $KMnO_4$ 溶液对不同波长光的吸收程度是不同的。在 525 nm 附近（绿色光）有最大吸收，常用 $\lambda_{最大}$ 表示。

(2) 溶液的浓度越大，吸收峰越高，但最大吸收波长位置不变，吸收曲线的形状也保持不变，只是相应吸光度的值不同。

6.2　光度分析的基本原理

6.2.1　朗伯—比尔定律

朗伯在前人的基础上，进一步研究了物质对光的吸收与物质厚度的关系，并于1760年指出：如果溶液的浓度一定，则光对物质的吸收程度与它通过的溶液厚度成正比。这就是朗伯定律，其数学表达式为：

$$A=\lg\frac{I_0}{I}=K_0 b \tag{6-1}$$

式中，A 为吸光度；I_0 为入射光强度；I 为透射光强度；b 为液层厚度（即光程）；K_0 为比例常数。

1852年，比尔研究了各种无机盐的水溶液对红光的吸收后指出：光的吸收和光所遇到的吸光物质的数量有关；如果吸光物质溶于不吸光的溶剂中，则吸光度和吸光物质的浓度成正比。即当单色光通过液层厚度一定的有色溶液时，溶液的吸光度与溶液的浓度成正比。这就是比尔定律，其表达式为：

$$A=\lg\frac{I_0}{I}=K_1 c \tag{6-2}$$

式中，A 为吸光度；I_0 为入射光强度；I 为透射光强度；c 为溶液的浓度；K_1 为比例常数。

若将朗伯定律和比尔定律合并，则为朗伯—比尔定律（Lambert-Beer），一般简称为比尔定律。它可用以下数学公式描述：

$$A=\lg\frac{I_0}{I}=K_2 bc \tag{6-3}$$

式中，b 为光程；c 为溶液的浓度；K_2 为比例常数，一般将 K_2 称为吸光系数，单位为L/(g·cm)。

式6-3中，若将浓度 c 以摩尔浓度表示，光程 b 以厘米(cm)表示，则吸光系数 K_2 称为摩尔吸光系数，一般用 ε 表示，其单位为L/(mol·cm)。此时，式6-3可改写为：

$$A=\lg\frac{I_0}{I}=\varepsilon bc \tag{6-4}$$

式中，ε 为有色溶液在浓度 c 为1 mol/L，光程 b 为1 cm时的吸光度；它表征各种有色物质在一定波长下的特征常数，它可以衡量显色反应的灵敏度。ε 值越大，表示该有色物质对此波长光的吸收能力越强，显色反应越灵敏。一般 ε 的变化范围为 $10\sim10^5$，其中 $\varepsilon>10^4$ 为强度大的吸收，$\varepsilon<10^3$ 为强度小的吸收。

如果试样的分子量 M 还不知道，可用 $A_{1\,cm}^{1\%}$ 来表示。即：

$$M=\frac{10\varepsilon}{A_{1\,cm}^{1\%}} \tag{6-5}$$

式中，$A_{1\,cm}^{1\%}$ 为比吸收系数，即试样溶液的光程为1 cm，试样浓度为1%时的吸光度值。

综上所述，比尔定律可以描述为：当一束平行的单色光通过某一均匀的有色溶液时，溶液的吸光度与溶液的浓度和光程的乘积成正比。这就是比尔定律的真正物理意义。它是光度分析中定量分析的最基础、最根本的依据，也是紫外可见分光光度计的基本原理。

6.2.2 朗伯—比尔定律的偏离

在吸光光度法中，根据朗伯—比尔定律，当吸收池厚度保持不变时，吸光度与吸光物质的浓度成正比。若以吸光度为纵坐标，浓度为横坐标作图，应得到一条通过原点的直线，称为标准曲线或工作曲线。但在实际工作中，特别是吸光物质浓度较高时，常常出现偏离线性关系的现象，也就是标准曲线会向下或向上弯曲，即产生负偏离或正偏离，如图 6-4 所示。

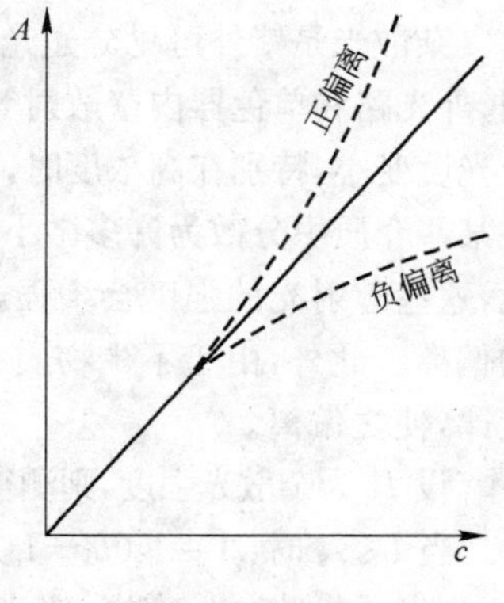

图 6-4 朗伯—比尔定律的偏离

引起偏离朗伯—比尔定律的因素比较多，有来自仪器方面的，也有来自溶液方面的，但大致可分为物理因素和化学因素两大类，现分别讨论如下。

6.2.2.1 物理因素

A 非单色光

严格地讲，朗伯—比尔定律只适用于入射光是单一波长的情况，但真正的单色光是很难得到的。分光光度计的单色器都有一定的通带宽度，也就是说通过单色器所获得的光束并不是严格的单色光，而是具有一定波长范围的光带，这就有可能造成对朗伯—比尔定律的偏离。

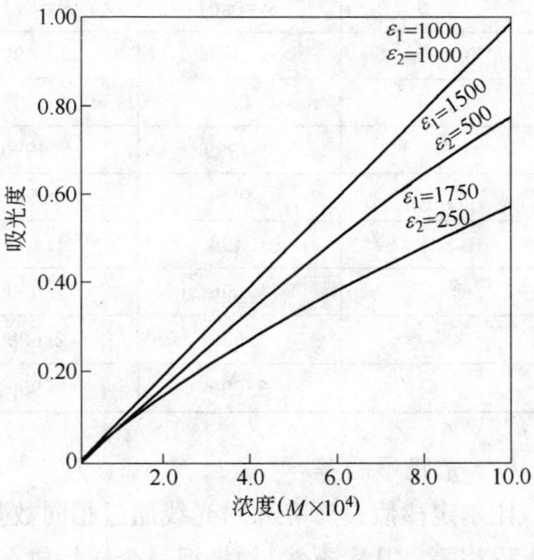

图 6-5 非单色光对比尔定律的偏离(Ⅰ)

非单色光对比尔定律的偏离可用图 6-5 和图 6-6 形象地表示。假设吸收物种对波长 λ_1 和 λ_2 两波长光的摩尔吸光系数如图 6-5 所示，纯粹单色光时，$\lambda_1=\lambda_2$，$\varepsilon_1=\varepsilon_2=1000$，服从朗伯—比尔定律；非单色光时，$\varepsilon_1\neq\varepsilon_2$，若 $\varepsilon_1=1500$，$\varepsilon_2=500$，偏离比尔定律；$\varepsilon_1=1750$，$\varepsilon_2=250$ 时，偏离更严重。图 6-6 告诉我们，要选择最大吸收波长为测定波长，因为在最大吸收附近的 A 区测量时，ε 没有显著变化，从而吸光度变化不大，因此，服从朗伯—比尔定律。在 ε 变化很大的 B 区测量，则波长的很小偏移也会带来较大的测量误差。

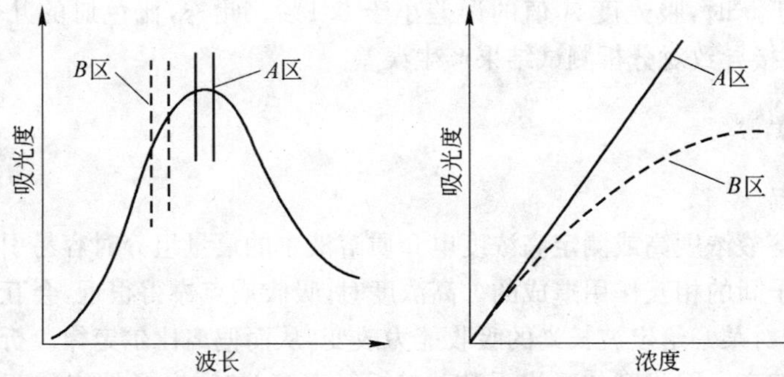

图 6-6 非单色光对比尔定律的偏离(Ⅱ)

B　杂散光

杂散光是紫外可见分光光度计的主要分析误差来源。杂散光产生的原因很多，最主要的是光栅、外光路和单色器内壁散射等原因产生杂散光。仪器的杂散光80%来自光栅，它使分析测试的吸光度变小，特别在高浓度时，杂散光的影响会更加严重，以引起比尔定律的偏离。同时，由于物质在某些介质中分散为许多微小的粒子，这些粒子会对入射光产生散射。并且，随着粒子浓度的增大，这些散射光的强度会增强，会降低透射光强度，使被测试样的吸光度增大，从而引起比尔定律的偏离。此外，由于不少物质在光的照射下会产生光致发光现象或产生荧光，也将严重影响比尔定律，使之偏离。

设 I_s 为杂散光强度，则测得的吸光度为 $A'=\lg(I_0+I_s)/(I+I_s)$，随溶液吸光度(浓度)增大，I 减小。当 $I \ll I_s$ 时，$A'=\lg(I_0+I_s)/I_s$。无杂散光时 $A=\lg I_0/I$，因此测得的吸光度小于真实吸光度。表6-1列出了非吸收光对测定吸光度影响的数据，其中 S 为非吸收光占检测光的百分数。由此可见，非吸收光的存在，降低测定灵敏度，导致校正曲线弯曲，且其影响随着被测物质浓度增大而增大。

表6-1　非吸收光对吸光度测量的影响

A	A_{obs}				
	$S=0.01$	$S=0.1$	$S=1$	$S=2$	$S=3$
0.1	0.1000	0.0999	0.0989	0.0978	0.0966
0.2	0.2000	0.1997	0.1975	0.1950	0.1931
0.5	0.4999	0.4990	0.4907	0.4816	0.4727
1	0.9996	0.9961	0.9626	0.9281	0.8962
1.5	1.499	1.487	1.384	1.293	1.217
2	1.996	1.959	1.701	1.526	1.401
3	2.959	2.699	1.959	1.678	1.509
4	3.699	2.959	1.996	1.697	1.521

C　光程不相等

比尔定律假设所有入射光线通过相同数量的吸收粒子，并假设所有入射光线通过吸光物质的光程相等。其实不然，如果把一个样品放在几台不同的紫外可见分光光度计上测试，尽管仪器都经过认真的调试、校验，其测试结果都是不会相同的。其原因有几方面。其中光束倾斜，即单色器出来的光照射到比色皿时，不可能是理想的平行光，总有一个孔径角，因此，通过比色皿的平均光程总是大于垂直通过的光程长度。这就产生了实际分析条件对比尔定律假设的分析条件的偏离。当孔径角小于5°时，吸光度 A 值的误差小于0.1%。此外，比色皿的几何尺寸的加工误差、配对误差也会直接导致对分析测试结果产生误差。

6.2.2.2　化学因素

A　高浓度样品

高浓度样品即溶液浓度高或测定高浓度电介质溶液中的痕量组分时容易引起对比尔定律的偏移。这是由于分子间的相互作用造成的。高浓度时，吸收质点靠得很近，会互相影响对方的电荷分布，使吸收质点对某一给定波长光的吸收能力改变，从而偏离比尔定律。折射率的改变也会引起对比尔定律的偏离。因为摩尔吸光系数 ε 与折射率有关(诱电场效应)，若溶液浓度改变引起折射率变化很大时，会产生对比尔定律的偏离。

B　解离、缔合、生成络合物等

只有在等吸收点时，才符合比尔定律。如苯甲酸在溶液中有如下电离平衡，其酸式与酸根阴离子具有不同的吸收特性。

$$C_6H_5COOH + H_2O \rightleftharpoons C_6H_5COO^- + H_3O^+$$

λ_{max}/nm	273	268
ε_{max}/L·(mol·cm)$^{-1}$	970	560

显然，稀释溶液，以改变溶液 pH 值时，273 nm 处的有效 ε 会变化。

另外在光度分析中广泛应用的各种试剂、溶剂的影响不能忽视。如 I_2 在四氯化碳中是紫色，而在乙酸中是棕色。

6.3　紫外可见分光光度计的组成

6.3.1　紫外可见分光光度计的基本结构

紫外可见分光光度计由光源、单色器、吸收池、检测器以及数据处理及记录(计算机)等组成。双光束分光光度计的结构如图 6-7 所示。

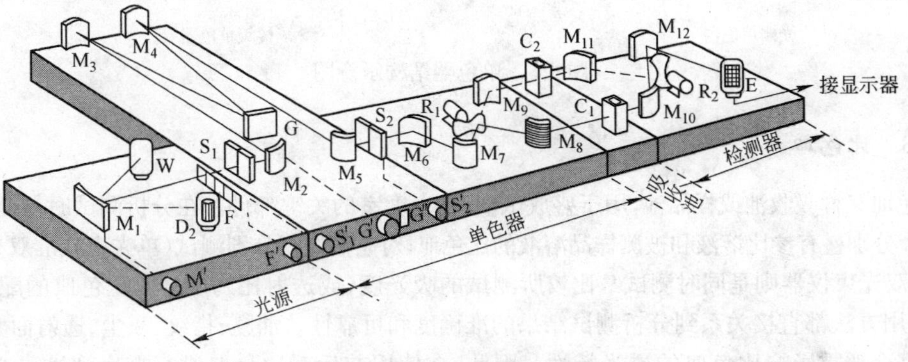

图 6-7　双光束分光光度计的结构示意图

M_1～M_{12}—反射镜；W—白炽灯；D_2—紫外灯；F—滤光片；S_1—入射狭缝；S_2—出射狭缝；G—光栅；R_1，R_2—切光器；C_1，C_2—比色皿；E—光电管

6.3.1.1　光源

光源的作用是提供激发能，使待测分子产生吸收。要求能够提供足够强的连续光谱、有良好的稳定性、较长的使用寿命，且辐射能量随波长无明显变化。常用的光源有热辐射光源和气体放电光源。利用固体灯丝材料高温放热产生的辐射作为光源的是热辐射光源，如钨灯、卤钨灯。两者均在可见区使用，卤钨灯的使用寿命及发光效率高于钨灯。气体放电光源是指在低压直流电条件下，氢或氘气放电所产生的连续辐射。一般为氢灯或氘灯，在紫外区使用。这种光源虽然能提供至 160 nm 的辐射，但石英窗口材料使短波辐射的透过受到限制(石英约 200 nm，熔融石英约 185 nm)，而大于 360 nm 时，氢的发射谱线叠加于连续光谱之上，不宜使用。

6.3.1.2　单色器

单色器是一种能从各种波长组成的复合光源中，分离出有一定 Δλ 的单色光的仪器。单色器分离出的某种波长的单色光，不可能是真正的单色光，总是包含某一狭窄的光谱区间 Δλ。由于此区间的波长范围很小，因此被认为是单色光。一般单色器都是由入射狭缝、出射狭缝、色散元件(光栅或棱镜)、准光镜、成像物镜等组成，如图 6-8 所示。入射狭缝用于限制杂散光进入单色器，准光镜将入射光束变为平行光束后进入色散元件。后者将复合光分解成单色光，然后通过物镜将出自色散元件的平行光聚焦于出射狭缝。出射狭缝用于限制通带宽度。

单色器的种类较多，有专用型、通用型、光栅型、棱镜型等多种。紫外可见分光光度计的设计制造者，一般是根据使用要求来选择类型。不管是何种单色器，其主要技术指标一般包括以下内容：工作波长范围；波长准确度；波长重复性；光谱带宽；杂散光；波长扫描速度。有些单色器还给出物镜的相对孔径、物镜的视场角、分光元件的色散率、单色器的类型等。

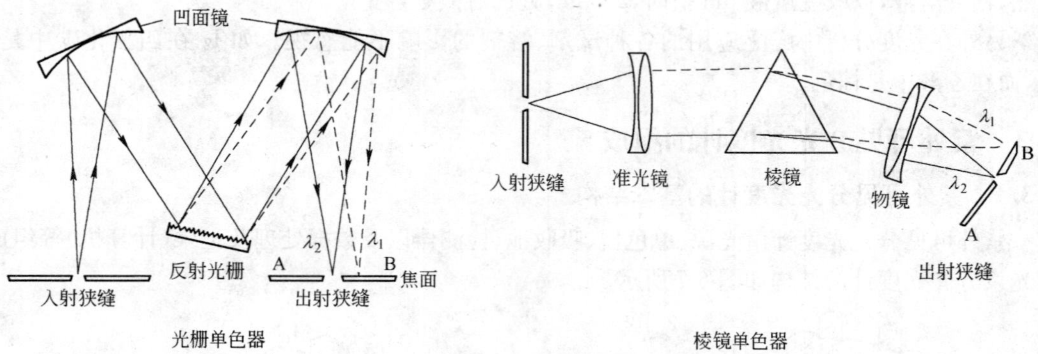

图 6-8　单色器结构示意图

6.3.1.3　比色皿

比色皿又称吸收池或样品池，用于盛放试液，是光度室的关键部件。在分析测试时，一般是同时利用两个分别盛有参比溶液和被测样品溶液的比色皿，对它们进行分别测试（单光束或准双光束仪器如此，而双光束仪器则是同时测试），比较所测试的吸光度（或透射比）。因此，比色皿的配对、保存方法、使用方法都直接关系到分析测试结果的准确度和可靠性。油腻、指纹、灰尘、透射面上的任何沉积物都会严重影响比色皿的透光特性。因此，在使用前后对比色皿进行彻底清洗是必不可少的。在使用和清洗过程中，不能用硬质纤维和手指擦、摸透光面，只能拿其不透光的两个毛玻璃面。需要干燥的比色皿不能在炉子或火焰上加热烘烤，否则会引起比色皿的损坏或透光性能变坏。尤其是对配对使用的比色皿的影响更大。

当有黏结物附在比色皿上用酸难清洗时，可用 20 W 的清洗玻璃仪器的超声波清洗 30 min，就能解决问题。但绝对不能用大功率超声波来清洗比色皿，否则会损坏比色皿。特别是对那些用黏结方法制作的比色皿更要注意。

使用比色皿时，还应特别注意通光方向。由于比色皿的两个通光面的材料不均匀，两个通光面的沾污情况不均匀，所以不同的通光方向可能会引起分析吸光度值的变化，带来分析误差。一般比色皿的毛玻璃面上都刻有箭头，或在透光面上蚀刻有标记，以供使用者辨认通光方向。

分析测试时，注入比色皿的溶液不要太满，一般到比色皿高度的 2/3 即可。如果万一溶液或溶剂溢出，则必须把比色皿透光面上的溶液或溶剂揩干擦净，否则会导入误差。

6.3.1.4　检测器

简易分光光度计上使用光电池或光电管作为检测器。目前最常见的检测器是光电倍增管，有的用二极管阵列作为检测器。

光电倍增管原理详见《冶金仪器分析》第 2 章。光电倍增管特点是在紫外—可见区的灵敏度高，响应快。但强光照射会引起不可逆损害，因此高能量检测不宜，需避光。

一般单色器都有出射狭缝。经光栅分光后的光是一组以角度分布的 λ_1、λ_2 等的光线通过旋转光栅角度使某一波长的光经物镜聚焦到出射狭缝。二极管阵列检测器不使用出射狭缝，在其位置上放一系列二极管的线形阵列，使分光后不同波长的单色光同时被检测。二极管阵列检测器的特点是响应速度快，但灵敏度不如光电倍增管，因后者具有很高的放大倍数。

6.3.2 紫外可见分光光度计的分类

目前一般按仪器结构，分为单光束、准双光束、双光束和双波长四类紫外可见分光光度计。

6.3.2.1 单光束紫外可见分光光度计

国产 721、722 等可见光分光光度计和 751～754 等紫外分光光度计属这种类型的，其光电转换器一般用硅光电池、光敏三极管或光电管，结构简单，价格便宜，但是光源波动、杂散光及噪声等技术指标不太好，分析误差也稍大。其组成如图 6-9 所示。

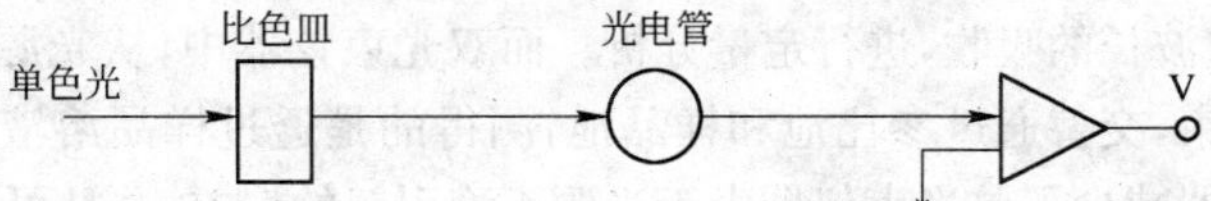

图 6-9 单光束紫外可见分光光度计

6.3.2.2 准双光束紫外可见分光光度计

所谓准双光束是指有两束光，但只有一个比色皿，测量光束通过比色皿，另一束光不通过比色皿，后者用来抵消光源波动对分析的影响。这比单光束有所改进。

6.3.2.3 双光束紫外可见分光光度计

双光束紫外可见分光光度计如图 6-10 所示。

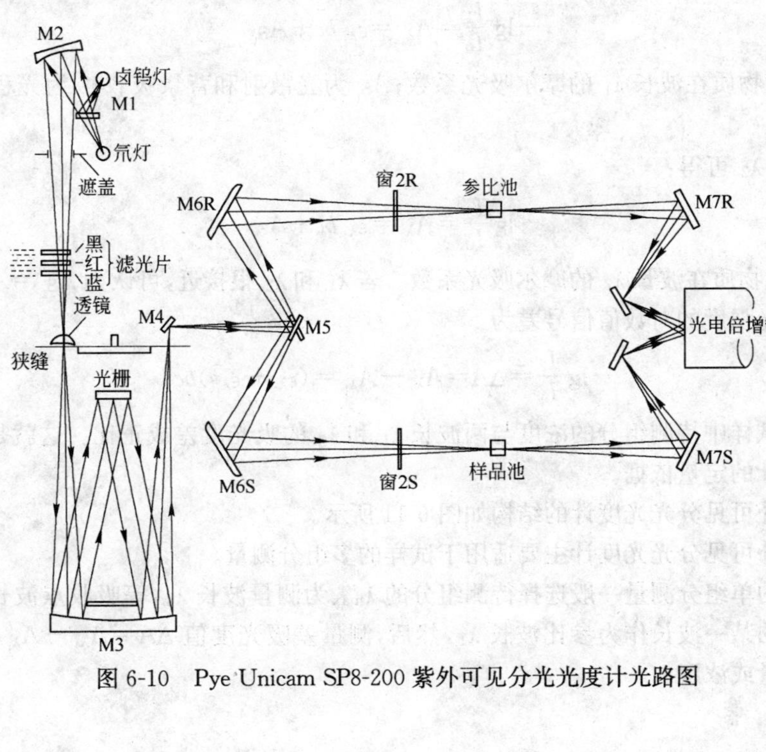

图 6-10 Pye Unicam SP8-200 紫外可见分光光度计光路图

单光束和双光束紫外可见分光光度计的比较见表 6-2。

表 6-2 单光束和双光束紫外可见分光光度计的比较

项 目	单 光 束	双 光 束
光源波动引起的误差	不可消除(抵消)	可消除(抵消)
机械结构	简单	复杂
光能量损失大小	光能量损失小	光能量损失大(一束光分成两束)
灵敏度高低	较高(信噪比较大)	一般(信噪比较小)
漂移	大	小
光度准确度	差	较高
杂散光	大	小
价格	较低	较高

单光束仪器中,分光后的单色光直接透过吸收池,交互测定待测池和参比池。这种仪器结构简单,适用于测定特定波长的吸收,进行定量分析。而双光束仪器中,从光源发出的光经分光后再经扇形旋转镜分成两束,交替通过参比池和样品池,测得的是透过样品溶液和参比溶液的光信号强度之比。双光束仪器减少了单光束仪器由于光源不稳引起的误差,并且可以对全波段进行扫描。

6.3.2.4 双波长紫外可见分光光度计

双波长紫外可见分光光度计都采用两个单色器。光源发出的光被两个单色器分别分离出波长为 λ_1 和 λ_2,通过切光器将两束单色光 λ_1 和 λ_2 交替入射到同一试样中,光电倍增管交替地接收到经过试样吸收后的这两束单色光,并把它们变成电信号。电信号经电子学系统处理,并转化为它们之间的吸光度差 ΔA。

假设开始时交替照射到试样的两束单束光 λ_1 和 λ_2 的强度相等,且都为 I_0。那么,根据比尔定律可得:

$$-\lg \frac{I_1}{I_0}=A_{\lambda_1}=\varepsilon_{\lambda_1} bc+A_{S_1}$$

式中,ε_{λ_1} 为待测物质在波长 λ_1 的摩尔吸光系数;A_{S_1} 为光散射和背景吸收;b 为光程;c 为待测物质的浓度。

同理,对于 λ_2 可得:

$$-\lg \frac{I_2}{I_0}=A_{\lambda_2}=\varepsilon_{\lambda_2} bc+A_{S_2}$$

式中,ε_{λ_2} 为待测物质在波长 λ_2 的摩尔吸光系数。若 λ_1 和 λ_2 很接近,可认为 $A_{S_1}=A_{S_2}$。因此,透过试样的两束光强度的对数值信号差为:

$$-\lg \frac{I_2}{I_1}=\Delta A=A_{\lambda_2}-A_{\lambda_1}=(\varepsilon_{\lambda_2}-\varepsilon_{\lambda_1})bc$$

此式说明试样中待测组分的浓度与两波长 λ_1 和 λ_2 的吸光度差成正比。这就是双波长紫外可见分光光度计的定量依据。

双波长紫外可见分光光度计的结构如图 6-11 所示。

双波长紫外可见分光光度计主要适用于试样的多组分测量。

多组分中的单组分测量一般选择待测组分的 λ_{max} 为测量波长 λ_2,等吸收点波长或待测组分吸收曲线下端的某一波长作为参比波长 λ_1,然后,测量差吸光度值 $\Delta A=A_{\lambda_2}-A_{\lambda_1}$,求出试样中待测组分的含量或浓度。

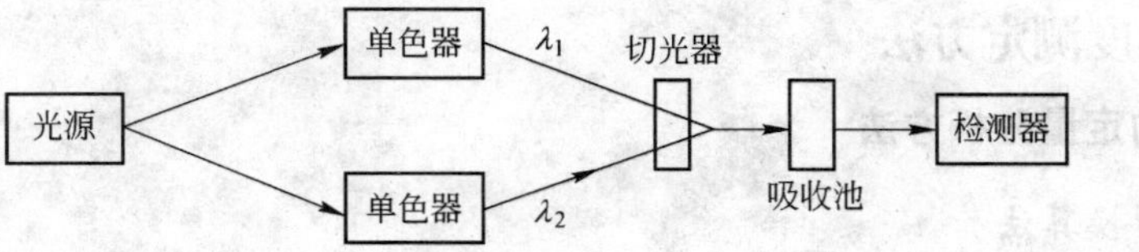

图 6-11 双波长紫外可见分光光度计的结构

如果试样中有共存干扰吸收物质，则可采用等吸收点法和系数倍率法测量。读者可参考有关文献。

如果试样的吸收光谱上，有两个或两个以上组分的吸收峰互相重叠或非常接近，或者有很大的混浊背景吸收干扰，则可利用导数光谱来分析测试。这时，可以不经过任何复杂的分离程序（如萃取、色谱分离、离子交换分离等），就可直接把它们区分开，这是导数光谱最大的优点（双波长法只能获得一阶导数）。

以上是根据光束、比色皿、光电转换器的数量来分类的，也有人根据光接收器的类型，把紫外可见分光光度计分为光电二极管阵列多通道紫外可见分光光度计、CCD（电荷耦合光接收器）多通道紫外可见分光光度计等。

6.3.3 紫外可见分光光度计的校正

6.3.3.1 波长校正

由于不同的紫外可见分光光度计的波长准确度（即波长的实际测得值与理论值的差）不同，故需对紫外可见分光光度计进行波长校正。校正方法有很多种。

可采用辐射光源法校正。常用氢灯（486.13 nm，656.28 nm）、氘灯（486.00 nm，656.10 nm）或石英低压汞灯（253.65 nm，435.88 nm，546.07 nm）校正。

镨钕玻璃在可见区有特征吸收峰，也可用来校正。

苯蒸气在紫外区的特征吸收峰可用于校正。在吸收池内滴一滴液体苯，盖上吸收池盖，待苯挥发后绘制苯蒸气的吸收光谱。

6.3.3.2 吸光度校正

以重铬酸钾水溶液的吸收曲线为标准值校正。将 0.0303 g 重铬酸钾溶于 1 L 的 0.05 mol/L 氢氧化钾中，以 1 cm 吸收池，25℃测定吸收光谱。见表 6-3。

表 6-3 重铬酸钾溶液的吸光度

波长/nm	吸光度	透光率/%	波长/nm	吸光度	透光率/%	波长/nm	吸光度	透光率/%
220	0.446	35.8	300	0.149	70.9	380	0.932	11.7
230	0.171	67.4	310	0.048	89.5	390	0.695	20.2
240	0.295	50.7	320	0.063	86.4	400	0.396	40.2
250	0.496	31.9	330	0.149	71.0	420	0.124	75.1
260	0.633	23.3	340	0.316	48.3	440	0.054	88.2
270	0.745	18.0	350	0.559	27.6	460	0.018	96.0
280	0.712	19.4	360	0.830	14.8	480	0.004	99.1
290	0.428	37.3	370	0.987	10.3	500	0.000	100

6.4　分光光度测定方法

6.4.1　常规的定量分析方法

6.4.1.1　标样换算法

在选定的波长处，在相同的测试条件下，分别测试标准样品溶液 $c_{标}$ 和被测试样品溶液 $c_{样}$ 的吸光度 $A_{标}$ 和 $A_{样}$。然后，求得样品溶液的浓度或含量：

$$c_{样}=\frac{A_{样}}{A_{标}}c_{标}$$

6.4.1.2　标准曲线法

紫外可见分光光度计最常用的定量分析方法是标准曲线法。即先用标准物质配制一定浓度的溶液，再将该溶液配制成一系列的标准溶液。在一定波长下，测试每个标准溶液的吸光度，以吸光度值为纵坐标，标准溶液对应的浓度值为横坐标，绘制标准曲线。最后，将样品溶液按标准曲线绘制程序测得吸光度值，在标准曲线上查出样品溶液对应的浓度或含量。

6.4.1.3　最小二乘法

最小二乘法实际上也就是回归方程法。因为，分光光度法中试样的吸光度 A 与试样的浓度 c 之间的关系可用一条直线来描述，即 $c=aA+b$。

回归方程目前在定量分析中应用较多，如果做标准曲线时求出的回归方程不好，则相关系数(r)也不好，则定量分析误差就很大。因此，应用最小二乘法（回归法）时，应注意两点：

(1) 回归方程是在特定条件下求得的，不能随便套用。

(2) 分光光度法中试样的吸光度 A 与试样的浓度 c 之间的关系，应建立在回归方程中的取值范围内，否则不能随便外推。

6.4.1.4　标准加入法

样品组成比较复杂，难于制备组成匹配的标样时用标准加入法。将待测试样分成若干等份，分别加入不同已知量 $0, c_1, c_2, \cdots, c_n$ 的待测组分配制溶液。由加入待测试样浓度由低至高依次测定上述溶液的吸收光谱，作一定波长下浓度与吸光度的关系曲线，得到一条直线，将直线在纵轴上的截距延长与横轴相交，交点离开原点的距离为样品中待测组分的浓度。如图 6-12 所示。

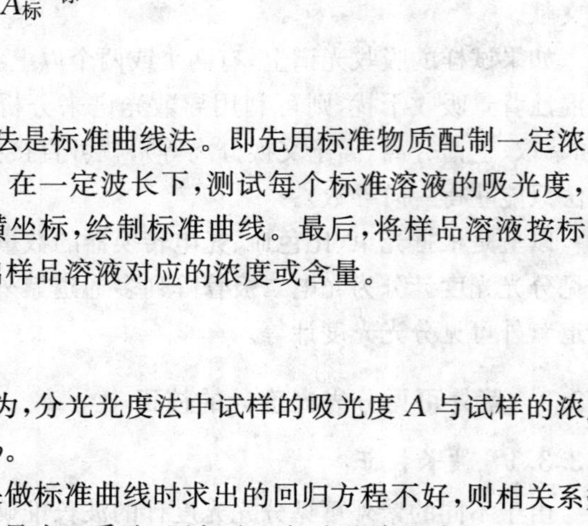

图 6-12　标准加入法示意图

6.4.2　差示分光光度法

6.4.2.1　差示分光光度法原理

由于透光率测量误差的影响，光度分析法很难用于高含量组分的测定及浓溶液的分析。1949 年，Hiskey 提出差示分光光度法。差示分光光度法不是以不含测定组分的溶液（空白溶液）

作为参比溶液，而是以一个与测定溶液组成相同且浓度稍低的溶液作为参比溶液。

设有三个溶液，如图 6-13 所示。溶液Ⅰ为空白溶液；溶液Ⅱ及Ⅲ系欲测组分浓度分别为 c_1 和 c_2 的溶液，且 $c_2>c_1$。以Ⅰ为参比溶液测定溶液Ⅱ、Ⅲ的透光率分别为：

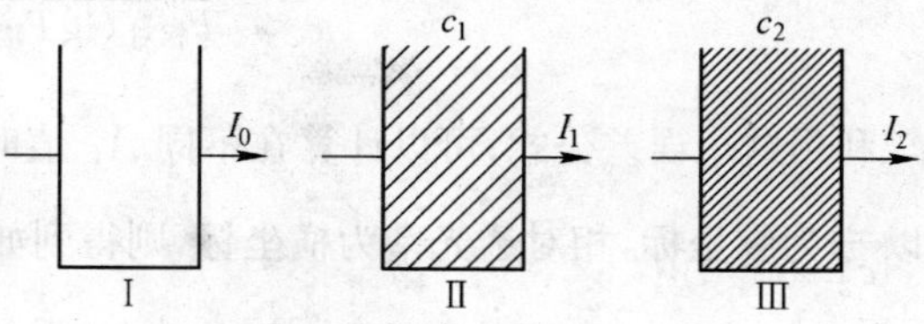

图 6-13 差示分光光度法示意图(三个溶液)

Ⅰ空白；Ⅱ参比；Ⅲ测定溶液

$$T_1=\frac{I_1}{I_0}=10^{-abc_1}$$

$$T_2=\frac{I_2}{I_0}=10^{-abc_2}$$

如以溶液Ⅱ为参比溶液，测得溶液Ⅲ的透光率为：

$$T_{相对}=\frac{I_2}{I_1}=\frac{T_2}{T_1}=10^{-ab(c_2-c_1)}$$

$$=10^{-abc_3}$$

$$A_{相对}=abc_3$$

可以看出，差示分光光度法测定的是 $T_{相对}$ 和 $A_{相对}$，$A_{相对}$ 与 c_3 作图得到直线关系。这就是差示分光光度法定量测定的基础。c_1 是已经准确测定的，根据测得的 $A_{相对}$ 从工作曲线上求得 c_3，由 $c_2=c_1+c_3$ 即可准确测定 c_2。

举例来说，设 T_1、T_2 分别为 5%、4%(相对于空白溶液)，其相对透光率为：

$$T_{相对}=\frac{4}{5}=80\%$$

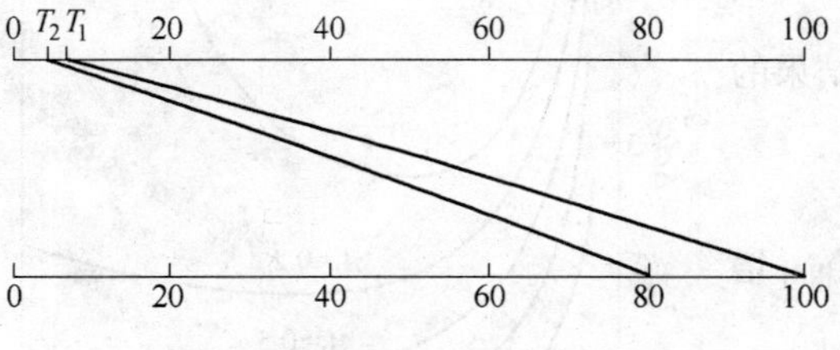

图 6-14 差示分光光度法示意图

从图 6-14 看出，增大参比溶液的浓度，使相对透光率增大，减小了透光率测量误差的影响。即使这样，$\frac{dc}{c_3}$仍相当大，欲测定 c_2，故测定的误差应为$\frac{dc}{c_2}$或$\frac{dc}{c_1+c_3}$。$\frac{dc}{c_2}$是很小的，所以差示分光光度法可以准确测定溶液的浓度。

6.4.2.2 差示分光光度法的误差

差示分光光度分析法的误差公式可用下式表示：

$$\frac{dc}{c_2}=\frac{0.434}{T_{相对}(\lg T_{相对}-A_1)}dT_{相对}$$

一般情况下，可把 $dT_{相对}$ 近似地看成大小固定的，改写为 $\Delta T_{相对}$：

$$\frac{\Delta c}{c_2}=\frac{0.434}{T_{相对}(\lg T_{相对}-A_1)}\Delta T_{相对}$$

利用这个误差公式，可以计算在不同 A_1 值时的测定浓度的相对误差。计算结果见表 6-4。若以$\frac{\Delta c}{c_2}$为纵坐标，相对透光率为横坐标，则得到如图 6-15 所示的误差曲线。

表 6-4　不同 A_1 值时的测定浓度误差

T	$\Delta c/c_2$					
	$A_1=0.2$	$A_1=0.5$	$A_1=0.8$	$A_1=1.0$	$A_1=1.5$	$A_1=2.0$
0.05	5.79	4.82	4.13	3.77	3.10	2.63
0.10	3.62	2.90	2.41	2.17	1.74	1.45
0.20	2.48	1.81	1.45	1.28	0.99	0.80
0.30	2.00	1.42	1.09	0.95	0.72	0.57
0.40	1.82	1.21	0.91	0.78	0.57	0.45
0.50	1.73	1.08	0.79	0.67	0.48	0.38
0.60	1.72	1.00	0.71	0.59	0.42	0.33
0.70	1.75	0.95	0.65	0.54	0.37	0.29
0.80	1.83	0.91	0.61	0.49	0.34	0.26
0.90	1.96	0.88	0.57	0.46	0.31	0.24
0.95	2.06	0.875	0.56	0.45	0.30	0.23
1.0	2.17	0.87	0.54	0.43	0.29	0.22

从图 6-15 一组曲线可以看出，差示分光光度法中当 $T_{相对}$ 很小时，误差仍是相当大的，这与一般的光度法无大差异。但当相对透光率趋近于 100%时，相对误差不是趋于无穷大，而是趋近于一定值。这一定值与参比溶液的吸光度值有关：

(1) A_1 的数值越大，在同一 $T_{相对}$ 时，测定结果的准确度越高。

(2) A_1 的数值越大，误差小的范围越宽。

(3) A_1 的数值越大，误差最小的位置向 $T_{相对}$ 增大的方向移动。

因此参比溶液的浓度应较大，且尽可能接近欲测溶液的浓度（即使相对透光率尽可能的大）。在有些分光光度计中，附有几种减光片，可以作为差示分光光度法的参比溶液。由于差示分光光度法应用有色溶液作为参比溶液，这就对光度仪器提出一些要求，如加大光源强度、适当加大光缝宽度及提高电流计的灵敏度等。

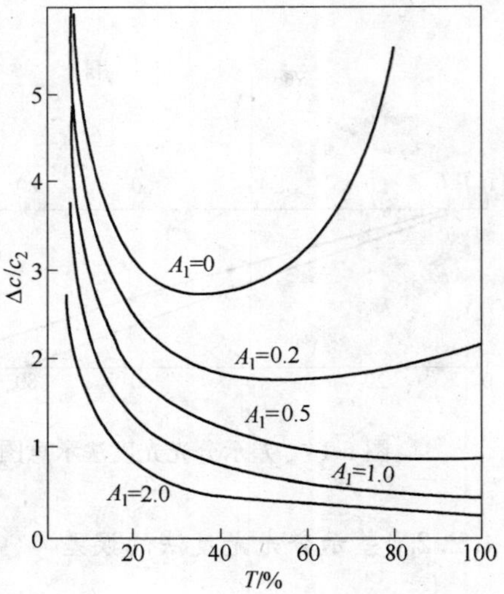

图 6-15　差示分光光度法误差曲线

6.4.3　导数分光光度法

导数分光光度法是 20 世纪 50 年代中期作为分辨波长相近的谱线的方法而提出来的。在这类方法中，信号强度(I)的一阶或二阶导数作为时间的函数是用电子学方法获得的。因为波长扫描速度$\frac{d\lambda}{dt}$是恒定的，那么信号强度(I)对于波长的一阶导数$\frac{dI}{d\lambda}\left(或二阶导数\frac{d^2I}{d\lambda^2}\right)$正比于信号强度对时间的导数$\frac{dI}{dt}\left(或\frac{d^2I}{dt^2}\right)$，即：

$$\frac{dI}{d\lambda}=\frac{dI}{dt}\Big/\frac{d\lambda}{dt}$$

这实质上就是测量强度分布的斜率(或曲率)。

导数分光光度法有其独特的优点，只要对吸收光谱曲线进行一阶或高阶求导即可得到 n 种导数光谱曲线。吸收光谱曲线经过求导之后，其中各种微小的变化能更好地显示出来，使分辨率得到很大提高。

如果将 $A_\lambda=\varepsilon_\lambda bc$ 式对波长 λ 进行 n 次求导，由于在上式中仅 A_λ 和 ε_λ 是波长 λ 的函数，可得：

$$\frac{d^nA_\lambda}{d\lambda^n}=\frac{d^n\varepsilon_\lambda}{d\lambda^n}bc \tag{6-6}$$

从式 6-6 可知，经 n 次求导后，吸光度的导数值仍与吸收物质的浓度成正比，借此可以用于定量分析。

从图 6-16 中可以看出，随着导数阶数的增加，谱带变得尖锐，分辨率提高，但原吸收光谱的基本特点逐渐消失。

导数光谱的特点在于灵敏度高，可减小光谱干扰。因而在分辨多组分混合物的谱带重叠、增强次要光谱(如肩峰)的清晰度以及消除混浊样品散射的影响时有其优势。

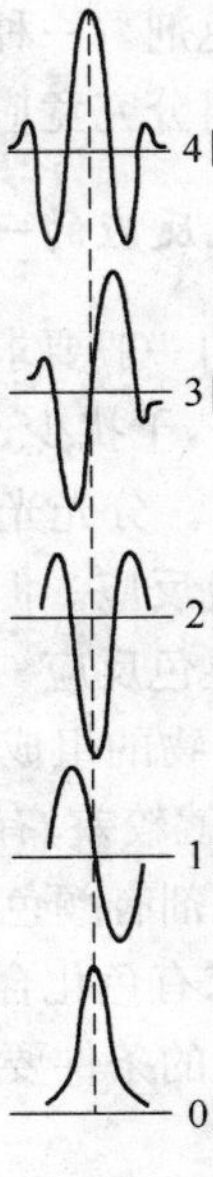

图 6-16　0～4 阶导数光谱示意图

6.4.4 双波长分光光度法

前面已经介绍了双波长分光光度计的结构。它是通过两个单色器分别将光源发出的光分成 λ_1、λ_2 两束单色光，经切光器并束后交替通过同一吸收池。因此检测的是试样溶液对两波长光吸收后的吸光度差。

单波长时，以溶剂或试剂空白作参比，即 $A_\lambda=-\lg I_\lambda/I_0=\varepsilon_\lambda bc$。双波长测定时，若 λ_1、λ_2 两波长光通过吸收池后的透过光强分别为 I_1、I_2，则：

$$A_{\lambda_1}=-\lg I_1/I_{01}=\varepsilon_{\lambda_1}bc+A_{S_1} \tag{6-7}$$

$$A_{\lambda_2}=-\lg I_2/I_{02}=\varepsilon_{\lambda_2}bc+A_{S_2} \tag{6-8}$$

式中，A_{S_1}、A_{S_2} 为背景吸收，与波长关系不大，主要取决于样品的混浊程度等；I_{01}、I_{02} 表示两个波长处由于光源输出，单色器分光等不同产生的入射光强度的差别。一般 $I_{01}=I_{02}$，$A_{S_1}=A_{S_2}$，因此：

$$\Delta A=A_{\lambda_2}-A_{\lambda_1}=-\lg I_2/I_1=(\varepsilon_{\lambda_2}-\varepsilon_{\lambda_1})bc \tag{6-9}$$

即两束光通过吸收池后的吸光度差与待测组分浓度成正比。

双波长分光光度法的特点如下：

(1) 可用于悬浊液和悬浮液的测定，消除背景吸收；

(2) 无需分离，可用于吸收峰相互重叠的混合组分的同时测定；

(3) 可用于测定高浓度溶液中吸光度在 0.01～0.005 以下的痕量组分；

(4) 可测定导数光谱。

6.5　显色反应及其影响因素

6.5.1　显色反应和显色剂

分光光度法是基于比较溶液颜色的深浅进行定量测定的方法。因此，总是首先利用显色反应把欲测组分转化为有色化合物，然后进行测定。所谓显色反应一般是指被测元素在显色剂的作用下转变为有色化合物的反应；或被测元素使显色剂颜色发生改变的反应。显色反应可分为两种类型，即配位反应和氧化还原反应，大部分显色反应是配位反应。使被测组分转变成有色物质的试剂称为显色剂。一种被测组分常可与若干种显色剂反应，生成多种灵敏度不同的有色化合物。测定某种组分究竟应该采用哪种显色反应，可根据要求加以选择。

6.5.1.1　对显色反应的一般要求

对显色反应的一般要求有以下几点：

(1) 选择性好，干扰少，或干扰容易消除。

(2) 灵敏度高。分光光度法一般用于微量组分的测定，故一般选择生成摩尔吸光系数高的有色化合物的显色反应。但灵敏度高的反应不一定选择性也好，所以对于高含量的组分也不一定选用最灵敏的显色反应。

(3) 有色化合物的组成要恒定，化学性质要稳定。有色化合物的组成若不符合一定的化学式，测定的再现性就较差，有色化合物若易受空气的氧化，或因光照而分解，就会引入误差。

(4) 如果显色剂有颜色，则要求有色化合物与显色剂之间颜色的差别要大，这样试剂空白一般较小。一般要求有色化合物的最大吸收波长与显色剂最大吸收波长相差 60 nm 以上。

(5) 显色反应的条件要易于控制。如果条件要求过于严格难以控制，则测定结果的再现性就差。

6.5.1.2　无机显色剂

显色剂中有一些是无机化合物，如用硫氰酸盐测定铁(Ⅲ)、钼(Ⅵ)，钼酸铵测定磷、硅，过氧化氢测定钛、钒，氨水测定铜，以及过硫酸铵测定锰等。但多数无机显色剂的灵敏度和选择性都不够理想，将其中性能较好，目前仍有实用价值的列于表 6-5 中。

表 6-5　常用的无机显色剂

显色剂	反应类型	测定元素	酸　度	有色化合物组成	颜色	测定波长/nm
硫氰酸盐	配位	Fe(Ⅲ)	0.1～0.8 mol/L HNO_3	$Fe(SCN)_5^{2-}$	红	480
		Mo(Ⅵ)	1.5～2 mol/L H_2SO_4	$MoO(SCN)_5^-$	橙	460
		W(Ⅴ)	1.5～2 mol/L H_2SO_4	$WO(SCN)_4^-$	黄	405
		Nb(Ⅴ)	3～4 mol/L HCl	$NbO(SCN)_4^-$	黄	420
钼酸铵	形成杂多酸	Si	0.15～0.3 mol/L H_2SO_4	$H_4SiO_4 \cdot 10MoO_3 \cdot Mo_2O_3$	蓝	670～820
		P	0.5 mol/L H_2SO_4	$H_3PO_4 \cdot 10MoO_3 \cdot Mo_2O_3$	蓝	570～830
		V(Ⅴ)	1 mol/L HNO_3	$P_2O_5 \cdot V_2O_5 \cdot 22MoO_3 \cdot nH_2O$	黄	420
		W	4～6 mol/L HCl	$H_3PO_4 \cdot 10WO_3 \cdot W_2O_5$	蓝	660
过氧化氢	配位	Ti(Ⅳ)	1～2 mol/L H_2SO_4	$TiO(H_2O_2)^{2+}$	黄	420
		V(Ⅴ)	0.5～3 mol/L H_2SO_4	$VO(H_2O_2)^{3+}$	红橙	400～450
		Nb	1.8 mol/L H_2SO_4	$Nb_2O_3(SO_4)_2 \cdot (H_2O_2)_2$	黄	365

6.5.1.3　有机显色剂

大多数有机显色剂在一定条件下能与金属离子生成有色螯合物，显色反应的选择性和灵敏度都较高。有些有色螯合物易溶于有机溶剂，故可进行萃取比色，进一步提高测定的灵敏度和选择性。

有机显色剂与金属离子能否生成具有特征颜色的化合物，主要与试剂的分子结构有密切关系。

在有机化合物分子中，凡是包含有共轭双键的基团，如偶氮基（—N═N—）、亚硝基（—N═O）、硝基（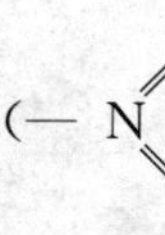）、对醌基（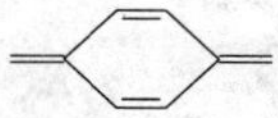）、羰基（>C═O）、硫羰基（>C═S）等，一般都可与金属离子生成具有特征颜色的化合物。原因是这些基团中的 π 电子被光激发时，只需要较小的能量，相当于吸收波长大于 200 nm 的光，因此，称这些基团为生色团。

某些含有未共用电子对的基团，如胺基—NH_2、—NHR、—NR_2（具有一对未共用电子对），羟基—OH（具有两对未共用电子对），以及卤代基—F、—Cl、—Br、—I 等，它们与生色基团上 的不饱和键互相作用，引起永久性的电荷移动，从而减小了分子的激化能，促使试剂对光的最大吸收“红向”移动（向长波方向移动）。这些基团称为助色团。

有机显色剂种类繁多，这里仅简单介绍几种：

(1) 邻二氮菲。属 NN 型螯合显色剂，其结构式为：

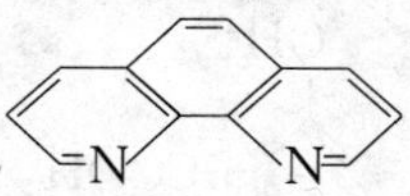

常被用于亚铁和亚铜离子的测定。

Fe^{2+} 与邻二氮菲在 pH＝2.0～9.0 时生成 1∶3 配合物，在水溶液中最大吸收峰为 508 nm，$\varepsilon_{508\ nm}=1.1\times10^4$，是测定 Fe^{2+} 的较好显色剂。

(2) 双硫腙。属含硫显色剂，也称打萨腙或二苯基硫代卡巴腙，是光度分析最重要的显色剂之一，其结构式为：

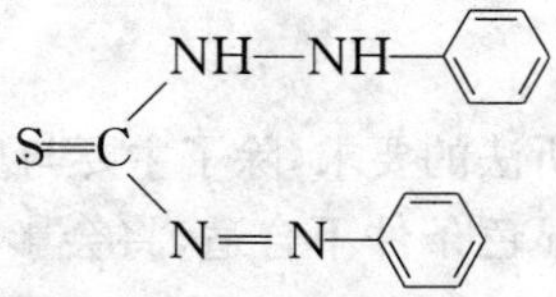

它能测定许多金属离子，如 Ag、Au、Cu、Bi、Cd、Hg、Zn、Pb、Co、Ni、Pt、Pd、In、Tl、Se、Te 等，只要控制好反应酸度及使用四氯化碳、氯仿等溶剂进行萃取，就能消除彼此的干扰。双硫腙与重金属离子的反应非常灵敏，如 Cd 的 $\varepsilon_{520\ nm}=8.8\times10^4$，Pb 的 $\varepsilon_{520\ nm}=7\times10^4$ 等。它本身不溶于水，但易溶于碱性介质中；所生成的金属化合物易溶于三氯甲烷或四氯化碳中。双硫腙本身在三氯甲烷或四氯化碳中是绿色的，而与金属离子形成的化合物呈黄色至红色，这一特性，为光度法测定金属离子创造了有利的条件。

(3) 5-Br-PADAP。化学名称为 2-[(5-溴-2-吡啶)偶氮]-5-二乙氨基苯酚，属吡啶偶氮类显色剂，其结构式为：

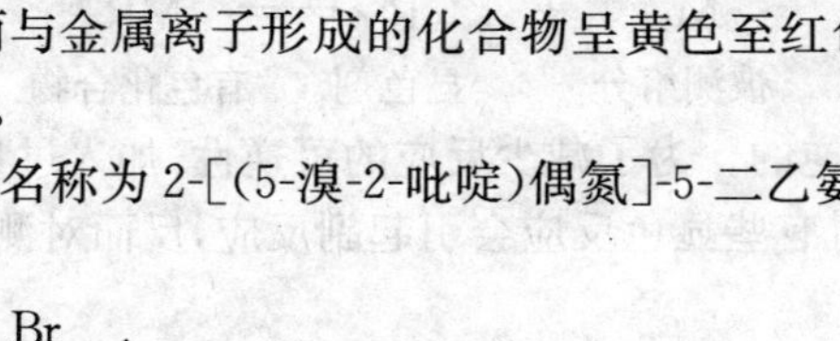

它与 Zn(Ⅱ)、Ni(Ⅱ)、Co(Ⅱ)、Fe(Ⅲ)、Cu(Ⅱ)、Mn(Ⅱ)、Nb(Ⅴ)、Hg(Ⅱ)、U(Ⅵ)等元素均有灵敏的显色反应，如 $\varepsilon_{550\ nm}^{Zn}=1.2\times10^5$，$\varepsilon_{560\ nm}^{Cd}=1.2\times10^5$，$\varepsilon_{576\ nm}^{Ni}=1.3\times10^5$，$\varepsilon_{575\ nm}^{Mn}=1.3\times10^5$，是测定过渡金属离子高灵敏度显色剂之一。5-Br-PADAP 难溶于水，而易溶于乙醇、丙酮、氯仿等有机溶剂。

(4) 铬天青 S。属于三苯甲烷类显色剂，其结构式为：

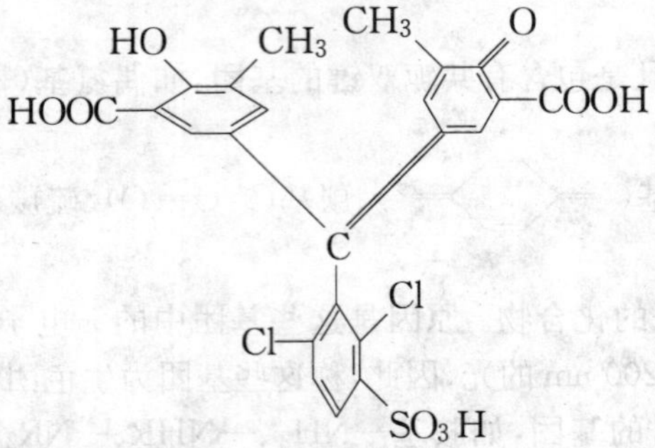

此试剂能与许多金属离子形成蓝色至紫色的配合物，可用于 Be、Al、Y、Ti、Zr、Hf、Th、Cr、F、Pt、Cu、Ca 和 In 等金属元素的光度测定。利用该试剂与 Th(Ⅳ)形成的有色配合物能被氟分解的性质可采用褪色法间接地测定氟。上述元素的摩尔吸光系数一般都在 $10^3\sim10^4$ L/(mol · cm)之间，对 Al 的测定，$\varepsilon_{545\ nm}=5.0\times10^4$ L/(mol · cm)。

(5) 磺基水杨酸。属 OO 型螯合显色剂，其结构式为：

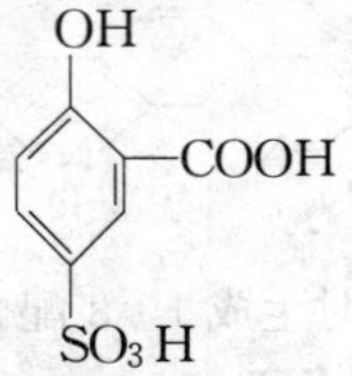

此试剂可与很多高价离子生成稳定的螯合物，主要用于测定 Fe^{3+}。磺基水杨酸与 Fe^{3+} 在 pH＝1.8～2.5时生成红褐色的 FeS_{sal}^{+}，其最大吸收峰位于 520 nm，$\varepsilon_{520\ nm}=1.6\times10^3$ L/(mol · cm)。

6.5.2　影响显色反应的因素

显色反应能否完全满足光度分析法的要求，除了主要与显色剂本身的性质有关外，控制显色反应的条件也是十分重要的。如果显色条件不合适，将会影响分析结果的准确度。影响显色反应的因素主要有以下几种。

6.5.2.1　显色剂的用量

显色反应一般可用下式表示：

$$\underset{\text{被测组分}}{M} + \underset{\text{显色剂}}{R} \rightleftharpoons \underset{\text{有色化合物}}{MR}$$

反应在一定程度上是可逆的。为了减少反应的可逆性，加入过量的显色剂是必要的，不能过量太多，因为过多的显色剂对有些显色反应会引起副反应，反而对测定不利。如以硫氰酸盐为显色剂时就要注意这一点。

在实际工作中，显色剂的适宜用量是通过实验来求得的。实验方法是：固定被测组分度和其他条件，只改变显色剂的加入量，测量吸光度，做出吸光度—显色剂用量的关系曲线，显色剂浓度达到某一数值，而吸光度无明显增大时，表明显色剂浓度已足够。

6.5.2.2 溶液的 pH 值

溶液 pH 值对显色反应主要有以下几方面的影响：

(1) 对金属离子存在状态的影响。大部分高价金属离子都易水解，当溶液的 pH 值升高时会产生一系列氢氧基配离子或多核羟基配离子。随着水解的进行，同时还发生各种类型的聚合反应。聚合度随着时间而增长，最终导致沉淀的生成。显然，金属离子的水解，对于显色反应的进行是不利的，故溶液的 pH 值不能太高。

(2) 对显色剂平衡浓度的影响。显色剂多是有机弱酸，显色反应进行时，首先是有机弱酸发生离解，其次才是配阴离子与金属离子配位：

$$M + HR \rightleftharpoons MR + H^+$$

从反应式可以看出，溶液 pH 值的变化将影响显色剂的离解，即影响显色剂的平衡浓度并影响显色反应的完全程度。其影响大小与显色剂的离解常数 K_a 有关，K_a 大时，允许的 pH 值可低些；K_a 很小时，允许的 pH 值要高些。

(3) 对显色剂颜色的影响。许多显色剂本身就是酸碱指示剂。当溶液 pH 值改变时，显色剂本身就有颜色变化，如果溶液的 pH 值使显色剂颜色与配合物的颜色相近甚至相同时，则光度测定发生困难。例如，二甲酚橙在溶液 pH>6.3 时呈红紫色；在 pH<6.3 时呈柠檬黄色；在 pH=6.3 时呈中间色。而二甲酚橙与金属离子的配合物呈现红色。因此，二甲酚橙须在 pH<6 的酸性溶液中用作金属离子的显色剂；如果在 pH>6 的溶液中进行光度测定，由于二甲酚橙与配合物颜色相近，就会降低测定的灵敏度，并引入较大误差。

(4) 对配合物组成的影响。对某些生成逐级配合物的显色反应，溶液 pH 值不同将会生成不同配位比的配合物。例如 Fe^{3+} 与磺基水杨酸(S_{sal})的配位反应，其规律是：溶液 pH=1.8～2.5 时，生成紫红色的 $Fe(S_{sal})^+$；当 pH 值升高至 4～8 时，则生成棕褐色的 $Fe(S_{sal})_2^-$；pH 值再进一步升高至 8～11.5 时，就生成黄色的 $Fe(S_{sal})_3^{3-}$。可见，在不同 pH 值条件下生成三种颜色不同的配位比分别为 1∶1、1∶2、1∶3 的配合物，所以测定时就应注意控制溶液的 pH 值。

(5) 对配合物稳定性的影响。溶液中的 H^+ 浓度增大时，配合物易被分解：

$$MR + H^+ \rightleftharpoons HR + M$$

$$K_{平衡} = \frac{[HR][M]}{[MR][H^+]} = \frac{[HR][M][R]}{[MR][H^+][R]}$$

$$= \frac{1}{\dfrac{[H^+][R]}{[HR]} \times \dfrac{[MR]}{[M][R]}} = \frac{1}{K_{HR}K_{MR}}$$

式中，K_{HR} 为显色剂 HR 的酸式离解常数；K_{MR} 为配合物 MR 的稳定常数。

所以：

$$[H^+] = [HR]\frac{[M]}{[MR]}K_{HR}K_{MR}$$

由此式可看出，在一般情况下，若显色剂过量越多([HR]越大)，其酸性越强(K_{HR} 越大)，及配合物越稳定(K_{MR} 越大)，则溶液允许的酸度可以越大。

通过以上讨论可知，溶液 pH 值对显色反应的影响很大，而且机理很复杂。因此，某一显色反应最适宜的 pH 值必须通过实验来确定。其方法是通过实验作出吸光度—pH 值关系曲线，从图上确定应该控制的 pH 值范围。

例如钢中 Al^{3+} 的测定，当用铬天青 S 光度法时，通常要求在 pH=5.5 左右进行。选择这样的酸度是因为:(1)许多显色剂具有酸碱指示剂的性质,即在不同酸度下有不同的颜色。铬天青S水溶液在 pH=1~4 时呈橙红色,接近中性时呈黄色,碱性时为蓝色,而铬天青S与 Al^{3+} 络合物呈紫红色。因此,只能在近中性溶液中进行。(2)大部分金属离子很容易水解,酸度降低时它们在水溶液中有可能形成一系列羟基或多羟基络离子。如 Al^{3+} 在 pH≈4 时有下列水解反应发生:

$$Al(H_2O)_6^{3+} \rightleftharpoons Al(H_2O)_5OH^{2+} + H^+$$

$$2Al(H_2O)_5OH^{2+} \rightleftharpoons Al_2(H_2O)_6(OH)_3^{3+} + H^+ + 3H_2O$$

酸度更低时,可进一步水解生成碱式盐或氢氧化物沉淀。显然,这些水解反应的存在,对显色反应的进行是不利的。

6.5.2.3 显色温度

不同的显色反应需要不同的温度。一般显色反应可在室温下完成;但有些显色反应需要加热至一定的温度才能完成。如 α、β、γ、δ-四苯基卟啉与铜的显色反应,必须在沸水浴中加热5~10 min才能完全。而有些有色配合物,在较高温度下却容易分解。例如铜与 4,4′-二偶氮苯重氮氨基偶氮苯形成紫红色配合物,当温度高于 50℃时迅速分解。因此,应根据不同的情况选择适当的温度进行显色。

6.5.2.4 显色时间

显色反应的速度有快有慢,有些显色反应在瞬间完成,溶液颜色很快达到稳定状态并在较长时间内保持不变;而有些显色反应虽能迅速完成,但有色配合物的颜色很快会褪色;还有些显色反应则进行缓慢,溶液颜色需经一段时间后才达到稳定。因此,适宜的显色时间、颜色的稳定时间和溶液允许放置时间必须通过实验来确定。

6.5.2.5 溶剂的影响

溶剂对显色反应的影响表现在下列几方面:

(1) 影响配合物的离解度。许多有色化合物在水中离解度大,而在有机溶剂中的离解度小,如用偶氮氯膦Ⅱ测定 Ca^{2+} 时,加入乙醇会降低离解度,使吸光度显著增加,提高了测定的灵敏度。

(2) 影响配合物的颜色。溶剂改变配合物颜色的原因,可能是由于各种溶剂分子的极性和介电常数不同,从而影响到配合物的稳定性,改变了配合物分子内部的状态,或者形成了不同的溶剂化物,如表 6-6 所示,Fe^{3+} 和 Co^{2+} 的配合物在水和乙醇中有不同颜色。

表 6-6 有色配合物在不同溶剂中的颜色

有色化合物	溶液的颜色	
	在水中	在乙醇中
Fe^{3+}-磺基水杨酸	浅蓝色	紫 色
Fe^{3+}-邻苯二酚二磺酸	蓝绿色	紫蓝色
Co^{2+}-硫氰酸	无 色	蓝 色

(3) 影响显色反应的速度。例如,当用氯代磺酚S测定 Nb 时,在水溶液中显色需几小时,如果加入丙酮后,仅需几分钟。

6.5.2.6 干扰离子的影响及其消除方法

干扰离子存在时对光度测定的影响有以下几种类型:

(1) 与试剂生成有色配合物。如用硅钼蓝光度法测定钢中硅时，磷也能与钼酸铵生成酸，同时被还原为磷钼蓝，使结果偏高。

(2) 干扰离子本身有颜色，如 Co^{2+}(红色)、Cr^{3+}(绿色)、Cu^{2+}(蓝色)等。

(3) 与试剂结合成无色配合物。消耗大量试剂而使被测离子配位不完全，如用水杨酸法测定 Fe^{3+} 时，Al^{3+}、Cu^{2+} 等有影响。

(4) 与被测离子结合成离解度小的另一化合物。如由于 F^- 的存在能与 Fe^{3+} 结合为 FeF_6^{3-}，使 $Fe(SCN)_3$ 根本不会生成，因而无法进行测定。

消除干扰的一般方法如下：

(1) 控制溶液的 pH 值。控制显色溶液的 pH 值，是消除干扰简便而且非常重要的方法。许多显色反应，金属离子和质子存在着竞争反应。当溶液 pH 值高时，有些干扰离子因水解作用生成氢氧基配离子而不能参与显色反应。当溶液 pH 值低时，则某些干扰的有色化合物会被 H^+ 所分解。

(2) 利用隐蔽反应。加入隐蔽剂是提高光度分析选择性常用的方法，通常选择合适的隐蔽剂使干扰离子生成稳定的无色化合物。适当地把隐蔽与控制溶液的 pH 值结合起来，可获得高的选择性。如在 pH≈9 时，用 EDTA 及 H_2O_2 作隐蔽剂，用 8-羟基喹啉测定铝是特效的显色反应。

(3) 采用萃取光度法。用适当的有机溶剂萃取出有色组分进行测定，可提高测定的选择性。如用丁二酮肟测定钯时，钯与丁二酮肟所形成的螯合物，可被氯仿从酸性溶液中选择性地萃取，而许多干扰离子则不被萃取。

(4) 在不同波长下测量两种显色配合物的吸光度，对它们进行同时测定。

(5) 寻找新的显色反应，如将二元配合物改变为三元配合物。

(6) 分离干扰离子，可利用萃取法、沉淀法、蒸馏法、离子交换法、吸附法等预先除去干扰离子。

此外，还可通过选择适宜的参比溶液和测定波长等方法，消除干扰离子的影响。

6.5.3 三元配合物显色体系

6.5.3.1 三元配合物的特点

三元配合物是指由三种不同组分所组成的配合物。在三种组分中，至少有一种组分是金属离子，另外两种组分是配体；或者至少有一种组分是配体，另外两种组分是不同的金属离子。前者叫做单核三元配合物，后者叫做双核三元配合物。目前在分析化学中应用最多的是单核三元配合物。

一种金属离子与两种不同的配体形成三元配合物比形成二元配合物困难，这就会使显色反应的选择性提高。三元配合物的分子内部结构与简单的二元配合物不同，一般含有较大的共轭体系配位体，增大了有效生色面积，因而吸收光谱的最大吸收峰往往发生红移。三元配合物都有较大的摩尔吸光系数，因而显色反应的灵敏度大大提高；而且其稳定性一般都比简单的二元配合物高，有利于提高测定的准确度。三元配合物在水中与有机溶剂中的溶解度差别较大，容易被有机溶剂萃取。三元配合物的这些特殊性质，使它在光度分析中得到了迅速发展和广泛应用。

6.5.3.2 三元配合物的类型

A 混配化合物

这是由一种金属离子与两种不同配体通过共价键结合成的三元配合物。两种不同的配体，可以是两种不同电负性的配体(R 和 R′);也可以是一种有机碱(B)和另一种其他配体(R)。前者生成[$MR_xR'_y$]和[MR_x][R'_y]型配合物,如 Nb(Ⅴ)-F^--XO;后者则生成[MB_xR_y]型配合物,如 $TiO(SCN)(BPHA)_2$(BPHA 为 N-苯甲酰基羟胺)。形成此类三元配合物的主要条件为:

(1) 金属离子与两种配体都有形成配合物的能力;

(2) 两种配体与金属离子配位时要有适当的空间因素,其中单齿配体的体积要相当小,不至于阻碍螯合配体进行配位,如 F^-、H_2O、NH_2OH 等;

(3) 单齿配体的浓度要比较大。

B 离子缔合物

二元金属配离子与带相反电荷的染料离子通过静电引力结合成离子缔合型的三元配合物。二元金属配离子有两种:一种为金属配阳离子,为胺合物型,通式为[MB_m][R_n];另一种为金属配阴离子,为铵盐型,通式为[BH]$_m$[MR]。能形成二元金属配离子的有机试剂有两类:

(1) 有机碱。常用的有机碱为吡啶(Py)、喹啉(Q)、安替比林(Anf)类,1,10-二氮菲(Phen)及其衍生物、二苯胍以及季铵盐(包括四苯钾)和有机染料等阳离子。

(2) 电负性配体。常用的有简单阴离子(如 F^-、Cl^-、Br^-、I^-),配阴离子(如 SCN^-、ClO_4^-、SO_4^{2-}、HgI_4^{2-}、$Ag(CN)_2^-$ 及草酸盐和水杨酸盐),还有有机染料的阴离子(如邻苯二酚、邻苯三酚、四氯四碘荧光素)等。这类离子缔合型三元配合物的灵敏度、选择性都很高,在萃取光度法中占有重要位置。

C 金属离子—配体—表面活性剂体系

金属离子—配体—表面活性剂体系,形成的是胶束状的化合物。例如 Sn(Ⅳ)、邻苯二酚紫(PV)和阳离子表面活性剂十六烷基三甲基胺(CTAB)形成的$(CTAB)_4Sn(PV)_2$ 三元配合物属这一类型。其特征是有色化合物的吸收峰一般发生几十纳米的"红移"现象,增加了吸收强度,提高了灵敏度,一般摩尔吸光系数可达 10^5。由于生成的是高配位数的配合物,也提高了显色反应的选择性。这类胶束增溶显色反应是发展水相光度法的一条重要途径,是一类值得注意的显色反应。

目前,用于这类反应常见的表面活性剂有:

(1) 阳离子表面活性剂。长链的正烷基季胺盐类,如氯化十六烷基三甲基胺(CTMA)和十四烷基二甲基苄基氯化胺(ZePh);烷基吡啶类,如溴化十六烷基吡啶(CPB)和溴化十四烷基吡啶(TPB)等。

(2) 阴离子表面活性剂。烷基磺酸盐 $R—SO_3^-M^+$,如十二烷基磺酸钠($C_{12}H_{25}SO_3Na$);硫醇酯盐 $ROSO_3^-M^+$,如十二烷基硫酸钠($C_{12}H_{25}SO_4Na$)即为此种类型的代表。

(3) 非离子表面活性剂。脂肪醇聚乙烯醚 $R—O—(CH_2—CH_2—O)_n—H$,如平平加、乳化剂 MDA;烷基苯酚聚氧乙烯醚 $R—C_6H_5—O—(CH_2—CH_2O)_n—H^+$,如国产乳化剂 OP 和进口产品 Triton X－100 均属此类;多醇类,如 Tween 系列产品。

上述三种类型的三元配合物,因性质上各有特点,应用上又各有所长,因此在光度分析中应用最广。

6.6 光度分析的灵敏度与准确度

6.6.1 光度分析的灵敏度

光度分析的灵敏度,就是显色反应的灵敏度。灵敏度常采用下列三种参数描述。

6.6.1.1 摩尔吸光系数

摩尔吸光系数 ε 表示吸光物质的浓度为 1 mol/L、液层厚度为 1 cm 时,溶液在特定波长下的吸光度。ε一般不能直接测定，而要通过计算求得。

例：有一含铁浓度为1 mg/L的溶液，以邻二氮菲光度测定铁。吸收池厚度为2 cm，在508 nm测得吸光度为0.38。计算摩尔吸光系数。

解：

$$c_{Fe}=\frac{1.0\times10^{-3}}{55.85}=1.8\times10^{-5}(mol/L)$$

$$\varepsilon=\frac{A}{bc}=\frac{0.38}{2\times1.8\times10^{-5}}=1.1\times10^{4}(L/(cm\cdot mol))$$

摩尔吸光系数为吸光物质（通常为有色络合物）的吸光特性，浓度c应该是有色络合物（以ML_n表示）的浓度，即：

$$A=\varepsilon b[ML_n]$$

$$\varepsilon=\frac{A}{b[ML_n]}$$

有色络合物的浓度经常不能准确知道，一般以欲测金属离子总浓度c_M来代替$[ML_n]$。但金属离子并不一定全部转变为有色络合物，以c_M计算得到的摩尔吸光系数都是表观摩尔吸光系数，通常以$\bar{\varepsilon}$表示。表观摩尔吸光系数总是小于真摩尔吸光系数。当有色络合物ML_n稳定性较高时（稳定常数大），$\bar{\varepsilon}$接近于真摩尔吸光系数ε。如果ML_n稳定性较低时，二者相差甚远。

6.6.1.2 Sandell灵敏度指数

显色反应的灵敏度也常用Sandell灵敏度指数(s)来描述。灵敏度指数原来用于目视比色法，是指人的眼睛在单位面积(cm^2)液柱内，能够检出有色物质的最低量，单位为$\mu g/cm^2$。后将此指数应用至光度仪器测量，规定仪器检测下限为$A=0.001$。当$A=0.001$时，单位面积光程中所含物质的量即为灵敏度指数，单位同样为$\mu g/cm^2$。s与ε的关系如下。

根据比尔定律$A=\varepsilon bc$有：

$$0.001=\varepsilon bc$$

$$bc=\frac{0.001}{\varepsilon}$$

式中，c的单位为mol/L，即mol/1000cm^3；b为液层厚度，cm；bc为单位面积光程中的摩尔数。则：

$$s=\frac{bcM}{1000}\times10^{6}=\frac{0.001}{\varepsilon}\times M\times10^{3}=\frac{M}{\varepsilon}(\mu g/cm^2)$$

例：用邻二氮菲光度测定铁时，在508 nm下$\varepsilon=1.1\times10^{4}$ L/(mol·cm)，其灵敏度指数s为：

$$s=\frac{55.85}{1.1\times10^{4}}=0.0050(\mu g/cm^2)$$

以4,7-二苯基邻二氮菲光度测定铁，在533 nm下，$\varepsilon=2.2\times10^{4}$ L/(mol·cm)，则：

$$s=\frac{55.85}{2.2\times10^{4}}=0.0025(\mu g/cm^2)$$

显然4,7-二苯基邻二氮菲是光度测定铁的更灵敏的试剂。摩尔吸光系数愈大，灵敏度指数愈小，反应灵敏度愈高。这对于用不同试剂测定同一元素是完全正确的。但比较测定不同元素的灵敏度时，应用ε要慎重。

例：应用双硫腙萃取光度法测定铜时$\varepsilon=4.5\times10^{4}$ L/(mol·cm)，测定铅时$\varepsilon=6.8\times10^{4}$ L/(mol·cm)，计算其灵敏度指数：

$$\text{Cu}\quad s=\frac{63.55}{4.5\times10^{4}}=0.0014(\mu g/cm^2)$$

$$\text{Pb}\qquad s=\frac{207.2}{6.8\times10^4}=0.0030(\mu g/cm^2)$$

可以看出，由于经过式量换算，摩尔吸光系数小的方法（测定铜）却具有较高的灵敏度。这是以摩尔吸光系数描述反应灵敏度的一个缺点。应用灵敏度指数描述比较准确，但 s 数值很小使用不便。因此，提出应用比吸光度来描述显色灵敏度。

6.6.1.3　比吸光度

比吸光度是指吸光物质浓度为 1 mg/L 或者 1 μg/mL 时，在 $\lambda_{最大}$ 下，光程为 1 cm 时的吸光度值，通常以"a"表示。比吸光度值愈大，反应灵敏度愈高。a 与 ε、s 的关系为：

$$a=\frac{\varepsilon}{M\times1000}$$

$$a=\frac{1}{s\times1000}$$

在前例中以双硫腙萃取光度法测定铜、铅时的比吸光度：

$$\text{Cu}\qquad a=\frac{4.5\times10^4}{63.54\times1000}=0.71$$

$$\text{Pb}\qquad a=\frac{6.8\times10^4}{207.2\times1000}=0.33$$

从表 6-7 可以看出，比吸光度用来描述反应的灵敏度，较 ε 与 s 有更大的优越性，可考虑在光度分析中应用。

表 6-7　一些显色反应的灵敏度

试　剂	金属离子	$\lambda_{最大}$	ε	s	a
偶氮胂Ⅲ	Th(Ⅳ)	665	1.2×10^5	0.0019	0.53
	U(Ⅳ)	670	1.2×10^5	0.0020	0.50
	U(Ⅵ)	656	6.0×10^4	0.0040	0.25
	Sc(Ⅲ)	640	2.9×10^4	0.0017	0.58
双硫腙	Cd^{2+}	518	8.0×10^4	0.0014	0.71
	Cu^{2+}	550	4.5×10^4	0.0014	0.71
	Hg^{2+}	490	7.1×10^4	0.0029	0.35
	Pb^{2+}	520	6.8×10^4	0.0030	0.33
PAR(吡啶偶氮间苯二酚)	Mn^{2+}	496	8.7×10^4	0.0006	1.58
	Nb(Ⅴ)	550	3.6×10^4	0.0026	0.39
	Pd^{2+}	510	1.8×10^4	0.0059	0.17
邻二氮菲	Fe^{2+}	512	1.1×10^4	0.0050	0.20
	Cu^{+}	435	7.0×10^3	0.0091	0.11

6.6.2　光度分析的准确度

光度分析法是准确度较高的分析方法。以光度分析法进行测定，其相对误差可达 2%～5%，完全可以满足微量组分测定的要求。光度分析中产生误差的原因是很复杂的，副反应的产生、干扰离子的存在等化学因素可以产生很大的误差，但由化学因素产生的误差通常可以采取适当的方法(控制反应条件、分离、隐蔽等)加以消除。由物理因素引起的误差可以分为两个部分：一部分是由于透光率刻度误差及读数误差引起的透光率测量误差；另一部分是由测量数据制作标准曲线及确定欲测组分浓度时所产生的误差，现在多用回归分析方法来减小这部分误差。本节着重讨论透光率测量误差对于结果准确度的影响。

一个试液的透光率是这样测定的：先在没有光进入光路时调节机械零点，即消除“暗电流”。使入射光进入光路，通过参比溶液的吸收池，照至光电池上。调节光量调节器使透光率为100%。然后使装有试液的吸收池进入光路，即可直接读出试液的透光率。几次读数误差的累积，一般可使测量误差达到0.5%～1%。测得的透光率经过对数转换得到吸光度。当溶液浓度不同，透光率也不同时，由于透光率测量误差引起的溶液浓度测定的相对误差是不同的。从图6-17中看出，当溶液浓度很大(c_2)，透光率(T_2)很小时，透光率测量误差 ΔT 会使测定浓度产生很大误差。反之，当溶液浓度(c_1)很小，透光率(T_1)较大时，由透光率测量误差 ΔT 引起的测定浓度的误差绝对值很小。但因溶液浓度也很小，因而测定浓度的相对误差 $\Delta c/c_1$ 较大。

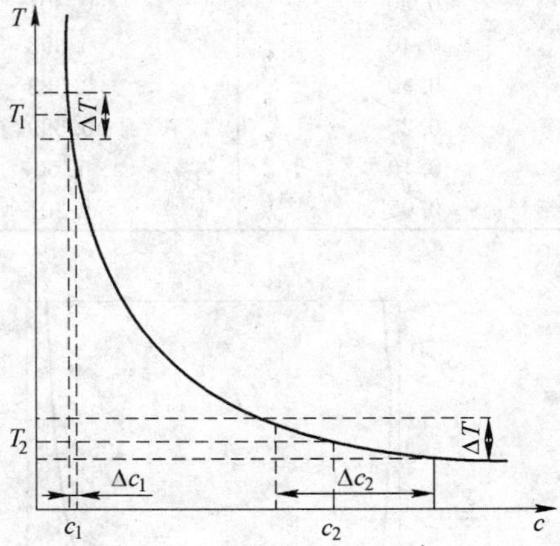

图 6-17　T-c 曲线

Ringbom 和 Ayres 对于这个问题进行过定量的推导。根据比尔定律：

$$A=-\lg T=abc$$

得：

$$\begin{cases} ab\mathrm{d}c=-\dfrac{0.434}{T}\mathrm{d}T \\ ab=\dfrac{-\lg T}{c} \end{cases} \tag{6-10}$$

整理后得：

$$\frac{\mathrm{d}c}{c}=\frac{0.434}{T\lg T}\mathrm{d}T \tag{6-11}$$

可以看出，测定浓度的相对误差 $\mathrm{d}c/c$ 与透光率测量误差及透光率本身的大小有关。大多数的分光光度计中，透光率测量误差的大小不随 T 改变而变化。Ringbom 和 Ayres 在处理中把 $\mathrm{d}T$ 近似地看成大小固定，不随透光率变化而改变，把 $\mathrm{d}T$ 写成为 ΔT，一般为0.5%～1%：

$$\frac{\Delta c}{c}=\frac{0.434}{T\lg T}\Delta T \tag{6-12}$$

可以使用式6-12计算不同透光率时测定的相对误差，结果列于表6-8。以 $\Delta c/c$ 对 T 及 A 作图，如图6-18和图6-19所示。

表 6-8　不同透光率和吸光度时的测定误差

透光率 T	吸光度 A	$\Delta c/c$/%	
		$\Delta T=\pm1\%$	$\Delta T=\pm0.5\%$
0.95	0.022	20.52	10.26
0.90	0.045	10.55	5.28
0.80	0.097	5.60	2.80

续表 6-8

透光率 T	吸光度 A	$\Delta c/c$/%	
		$\Delta T=\pm1\%$	$\Delta T=\pm0.5\%$
0.70	0.155	4.01	2.01
0.60	0.222	3.26	1.63
0.50	0.301	2.88	1.44
0.40	0.398	2.73	1.37
0.30	0.523	2.77	1.39
0.20	0.699	3.11	1.56
0.10	1.00	4.34	2.17
0.05	1.301	6.68	3.34

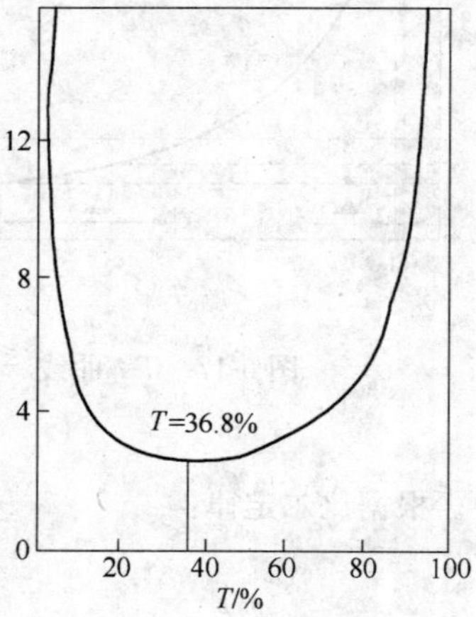

图 6-18 $\frac{dc}{c}$-T 图

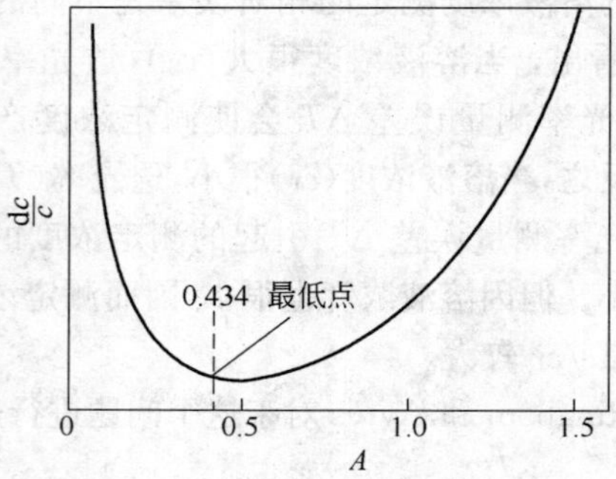

图 6-19 $\frac{dc}{c}$-A 图

可以看出，当透光率趋向于 0 或 100%时，$\Delta c/c$ 急剧增大。由式 6-12 可以看出，当 $T\lg T$ 为极大时，$\Delta c/c$ 值最小，即 $d(T\lg T)/dT=0$，$\Delta c/c$ 值最小。则：

$$\frac{d}{dT}(T\lg T)=0.434+\lg T=0$$

$$-\lg T=A=0.434$$

$$T=0.368(36.8\%)$$

即当 $T=36.8\%$，或 $A=0.434$ 时，$\Delta c/c$ 的值最小。此时：

$$\frac{\Delta c}{c}=2.72\Delta T$$

如 $\Delta T=1\%$时，$\frac{\Delta c}{c}=2.72\%$。

可以看出，即使浓度测定误差最小时，它的值也接近 3%。这就是光度分析法的测定误差一般在 2%～5%左右的原因。在实际分析中，为了使测定结果的相对误差有可能小于 5%，应该在透光率为 10%～80%（即吸光度为 0.1～1）的范围内进行测定。

在前面的讨论中，假定透光率测量误差固定不变与透光度本身数值无关，测定误差被认为完全由刻度读数误差决定的。应用现代分光光度仪器时已经发现，限制准确度的因素也来自其他方面，如仪器的噪声。ΔT 也不是固定不变的，测定误差最小时不在 $T=36.8\%$处，而在更低 T 值处。

6.6.3 测量条件的选择

在光度分析中，为了获得较高的灵敏度和准确度，必须注意选择最适宜的测量条件。一般来说应注意以下几点：

(1) 选择适当的入射波长。一般根据“吸收最大，干扰最小”的原则来选择入射光波长。

(2) 控制适当的吸光度范围。通过控制被测物质的浓度和选择适当厚度的比色皿，使测量的吸光度落在(0.10～0.80)A之间。

(3) 选择适当的参比溶液。参比溶液是用来调节吸光度为零的。参比溶液的正确选择对提高测量的准确度很重要。确定参比溶液的原则，一般地讲为：

1) 水参比。要求显色剂和试液都无色。例如，钢铁中磷的光度测定——氟化钠、氯化亚锡钼蓝法，就可用蒸馏水作参比溶液。

2) 试剂空白。如显色剂和试剂均有颜色，而试液无色，则应采用显色剂溶液作参比。配制方法是：按分析步骤加入相同体积的试剂和显色剂(不加入被测溶液)，并稀释至相同体积。例如，用硼试剂(HPTA)光度法测定钢中硼时，由于 HPTA 本身有很深的颜色，所以宜用 HPTA 试剂溶液作参比，以消除显色剂颜色对测定的影响。

3) 试样空白。如显色剂为无色，而被测试液中存在其他有色离子，常以不加显色剂而其他操作不变的被测试液作参比溶液。如用硫氰酸盐光度法测定钢中钨时，以不加硫氰酸盐的试液作参比溶液，以消除 Cr^{3+}、Ni^{2+}、Cu^{2+} 等有色离子的影响。

4) 褪色空白。为消除有色试剂及共存离子颜色的影响，加入选择性的络合隐蔽剂(或氧化还原隐蔽剂)，以破坏被测元素与显色剂所形成的有色化合物的颜色。如 Al^{3+}-CAS 光度法测 Al^{3+}，以加氟化铵的褪色空白作参比溶液。

5) 不显色空白。除了消除有色试剂及共存离子颜色影响外，还可以消除部分共存离子与显色剂作用所产生的影响。这是利用改变试剂加入次序使其不显色的空白。如钼蓝光度法测定钢铁中硅，就是以先加草酸后加钼酸铵的方法制成空白溶液作参比液。

6) 平行操作空白。为了消除操作中带入的系统误差，不称试样，或用不含被测元素的试样作随样空白。

实际工作中要综合分析，选择适当的测量条件，以提高分析的准确度。

6.7 应用实例

6.7.1 硅钼蓝光度法测定碳素钢、低合金钢中硅

一般钢中硅含量不超过 1%，但有些钢种如弹簧钢中硅含量可达 2%，硅钢中硅含量可达 4%。高含量硅的测定，常采用重量法。低含量硅的测定，广泛采用硅钼蓝光度法。

硅钼蓝光度法，以硅钼杂多酸为基础，灵敏度高，适用范围广，在日常分析和标准样品分析中都占有重要地位。

6.7.1.1 *方法原理*

试样用稀酸、低温溶解，使硅转化为可溶性硅酸：

$$3FeSi + 16HNO_3 = 3Fe(NO_3)_3 + 3H_4SiO_4 + 2H_2O + 7NO\uparrow$$

在弱酸性溶液中，硅酸与钼酸铵作用生成硅钼杂多酸(硅钼黄)：

$$H_4SiO_4 + 12H_2MoO_4 = H_8[Si(Mo_2O_7)_6] + 10H_2O$$

在草酸存在下，加入硫酸亚铁铵，将硅钼黄还原为硅钼蓝，进行光度测定：

$$H_8[Si(Mo_2O_7)_6]+4FeSO_4+2H_2SO_4=H_8[SiMo_2O_5\cdot(Mo_2O_7)_5]+2Fe_2(SO_4)_3+2H_2O$$

硅钼杂多酸的形成：在硅钼蓝光度法测硅的过程中，首先是单分子正硅酸与钼酸铵络合形成硅钼杂多酸。硅钼杂多酸有 α 型和 β 型两种。α 型形成酸度较低，β 型形成酸度较高。α 型稳定，β 型不大稳定易转变为 α 型。

在分光光度法中均采用 β 型。这主要是因为在可见光区 β 型吸光度较高，而且在 β 型形成的酸度下不易产生大量的钼酸铁沉淀。

为了防止 α 硅钼杂多酸的生成，控制好 β 型硅钼杂多酸的生成酸度非常重要。在实际分析过程中，硅钼杂多酸的形成酸度，是根据溶液中铁量和钼酸铵加入量等因素决定的，一般控制在 0.1～0.6 mol/L。由于钼酸铵有一定的缓冲作用，过多的钼酸铵也要消耗一部分的酸，所以溶液中最终适宜络合的实际酸度仍为 pH=1 左右。酸度过大或过小都将影响硅钼黄的完全形成。

硅钼黄形成完全与否与温度和放置时间关系也很大。为确保硅钼黄形成完全，室温在 10～20℃时放置 30 min，室温在 20℃以上时放置 15 min，10℃以下适当延长放置时间。采用沸水浴时只需加热 30 s。

6.7.1.2　试样分解

试样分解是该法的关键步骤，为了使硅在溶液中成单分子硅酸状态存在，首先，溶样温度不能高，而且溶解酸度也不宜高（一般应小于 2 mol/L）。溶液中硅的浓度也不宜过高（一般每 100 mL 2 mol/L 酸度的溶液中，硅含量不大于 4 mg）。这些措施都是为了防止硅酸的聚合。

分解试样采用哪种酸，主要决定于试样本身的组成和性质。一般碳素钢、低合金钢常用稀硫酸或稀硝酸溶解；高合金钢则常用稀王水溶解，有时也用盐酸—过氧化氢溶解；含铬量较高的试样，先用稀盐酸分解，不宜采用氧化性酸，否则，试样表面会因 Cr_2O_3 氧化膜的生成更加难溶。

待试样全溶后，再用过硫酸铵或高锰酸钾氧化，以将偏硅酸转化为正硅酸。过剩的过硫酸铵经煮沸除去。高锰酸钾在煮沸形成 MnO_2 沉淀后，用亚硝酸钠将其还原为 Mn^{2+}。

硅钼杂多酸的还原：在硅钼蓝光度法中多采用硫酸亚铁铵将硅钼黄还原为硅钼蓝。在硅钼黄形成的酸度下，硫酸亚铁铵不会还原过量的钼酸铵。

6.7.1.3　干扰元素情况

磷、砷也能与钼酸铵生成磷、砷钼黄，同时被还原为钼蓝，干扰硅的测定，可用加草酸的方法来克服。当硅钼黄一旦形成之后，由于它具有较高的稳定性，即使再加入草酸，硅钼黄分解也很缓慢，而磷、砷钼黄却迅速分解，从而消除了磷砷的干扰。但应注意，当加草酸使钼酸溶解后，必须要立即在 1～2 min 内加还原剂，否则，间隔时间太长，硅钼黄也会缓慢分解，造成结果偏低。

草酸还可以和 Fe^{3+} 形成浅黄色络合物，从而大大降低了 Fe^{3+} 的有效浓度，使 Fe^{3+}/Fe^{2+} 电对的电极电位降低，相对地提高了 Fe^{2+} 的还原能力。铁的存在会降低方法的灵敏度，在绘制工作曲线时，显色液中尽可能保持与试样中含铁量相近，以抵消其影响。

其他有色离子的干扰，可采用颠倒试剂加入顺序的方法配制参比液，以此来消除其影响。

6.7.1.4　测量方法

A　方法要点

试样以稀硝酸低温溶解，过硫酸铵氧化，在一定酸度下使正硅酸与钼酸铵生成硅钼黄，以草酸消除磷、砷干扰，用硫酸亚铁铵将硅钼黄还原为硅钼蓝，借此进行光度测定。

B 试剂

硫酸亚铁铵溶液：6%，每 100 mL 溶液中，加硫酸(1+1)2 mL。

C 分析步骤

称取试样 0.2000 g，置于 150 mL 三角瓶中，加 40 mL 硝酸(1+5)，低温加热全溶后，加 3 mL 过硫酸铵溶液(10%)，煮沸 3 min，取下冷至室温。移入 100 mL 容量瓶中，用水稀释至刻度，摇匀。

移取试液 10.00 mL 两份，分别置于 100 mL 容量瓶中，加水 50 mL。

显色溶液：加 5 mL 钼酸铵溶液(5%)，摇匀，放置 10 min(视室温而定)。沿瓶壁加 10 mL 草酸溶液(5%)，摇匀，立即加 10 mL 硫酸亚铁铵溶液(6%)，用水稀释至刻度，摇匀。

参比溶液：于另一份试液中，先加 10 mL 草酸(5%)，摇匀，加 5 mL 钼酸溶液(5%)，加 10 mL 硫酸亚铁铵溶液(6%)，用水稀释至刻度，摇匀。

用适当比色皿于分光光度计波长 650 nm 处测其吸光度，在工作曲线上查出相应的百分含量。

D 工作曲线的绘制

选用 3～4 个标准样品，按分析步骤操作，以硅含量为横坐标，吸光度为纵坐标绘制工作曲线。

E 注意事项

注意事项如下：

(1) 低温溶样，难溶样应注意随时补加水，以防硅酸凝聚。

(2) 加草酸，待钼酸铁溶解后，要立即加硫酸亚铁铵溶液。

(3) 室温低时，硅钼黄形成缓慢，要延长放置时间。

6.7.2 碳酸钠分离—二苯碳酰二肼光度法测定钢中铬

铬是合金钢中应用最广的元素之一。普碳钢中铬含量一般在 0.3%以下，合金钢中铬含量为 1%～5%；不锈钢中含铬可达 20%。

铬的测定方法主要有容量法和光度法。中、高含量的铬多采用容量法测定，小于 0.1%的铬则常用光度法测定。

光度分析法中以二苯碳酰二肼为显色剂的方法使用最广。

6.7.2.1 方法原理

二苯碳酰二肼，又名二苯偕肼、二苯氨基脲。其结构式如下：

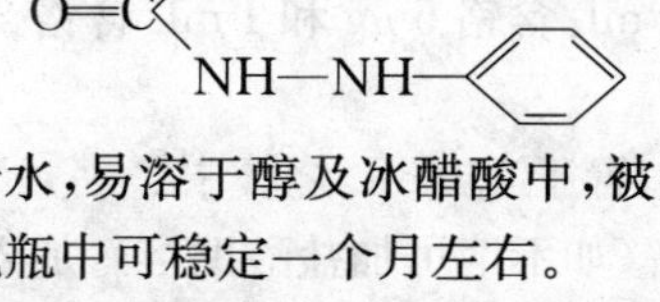

二苯碳酰二肼为白色结晶，微溶于水，易溶于醇及冰醋酸中，被空气氧化则逐渐变为粉红色。以无水乙醇和冰醋酸配制，贮于棕色瓶中可稳定一个月左右。

二苯碳酰二肼在酸性介质中与六价铬反应生成紫红色络合物。适宜酸度为 0.024～0.29 mol/L硫酸，以 0.05～0.2 mol/L 硫酸溶液为最好。酸度低，显色慢；酸度高，色泽不稳。络合物的生成速度很快，于室温 13～23℃显色，有色溶液可立即达到最大吸收，可稳定 85 min。络合物的稳定时间与温度有一定关系，温度升高稳定时间缩短。

将三价铬氧化至六价可用高氯酸氧化，有时也用过硫酸铵(在 Ag^+ 存在下)氧化，但最经常应用的方法还是在酸性溶液中以高锰酸钾氧化,过量的高锰酸钾加入亚硝酸钠还原,过量的亚硝酸钠加入尿素分解。

二苯碳酰二肼光度法测定铬时,钒(Ⅴ)能与显色剂生成较深的棕色络合物干扰测定,当钒量不超过10倍铬量时,显色后放置15 min以上,颜色逐渐减退不影响测定。钼(Ⅵ)与显色剂也生成紫红色络合物,但反应的灵敏度很低,当50 mL显色液中共存200 μg钼时不影响测定。钴、镍量多时对测定也有影响。铁(Ⅲ)在稀硫酸溶液中,与显色剂生成棕色络合物,对铬的紫红色络合物颜色影响不大,但能使铬的吸光度降低,加入磷酸或氟化物可隐蔽铁,但影响铬的显色。

二苯碳酰二肼作显色剂的光度法有直接光度法和分离后再显色进行光度测定两种方法。直接光度法简单、快速,但稳定性和准确度稍差。碳酸钠分离的方法,大大扩大了适用范围,可测碳素钢、低合金钢和精密合金中0.005%～0.5%的铬。

为了使铬与其他元素分离,在诸多分离方法中,碳酸钠沉淀分离法操作简单、分离效果好,而且避免了有机试剂对人体的危害。在铬被氧化为CrO_4^{2-}之后,加碳酸钠溶液,在强碱性条件下,CrO_4^{2-}定量地留在溶液中,而铜、钛、铁、钴、镍、锰、稀土元素等形成氢氧化物沉淀,从而达到了分离的目的。

碳酸钠用量:在氧化后的溶液中,分次缓慢加入20%的碳酸钠溶液至出现沉淀后再过量5 mL。一般情况下,加30 mL即可。若不够时可多加几毫升。碳酸钠量不足,分离效果差;过量太多,将影响显色酸度。对于含镍、钴高或铬含量低于0.05%的样品,在加碳酸钠沉淀后,要煮沸2～3 min,否则结果会偏低。

当共存200 mg铁、60 mg镍、40 mg钴经分离后对测定25 μg铬无影响。当共存1 mg铜、钒,2 mg钼,12 mg钨经分离后对测定100 μg铬不干扰。

也可采用甲基异丁酮或铜铁试剂—三氯甲烷萃取分离铁基和其他干扰元素,方法准确度好。

6.7.2.2　测量方法

A　方法要点

试样用酸溶解,在硫酸溶液中以高锰酸钾氧化铬至六价。以碳酸钠分离后,六价铬在0.05～0.2 mol/L硫酸溶液中与二苯碳酰二肼生成紫红色络合物,测其吸光度。

B　主要试剂

二苯碳酰二肼(0.25%):称取0.25 g二苯碳酰二肼溶于94 mL无水乙醇及6 mL冰醋酸中,贮于棕色瓶中。

铬标准溶液:称取0.2829 g基准重铬酸钾(经105℃烘1 h后,置于干燥器中冷至室温),溶于水后,移入1000 mL容量瓶中,用水稀释至刻度,摇匀。此溶液1 mL含铬100 μg。

以上述标液为母液,配制成1 mL含铬5 μg和1 mL含铬2 μg的两种铬标准溶液。

C　分析步骤

称取0.2000～0.3000 g试样,置于150 mL烧杯中。

加10 mL硝酸(浓),加热溶解(如不溶可加盐酸助溶),加入5.0 mL硫酸(1+1),加热蒸发至冒烟,稍冷,加30 mL水,加热溶解盐类。

加2 mL高锰酸钾溶液(1%),煮沸至二氧化锰全部沉淀,用水稀释至80～90 mL,在搅拌下分次缓慢加入30 mL碳酸钠溶液(20%),冷却至室温,移入250 mL容量瓶中,用水稀释至刻度,摇匀。

用双层中速滤纸干过滤,弃去最初滤液,移取10.00～50.00 mL溶液(含铬量2～5 μg),置于

100 mL容量瓶中，加4.0 mL硫酸(1+6)(若移取液呈粉红色可能还有部分锰(Ⅶ)，应加5 mL尿素溶液(20%)，仔细滴加亚硝酸钠溶液(2%)至试液呈无色再过量一滴)。

用水稀释至约90 mL加3.0 mL二苯碳酰二肼溶液，摇匀，用水稀释至刻度，摇匀。

将部分溶液移入适当比色皿中，以水为参比，于540 nm波长处测其吸光度，减去试剂空白的吸光度后，从工作曲线上查出相应的铬量。

D 工作曲线

移取数个不同含量的铬标准溶液，分别置于数个100 mL容量瓶中，加4.0 mL硫酸(1+6)，用水稀释至约90 mL，以下按分析步骤进行操作。以不加铬标液的一份为参比溶液，测其吸光度，绘制工作曲线。

E 结果计算

$$Cr(\%)=\frac{m_1V}{mV_1}\times 100$$

式中，V_1为分取试液体积，mL；V为试液总体积，mL；m_1为从曲线上查得的铬量，g；m为称样量，g。

F 注意事项

注意事项如下：

(1) 溶样时，若加盐酸须冒硫酸烟将其赶尽，未加盐酸可稍冒烟即可。

(2) 硫酸冒烟时极易迸溅，应在低温下仔细进行。

6.7.3 硫氰酸盐光度法快速测定钢中钼

钢中钼含量通常为0.01%～1%，在某些特殊钢中，如耐热钢等含钼量可达6%。

钼在钢中主要以碳化物形态存在。钼的碳化物较难破坏，含钼钢样常用硫酸或硫磷混酸溶样加硝酸破坏碳化物。有时也用硝酸或王水溶样，最后加硫酸蒸发至冒白烟以驱除硝酸。含铬高的钢可直接用高氯酸溶解试样并冒烟。含钨钢应补加磷酸以络合钨。

钢中钼的测定方法很多，主要有重量法和光度法。

钼的光度法(包括萃取光度法)是测定钢中钼较常用的方法，约有十余种。但从选择性、灵敏度、试剂来源及适用性等方面综合考虑，其中以硫氰酸盐光度法应用最为普遍。

6.7.3.1 *方法原理*

硫氰酸盐与许多阳离子形成有色络合物，如硫氰酸盐与铁形成红色络合物，与钼形成红色络合物等。硫氰酸盐是光度分析中应用较早的一种无机显色剂。尽管灵敏度和选择性好的有机显色剂不断出现，但由于硫氰酸盐试剂来源容易，成本较低，测量方法也比较简单、易掌握等优点，所以目前仍然较为普遍地应用于钼、钨等元素的测定。

硫氰酸盐络合物离解度较大，为了使被测离子完全络合，须加入较过量的试剂。

络合物的逐级形成是硫氰酸盐络合物的一个重要特性。如Mo(Ⅴ)同CNS^-可形成1～6个配位数的络合物，而且各级络合物的颜色也不一样。因此，在测定过程中，既要保持过量的显色剂，又要保持试剂浓度的一致性，以保证良好的重现性。

钼的测定中，是Mo(Ⅴ)与硫氰酸盐络合，所以需将六价钼还原为五价。常用的还原剂有氯化亚锡、抗坏血酸、硫脲等。当用氯化亚锡作还原剂时，显色酸度为1～2.5 mol/L的硫酸，此时可允许适量的硝酸存在，以防止五价钼被还原到更低价态。但硝酸量也不宜过多，为的是防止

Mo(Ⅴ)被氧化至 Mo(Ⅵ),同时过量的硝酸还会破坏硫氰酸盐。抗坏血酸作还原剂时,显色酸度为 1～4 mol/L 硫酸(或高氯酸)。用硫脲作还原剂时显色酸度为 8%～10%的盐酸或硫酸。

硫氰酸盐金属络合物能溶于某些有机溶剂,并且使络合物的离解度减小,从而大大提高了测定的灵敏度和准确度。这一性质较广泛地应用在萃取分离方面,既达到了分离干扰元素的目的又达到了富集的目的。如钼的硫氰酸盐络合物可被乙酸乙酯、乙酸丁酯、异戊醇等有机溶剂萃取。

硫氰酸盐离子是弱还原剂,能被强氧化剂氧化。因此不允许大量的氧化剂,如高锰酸钾、过氧化氢等存在。

硫氰酸盐络合物与元素的价态关系也很大。如 Fe^{3+} 与 CNS^- 形成红色络合物,而 Fe^{2+} 则不与 CNS^- 形成络合物。钼(Ⅵ)不与 CNS^- 显色,钼(Ⅳ)也不与 CNS^- 显色。

温度对显色反应及铁的还原速度均有影响,常用硫酸钛作催化剂加快反应速度。室温高于 30℃时约放置 3 min 显色完全;25～30℃约 5 min;15℃时约 15 min;低于 15℃时,放置时间应相应延长。

干扰元素主要有铜、钒、钨。在还原剂存在下,硫氰酸盐与铜生成硫氰酸亚铜沉淀,干扰测定。铜量较高时,可加硫脲消除 Cu 的干扰。钒与硫氰酸盐生成黄色络合物,使结果偏高,钒量小于 0.6 mg 时无影响;大于 0.6 mg 时,可在制作工作曲线时加入等量的钒,以抵消其影响。钨使钼的测定结果偏低,可能是钨与钼生成杂多酸的缘故,加入磷酸络合钨可消除钨的干扰。

6.7.3.2　测量方法

A　方法要点

试样以稀王水溶解、高氯酸氧化,在硫酸溶液中,用氯化亚锡作还原剂,还原铁和钼,钼(Ⅴ)与硫氰酸盐生成可溶性红色络合物。于波长 460nm 处测其吸光度。

三价铁与硫氰酸盐生成深红色络合物,氯化亚锡能同时还原三价铁,使硫氰酸铁红色褪尽消除其对钼测定的干扰。

B　试剂

硫酸钛溶液:取市售硫酸钛溶液(15%～18%)15 mL,以硫酸(1+9)稀释至 3000 mL。

氯化亚锡溶液:10%,称氯化亚锡 10 g,加盐酸(ρ=1.19 g/cm³)10 mL,加热溶解后,冷却,以水稀释至 100 mL。

C　分析步骤

称取 0.0500 g 试样于 100 mL 锥形瓶中,加 3 mL 盐酸(ρ=1.19 g/cm³),3 mL 硝酸(ρ=1.4 g/mL)加热溶解后,加 3 mL 高氯酸(70%),蒸发至冒白烟于瓶口处,待体积约为 1.5 mL 左右,取下稍冷,依次加 25 mL 硫酸钛,10 mL 硫氰酸铵(10%)10 mL 氯化亚锡(10%),振摇至铁的颜色消失,以流水冷却至室温。以水为参比,于波长 460 nm 处,测其吸光度。

选用与试样成分相近似的标样,按分析步骤操作,测其吸光度。

D　结果计算

$$\mathrm{Mo}(\%)=\frac{cA_2}{A_1}$$

式中,c 为标样中钼的含量;A_1 为标样的吸光度;A_2 为试样的吸光度。

E　注意事项

注意事项如下:

(1) 快速分析要注意操作条件要控制一致,每种试剂量应控制一致。

(2) 显色时加入试剂顺序不能颠倒,但硫氰酸盐、氯化亚锡和硫酸钛可一起加入。

(3) 显色温度要注意,温度低硫氰酸铁褪色慢,温度高结果不稳。

习　题

1. 物质为什么会呈现一定的颜色,物质的颜色和吸收光的颜色有何关系?
2. 什么是朗伯—比尔定律? 写出它的数学表达式。
3. 什么是吸收曲线和标准曲线,它们有何实际意义?
4. 比色计和分光光度计如何获得单色光?
5. 摩尔吸光系数有何实际意义,它与哪些因素有关?
6. 影响显色反应的因素有哪些?
7. 如何选择适当的参比溶液，差示分光光度法中应选择何种浓度的参比溶液?
8. 有一浓度为 c 的试液,吸收了入射光线的 20%,在同样条件下浓度为 $3c$ 的试液,其百分透光率为多少?
9. 有一溶液,透光率为 36.8%,问相应的吸光度是多少。
10. 称取标钢 0.0500 g(含磷量为 0.040%),将其全部制成 50.00 mL 显色液,于波长 650 nm 处,用3 cm比色皿测得吸光度为 0.50,求其摩尔吸光系数。
11. 称取 0.5000 g 钢样,溶于酸后,使其中的锰氧化成高锰酸根,在容量瓶中将溶液稀释至 100 mL。稀释后的溶液用 2.0 cm 比色皿,在波长 520 nm 处测得吸光度为 0.630。高锰酸根离子在波长 520 nm 处的摩尔吸光系数为 2235。计算钢样中锰的含量。
12. 1.0000 g 钢样溶于 HNO_3 后,将其中的锰氧化为 MnO_4^-,将其稀释至 250 mL,测出的吸光度为 0.001 mol/L$KMnO_4$的 1.50 倍,计算钢中锰的百分含量。
13. 有一化合物的分子量是 125,摩尔吸光系数为 2.5×10^4 L/(mol·cm),今欲准确配制 1 L 该化合物的溶液,使其在稀释 200 倍后,用 1 cm 比色皿测得吸光度为 0.60,应称取该化合物多少克?
14. 钼蓝光度法测硅时,为什么要低温溶样?
15. 磷、砷对硅的测定有何影响,如何消除?
16. 试述二苯碳酰二肼光度法测铬的原理。

7 化学分析规程实例

7.1 钢铁分析

7.1.1 燃烧气体容量法测定钢铁及合金中碳量

7.1.1.1 方法提要

试料与助熔剂在高温炉中通氧燃烧，碳被完全燃烧、氧化为二氧化碳。以活性二氧化锰（或粒状钒酸银）吸收二氧化硫，将混合气体收集于碳量测量装置的量气管中，测量其体积，然后以氢氧化钾溶液吸收二氧化碳，再测量剩余气体体积。吸收前后体积差即为二氧化碳体积，经温度、压力校正，计算碳的质量分数。

方法适用于钢、铁及合金中0.05%以上碳量的测定。

7.1.1.2 分析步骤

(1) 连接好碳量测量装置。将炉温升至1200～1350℃，通氧检查并调节测量装置，使其严密不漏气。调节并保持仪器装置在正常的准备工作状态。

(2) 试料量。按碳含量称取不同量试样。碳量0.05%～0.50%，称取2.00 g；0.50%～1.00%，称取1.00 g；1.00%～1.50%，称取0.50 g；1.50%～3.0%，称取0.25 g；大于3.0%，称取0.15 g，精确至0.0001 g。

(3) 空白试验。分析前按试料分析步骤做空白试验，直至得到稳定的空白值。由于室温的变化和分析过程中冷凝管水温的变化，在测试过程中须插入做空白试验，并从测量值中扣除。

(4) 验证分析。选择与被测样品含碳量相近的标准物质按试料分析步骤操作，当测量值与标准值一致（在规定的允许差内），表明仪器装置和操作正常，可开始进行试样分析。否则，应检查仪器装置和操作，直至测量值与标准值一致。

(5) 试料分析。称取试料置于瓷舟中，覆盖适量助熔剂，开启耐热连接塞，用不锈钢长钩将瓷舟送入高温区，立即塞上耐热连接塞，预热1 min。开启通氧活塞，使瓷管与量气管相通，量气管内酸性水液面缓慢下降。控制通氧速度，在约1～1.5 min内使燃烧后的混合气体充满量气管（酸性水液面降至为零），转动小三通活塞，使量气管短暂与大气相通，液面自动调零（注意观察液面是否对准零点）。

关闭通氧活塞，转动大三通活塞，使量气管与吸收器相通，提起水准瓶，将量气管内混合气体全部压入吸收器，氢氧化钾溶液吸收混合气体中的二氧化碳。放低水准瓶，气体压回量气管内，重复操作吸收一次。最后将吸收后的气体导入量气管，至吸收器上浮子顶至原来位置并不留气泡。关闭大三通活塞，将水准瓶放回原来位置，待液面平稳后（约15 s），记下量气管标尺读数。

7.1.1.3 分析结果计算

(1) 当量气管标尺的读数是碳含量时，按下式计算碳的质量分数：

$$w_C = \frac{xf}{m}$$

式中，x为量气管标尺上读出对1g试样时碳的质量分数，%；f为温度、压力校正系数，查表求得；m为试料量，g。

(2) 当量气管标尺的读数是体积时，按下式计算碳的质量分数：

$$w_C=\frac{AVf}{m}\times100$$

式中，A为温度16℃、气压101.32 kPa，封闭液上每毫升二氧化碳中碳的质量，用酸性水作封闭液时A值为0.0005000 g/mL；用氯化钠酸性溶液作封闭液时A值为0.0005022 g/mL；V为量气管标尺读数，mL；f为温度、压力校正系数，查表求得；m为试料量，g。

7.1.1.4 注释

(1) 生铁、碳钢、低合金钢等控制炉温1200～1250℃，高合金钢、高温合金等难熔样品控制炉温1250～1350℃。炉子升降温度应开始慢，逐步加速，以延长硅碳棒寿命。

(2) 生铁、碳钢、中低合金钢可选用锡(片、粒)、铜片或氧化铜作助熔剂，用量0.25～0.50 g；高合金钢、高温合金选用锡＋纯铁粉(1＋1)、氧化铜＋纯铁粉(1＋1)或五氧化二钒＋纯铁粉(1＋1)作助熔剂，用量0.25～0.50 g，所选用助熔剂的空白值应低而稳定。

(3) 更换量气管、吸收器内溶液，或更换干燥剂、除硫剂后，均应先作几个高碳试样，使系统与二氧化碳达一定平衡后开始样品分析。

(4) 通氧速度要恰当。对卧式炉，开始通氧速度稍慢，待样品燃烧后适当加快通氧速度，将生成的二氧化碳驱至量气管内。氧气流速过小或过大都不利于试料燃烧和二氧化碳的吸收，一般保持在400～500 mL/min。对立式炉，则应控制较大的氧气流量，即所谓的"前大氧，后控气"。通常钢样控制60～90 s，生铁、铁合金样为90～120 s。

(5) 分析高碳试样后，应通氧吸收一次，将系统中残留的CO_2驱尽，才可接着进行低碳样的分析。

(6) 吸收器及水准瓶内溶液及混合气体的温度应基本一致。否则由于温差的不同，敏感地影响气体体积的变化，对分析结果产生较大的误差。产生温差的原因主要有：1)混合气体没有得到充分冷却，吸收前后混合气体温度有差别；2)连续分析时，量气管冷却水套内水量有限，使量气管的温度升高，而吸收器中吸收液量大，升温相对慢，致使吸收前后混合气体有温差；3)定碳仪安装位置不当，与高温炉距离过近，各部位受热辐射影响不一致。温差的影响在夏天气温高时更明显。为此需注意对混合气体的冷却，冷凝管内最好通回流冷却水，注意测量装置的通风，在测量前后和过程中穿插进行空白试验，得到稳定的空白值，并从分析结果中扣除。

(7) 当洗气瓶内硫酸体积明显增加，除硫管中二氧化锰变白时，应及时更换。

除硫剂的制备：

1) 粒状活性二氧化锰制备：取20 g硫酸锰溶于500 mL水中，加10 mL氨水($\rho\approx$0.90 g/mL)，混匀。在不断搅拌下加约100 mL过硫酸铵溶液(250 g/L)，煮沸10 min，加数滴氨水，静止至澄清(如溶液不澄清，可再加适量过硫酸铵溶液煮沸)。抽滤，用氨水(5＋95)洗10次，热水洗2次。用硫酸(5＋95)洗10次，再用热水洗至无硫酸。沉淀于110℃干燥3～4 h，取20～40目(0.90～0.45 mm)粒度，贮于干燥器中备用。

2) 粒状钒酸银制备：取12 g钒酸铵(或偏钒酸铵)溶于400 mL水中，取17 g硝酸银溶于200 mL水中，将两溶液均匀混合。用玻璃坩埚抽滤，用水洗净。沉淀于110℃干燥，取0.833～0.370 mm(20～40目)粒度，贮于干燥器中备用。

(8) 有多种型号的气体容量法定碳仪，半自动或自动碳硫测定仪，其基本原理一致，分析者可按仪器说明书要求操作。一些碳硫自动测定仪是在除硫装置的位置安装测定硫的吸收器和滴定管，通过硫吸收器后的混合气体再通入定碳仪测量碳量。

(9) 根据理想气体方程，可以计算 1.00 mg 的碳生成的二氧化碳在 0℃、101.32 kPa(旧制 760 mmHg，1 atm)的标准状态下的体积为 1.8535 mL。按气态方程 $\frac{p_1V_1}{T_1}=\frac{p_2V_2}{T_2}$ 计算 16℃在量气管酸性水液面上二氧化碳的体积 V_2。式中 $p_1=101.32$ kPa，$V_1=1.8535$ mL，$T_1=273.16$K；$p_2=(101.32-1.81)$kPa(1.81 kPa 是 16℃时酸性水液面上水的饱和蒸气压)，$T_2=(273.16+16)$K。将数据代入方程，得 $V_2=1.998$ mL≈2.00 mL。因此在一般定碳仪的量气管以 2.00 mL 作为一个刻度单位，对 1 g 试料，2.00 mL 相当于 0.10%的碳量。

(10) 气体体积受温度和压力的影响很大，分析结果计算时需对测量的体积(或含量)进行温度和压力校正，换算为 16℃和 101.32 kPa 时的体积(或含量)。根据气态方程，校正系数 f 是 16℃、101.32 kPa 时的体积和测量条件(t，℃、p，kPa)的体积比。f 可表示为：

$$f=\frac{T_1p_2}{p_1T_2}=\frac{273.16+16}{101.32+1.81}\times\frac{p_W}{273.16+t}=2.906\times\frac{p-p_W}{273.16+t}$$

式中，p 为测量时的大气压，kPa；p_W 为测量时水的饱和蒸气压，kPa；t 为量气管温度，℃。

分析结果计算时不必按上式计算校正系数 f，已专门制成校正系数表，根据测量时的温度、压力查表得校正系数。有时量气管内使用的是 260 g/L 的氯化钠溶液，由于其溶液的水蒸气压不同，计算出的校正系数与酸性水略有不同，查表时应注意。旧制气压毫米汞柱单位与 kPa 单位可互换，毫米汞柱单位除以 7.50 即为 kPa 单位。

(11) 瓷舟及溶剂须作空白试验。瓷舟应预先在马弗炉中 1000～1200 ℃下灼烧 1 h，不等完全冷却就取出，放在盖子不涂凡士林油的干燥器中保存，空白值检查应小于 0.002%的碳。

(12) 试样应保证清洁，不含有机物和油垢等，若有油垢可用乙醚或乙醇清洗，烘干后再分析。

(13) 量气瓶应保持清洁，瓶壁上不得沾有水珠，以免溶液不能顺利流下。

7.1.2　高频感应炉燃烧红外吸收法测定碳、硫量

7.1.2.1　方法提要

试料在氧气流中通过高频感应炉加热燃烧，试料中的碳、硫分别转化成二氧化碳(一氧化碳)和二氧化硫，随氧气流经红外吸收池，测量其对特定波长红外线对二氧化碳和二氧化硫的吸收值，其吸收值与流经的二氧化碳和二氧化硫量呈正比，通过标准物质校准，计算碳和硫的质量分数。

方法适用于钢铁材料中 0.001%～4.0%碳量和 0.0005%～0.30%硫量的测定。

7.1.2.2　分析步骤

(1) 分析前的准备。将仪器接通电源，预热 2 h，通气 30 min。检查并确保燃烧单元和测量单元的气密性。按仪器说明书检查仪器各部位的测量参数，调节并保持在适当的范围内，选择最佳分析条件。用与试样一致的数个样品或废样按分析步骤操作，以调整和稳定仪器。

(2)试料量。称取 0.5～1.0 g 试样，精确至 1 mg(或 0.1 mg)，试料置于陶瓷坩埚，加约 1.5 g 钨粒，或 0.5 g 锡粒和 1.5 g 钨粒，或 1.5 g 钨锡混合助熔剂。称取的试料量仪器自动(或必要时手动)输入仪器的数据处理系统。

要注意，试样粒度应与仪器说明书分析和校准的试样一致。不应有油、油脂及其他会使试样增碳的污染物。有沾污或碳含量小于 0.02%的试样应用丙酮，环已烷或其他合适的溶剂洗涤，

并于 70～100℃烘干后使用。

(3) 空白试验。试料分析前进行空白试验，于陶瓷坩埚中加入助熔剂而不加试料，按仪器操作说明进行操作，检查空白值是否稳定和足够小。空白试验重复足够次数，记录最后三次稳定(并足够小)的空白值读数，取其平均值，按仪器操作说明输入空白值。在试料测定时仪器可自动扣除空白值。

不同的测量通道应分别测定其空白值。当分析条件变化时应重新测定空白值。

(4) 仪器校准：

1) 根据试样碳、硫的含量分别选择合适的测量通道。

2) 根据试样品种和碳、硫的含量范围，选择三种同类标准物质，按仪器操作说明依次进行校准。经校准后标准物质的碳硫测量值与其标准值之差应在方法允许差和标准物质不确定度范围内。否则应对仪器进行再校准，直至标准物质碳硫测量值与其标准值之差稳定在方法允许差和标准物质不确定度范围内。当分析条件变化时应对仪器重新进行校准。

3) 如仪器有多点校准功能，可用多个标准物质对仪器进行校准，校准曲线的相关系数应大于 0.999。

(5) 测定：

1) 将盛有试料和助熔剂的陶瓷坩埚置于高频感应炉的坩埚支架上，按仪器操作说明操作，分析结束后读取碳、硫的分析结果。

2) 试料分析过程中和分析结束后应再对校准用的标准物质进行分析，如果标准物质的测量结果都在控制的允许差范围内，则试料分析结果有效。

3) 分析完成后，对燃烧管进行手动或自动清扫，准备下一次分析。

7.1.2.3 注释

(1) 对低碳和超低碳的测定要特别注意材料、试剂的空白，环境、介质和仪器可能对测量的污染。

(2) 对制成的低碳和痕量碳试样要防止可能的二次污染，制成的试样应置于清洁的玻璃瓶中传递和保存，不能装在纸袋内，否则试样袋中的纸纤维可严重影响痕量碳的测量。

(3) 如有油等沾污的试样应用丙酮、环已烷等洗涤，于 70～100 ℃烘干后使用。

7.1.3 燃烧碘量滴定法测定硫量

7.1.3.1 方法提要

试料在高温下通氧燃烧，将硫氧化成二氧化硫，用酸性淀粉溶液吸收，生成的亚硫酸被碘酸钾(或碘)标准滴定溶液滴定，根据消耗碘酸钾标准滴定溶液的体积，计算硫的质量分数。

方法适用于钢、铁及合金中 0.003％～0.20％硫量的测定。

7.1.3.2 分析步骤

(1) 分析前准备。连接和安装硫量测定装置，将炉温升至 1250～1300℃。通入氧气，其流量约 1500～2000L/min，检查整个装置的管路及活塞，使其严密不漏气，调节并保持装置在正常的工作状态。按试样分析步骤分析两个含硫较高的试样，使系统处于平衡状态。选择适当的标准物质按分析步骤操作，计算分析结果是否符合要求。在装置达到要求后才能进行试样分析。

(2) 试料量。按试样含硫量，硫量 0.003％～0.05％，称取 0.5000 g；硫量 0.05％～0.10％，称取 0.2500 g；硫量大于 0.10％，称取 0.1000 g。

(3) 空白试验。试样分析前做瓷舟、助熔剂的空白试验，测量的空白值应小而稳定，空白试验滴定毫升数不大于0.10mL。测量过程中也随时进行空白试验，以检查空白值的稳定性。

(4) 试样分析。于吸收杯中放入一定量的淀粉吸收液(甲)，通氧，用碘酸钾标准滴定溶液(0.010 mol/L)滴定至吸收液呈稳定的淡蓝色，以此作为滴定的终点色泽。当硫量小于0.01%时采用浓度为0.0025 mol/L的碘酸钾标准滴定溶液(下同)。

将试料平铺于瓷舟中，均匀覆盖适量助熔剂。打开瓷管塞，用不锈钢长钩将瓷舟送入瓷管高温区，立即塞紧瓷管塞。预热0.5～1 min，依次打开通氧活塞和吸收杯前活塞，待吸收液蓝色减褪时，随即用碘酸钾标准滴定溶液滴定，使吸收液液面在通氧滴定过程中始终保持蓝色。当吸收液色泽褪色变慢时，相应降低滴定速度。间歇通氧，滴定至吸收液色泽与原调节的终点色泽一致，并在15 s内不变为终点，关闭通氧活塞，读取滴定所消耗碘酸钾标准溶液的毫升数。

打开瓷管塞，用长钩将瓷舟拉出，送入下一试样的瓷舟进行测定。观察试料是否熔融燃烧完全，如熔渣不平，断面有气孔，表明燃烧不完全，应重新进行测定。

7.1.3.3 分析结果的计算

按下式计算硫的质量分数(%)：

$$w_S=\frac{T(V-V_0)}{m}\times 100$$

式中，T为标准滴定溶液对硫的滴定度，g/mL；V，V_0分别为滴定试料和空白试验消耗碘酸钾标准滴定溶液的体积，mL；m为试料量，g。

7.1.3.4 注释

(1) 生铁、碳钢、低合金钢可选用五氧化二钒(预先在600℃灼烧2 h，贮于磨口瓶中)、铜片或氧化铜作助熔剂，合金钢、高温合金等选用五氧化二钒＋纯铁(3＋1)或锡粒＋纯铁(1＋1)作助熔剂。根据称样量，加入0.2～0.5 g助熔剂。所用助熔剂应具有低而稳定的空白值(硫量＜0.0005%)。

(2) 当测定高硫试样后再测定低硫试样时，应再做空白试验，直至空白值低而稳定，才进行低硫试样分析。

(3) 所用瓷舟长88 mm或97 mm，使用前在1000℃高温炉中的灼烧1 h以上，冷却后贮于盛有碱石棉和无水氯化钙的未涂油脂的干燥器中备用，用于测定低硫的瓷舟应于1300℃的管式炉中通氧灼烧1～2 min。分析时采用带盖的瓷舟可提高试样中二氧化硫的转化率。

(4) 试样中的硫非100%转化为二氧化硫，管路中氧化铁粉存在可催化生成三氧化硫。因此在连续测定中要注意清除瓷管中的粉尘，并更换球形管中的脱脂棉，特别在分析生铁、高锰钢时。清除粉尘或更换脱脂棉后应作一个废样，以使系统处于平衡状态，并以标准物质校正。在瓷舟上加盖(可将瓷舟两头打掉，反扣在瓷舟上)，可减少氧化铁粉的喷溅和对瓷管的沾污。

(5) 滴定液也可使用碘标准滴定溶液，此时应使用淀粉吸收液(乙)。通常认为碘酸钾标准滴定溶液比碘标准溶液稳定，灵敏度较高，适用于低含量硫的测定。为防止碘的挥发，碘标准滴定溶液应贮于棕色瓶中。

(6) 连续测定中，吸收液可放掉一半再补充一半新吸收液，对高硫试样应做一次更换一次。滴定过程中当吸收液液面全部褪色，二氧化硫气体有逃逸可能，影响分析结果的准确度。对高硫试样，可在吸收液中适当预置滴定液。

(7) 通氧燃烧时，硫的转化率与测量条件有很大关系。提高燃烧温度有利于提高二氧化硫的生成率，炉温1400℃二氧化硫转化率达90%以上，1500℃可达到98%。使用高频炉加热，有利提高硫的转化率。常用的管式炉难以加热到1400℃以上。一般而言电弧炉中硫的转化率低于管式炉和高频炉；加大氧气流量，有效提高试样的燃烧速度和温度，减少二氧化硫与粉尘接触时间，有利于提高硫的转化率。氧气流速通常控制在1.5～2 L/min；选择合适的助熔剂也是保证分析结果准确度和精度的重要条件。采用五氧化二钒作助熔剂的效果较好，其优点是产生的粉尘少，硫的回收率高达90%。也有用五氧化二钒＋纯铁（或五氧化二钒＋纯铁＋炭粉）混合助熔剂，可使生铁、碳钢和中、低合金钢样品硫的转化率接近一致。有报道用三氧化钼和锡粒作混合助溶剂也有良好效果。单独使用锡粒，助熔效果较好，但易产生大量粉尘，使二氧化硫的转化率下降。

(8) 由于试样中二氧化硫转化率不是100%，分析结果不能用标准滴定溶液浓度直接计算，需用标准物质在同条件下测量并计算其滴定度。应采用硫含量相近、组成尽可能一致的标准物质求滴定度，同时尽量采用近期研制的标准物质。当标准物质和试样的称量相同时，滴定度 T 的单位可直接简化为%/mL，计算更方便。测量中应严格控制和保持分析条件一致，保证分析结果的准确度和精度。

(9) 预热时间不宜过长，生铁、碳钢及低合金钢预热不超过30 s；中高合金钢、高温合金及精密合金预热1～1.5 min。

(10) 若滴定速度跟不上，会导致结果偏低，因此滴定高硫样品时，开始可适当加入一些碘酸钾标准溶液。

(11) 为延长淀粉溶液使用期限，可加入0.03%硼酸或少量对羟基苯甲酸乙酯以防变质。

7.1.4 高氯酸脱水重量法测定硅量

7.1.4.1 方法提要

试料以酸分解，加高氯酸蒸发冒烟，使硅酸脱水，经过滤洗涤后，灼烧成二氧化硅称量，再经硫酸—氢氟酸处理，使硅成四氟化硅挥发除去，由氢氟酸处理前后的质量差计算硅的质量分数。

7.1.4.2 分析步骤

(1) 试料量。按表7-1称取试样，精确至0.0001 g。

表 7-1 试料量和高氯酸加入量

硅的质量分数/%	试料量/g	加入高氯酸量/mL
0.1～0.5	4.0	60
>0.5～1.0	3.0	50
>1.0～2.0	2.0	40
>2.0	1.0	30

(2) 空白试验。随同试料做空白试验。

(3) 试料处理。将试料置于300 mL烧杯中，加入30～60 mL适当比例的盐酸—硝酸混合酸，盖上表面皿，徐徐加热至试料完全溶解，稍冷，按表7-1加入高氯酸，并继续加热蒸发至冒高氯酸烟，盖好表面皿，继续加热使高氯酸烟回流15～25 min。

(4) 沉淀的分离：

1) 取下稍冷，加10 mL盐酸(1＋1)，溶解盐类。加100 mL热水，搅拌使可溶解性盐类溶解。加少量滤纸浆的中速滤纸过滤。用带橡皮头的玻璃棒将附着在烧杯壁上的硅胶仔细擦下，用热盐酸(1+19)将全部沉淀转移至滤纸上，洗涤烧杯、沉淀及滤纸，洗至滤液无铁离子(用硫氰酸铵溶液(50g/L)检查)，再以热水洗涤三次。

2) 将沉淀分离后的滤液和洗液移入原烧杯中，加 10 mL 高氯酸，加热浓缩至冒高氯酸烟并回流 15 min，以下同 1)操作。

(5) 测量。将二次沉淀连同滤纸置于铂坩埚中，加热烘干并将滤纸灰化，将坩埚移于 1000～1050℃高温炉中灼烧 30～40 min，取出，稍冷，置于干燥器中冷却至室温，称量。反复灼烧至恒量。

沿坩埚内壁加 4～5 滴硫酸(1+1)润湿，加 5 mL 氢氟酸，将坩埚置于电热板上低温加热蒸发至冒尽硫酸烟，再移入 1000～1050℃的高温炉中灼烧 20 min。取出，稍冷，置于干燥器中冷却至室温，称量。反复灼烧至恒量。

7.1.4.3　计算

按下式计算硅的质量分数：

$$w_{\mathrm{Si}}=\frac{(m_1-m_2)-(m_3-m_4)}{m}\times 0.4674\times 100$$

式中，m_1，m_3 分别为氢氟酸处理前试料和空白试验沉淀及铂坩埚的质量，g；m_2，m_4 分别为氢氟酸处理后试料和空白试验残渣及铂坩埚的质量，g；m 为试料量，g；0.4674 为二氧化硅换算为硅的换算因数。

7.1.4.4　注释

(1) 可根据钢铁样品的品种选择合适的溶解酸。一般生铁、碳钢、硅钢和某些低合金钢可用硝酸(1+1 或 1+3)分解，低合金钢、高合金钢和高温合金可用王水或盐酸—过氧化氢分解。含铬高的试样可先用盐酸溶解，再加硝酸氧化。

(2) 试样含硼时对硅的沉淀有影响。一部分硼酸与硅酸共沉淀，灼烧时生成 B_2O_3，而在氢氟酸处理时硼可生成三氟化硼挥发，使硅的结果偏高。当试样含硼大于 1%或含硼大于 0.01%而硅又小于 1.0 时应采取除硼步骤：当溶解酸蒸发至 10 mL 左右时，加 40 mL 甲醇，低温蒸发，使硼成硼酸甲酯挥发除去，再加 5 mL 硝酸、高氯酸处理。

(3) 二氧化硅的灼烧温度不能低于 1000℃，否则硅酸中少量水分不易除尽。

(4) 钨和钼的氧化物在高温下可升华挥发。含钨、钼试样在灼烧过程中，需取出铂坩埚，用铂丝搅碎沉淀，以加速其挥发。用氢氟酸挥硅后的灼烧温度不高于 800℃，含钼试样挥硅后的灼烧温度不高于 600℃。

(5) 含铌、钽、钛、锆的试样，在 1000～1050 ℃灼烧后冷却铂坩埚，加 1～1.5 mL 硫酸(1+1)，低温加热蒸发至冒尽硫酸烟。增加硫酸的量是使铌、钽、钛、锆生成稳定的化合物。于 800℃灼烧 10 min，冷却后称量。加氢氟酸挥硅后也于 800℃灼烧至恒量。

(6) 用氢氟酸处理二氧化硅沉淀时要加硫酸，其目的是防止氟化硅的水解生成氟硅酸和硅酸，同时使硅酸中夹杂的金属氧化物生成硫酸盐，防止生成氟化物而挥发，而生成的硫酸盐在高温灼烧时又分解成氧化物，不影响测定。

(7) 灰化过程中注意保护铂坩埚，应充分炭化后方可置于高温炉中在足够氧气下进行灼烧。

7.1.5　硅钼蓝光度法测定硅量

7.1.5.1　方法提要

试料以稀酸溶解，破坏碳化物。在弱酸性介质中硅与钼酸铵生成氧化型的硅钼杂多酸(硅钼黄),用草酸络合铁并破坏磷、砷与钼酸铵生成的杂多酸,用硫酸亚铁铵将其还原成还原型硅钼杂多酸(硅钼蓝),进行光度法测定,计算硅的质量分数。

方法用于生铁、碳钢、低合金钢和合金钢中0.02%~1.0%硅量的测定。

7.1.5.2 分析步骤

(1) 称样。根据试样中硅的含量,称取0.1000~0.5000 g试样,精确至0.0001 g,控制硅量在100~1000 μg之间。将试料置于150 mL锥形瓶中,根据试样选择合适的试料分解方法。

(2) 试料分解:

1) 生铁、碳钢、低合金钢、硅钢。加30 mL硫酸(1+17),低温加热至试料完全溶解。溶解过程中不断补加水以补充蒸发的水。煮沸,滴加高锰酸钾溶液(40 g/L)至析出二氧化锰水合物沉淀。煮沸1 min,滴加亚硝酸钠溶液(100 g/L)至试液清亮,继续煮沸1~2 min。冷却至室温,将试液移入100mL容量瓶中,以水稀释至刻度,混匀。如为生铁样品,趁热用中速滤纸过滤于100 mL容量瓶中,用热水洗涤。

2) 碳钢、低合金钢、高锰钢。加20 mL硝酸(1+3),低温加热至试料溶解。如试料难溶,不断补加水。稍煮沸,冷却至室温。将试液移于100 mL容量瓶中,用水稀释至刻度,混匀。

3) 不锈钢、耐热钢、高温合金、高铬铸铁。加20 mL稀王水,低温加热溶解。如试料难溶,不断补加水。稍煮沸,冷却至室温。将试液移于100 mL容量瓶中,用水稀释至刻度,混匀。

(3) 显色。分取10.00 mL试液两份于两个50 mL容量瓶中。

显色液:加入5 mL钼酸铵溶液(50 g/L),混匀,在沸水浴中加热30 s,以冷水冷却至室温。加10 mL草酸溶液(50 g/L),混匀,待沉淀溶解后,立即加5 mL硫酸亚铁铵溶液(60 g/L),用水稀释至刻度,混匀。

参比液:加入10 mL草酸溶液(50 g/L),5 mL钼酸铵溶液(50g/L),5 mL硫酸亚铁铵溶液(60g/L),混匀,用水稀释至刻度,混匀。

(4) 测量。将显色溶液置于合适的吸收皿中,在分光光度计上于波长680 nm(低含量硅在810 nm)处测量吸光度,在工作曲线上计算硅的质量分数。

(5) 工作曲线绘制。称取数份与试料质量相同且已知其硅含量的纯铁,置于数个150 mL锥形瓶中,按分析步骤(2)溶解纯铁,移取0 mL,0.50 mL,1.00 mL,2.00 mL,3.00 mL,4.00 mL,5.00 mL硅标准溶液(200 μg/mL)分别置于锥形瓶中,移入100 mL容量瓶中,以水稀释至刻度,混匀。以下按分析步骤(3)和(4)进行。用加入的硅量和纯铁中硅量之和为横坐标,吸光度为纵坐标,绘制工作曲线。

或称取不同硅含量的标准物质数份,按分析步骤操作,绘制工作曲线。

7.1.5.3 注释

(1) 试料分解时温度不能过高,如遇难溶试料,在溶解过程中不断补加水,以防止硅酸的聚合。生铁、高硅钢宜用硫酸(1+17)分解。

(2) 硅钼杂多酸的生成与温度有关,在20℃以上放置15 min,20℃以下放置15~30 min,或在沸水浴上加热30 s。在沸水浴上加热,冷却后应立即进行下一步操作。

(3) 加入草酸以破坏磷、砷的杂多酸对硅钼杂多酸显色的影响。在加入草酸溶液透明后应于30 s内加硫酸亚铁铵溶液,放置时间过长,硅钼杂多酸也开始被草酸分解。但对磷、砷量高的试样,适当增加放置时间(1 min)再加硫酸亚铁铵溶液。

(4) 硅钼蓝的最大吸收峰位于810 nm,对低含量的硅可在该波长处测量吸光度。

(5) 对硅含量大于1%的样品，可分取5.00 mL试料溶液，加5.0 mL空白试验溶液(需另做，或加5.00 mL铁基空白溶液)，以下同分析步骤。加空白试验溶液是保证显色液的酸度。

(6) 酸度对显色影响很大，形成硅钼杂多酸的酸度一般控制在0.1～0.2 mol/L。因此加入酸量、加热温度、时间要掌握好，一般以加入钼酸铵后出现少量乳黄色钼酸铁沉淀混浊为正常。沉淀过多或出现早则说明酸度过小，结果不可靠，应重做。

(7) 铁量的多少影响钼蓝颜色，当有草酸存在以及显色液内硫酸浓度较低时，它的影响变小，但不能完全消除。因而在绘制工作曲线时通过打底，尽可能与试液中含铁量相近。

7.1.6　硅钼蓝光度法测定硅量(快速法)

7.1.6.1　方法提要

试料用酸分解，氧化，在热溶液中加入钼酸铵溶液(或碱性钼酸铵溶液)，生成硅钼黄杂多酸。在草酸存在下用硫酸亚铁铵将其还原成硅钼蓝，测量吸光度，计算硅的质量分数。

本方法快速溶样，热溶液中加入混合试剂显色，显色速度快。方法用于快速测定碳钢、低合金钢及合金钢中硅量。

7.1.6.2　分析步骤

(1) 碳钢、低合金钢。称取20～30 mg(准确至0.0001 g)试料于250 mL高型烧杯中，加10 mL硝酸(1+4)，加热溶解，驱尽氮氧化物。趁热加入10 mL碱性钼酸铵溶液，摇动8～10 s，迅速加入70 mL草酸—硫酸亚铁铵溶液，混匀。以水作参比液，选择适当吸收皿，于680 nm处测量吸光度。

以同类标准物质按分析步骤操作绘制工作曲线。

(2) 高铬、高镍铬钢、钨钢及低合金钢。称取20 mg(准确至0.0001 g)试料于100 mL两用容量瓶中，加1 mL盐酸和3 mL过氧化氢，加热溶解至反应开始后，取下两用容量瓶，待反应不再激烈时再加热将试料溶毕。加15 mL热水，加热至冒大气泡，取下，加5 mL钼酸铵溶液(50 g/L)，摇动8～10 s，加40 mL草酸溶液(17 g/L)，混匀，加10 mL硫酸亚铁铵溶液(50 g/L)，混匀，用水稀释至刻度，混匀。选择适当吸收皿，于680 nm处测量吸光度。碳钢、低合金钢可用水作参比，对高镍铬钢，称取同样量的试料按分析步骤操作，但不加钼酸铵溶液，以此作参比。

以同类标准物质按分析步骤操作绘制工作曲线。

(3) 高钨钢。称取20 mg(准确至0.0001 g)试样于预置1 mL柠檬酸铵溶液(100 g/L)和1 mL盐酸的100 mL两用容量瓶中，加2 mL过氧化氢，加热溶解。加10 mL热水，煮沸分解过氧化氢至出现大气泡。迅速加入10 mL钼酸铵溶液(50 g/L)，摇动8～10 s，加40mL草酸溶液(17g/L)，混匀，加10mL硫酸亚铁铵溶液(50g/L)，混匀，用水稀释至刻度，混匀。选择适当吸收皿，以水作参比，于680 nm处测量吸光度。

以同类钨钢标准物质按分析步骤操作绘制工作曲线。

(4) 钢中低量硅的测定(0.005%～0.10%)。称取100 mg试料于100 mL锥形瓶中，加7 mL硝酸(1+4)，低温加热至试样溶解，加5 mL水，加10 mL钼酸铵溶液(100 g/L)，摇动30 s，流水冷却30 s，加20 mL草酸溶液(100 g/L)，混匀，待钼酸铁沉淀溶解后立即加入5 mL硫酸亚铁铵溶液(50 g/L)，混匀。以同操作的试料本身空白液为参比，2～3 cm吸收皿，于810 nm或680 nm处测量吸光度。试样本身空白液的制备同分析步骤，只是先加草酸溶液再加钼酸铵溶液。

以同类标准物质按分析步骤操作绘制工作曲线。

7.1.6.3 注释

(1) 对高碳、高硅钢，在试料分解后可加2～3滴高锰酸钾溶液(40 g/L)将碳化物分解完全，再滴加亚硝酸钠溶液还原至无色。

(2) 酸度对显色影响较大。加入酸量，加热温度、时间要掌握好。通常以加入钼酸铵后刚出现有钼酸铁沉淀为好。沉淀过多或出现过早，表明试液酸度过小。

(3) 快速分析中由于最后显色液体积不定容，各种试剂加入量要一致，特别对高含量硅的测定。

(4) 加入钼酸铵的温度，时间要掌握一致，否则影响结果准确度。

(5) 加入草酸后应立即加入硫酸亚铁还原，否则硅钼酸络离子也可能被草酸破坏使结果偏低。

(6) 试样溶解时的温度不宜过高，时间不宜过长，否则因硅胶水解使结果偏低。

7.1.7 高碘酸钠(钾)氧化光度法测定锰量

7.1.7.1 方法提要

试料经酸溶解后，在硫酸、磷酸介质中用高碘酸钠(钾)将锰氧化为紫色的高锰酸，测量其吸光度，计算锰的质量分数。

方法适用于钢铁中0.01%以上锰量的测定。

7.1.7.2 分析步骤

(1) 称量。按表7-2称取试料，精确至0.0001 g。

表7-2 试料量和锰标准溶液量

质量分数/%	0.01～0.1	0.1～0.5	0.5～1.0	1.0～2.0
试料量/g	0.5000	0.2000	0.2000	0.1000
锰标准溶液浓度/$\mu g \cdot mL^{-1}$	100	100	500	500
移取锰标准溶液量/mL	0.50 2.00 3.00 4.00 5.00	2.00 4.00 6.00 8.00 10.00	2.00 2.50 3.00 3.50 4.00	2.00 2.50 3.00 3.50 4.00
吸收皿/cm	3	2	1	1

(2) 空白试验。随同试料做空白试验。

(3) 试料分解。将试料置于150 mL锥形瓶中，加15 mL硝酸(1+4)(高硅试样加3～4滴氢氟酸助溶)，加10 mL磷酸—高氯酸混合酸，加热蒸发至冒高氯酸烟，稍冷，加10 mL硫酸(1+1)，用水稀释至约40 mL。

(4) 氧化。加10 mL高碘酸钠(钾)溶液(50 g/L)，加热至沸并保持2～3 min(防止试液溅出)，将锰氧化至紫红色的七价锰，冷却至室温，移入100 mL容量瓶中，用不含还原物质水稀释至刻度，混匀。

(5) 测量。按表7-2将部分显色溶液移入吸收皿中，向剩余的显色液中，边摇动边滴加亚硝酸钠溶液(10 g/L)至紫红色刚好褪去，将此溶液移入另一吸收皿为参比，在分光光度计于波长 525 nm 处测量其吸光度。根据测得的试液吸光度，从工作曲线上计算试样中锰的质量分数。

(6) 工作曲线的绘制。按表 7-2 移取锰标准溶液，分别置于数个 150 mL 锥形瓶中，加 10 mL 磷酸—高氯酸混合酸，以下按分析步骤(4)、(5)操作，测量其吸光度。以锰质量为横坐标，吸光度为纵坐标，绘制工作曲线。

或取数个不同锰含量的同类的标准物质，按分析步骤操作，测量吸光度，绘制工作曲线。

7.1.7.3 注释

(1) 根据不同的试样选用不同的溶解酸，生铁试样用硝酸(1＋3)，并滴加数滴氢氟酸助溶，试样溶解后用快速滤纸过滤于另一 150 mL 锥形瓶中，用硝酸(2＋98)洗涤原锥形瓶和滤纸；不锈钢用适当比例的盐酸－硝酸混合酸溶解，再加硫酸—磷酸冒烟处理(含 2.5 mL 硫酸和 2.5 mL 磷酸)，以驱尽氯离子；高钨试样或难溶试样可用 15 mL 磷酸—高氯酸溶解。

(2) 氯离子对锰的氧化有影响，如采用盐酸分解试料，需冒硫磷酸或高氯酸烟将氯离子除尽。

(3) 氧化显色也可在硝酸介质中进行，试料用 10～15 mL 硝酸(1＋3)分解，煮沸除去氮氧化物(氮氧化物可还原三价锰，需驱尽)，再加高碘酸钾氧化。

(4) 磷酸的存在对锰的氧化十分有利，Fe^{3+} 与磷酸生成无色的络离子，消除 Fe^{3+} 颜色的影响；Mn^{2+} 与磷酸络合，降低其氧化电位，有利于锰的氧化，并防止二氧化锰的生成，扩大锰的测量范围；磷酸的存在提高高锰酸的稳定性。

(5) 含钴试样用亚硝酸钠溶液(10 g/L)褪色时，钴的微红色不褪，可按下述方法处理：不断摇动容量瓶，慢慢滴加亚硝酸钠溶液(10 g/L)，若试样微红色无变化时，将试液置于吸收皿中，测量吸光度，向剩余试液中再加亚硝酸钠溶液(10 g/L)，再次测量吸光度，直至两次吸光度无变化即可用此溶液为参比液。

(6) 紫红色的高锰酸溶液有两个吸收峰 525 nm 和 545 nm，525 nm 的灵敏度稍高，$\varepsilon_{525\ nm}=2.4\times10^3$。一些方法在 530 nm 测量吸光度，正好处于吸收曲线的斜坡上，采用 525 nm 测量为好。

(7) 测锰如酸度过大，达不到需要的颜色深度或颜色发黄，酸度小时反应快，但生成的高锰酸颜色不稳定。故测定少量锰时以 5%～8%(体积分数)的硫酸酸度为宜。

7.1.8 铋磷钼蓝光度法测定磷量

7.1.8.1 方法提要

试料以硝酸、盐酸分解，高氯酸冒烟将磷氧化成正磷酸，在硫酸介质中磷与铋及钼酸铵形成黄色三元杂多酸，用抗坏血酸将其还原为铋磷钼蓝杂多酸，在分光光度计上 700 nm 处测量吸光度，计算磷的质量分数。

方法适用于生铁、铸铁低合金钢、合金钢中 0.01%以上磷量的测定。铌、钨干扰磷的测定。砷的干扰可在试料分解时用盐酸—氢溴酸挥发除去，或在显色时用硫代硫酸钠隐蔽。

7.1.8.2 分析步骤

(1) 试料量。称取 0.2000～0.5000 g 试样(含磷小于 0.1%时称取 0.50 g)，精确至 0.0001 g。

(2) 空白试验。随同试料做空白试验。

(3) 试料分解。将试料置于烧杯中，加 15 mL 硝酸(1＋2)或适当比例的盐酸—硝酸混合酸,加热溶解。加 5 mL 高氯酸,加热蒸发冒高氯酸烟,取下稍冷,加入 10 mL 氢溴酸—盐酸混合酸,加热蒸发冒高氯酸烟 3～4 min。取下,用水冲洗杯壁,并继续冒高氯酸烟至湿盐状。取下,稍冷,加 20 mL 水溶解加热盐类,冷却至室温,移入 100 mL 容量瓶中,用水稀释至刻度,混匀。

(4) 显色。分取 10.00 mL 试液两份分别置于两个 50 mL 容量瓶中。

显色液:加 5 mL 硫酸(1+4),加 2.5 mL 硝酸铋溶液(10 g/L)、5 mL 钼酸铵溶液(30 g/L),混匀。用水吹洗瓶口及瓶壁,加 5 mL 抗坏血酸溶液(20 g/L),以水稀释至刻度,混匀。室温下放置 20 min。

参比液:同显色液操作,但不加钼酸铵溶液。

(5) 测量。将显色溶液置于合适的吸收皿中,在分光光度计上于波长 700 nm 处测量吸光度,减去空白试验溶液的吸光度,在工作曲线上计算磷的质量分数。

(6) 工作曲线绘制。称取与试样量相同的不含磷或已知磷含量的高纯铁,按分析步骤(3)操作作为底液。分取 10.00 mL 底液数份于一组 50 mL 容量瓶中,分别加入 0 mL、1.00 mL、2.00 mL、3.00 mL、4.00 mL、5.00 mL 磷标准溶液(10.0 μg/mL 或 5.0 μg/mL),按分析步骤(4)显色液操作,以未加磷标准溶液的一份显色液作参比,测量吸光度,绘制工作曲线。

7.1.8.3 注释

(1) 高铬、高镍铬不锈钢试样可用盐酸—硝酸混合酸分解,加 8 mL 高氯酸,加热蒸发至冒高氯酸烟。待铬氧化后分次滴加盐酸将铬挥发除去,继续冒高氯酸烟至湿盐状,以下按分析步骤操作。

(2) 高锰试样冒烟后用水稀释,如有二氧化锰沉淀,可滴加亚硝酸钠还原,并煮沸分解氮氧化物。

(3) 砷干扰磷的测定。用盐酸—氢溴酸蒸发,砷还原为三溴化砷挥发除去。另外,如在显色时加硫代硫酸钠溶液,将五价砷还原为三价砷而消除干扰。按分析步骤(4),加硝酸铋溶液后加 5 mL硫代硫酸钠溶液(2 g/L)和亚硫酸钠(2 g/L)的混合溶液。硫代硫酸钠溶液中加亚硫酸钠是防止硫化物的析出。硫代硫酸钠溶液不能加入太多,否则影响显色液的稳定性。工作曲线中也加相应量的硫代硫酸钠溶液。

(4) 铋磷钼蓝在硫酸介质中的稳定性高于在硝酸介质中的稳定性。

7.1.9 过硫酸铵银盐氧化—亚铁滴定法测定铬量

7.1.9.1 方法提要

试料用酸溶解,在硫酸—磷酸介质中,以硝酸银为催化剂,过硫酸铵将铬氧化为六价,用硫酸亚铁铵标准滴定溶液滴定,计算铬的质量分数。钒同时被亚铁滴定,对含钒的试料,以亚铁—邻菲罗啉溶液为指示剂,加过量的硫酸亚铁铵标准溶液,以高锰酸钾溶液返滴定,或按含钒量扣除相当的铬量计算铬的质量分数。

方法适用于钢铁中 0.2%以上铬量的测定。

7.1.9.2 分析步骤

(1) 试料量。按表 7-3 称取试样,精确至 0.0001 g。含钨试样,称取的试样中含钨量、含锰量以不大于 100 mg 为宜。

表 7-3　试　料　量

铬含量/%	试料量/g
0.10～2.0	3.0～2.0
2.0～10.0	2.0～0.50
10.0～30.0	0.50～0.20

(2) 试料分解。将试料置于500 mL烧杯中,加入50 mL硫酸—磷酸混合酸,加热至试料完全溶解(难溶于硫酸—磷酸混合酸的试料,可先用适量的盐酸及硝酸溶解后,再加硫酸—磷酸混合酸。高硅试料溶解时可滴加数滴氢氟酸),滴加硝酸氧化,直至激烈作用停止,继续蒸发冒硫酸烟(高碳、高铬及高铬钼试料,冒硫酸烟时滴加硝酸氧化至溶液清晰,碳化物全部破坏为止),冷却。

对含钒、钨的试料在溶样时应按表7-4补加磷酸,并加热蒸发至冒硫酸烟。

表 7-4　磷酸和无水乙酸钠加入量

试　料		补加磷酸量/mL	加无水乙酸钠量/g
含钨不含钒	试料中钨量小于30 mg	10	
	试料中钨量30～100 mg	20	
含钒不含钨	试料小于1 g	10	10
	试料1～2 g	15	15
钨、钒共存	试料中钨量小于10 mg	15～25	15～25
	试料中钨量10～100 mg	25～30	25～30

(3) 氧化。用水稀释至200 mL(生铁、铸铁试样用水稀释至100 mL,以中速滤纸过滤,用水洗涤5～6次,并稀释至200 mL),加5 mL硝酸银溶液(10 g/L)、20 mL过硫酸铵溶液(200 g/L),混匀,加热煮沸至溶液呈现稳定的紫红色(如试料中含锰量低,可加数滴硫酸锰溶液(40 g/L)),继续煮沸5 min以分解过量的过硫酸铵。取下,加5 mL盐酸,煮沸至红色消失(若含锰量高,红色高锰酸未完全分解,再补加2～3 mL盐酸,煮沸至红色消失),继续煮沸2～3 min,使氯化银沉淀凝聚下沉。流水冷却至室温。

(4) 滴定:

1) 不含钒试料。用硫酸亚铁铵标准滴定溶液滴定至溶液呈淡黄色,加3滴苯代邻氨基苯甲酸(2 g/L),在不断搅拌下继续滴定至由玫瑰红色变为亮绿色为终点。

2) 含钒试料。用硫酸亚铁铵标准滴定溶液滴定至六价铬的黄色转变为亮绿色前,加5滴亚铁—邻菲罗啉溶液,继续滴定至试液呈稳定的红色,并过量5 mL。再加5滴亚铁—邻菲罗啉溶液,以浓度相近的高锰酸钾标准滴定溶液返滴定至红色初步消失,按表7-4加入无水乙酸钠,待乙酸钠溶解后,继续以高锰酸钾标准滴定溶液缓慢滴定至淡蓝色(铬高时为蓝绿色)为终点。

7.1.9.3　分析结果的计算

(1) 按下式计算不含钒试料中铬的质量分数(%):

$$w_{\mathrm{Cr}}=\frac{c_1V_1\times17.33}{m\times10^3}\times100$$

或:

$$w_{\mathrm{Cr}}=\frac{VT}{m\times1000}\times100$$

式中,c_1 为硫酸亚铁铵标准滴定溶液的浓度,mol/L;V_1 为滴定所消耗硫酸亚铁铵标准滴定溶液体积，mL；T 为硫酸亚铁铵标准滴定溶液对铬的滴定度，mg/mL；m 为试料的质量，g；17.33 为1/3铬的摩尔质量，g/mol。

(2) 按下式计算含钒试料中铬的质量分数(%)：

$$w_{Cr}=\frac{(c_1V_1-c_2V_2)\times 17.33}{m\times 1000}\times 100$$

或：

$$w_{Cr}=\frac{T(V_1-kV_2)}{m\times 1000}\times 100$$

式中，V_1 为滴定所加硫酸亚铁铵标准滴定溶液体积，mL；c_2 为高锰酸钾标准滴定溶液的浓度，mol/L；V_2 为返滴定消耗高锰酸钾标准滴定溶液的体积减去亚铁—邻菲罗啉溶液的校正值后体积，mL；k 为高锰酸钾溶液相当于硫酸亚铁铵标准滴定溶液的体积比；其余同上。

含钒试料也可按不含钒试料进行滴定操作，按下式计算铬的质量分数：

$$w_{Cr}=\frac{c_1V_1\times 17.33}{m\times 1000}\times 100-0.34w_V$$

式中，w_V 为试样中钒的质量分数，%；其余同上。

7.1.9.4 注释

(1) 试料称取量与其铬含量和滴定用硫酸亚铁铵标准滴定溶液的浓度有关，为保证滴定的准确度和精度，根据硫酸亚铁铵标准滴定溶液的浓度，称取合适的试料量，控制消耗的滴定溶液在 20～50 mL，对低含量的铬，滴定溶液不低于 10 mL。例如，使用 0.05 mol/L 的滴定溶液，对1%的试样至少称取 2 g，对 20%的试样称取 0.2 g；对低于 1%的试样应采用 0.010 mol/L 或0.03 mol/L浓度的滴定溶液，使用 0.010 mol/L 的滴定溶液时，0.1%的试样应称取 2 g。

(2) 滴定分析中称取的试料量不必苛求一个整数量，但读数需精确至 0.0001 g。

(3) 根据试样选择合适的溶解酸。对一些低合金钢可用硝酸(1+3)溶解，高镍铬钢用盐酸—过氧化氢或盐酸—硝酸混合酸溶解，高硅试样可滴加数滴氢氟酸助溶，然而再加硫酸—磷酸混合酸，蒸发至冒硫酸烟。对高钨试样，在用盐酸—过氧化氢或盐酸—硝酸混合酸溶解时加5 mL磷酸，加热溶解，使钨与磷酸络合，再加 7 mL 硫酸，加热蒸发至冒烟。不论用哪种方法分解试料，应将试料中的碳化物分解完全，溶毕后试液应清亮透明。

(4) 钒、铈在本测量条件下也被过硫酸铵氧化，本方法加入过量的硫酸亚铁铵溶液将铬、钒、铈还原至低价，再以高锰酸钾滴定过量的硫酸亚铁铵，则钒、铈重新被氧化至高价，从而消除了它们的干扰。如果，已测定了试样中钒、铈的含量，则可用系数扣除法计算，1%的钒相当于 0.34%的铬，1%的铈相当于 0.124%的铬。通常钢中铈的含量很低，其系数也小，一般不考虑铈的影响。有试验指出，在该条件下 9 mg 的铈不影响 90 mg 铬的测定。

(5) 本方法对含钒试样返滴定时采用亚铁—邻菲罗啉为指示剂，变色敏锐。滴定时加入乙酸钠，降低溶液的酸度，以提高指示剂的氧化还原电位，使终点变色敏锐，乙酸钠的量随磷酸量的增加而增加。对含钨、钒的试样，补加一定量的磷酸，使钨与磷酸生成稳定的络合物，磷酸的加入也与三价铁生成稳定的络合物，降低了 Fe^{3+}/Fe^{2+} 的氧化还原电位，相应提高了亚铁的还原能力。

(6) 有些分析方法用高锰酸钾标准滴定溶液返滴定时，以过量高锰酸钾本身的微红色指示返滴定的终点。该方法对低铬的试样是合适的。但随着试液中铬量增加，在三价铬的绿色溶液中观察高锰酸的微红色终点较难判断，试液由绿色开始转变为稳定的暗绿色时已到终点。对高铬试液，当观察到试液呈微红色时，实际上高锰酸钾可能已过量，使结果偏低。曾有报道，在返滴定消耗高锰酸钾标准滴定溶液毫升数中减去一校正值 V(mL,随铬量增高而增加)。其校正值可用以下步骤求得:将返滴定至微红色的试液煮沸 1 min,取下,流水冷却至室温,再以高锰酸钾标准滴定溶液滴定到与返滴定时终点深浅相同的微红色,其所消耗高锰酸钾标准滴定溶液的毫升数即为校正值 V(例如对 5%的铬,0.023 mol/L 高锰酸钾标准滴定溶液的校正值 V 达 0.5 mL)。

(7) 过硫酸铵氧化铬时,溶液的酸度十分重要,它对分析结果影响很大。一般认为硫酸浓度在 3 mol 以下 2 mol 为好。在 10 mL 溶液中含 3～8mL 浓硫酸是适宜的,硫酸浓度过大,铬氧化迟缓,浓度小,易析出 MnO_2 沉淀。

(8) 氧化铬时过剩的过硫酸铵一定煮沸分解除去,否则会使结果偏高。

(9) 加入盐酸还原高锰酸后应立即用流水冷却或加水调整温度,否则六价铬有被盐酸还原的可能,使结果偏低。

(10) N-苯代邻氨基苯甲酸具有还原性,如硫酸亚铁标准溶液滴定度以理论值计算时,则须加以校正。

7.1.10　丁二酮肟光度法测定镍量

7.1.10.1　*方法提要*

试料以酸溶解,高氯酸冒烟氧化铬至六价,以酒石酸钠隐蔽铁,在强碱性介质中,以过硫酸铵为氧化剂,镍与丁二酮肟生成红色络合物,测量其吸光度,计算镍的质量分数。

显色液中锰量大于 1.5 mg,铜量大于 0.2 mg,钴量大于 0.1 mg 干扰测定。方法用于生铁、铸铁、碳钢、低合金钢中 0.01%以上镍的测定。

7.1.10.2　*分析步骤*

(1) 试料量。按表 7-5 称取试料。

表 7-5　试　料　量

镍的质量分数/%	试料量/g
0.01～0.10	0.5000
>0.10～0.50	0.2000
>0.50	0.1000

(2) 空白试验。随同试料做空白试验。

(3) 试料分解。将试料置于 150 mL 锥形瓶中,加 20 mL 硝酸(1+1 或 1+3)或适当比例的盐酸—硝酸混合酸,加热至试料完全溶解。加 3～5 mL 高氯酸,加热蒸发至冒高氯酸白烟并氧化铬至六价。稍冷,加少量水使盐类溶解,冷却后移入 100 mL 容量瓶中(含镍量小于 0.10%时,移入 50 mL 容量瓶中),以水稀释至刻度,混匀。如有游离碳或沉淀,干过滤除去。

(4) 显色。分取 10.00 mL(镍量大于 1%时分取 5.00 mL)试液两份分别置于两个 50mL 容量瓶中。

显色液:加 10 mL 酒石酸钠溶液(300 g/L)、10 mL 氢氧化钠溶液(100 g/L)、2 mL 丁二酮肟乙醇溶液(10 g/L)和 5 mL 过硫酸铵溶液(40 g/L),每加一种试剂后均要混匀,以水稀释至刻度,混匀。放置 10～20 min。

参比液:加 10 mL 酒石酸钠溶液(300 g/L)、10 mL 氢氧化钠溶液(100 g/L)、2 mL 乙醇、5 mL 过硫酸铵溶液(40 g/L),以水稀释至刻度,混匀。

(5) 测量。将显色溶液置于适当吸收皿中,在分光光度计上于波长 530 nm 处测量吸光度,在工作曲线上计算镍的质量分数。

(6) 工作曲线绘制。分取与试料溶液相同量的空白试验溶液于数个 50 mL 容量瓶中,分别加入 1.00 mL,2.00 mL,4.00 mL,6.00 mL,8.00 mL,10.00 mL 镍标准溶液(10.0 μg/mL),按显色液显色,另取一空白试验溶液制备参比液体,按分析步骤(5)测量吸光度,绘制工作曲线。

7.1.10.3 注释

(1) 丁二酮肟镍需在氧化剂存在下显色,一般认为镍首先被氧化到四价,再与丁二酮肟生成有色络合物。通常在 pH>12 的氢氧化钠介质中用过硫酸铵或在 pH<11 的氨性介质中用碘作氧化剂。用过硫酸铵作氧化剂显色速度稍慢于用碘氧化剂,但其稳定性高于用碘氧化剂。

(2) 丁二酮肟镍络合物的最大吸收波长是 465 nm,而显色液中酒石酸铁络合物在此波长也有较大的吸收。为减小铁对测量的影响,通常在 530 nm 处测量吸光度,此时虽然镍的灵敏度有所降低,但酒石酸铁络合物的吸收很小。

(3) 铁锰共存时,显色液中至少有 1.5 mg 的锰不影响镍的测定。铜、钴与丁二酮肟也生成有色络合物而消耗试剂,并促使其分解,降低有色络合物的稳定性,使结果偏低。显色液中允许 0.1 mg的钴和 0.2 mg 的铜存在。

(4) 当试料中锰、铜、钴等元素量较高时可采用萃取光度法测定。在氨性溶液中用氯仿萃取丁二酮肟镍络合物,然后用稀盐酸溶液将镍反萃取至水相中,在碱性介质中,以过硫酸铵为氧化剂,丁二酮肟与镍生成有色络合物,测量其吸光度。当有较高量的铜、钴存在时可用稀氨水洗涤有机相,将其反萃取至水相而消除干扰。

(5) 试样中含少量 Mo、Ti、V 及高 Cr 均不影响测定,只是时间放置长一些,以 30 min 以上为宜。

(6) 含钨钢可加入少许磷酸。

7.1.11 丁二酮肟沉淀分离 EDTA 滴定法测定镍量

7.1.11.1 方法提要

试料以盐酸—硝酸分解。在乙酸钠缓冲溶液中用亚硫酸钠还原铁至二价,以酒石酸络合铁等离子,在 pH=6.0~6.4 时,镍与丁二酮肟生成红色沉淀而与铁、钴、铜、锰、铬、钒等元素分离。沉淀经硝酸、高氯酸分解,在氨性溶液中以紫尿酸胺为指示剂,用 EDTA 标准滴定溶液滴定镍离子,计算镍的质量分数。

方法适用于低合金钢、合金钢中 2%以上镍量的测定。

7.1.11.2 分析步骤

(1) 试料量。根据镍含量称取试样,镍量 2%~4%,称取 0.50 g;镍量 4%~8%,称取 0.30 g;镍量大于 8%,称取 0.20 g,精确至 0.0001 g。

(2) 试料分解。将试料置于 400 mL 烧杯中,加 10 mL 盐酸,5 mL 硝酸,盖上表面皿,加热至试料溶解。加 5~10mL 高氯酸,加热蒸发至冒高氯酸烟(铬量大于 40 mg 时,滴加盐酸分次挥铬),继续于低温处冒烟 10 min。取下,加 2~3 mL 盐酸,约 30 mL 水,温热溶解盐类,用水稀释至约 200 mL。

(3) 沉淀分离。将试液加热至约 60℃,加 10 mL 无水亚硫酸钠溶液(200 g/L),搅拌片刻,加 20 mL 酒石酸溶液(500 g/L),用氨水调节溶液至 pH=9,静止片刻。在不断搅拌下滴加盐酸(1+1)至溶液 pH 为 3.5~4.5。将溶液加热至约 50℃,缓慢加入足够量的丁二酮肟乙醇溶液

(10 g/L)(每毫克镍、铜、钴量需 0.4 mL 丁二酮肟乙醇溶液)，并过量 10 mL，在不断搅拌下加入 20 mL乙酸钠溶液(500 g/L)，充分搅拌，静止 45 min，流水冷却至室温。用快速滤纸过滤，用水洗涤烧杯和滤纸 15 次左右。

(4) 滴定。将沉淀连同滤纸移入原烧杯中，加 5 mL 高氯酸，20 mL 硝酸，盖上表面皿，加热分解滤纸和沉淀，继续加热冒高氯酸烟至体积小于 1 mL。取下，稍冷，用水冲洗表面皿和杯壁，并稀释至 150～200 mL，加热至 30～60℃，取下。

加 15 mL 氨水，加约 30mg 紫尿酸胺指示剂，用 EDTA 标准滴定溶液滴定至溶液由黄色变成紫红色为终点。

7.1.11.3　分析结果的计算

按下式计算镍的质量分数(%)：

$$w_{Ni}=\frac{cV\times 58.70}{m\times 1000}\times 100$$

式中，c 为 EDTA 标准滴定溶液的浓度，mol/L；V 为滴定消耗 EDTA 标准滴定溶液的体积，mL；m 为试料量，g；58.70 为镍的摩尔质量，g/mol。

7.1.11.4　注释

(1) 含钴试样，酒石酸溶液用量可增至 30 mL。

(2) 试样含钨较高时，经高氯酸冒烟后有钨酸沉淀析出，在用氨水调节至 pH=9 时加热，但不超过 70℃，不断搅拌使钨酸溶解(如有部分钨酸沉淀不溶解，不影响分析结果)。

(3) 高氯酸量过多影响紫尿酸胺指示剂颜色变化的突跃，掌握冒烟至试液小于 1 mL。

(4) 丁二酮肟溶液加入时，试液温度不宜过高，否则影响丁二酮肟沉淀颗粒。

7.1.12　Zn-EDTA 隐蔽铬天青 S 光度法测定铝量

7.1.12.1　方法提要

试料以酸溶解，用 Zn-EDTA 隐蔽铁、镍等离子，在 pH=5.3～5.9 弱酸性介质中，铝与铬天青 S生成紫红色络合物，测量吸光度，计算铝的质量分数。在显色液中铬、钒已氧化至高价不干扰测定，30 μg 钛可用 0.15 g 甘露醇隐蔽。

方法适用于碳钢、低合金钢、合金钢中 0.01%～1.0%铝量的测定。

7.1.12.2　分析步骤

(1) 称样。称取约 0.1000 g 试样。

(2) 试料分解。将试料置于石英烧杯中，加 10 mL 盐酸—硝酸混合酸，加热溶解，(难溶试样可适当补加盐酸或硝酸溶解)。加 5 mL 高氯酸，加热蒸发至冒高氯酸烟，用水冲洗烧杯壁，继续冒高氯酸烟至试液 1 mL(高铬试样加热蒸发至冒高氯酸烟，使铬氧化至高价，滴加盐酸将铬挥除，继续加热蒸发至残余铬全部氧化至高价，并冒高氯酸烟至试液 1 mL)。稍冷，加约 30 mL 水，加热溶解盐类。冷却，将试液移入 100 mL 容量瓶中，用水稀释至刻度，混匀。

(3) 显色。分取 5.00 mL 或 10.00 mL 试液(控制铝量不大于 20μg)两份于两个 50 mL 容量瓶中。

显色液：加 5.00 mL 甘露醇溶液(50 g/L)(不含钛的试样可不加)，5 mL 盐酸(5+95)、5.0 mL或 10.0 mLZn-EDTA 溶液(移取 5 mL 试液加 5 mL，移取 10 mL 试液加 10 mL)，混匀。加

4.0 mL 铬天青 S 溶液(0.5 g/L)、5 mL 六次甲基四胺溶液(400 g/L),每加入一种试剂须混匀后再加第二种试剂,用水稀释至刻度,轻轻混匀,放置 20 min。

参比液:加 1 mL 氟化铵溶液(5 g/L),混匀,以下按显色液操作,用水稀释至刻度,混匀。

(4) 测量。将显色液和参比液分别置于合适的吸收皿中,在分光光度计上于波长 545 nm 处测量吸光度,在工作曲线上计算铝的质量分数。

(5) 工作曲线绘制。称取 0.1000 g 纯铁于石英烧杯中,按操作步骤(2)项操作,移取七份与试液相同量的溶液分别置于一组 50 mL 容量瓶中,六个容量瓶中分别加入 0 mL、0.50 mL、1.00 mL、2.00 mL、3.00 mL、4.00 mL、5.00 mL 铝标准溶液(4.0 μg/mL),按操作步骤(3)项显色液操作,另一个容量瓶按参比液操作,测量吸光度,绘制工作曲线。

7.1.12.3 注释

(1) 本方法利用 EDTA 与金属离子络合物稳定性的差别,Fe、Ni、Cu 等离子与 EDTA 络合物的稳定性高于 Zn-EDTA 络合物的稳定性,而 Zn-EDTA 络合物的稳定性又略大于 Al-EDTA 络合物的稳定性,因此可用 Fe、Ni、Cu 等离子取代 Zn-EDTA 络合物中的 Zn 形成与 EDTA 的络合物,而不再与铬天青 S 作用,达到隐蔽的目的。这里 Zn-EDTA 起到络合缓冲剂的作用。Cr、V 在高氯酸冒烟时已氧化至高价,不再与铬天青 S 反应。经试验,Zn 和 EDTA 的摩尔比为 1.0∶1.0,如 Zn 量过大,空白增高,影响对 Fe 等离子的隐蔽效果。对 10 mL Zn-EDTA 溶液,铁量在 6～10 mg间变化对铝的显色影响不大。当显色液中含 2.0 mg、5.0 mg、10.0 mg 的铁基,应分别加入 2 mL、5 mL、10 mL Zn-EDTA 溶液。

(2) 铝的质量分数大于 0.4%时,试液移入 250 mL 容量瓶中,补加 1.5 mL 高氯酸,分取 10.00 mL 或 5.00 mL 试液显色,并分别加 4.0 mL 或 2.0 mLZn-EDTA 溶液。

(3) 本方法在氧化性介质中显色,Al-铬天青 S 络合物的稳定性高于用抗坏血酸还原隐蔽介质的稳定性。在 30℃时显色液至少稳定 90 min。

(4) 测量 0.01%下限附近的 Al 量时,一定要检查 Zn 或 ZnO、EDTA 等试剂可能引入的空白或干扰元素 F,包括操作过程带入的干扰元素。

7.1.13 硫氰酸盐光度法测定钨量

7.1.13.1 方法提要

试料以硫酸—磷酸混合酸分解,硝酸氧化,加热冒硫酸烟。在盐酸介质中用氯化亚锡和三氯化钛还原铁、钨等元素,五价钨与硫氰酸盐生成黄色络合物,测量吸光度,计算钨的质量分数。

钒的干扰可用校正系数法扣除,或在绘制工作曲线时加入相应量的钒校正。显色液中铌量大于 0.1 mg 时加氢氟酸隐蔽,钼量大于 1.5 mg 时增加氯化亚锡量消除干扰。

方法适用于低合金钢、合金钢中 0.05%以上钨量的测定。

7.1.13.2 分析步骤

(1) 试料量。根据试样中的钨含量称取试样,钨量小于 0.50%,称取 0.5000 g;钨量 0.50%～1.0%,称取 0.2500 g;钨量大于 1.0%,称取 0.1000 g。

(2) 试料分解。将试料置于 150 mL 锥形瓶中,加 20 mL 硫酸—磷酸混合酸,加热溶解,滴加硝酸氧化,继续加热蒸发至冒硫酸烟 2 min(必要时在冒硫酸烟时再滴加硝酸将碳化物破坏完全)。冷却,加 20 mL 水,加热溶解盐类。冷却,移入 50 mL 容量瓶中(必要时过滤,用热水洗净锥形瓶和滤纸),以水稀释至刻度,混匀。

(3) 显色。分取 5.00 mL 试液两份于两个 50 mL 容量瓶中。

显色液:加 30 mL 氯化亚锡溶液(10 g/L),混匀,加 3.0 mL 硫氰酸铵溶液(250 g/L),混匀,加 1.0 mL 三氯化钛溶液,用氯化亚锡溶液(10 g/L)稀释至刻度,混匀,放置 10 min。

参比液:用氯化亚锡溶液(10 g/L)稀释至刻度,混匀。

(4) 测量。将显色溶液置于合适的吸收皿中,在分光光度计上于波长 400 nm 处测量吸光度,在工作曲线上计算钨的质量分数。试样中钼量高于钨量 0.5 倍时,在 450 nm 处测量吸光度。

(5) 工作曲线绘制。称取与试料相同量的纯铁数份置于一组 150 mL 锥形瓶中,分别加入 0 mL、1.00 mL、2.00 mL、3.00 mL、4.00 mL、5.00mL 钨标准溶液(0.50 mg/mL),以下按操作步骤(2)~(4)操作,测量吸光度,以钨的质量为横坐标,吸光度为纵坐标,绘制工作曲线。

7.1.13.3 注释

(1) 用硫酸—磷酸混合酸难以分解的试料,可用硝酸或适当比例的盐酸—硝酸混合酸分解,为防止析出钨酸沉淀,在加溶解酸时同时加入磷酸。对不锈钢可加盐酸、过氧化氢和磷酸溶解,再加入硫酸加热冒烟。

(2) 显色时钒被还原为四价,生成浅黄色的化合物而干扰钨的测定。其干扰量与测量波长有关,通常在 420 nm 测量,1%的钒相当于 0.19%~0.20%的钨。为校正钒的影响,可在绘制工作曲线时加入与试料相当量的钒校正,或在测量条件下,以纯铁打底,分别加入钨和钒的标准溶液,按分析步骤操作,绘制钨和钒的工作曲线,两工作曲线的斜率即为钒的校正系数。

(3) 钼和铌有一定的干扰。本方法用氯化亚锡和三氯化钛还原铁、钨和钼,由于三氯化钛还原能力强于氯化亚锡,可将五价钼进一步还原至三价,从而消除一定量钼的影响。显色液中钼量大于 1.5 mg、铌量大于 0.1 mg 时,在加入硫氰酸铵溶液前加 1~3 滴氢氟酸(参比液中同样加入),并将氯化亚锡溶液浓度由 10 g/L 改为 50 g/L。如果只含铌或钼量小于 1.5 mg 时,不改变氯化亚锡溶液浓度。

7.1.14 氯磺酚 S 光度法测定铌量

7.1.14.1 方法提要

试料以酸溶解,用硫酸—磷酸混合酸冒烟破坏碳化物。加酒石酸络合铌,在 1~3 mol/L 的盐酸介质中,铌与氯磺酚 S 显色形成蓝色络合物,加乙醇或丙酮加速显色反应,于波长 650 nm 处测量吸光度,计算铌的质量分数。

在试验溶液中存在 20 mg 钨、铬、镍、锰,10 mg 钒、铝,6 mg 铜,60 μg 钽,25 μg 钼不干扰测定。

方法适用于低合金钢中 0.01%以上铌量的测定。

7.1.14.2 分析步骤

(1) 试料量。铌量小于 0.1%时,称取 0.5000 g,铌量不小于 0.1%时,称取 0.2000 g,大于 0.5%时称取 0.1000 g 试样。

(2) 试料分解。将试料置于 150 mL 锥形瓶中,加入 10 mL 盐酸、3 mL 硝酸,加热使试样溶解,加 25 mL 硫酸—磷酸混合酸,继续加热至冒硫酸烟约 30 s。取下,稍冷,沿杯壁加入 20 mL 酒石酸溶液(300 g/L),加热煮沸至盐类全部溶解。取下,冷却。移入 100 mL 容量瓶中,以水稀释至刻度,混匀。

(3) 显色。移取 5.00 mL 试液于 50 mL 容量瓶中,加入 5 mL EDTA 溶液(10 g/L)、20 mL 盐

酸(1+1)、5 mL乙醇、3.0 mL氯磺酚S溶液(0.5 g/L),以水稀释至刻度,混匀。在高于20℃室温时放置40 min,室温低于20℃时置于40℃水浴中保温10 min。

(4) 测量。将部分显色液移入2~3 cm吸收皿中,在剩余的显色液中(剩余溶液体积应控制一致,约30 mL),用塑料管滴加0.5 mL(约10滴)氢氟酸(1+3),充分混匀,至蓝色络合物褪色后移入另一2~3 cm吸收皿,此为参比液。在分光光度计上于波长650 nm处测量吸光度,在工作曲线上计算铌的质量分数。

(5) 工作曲线绘制。称取与试料量相同量的纯铁数份于数个150 mL锥形瓶中,按操作步骤(2)操作,加20 mL酒石酸溶液(300 g/L),将纯铁溶液移入100 mL容量瓶中,分别加入0 mL、0.50 mL、1.00 mL、2.00 mL、3.00 mL、4.00 mL、5.00 mL铌标准溶液(100.0 μg/mL,当铌量大于0.1%时,移取0 mL、2.00 mL、4.00 mL、6.00 mL、8.00 mL、10.00 mL铌标准溶液),用水稀释至刻度,混匀。以下按分析步骤(3)、(4)操作,测量吸光度,绘制工作曲线。

7.1.14.3 注释

(1) 试料也可直接用硫酸磷酸混合酸溶解,滴加硝酸破坏碳化物,再继续加热至冒硫酸烟。对一些碳化物量高的试料,需在冒硫酸烟时再滴加硝酸将碳化物破坏完全。高硅试料可加数滴氢氟酸(1+3)助溶。

(2) 在1~3 mol/L的盐酸介质中铌与氯磺酚S生成1∶1的蓝色络合物,乙醇或丙酮可加速显色反应。在显色体系中,用氢氟酸褪色的自身溶液作参比,铬、镍、钨、钒、锰、铜等不干扰测定。用EDTA可隐蔽钛、锆及其他阳离子,钽干扰铌的测定,但与铌等量时可忽略其影响。显色液中25 μg的钼对测定有影响,可在绘制工作曲线时加入等量的钼,也有方法在加EDTA溶液后加5 mL硫酸肼溶液(200 g/L),沸水浴加热2 min将钼还原。对高钼低铌试样,可在氢氟酸介质中采用强碱性阴离子交换树脂将铌与基体元素及钼、钽、锆、钛、钨等分离。

(3) 过量的磷酸对显色有影响,一般不超过2 mL磷酸。对不含钨的试样在试料分解后可直接加10 mL硫酸(1+1),加热至冒硫酸烟1 min,注意摇动烧杯避免迸溅。

7.1.15 偶氮氯膦Ⅲ光度法测定稀土总量

7.1.15.1 方法提要

试料用酸分解后,在0.1~0.5 mol/L的酸性溶液中以草酸隐蔽铁等离子,稀土离子与偶氮氯膦Ⅲ生成蓝色络合物,于670 nm处测量吸光度,计算稀土的质量分数。

方法适用于铸铁、低合金钢中0.002%~0.20%稀土总量的测定。

7.1.15.2 分析步骤

(1) 试料量。稀土量小于0.10%称取0.2500 g,大于0.10%称取0.1000 g试样。

(2) 空白试验。称取与试料相同量的不含稀土的纯铁进行空白试验。

(3) 试料分解。将试料置于150 mL锥形瓶中,加15 mL硫酸硝酸混合酸,加热至试料溶解。分次滴加1~2 mL过氧化氢,煮沸至过量的过氧化氢分解,冷却至室温。将试液移入100 mL容量瓶中(铸铁试样过滤于100 mL容量瓶中,用热水洗涤),用水稀释至刻度,混匀。

(4) 显色。分取10.00 mL试液于25 mL容量瓶中,加5 mL草酸溶液(60 g/L),5.0 mL偶氮氯膦Ⅲ乙醇溶液(0.30 g/L),用水稀释至刻度,混匀。

(5) 测量。将显色液移入3 cm吸收皿中,在剩余的溶液中加1滴六偏磷酸钠溶液(150 g/L)使络合物褪色,以此为参比,于670 nm处测量吸光度,从工作曲线计算稀土质量分数。

(6) 工作曲线的绘制。分取 5.0 mL 空白试验溶液数份于数个 25mL 容量瓶中,分别加入 0 mL,0.50 mL,1.00 mL,…,4.00 mL 稀土标准溶液(5.0 μg/mL),按分析步骤显色,测量吸光度,绘制工作曲线。或以不同稀土含量的标准物质按分析步骤操作,绘制工作曲线。

7.1.15.3　注释

(1) 含铬试样用硝酸难分解试样,可用适当比例的盐酸硝酸溶解,加 4～5 mL 高氯酸,加热冒高氯酸烟至瓶口,铬量大于 1%时滴加盐酸除铬数次,再蒸发冒烟至瓶口。

(2) 吸光度测量时也可用不含稀土的纯铁空白试验溶液作参比。

7.2　铁合金分析

7.2.1　硅铁——氟硅酸钾滴定法测定硅量

7.2.1.1　方法提要

试料以硝酸、氢氟酸分解。在酸性溶液中,加硝酸钾使硅成氟硅酸钾沉淀。经过滤、洗涤,中和沉淀物成中性,加中性沸水使氟硅酸钾水解,以氢氧化钠标准滴定溶液滴定水解析出等物质量的氢氟酸,计算硅的质量分数。

方法适用于硅铁中硅量的测定,也适用于其他硅系铁合金(硅锰、硅钙、硅铝、硅铝钡、硅铝钙钡、稀土硅合金等)中硅量的测定。

7.2.1.2　分析步骤

(1) 试料量。称取约 0.10 g 粒度不大于 0.125 mm 的试样,精确至 0.0001 g。

(2) 试料分解。将试料置于塑料烧杯中,随同试料进行空白试验。加 15 mL 硝酸－硝酸钾溶液(200 g/L),边摇动边缓缓滴加 5 mL 氢氟酸至试料完全溶解。

(3) 沉淀分离。加滤纸浆少许,在塑料棒搅拌下加入 15 mL 氟化钾溶液(150 g/L,或加 15 mL硝酸钾饱和溶液),搅拌 1 min,在 25℃以下静止 10～15 min,使氟硅酸钾沉淀完全。沉淀用中速滤纸加纸浆在塑料漏斗上抽滤,用硝酸钾洗涤液洗烧杯和沉淀 6～7 次。

(4) 滴定。将沉淀连同滤纸置于原烧杯中,加 15 mL 硝酸钾洗涤液、5 滴溴麝香草酚蓝—酚红指示剂溶液,在充分搅动下,滴加氢氧化钠标准滴定溶液仔细中和滤纸上的余酸至出现稳定的紫红色,不计毫升数。加 150～200 mL 中性(将蒸馏水煮沸,加数滴溴麝香草酚蓝－酚红指示剂溶液,滴加氢氧化钠标准滴定溶液至溶液呈紫红色,混匀)。沸水,搅拌,补加数滴指示剂溶液,立即用氢氧化钠标准滴定溶液(0.25mol/L)滴定试液至紫红色为终点。

7.2.1.3　分析结果计算

按下式计算硅的质量分数:

$$w_{Si}=\frac{c(V-V_0)\times 28.086}{m\times 4000}\times 100$$

式中,w_{Si}为硅的质量分数,%;c 为氢氧化钠标准滴定溶液浓度,mol/L;V,V_0 为滴定试液和空白试验溶液消耗氢氧化钠标准滴定溶液的体积,mL;m 为试料量,g;28.086 为硅的摩尔质量,g/mol。

或按下式计算:

$$w_{Si}=\frac{T(V-V_0)}{m\times 1000}\times 100$$

式中,T 为氢氧化钠标准滴定溶液对硅的滴定度,mg/mL;其余同上。

7.2.1.4 注释

(1) 氟硅酸钾测定在热水中水解,释放出等物质量的氢氟酸:

$$K_2SiF_6+4H_2O \xlongequal{} H_4SiO_4+4HF+2KF$$

用氢氧化钠标准滴定溶液滴定释放出的氢氟酸:

$$HF+NaOH \longrightarrow NaF+H_2O$$

由反应可知,此滴定反应中硅的基本单元为 Si/4。

(2) 试料分解温度控制在 80℃以下,滴加氢氟酸速度不可太快,以防四氟化硅逸出。对一些难分解的试样,可在塑料烧杯预加约 1 g 硝酸钾,使溶解下的硅即转化成氟硅酸钾沉淀。

(3) 沉淀过滤洗涤时采用抽滤法,尽快过滤,防止沉淀水解。为加速抽滤的速度,在滤纸下面垫一层绸布,防止滤纸抽破。

(4) 洗涤液中加乙醇,以降低氟硅酸钾的溶解度,并加快游离酸洗去的速度,中和时加洗涤液是防止局部沉淀遇氢氧化钠而发生水解。

(5) 氟硅酸钾沉淀的酸度一般控制在 2～3 mol/L,酸度太高会增加氟硅酸钾的溶解度,而酸度太低又易产生其他离子的氟化物沉淀。通常在硝酸介质沉淀氟硅酸钾,其溶解度最小。

(6) 沉淀温度应控制在 25℃以下,体积 40～50 mL,室温高时可将烧杯在冰水浴或冷水浴中沉淀。洗涤沉淀的次数不宜过多,用量不宜过大,每次抽滤干后再洗下一次。

(7) 分析时注意试剂引入的空白。当氢氟酸的空白较高(消耗氢氧化钠标准滴定溶液 0.5 mL以上)时,可用下法消除硅的影响:取 100 mL 氢氟酸于塑料瓶中,加 10 mL 乙醇,20 g 硝酸钾,混匀,放置过夜,在塑料漏斗上过滤于塑料瓶中,使用时按二倍量加入。

(8) 中和滴定时也可用酚酞或仅以溴麝香草酚蓝作指示剂,滴定至终点时,前者由无色变为微红色,后者由黄色变为蓝色。

(9) 含锰高的试样溶解时可加入 1～2 mL 过氧化氢,对测定无影响。

7.2.2 硅铁——高氯酸脱水重量法测定硅量

7.2.2.1 方法提要

试料用碳酸钠-过氧化钠熔融分解,硅转化成硅酸盐。熔融物用水浸取后以盐酸酸化,以高氯酸二次冒烟使硅酸脱水完全。硅酸沉淀过滤、洗涤后于 1050℃灼烧成二氧化硅,恒量。加硫酸—氢氟酸使硅成四氟化硅挥发除去,再灼烧至恒量。由氢氟酸处理前后沉淀物的质量差计算硅的质量分数。

方法适用于硅铁中硅量的测定,也适用于硅钙、硅锰、硅铬、硅钙钡、硅铝钙钡、稀土硅铁等铁合金中硅量的测定。

7.2.2.2 分析步骤

(1) 试料量。称取 0.20 g 粒度不大于 0.125 mm 的试样,精确至 0.0001 g。

(2) 试料分解。将试料置于预先盛有 6 g 混合熔剂的铁坩埚(或镍坩埚)中,用干玻璃棒混匀后再覆盖 2 g 混合熔剂。随同试料进行空白试验。

将坩埚置于高温电热板上,盖上坩埚盖,加热烘焙至焦黄色,移入 850℃的高温炉中熔融至完全熔清,继续熔融 2 min。取出,转动坩埚,使熔融物冷凝在坩埚壁上。冷却,用水洗净坩埚外壁,将坩埚置于 250 mL 塑料杯中,加约 100 mL 热水,盖上表面皿,待反应停止后用水洗净坩埚及盖。将浸取液缓缓移入预先盛有 35 mL 盐酸的 600 mL 玻璃烧杯中，用水洗净塑料烧杯和表面皿，洗液合并于烧杯中，搅拌至溶液清亮。

(3) 硅酸一次脱水。加 80 mL 高氯酸，盖上表面皿并留有一缝隙，将烧杯置于电热板上加热蒸发，继续加热冒高氯酸烟约 20 min，至残留物成糊状，取下，冷却。沿杯壁加 20 mL 盐酸(1＋1)，用少量热水洗涤表面皿和杯壁，加 100 mL80℃以上的热水，搅拌使盐类溶解。趁热用中速滤纸加纸浆过滤于洗净的 500 mL 烧杯中，将沉淀移入滤纸上，用玻璃擦棒仔细擦洗烧杯壁，用热盐酸(5＋95)洗净烧杯及玻璃擦棒。洗涤沉淀至无铁离子(约 5～6 次，用硫氰酸铵溶液(50 g/L)检查)，再用热水洗至无氯离子(用硝酸银溶液(20 g/L)检查)。保留滤纸及沉淀。

(4) 硅酸二次脱水。将滤液移入原烧杯，加 20 mL 高氯酸，再次加热蒸发至冒高氯酸烟使残留在滤液中的硅酸脱水。以下按分析步骤(3)操作。

(5) 测量。将二次沉淀连同滤纸移入铂坩埚中，加 4 滴氨水，在约 150℃下烘至近干。在 500～600℃处小心炭化、灰化滤纸，将坩埚置于 1050～1100℃的高温炉中灼烧 30 min。取出，稍冷，置于干燥器中冷却至室温，称量，反复灼烧至恒量。

将不纯的二氧化硅用数滴水润湿，加 4 滴硫酸(1＋1)，6 mL 氢氟酸，置于电热板上加热蒸发至冒硫酸烟，稍冷，再加 4 mL 氢氟酸，继续加热蒸发至冒尽硫酸烟。将坩埚置于 1050℃高温炉中灼烧 30 min。取出，稍冷，置于干燥器中冷却至室温，称量，反复灼烧至恒量。

7.2.2.3 分析结果的计算

按下式计算硅的质量分数：

$$w_{Si}=\frac{[(m_1-m_2)-(m_3-m_4)]\times 0.4674}{m}\times 100$$

式中，w_{Si} 为硅的质量分数，%；m_1，m_3 分别为氢氟酸处理前试料和空白试验沉淀与铂坩埚的质量，g；m_2，m_4 分别为氢氟酸处理后试料和空白试验沉淀与铂坩埚的质量，g；m 为试料量，g；0.4674 为二氧化硅换算为硅的换算因数。

7.2.2.4 注释

(1) 用水浸取坩埚内的熔融物需不宜在玻璃烧杯中进行，否则强碱性的浸取液腐蚀玻璃，硅的分析结果显著偏高，且变动性大。坩埚中熔融物浸取时也可将其置于盛有过量盐酸溶液的玻璃烧杯中浸取，酸性溶液中浸取不存在玻璃腐蚀的问题。

(2) 灼烧时二氧化硅中残留的水分与灼烧温度有关，灼烧温度不能低于 1000℃，否则硅酸中少量水分不易除尽。

(3) 沉淀和滤纸在干燥、灰化时加几滴氨水，以防止残存的少量高氯酸加热时迸溅而致使二氧化硅沉淀有所损失。

(4) 用氢氟酸处理二氧化硅沉淀时要加硫酸，其目的是防止氟化硅的水解生成氟硅酸和硅酸，同时使硅酸中夹杂的金属氧化物生成硫酸盐，防止生成氟化物而挥发，而生成的硫酸盐在高温灼烧时又分解成氧化物，不影响测定。

(5) 用高氯酸脱水时一定要保持 20 min，否则硅酸脱水不完全，使结果偏低。

7.2.3 硅铁——铋磷钼蓝光度法测定磷量

7.2.3.1 方法提要

试料用硝酸、氢氟酸分解，高氯酸冒烟将磷氧化为正磷酸。在铋盐存在下，磷酸根与钼酸铵生成铋磷钼杂多酸，以乙醇为稳定剂，用抗坏血酸将其还原为铋磷钼蓝，测量吸光度，计算磷的质量分数。铋磷钼蓝显色可在硫酸或硝酸介质中进行。

方法适用于硅铁中0.005%以上磷量的测定。

7.2.3.2 分析步骤

(1) 试料量。称取0.5000 g粒度小于0.125 mm的试料，磷量大于0.1%时称取0.2000 g。

(2) 试料分解。将试料置于聚四氟乙烯烧杯中，随同试料进行空白试验。加10 mL硝酸，边摇动边滴加5 mL氢氟酸至试料溶解。用少许水冲洗杯壁，加5 mL高氯酸，加热冒高氯酸烟，继续冒高氯酸烟至体积约1 mL。加30 mL水，温热溶解盐类。冷却，移入100 mL容量瓶中，用水稀释至刻度，混匀。

分取10.00 mL或20.00 mL试液于50 mL容量瓶中。以下按分析步骤(3)或(4)操作。

(3) 硫酸介质显色。加5 mL硫酸(1+4)，2.5 mL硝酸铋溶液(10 g/L)，5 mL钼酸铵溶液(40 g/L)，10 mL抗坏血酸乙醇溶液(10 g/L)，用水稀释至刻度，混匀，放置20～30 min。

(4) 硝酸介质显色。加5 mL硝酸—硝酸铋溶液(10 g/L)，5 mL钼酸铵溶液(40 g/L)，15 mL抗坏血酸乙醇溶液(10 g/L)，用水稀释至刻度，混匀，放置5～10 min。

(5) 测量。将显色液移入1～2 cm吸收皿，以空白试验溶液为参比，于700 nm测量吸光度，减去空白试验的吸光度。从工作曲线上计算磷的质量分数。

(6) 工作曲线的绘制。称取0.1000 g高纯铁(P小于0.0002%)，按分析步骤操作，制备铁基底液。分取10.0 mL铁基底液数份于一组50 mL容量瓶中，分别加入0 mL，0.50 mL，1.00 mL，…，4.00 mL，5.00 mL磷标准溶液(10.0 μg/mL)，按分析步骤(3)或(4)显色液操作，以不加钼酸铵的试剂空白为参比，测量吸光度，绘制工作曲线。

或以数个不同磷含量的硅铁标准物质按分析步骤操作，绘制工作曲线。

7.2.3.3 注释

(1) 在硫酸介质中铋磷钼蓝的显色速度稍慢于硝酸介质，但显色液有较好的稳定性。硝酸介质中加尿素溶液，以消除氮氧化物对显色的影响。

(2) 砷对铋磷钼蓝显色有干扰，可用硫代硫酸钠隐蔽。含砷试样在加硝酸铋溶液后加2 mL硫代硫酸钠—亚硫酸钠溶液。试样不含砷，不加隐蔽剂。过量硫代硫酸钠对磷的显色有影响，降低其稳定性，应定量加入，在工作曲线操作中加入同样量的硫代硫酸钠溶液。含砷试样也可在冒高氯酸烟后，加10 mL盐酸，5 mL氢溴酸，加热蒸发冒高氯酸烟，使砷成三溴化砷挥发除去。

(3) 配制钼酸铵如有混浊应过滤后使用。

(4) 空白试验应加入与试料同样的试剂，并作为参比溶液以消除试剂中(特别是HF中)痕量磷的影响。

7.2.4 硅铁——高碘酸盐氧化光度法测定锰量

7.2.4.1 方法提要

试料用硝酸、氢氟酸分解，高氯酸冒烟去氟，在硫酸磷酸介质中用高碘酸盐将锰氧化至高锰酸，测量吸光度，计算锰的质量分数。

方法适用于硅铁中0.01%以上锰量的测定。

7.2.4.2　分析步骤

(1) 称样量。称取 0.2000 g 粒度小于 0.125 mm 的试样。

(2) 试料分解。将试料置于聚四氟乙烯烧杯或铂皿中,加 5 mL 硝酸,仔细滴加 3 mL 氢氟酸,不断摇动至试料溶解。加 5 mL 高氯酸,加热蒸发至冒高氯酸烟,继续蒸发至近干。加少量水温热溶解盐类。

(3) 显色。将试液移入 250 mL 锥形瓶中,加 20 mL 硫酸—磷酸混合酸,加 10 mL 高碘酸钠溶液(50g/L),加水稀释至约 60 mL,加热至沸,并保持微沸状态约 5 min。冷却,将试液移入 100mL 容量瓶中,用水稀释至刻度,混匀。

(4) 测量。将显色液倒入适当吸收皿,于剩余试液中边摇动边滴加亚硝酸钠溶液(10 g/L)至红色消失,作为参比液,于 525 nm 处测量吸光度。从工作曲线上计算锰的质量分数。

(5) 工作曲线的绘制。分取 0 mL,0.50 mL,1.00 mL,2.00 mL,…,5.00 mL 锰标准溶液(50.0 μg/mL,锰量大于 0.10%时用 200 μg/mL)于一组 250 mL 锥形瓶中,加 20 mL 硫酸—磷酸混合酸,加 10 mL 高碘酸钠溶液(50 g/L),以下同分析步骤(3)和(4)操作,以试剂空白作参比,测量吸光度。绘制工作曲线。

7.2.4.3　注释

(1) 也可用高碘酸钾代替高碘酸钠,但冒烟时高氯酸残留不能太多,否则易生成高氯酸钾沉淀。

(2) 试料用硝酸、氢氟酸分解后也可加 4 mL 硫酸(1+1),小心加热至冒硫酸烟 1～2 min,再按分析步骤(3)显色,此时也可用高碘酸钾溶液作为锰的氧化剂。

7.2.5　硅铁——Zn-EDTA 隐蔽铬天青 S 光度法测定铝量

7.2.5.1　方法提要

试料用硝酸、氢氟酸分解,高氯酸冒烟去氟。分取部分试液,以 Zn-EDTA 隐蔽铁、镍等元素,在 pH=5.5 的六次甲基四胺缓冲溶液中,铝与铬天青 S 生成紫红色络合物,测量吸光度,计算铝的质量分数。钛的干扰可用过氧化氢隐蔽,硅铁中的共存元素不影响铝的测定。

方法适用于硅铁中 0.01%以上铝量的测定。

7.2.5.2　分析步骤

(1) 试料量。称取 0.1000 g 粒度小于 0.125 mm 的试样。

(2) 试料分解。将试料置于聚四氟乙烯烧杯或铂皿中,加 5 mL 硝酸,仔细滴加 5 mL 氢氟酸至试料溶解。加 5 mL 高氯酸,加热至冒高氯酸烟,用水冲洗杯壁,继续加热蒸发至体积 1～1.5 mL。稍冷,加水温热溶解盐类,冷却至室温,移入 250 mL 容量瓶中(铝量小于 0.5%时移入 100 mL 容量瓶中),用水稀释至刻度,混匀。

(3) 显色。分取 5.00 mL 或 10.00 mL 试液两份(控制铝量 25 μg 内),分别置于两个 50 mL 容量瓶中。

显色液:加 5 mLZn-EDTA 溶液,加水至 25 mL,放置 2 min。加 2.0 mL 铬天青 S 溶液(1 g/L),5 mL 六次甲基四胺溶液,用水稀释至刻度,轻轻混匀,放置 20 min。

参比液:显色前加 5 滴氟化铵溶液(5 g/L),其余同显色液操作。

(4) 测量。选用 1～2 cm 吸收皿,于 545 nm 处测量吸光度,从工作曲线上计算铝的质量分数。

(5) 工作曲线的绘制。称取 0.025 g 高纯铁，按分析步骤操作制成底液。分取 5.0 mL 或 10.0 mL 底液数份置于数个 50 mL 容量瓶中，分别加入 0 mL，0.50 mL，1.00 mL，…，5.00 mL 铝标准溶液(5.0 μg/mL 或 2.0 μg/mL)，按显色液操作；另取一份底液，按参比液操作，测量吸光度，绘制工作曲线。

7.2.5.3 注释

(1) 氟与铝生成稳定的络合物，必须反复冒烟将氟驱尽。

(2) 含钛试样显色时加 5 滴过氧化氢溶液(1+9)以隐蔽钛，也可加入 5%甘露醇 5 mL。如试样中存在铬、钒等元素，在高氯酸冒烟时已将其氧化至高价，不再干扰铝的测定。

(3) 隐蔽剂 Zn-EDTA 溶液中 Zn 和 EDTA 按摩尔比 1∶1 配制，需注意不要使 EDTA 的量大于锌的量，由于显色液中铁量少，如果 EDTA 量大于锌量，有可能在 EDTA 络合铁后进一步络合铝而使铝不能显色。

(4) 也可用抗坏血酸代替 Zn-EDTA 隐蔽铁，显色操作为：分取试液于 50 mL 容量瓶中，加 5 mL抗坏血酸溶液(10 g/L)，混匀，加 2.0 mL 铬天青 S 溶液(1 g/L)，5 mL 六次甲基四胺溶液，用水稀释至刻度，轻轻混匀，放置 5 min 测量吸光度。用抗坏血酸隐蔽体系的稳定性低于 Zn-EDTA 隐蔽体系的稳定性，显色后应立即测量吸光度。

(5) 冒高氯酸烟时所剩下体积注意控制一致，因显色操作不再调整酸度，一般在 pH=2～3 时加入铬天青 S，然后加入缓冲溶液调 pH 值至 5.5。

(6) 显色后放置 20～30 min 可达到最高值。

7.2.6 锰铁、硅锰合金——三价锰—硫酸亚铁铵滴定法测定锰量

7.2.6.1 方法提要

以硝酸、磷酸分解试料，在磷酸存在下以高氯酸冒烟将锰氧化至三价，或在磷酸冒微烟时以硝酸铵将锰氧化至三价。以 N-苯代邻氨基苯甲酸为指示剂，用亚铁标准滴定溶液滴定三价锰量，计算锰的质量分数。

方法适用于锰铁、锰硅、硅铝锰、金属锰中高含量锰的测定。

7.2.6.2 分析步骤

(1) 试料量。称取 0.20 g 粒度不大于 0.125 mm 的试样，精确至 0.0001 g。

(2) 硝酸铵氧化法—亚铁滴定法。将试料置于 250 mL 锥形瓶中，加 15 mL 磷酸，5 mL 硝酸，加热至试料溶解(硅锰、硅铝锰试料滴加氢氟酸助溶至试料溶解)，继续加热蒸发至液面平静刚冒磷酸微烟(温度控制在 200～240℃，以液面平静出现微烟，约 220℃)，取下，立即加入约 3 g 硝酸铵，摇动锥形瓶，排除瓶内氮氧化物(可用洗耳球将氮氧化物吹去)，放置1～2 min。待温度降至 100～80℃时，加入 60 mL 硫酸(1+9)，混匀，冷却至室温。用硫酸亚铁铵标准滴定溶液滴定至浅红色，加 2 滴 N-苯代邻氨基苯甲酸指示剂溶液(2g/L)，继续滴定至紫红色消失为终点。

(3) 高氯酸氧化—亚铁滴定法。将试料置于 250 mL 锥形瓶中，加 5 mL 硝酸，15 mL 磷酸及 5 mL高氯酸，加热至试料完全溶解(硅锰、硅铝锰试料滴加氢氟酸助溶至试料溶解)。继续加热冒烟至高氯酸分解完全，小气泡停止发生，此时液面平静并有少量小液珠滚动。取下，稍冷(约 80～70℃)，从瓶口中央加 70～80mL 水，摇动溶解盐类，冷却至室温。用硫酸亚铁铵标准滴定溶液滴定至浅红色，加 2 滴 N-苯代邻氨基苯甲酸指示剂溶液(2 g/L)，继续滴定至紫红色消失为终点。

7.2.6.3 分析结果的计算

按下式计算锰的质量分数：

$$w_{Mn}=\frac{cV\times 54.94}{m\times 1000}\times 100$$

式中，w_{Mn}为锰的质量分数，%；c 为硫酸亚铁铵标准滴定溶液浓度，mol/L；V 为滴定消耗硫酸亚铁铵标准滴定溶液体积，mL；m 为试料量，g；54.94 为锰的摩尔质量，g/mol。

或按硫酸亚铁铵标准滴定溶液滴定度计算：

$$w_{Mn}=\frac{TV}{m}\times 100$$

式中，T 为硫酸亚铁铵标准滴定溶液对锰的滴定度，g/mL；其余同上。

7.2.6.4 注释

(1) 硅锰、硅铝锰试料在试料分解时滴加氢氟酸，加速试料分解，并在冒烟时去硅。

(2) 由于磷酸存在，铬不被氧化，但钒、铈同时被氧化，1.00%的钒相当于 1.08%的锰，1.00%铈相当于 0.39%的锰。一般含锰合金不含钒、铈。

(3) 本方法中，控制温度冒烟是关键。温度过低则氧化不完全，分析结果偏低，而温度太高则又可能析出焦磷酸盐，不易溶解，也使结果偏低。

(4) 冒烟后加入稀硫酸的时间要控制好，趁热加入，瓶内有大量水蒸气冲出，以此驱尽瓶内的氮氧化物。

(5) 指示剂有还原性，精确分析时要进行指示剂校正。

(6) 本方法也可用铂指示电极和饱和甘汞电极，在电磁搅拌下进行电位滴定，或用自动电位滴定仪滴定。

7.2.7 钼铁——钼酸铅重量法测定钼量

7.2.7.1 方法提要

试料以稀硝酸溶解，用 EDTA 隐蔽铁、铝等共存元素。在乙酸—乙酸铵溶液中，加乙酸铅溶液使钼成钼酸铅沉淀，过滤、洗涤后于 600℃灼烧，重量法测定，计算钼的质量分数。

方法适用于钼铁、铝钼合金中钼量的测定。

7.2.7.2 分析步骤

(1) 试料量。称取 0.25 g 粒度不大于 0.125 mm 的试样，精确至 0.0001 g。

(2) 试料分解。将试料置于 500 mL 烧杯中，加 20 mL 硝酸(2+3)，低温加热至试料溶解。加 10 mL 盐酸(1+1)，煮沸驱除氮氧化物。

(3) 沉淀分离。加约 100 mL 水，15 mLEDTA 溶液(50 g/L)，以氨水调节溶液呈棕红色，再以盐酸(1+1)调节至溶液红色消失。加 10 mL 乙酸，10 mL 乙酸铵溶液(500 g/L)，用水稀释至 250～300 mL。加热，在煮沸状态下滴加乙酸铅溶液(40 g/L)至出现沉淀后，再逐滴加入 30 mL 乙酸铅溶液(40 g/L)。盖上表面皿，继续煮沸 15 min。在 60～80℃保温 45 min。

用盛有少量纸浆的慢速滤纸过滤，用硝酸铵溶液冲洗烧杯，并用擦棒擦净烧杯壁上的沉淀，将烧杯中的沉淀全部转移至滤纸上，以热硝酸铵溶液(20 g/L)洗净烧杯，洗沉淀 10～15 次。

(4) 测量。将沉淀连同滤纸置于已恒量的坩埚中，小心炭化、灰化，将坩埚置于 600℃高温炉中灼烧 40 min。稍冷，于干燥器中冷却至室温，称量。反复灼烧至恒量。

7.2.7.3 分析结果的计算

按下式计算钼的质量分数(%)：

$$w_{\mathrm{Mo}}=\frac{(m_1-m_2)\times 0.2613}{m}\times 100$$

式中，m_1 为钼酸铅沉淀与坩埚的质量，g；m_2 为坩埚的质量，g；m 为试料量，g；0.2613 为钼酸铅换算成钼的换算因数。

7.2.7.4 注释

(1) 低温溶解试料，防止硅酸脱水。如溶解后有不溶残渣，过滤，残渣与滤纸置于铂坩埚中，灰化灼烧后加 1 g 碳酸钠熔融，水浸取，合并于主液。

(2) 对硝酸难以分解的试样，可在聚四氟乙烯烧杯中以硝酸、盐酸和氢氟酸加热溶解，加高氯酸冒烟去硅去氟。加 5 mL 盐酸，80 mL 水溶解盐类，将试液转移至 500 mL 烧杯中，以下按分析步骤(3)、(4)操作。

(3) 氨水中和时若溶液混浊，表明 EDTA 量不够，可在盐酸调至酸性后，再加 5 mL EDTA 溶液。

(4) 加乙酸铅溶液时要缓缓滴加，不断搅拌，以防局部过浓而沉淀夹带杂质，同时增大沉淀颗粒。沉淀时的酸度 pH=5～6 为宜。

(5) 灼烧温度严格控制在 600℃以下，否则会改变钼酸铅的组成而影响测定结果。

7.2.8 钒铁——高锰酸钾氧化硫酸亚铁铵滴定法测定钒量

7.2.8.1 方法提要

试样用硫酸分解，在硫酸—磷酸介质中，用高锰酸钾将钒氧化至五价，过量的高锰酸钾用亚硝酸钠还原，以 N-苯代邻氨基苯甲酸为指示剂，用硫酸亚铁铵标准滴定溶液滴定钒量，计算钒的质量分数。

方法适用于钒铁中钒量的测定。

7.2.8.2 分析步骤

(1) 试料量。称取 0.15～0.20 g 粒度不大于 0.177 mm 的试样，精确至 0.0001 g。

(2) 试料分解。将试料置于 500 mL 锥形瓶中，加少量水润湿试料，加 40 mL 硫酸(1+1)，5 mL磷酸，加热溶解，滴加 2～3 mL 硝酸氧化至试料完全溶解。继续加热至冒硫酸烟，冷却。加 100 mL 水，加热溶解盐类。流水冷却至室温。

(3) 氧化和滴定。滴加高锰酸钾溶液(25 g/L)至溶液呈稳定的红色，放置 3～5 min(若红色褪去，应再滴加高锰酸钾溶液)，加 10 mL 尿素溶液(100 g/L，或加 1 g 尿素)，缓缓滴加亚硝酸钠溶液(10 g/L)至红色消失，并过量 2～3 滴，放置 2 min。加 3 滴 N-苯代邻氨基苯甲酸溶液(2 g/L)，用硫酸亚铁铵标准滴定溶液滴定至试液由紫红色转变成亮绿色为终点。

7.2.8.3 分析结果的计算

按下式计算钒的质量分数(%)：

$$w_{\mathrm{V}}=\frac{c(V-V_0)\times 50.94}{m\times 1000}\times 100 \quad 或 \quad w_{\mathrm{V}}=\frac{T(V-V_0)}{m\times 1000}\times 100$$

式中，T 为硫酸亚铁铵标准滴定溶液对钒的滴定度，mg/mL；V，V_0 分别为滴定试料溶液和空白试验溶液消耗硫酸亚铁铵标准滴定溶液的体积，mL；m 为试料量，g。

7.2.8.4　注释

(1) 钒含量大于 60%，可称取 0.15 g 试样。

(2) 含硅高的试样和难溶试样可滴加氢氟酸助溶，再加热冒硫酸烟驱尽氟和硝酸。

(3) 试样中存在铈时，铈可被高锰酸钾氧化，使钒的分析结果偏高。铈的影响可用校正系数扣除，0.10%的铈相当于 0.036%钒。

(4) 对于含铬试样须在温度为 15～20℃以下用高锰酸钾氧化，一般 Cr 小于 1%，不影响测定。

(5) 也可采用铂、甘汞电极电位滴定指示滴定终点。

(6) 滴加亚硝酸钠溶液时速度要慢，以防局部过浓使分析结果偏低。

(7) 滴定接近终点的速度要慢，最好逐滴加入，并充分摇匀。

7.2.9　钒铁——过硫酸铵氧化硫酸亚铁铵滴定法测定钒量

7.2.9.1　方法提要

试料用酸分解，在硫酸—磷酸介质中，用过硫酸铵将钒氧化至高价，煮沸除去过量的过硫酸铵。以 N-苯代邻氨基苯甲酸为指示剂，用硫酸亚铁铵标准溶液滴定钒量，计算钒的质量分数。

方法适用于钒铁中钒量的测定。

7.2.9.2　分析步骤

(1) 试料量。称取 0.15～0.20 g 粒度不大于 0.177 mm 的试样，精确至 0.0001 g。

(2) 试料分解。将试料置于 500 mL 锥形瓶中，用水润湿试料，加 5 mL 磷酸，3 mL 硝酸和 40 mL硫酸(1+1)，加热至试料完全分解并冒硫酸烟约 1 min，冷却，用水稀释至 100 mL。

(3) 氧化、滴定。加 20 mL 过硫酸铵溶液(200 g/L)，加热煮沸至冒大气泡，再煮沸 1～2 min。冷却至室温。加 3 滴 N-苯代邻氨基苯甲酸溶液(2 g/L)，用硫酸亚铁铵标准滴定溶液(0.050 mol/L)滴定至试液由紫红色转变成亮绿色为终点。

7.2.9.3　分析结果的计算

按下式计算钒的质量分数(%)：

$$w_V=\frac{cV\times 50.94}{m\times 1000}\times 100$$

式中，c 为硫酸亚铁铵标准滴定溶液浓度，mol/L；V 为滴定试料溶液和空白试验消耗硫酸亚铁铵标准滴定溶液体积，mL；m 为试料量，g；50.94 为钒的摩尔质量，g/mol。

或按滴定度计算：

$$w_V=\frac{TV}{m\times 1000}\times 100$$

式中，T 为硫酸亚铁铵标准滴定溶液的钒的滴定度，mg/mL；其余同上。

7.2.9.4　注释

(1) 试验表明，20 mL 试液中存在 30～40 mL H_2SO_4(1+1)，过硫酸铵可直接氧化钒至五价。

酸度过高，钒氧化不完全，结果偏低；酸度过低，结果偏高。而 2～10 mL 磷酸不影响钒氧化。

（2）含硅高的试料和难溶试料可滴加氢氟酸助溶，再加热冒硫酸烟驱尽氟和硝酸。

（3）铬对测定有干扰，钒铁中少量铬可先用硫酸亚铁将其还原至低价，再用过硫酸铵或高锰酸钾氧化钒，此时铬不被氧化。试样中 15 mg 铬、2.5 mg 锰、7.5 mg 硅和铝不影响钒的测定。

（4）氮氧化物必须完全除尽，否则终点返还时，结果偏高。

（5）也可采用铂、甘汞电极电位滴定指示滴定终点。

7.2.10 铬铁、硅铬合金——酸溶—过硫酸铵氧化亚铁滴定法测定铬量

7.2.10.1 方法提要

试料用硫酸—磷酸混合酸分解或磷酸高温分解，在硝酸银存在下，用过硫酸铵氧化铬至六价，用氯化钠还原同时氧化的锰，以 N-苯代邻氨基苯甲酸为指示剂，用硫酸亚铁铵标准滴定溶液滴定，计算铬的质量分数。

方法适用于铬铁中铬量的测定。

7.2.10.2 分析步骤

（1）试料量。称取 0.10 g 试样，精确至 0.0001 g。

对钻屑样的微碳铬铁、低碳铬铁和中碳铬铁其试样粒度应小于 1.68 mm，高碳铬铁试样的粒度应小于 0.125 mm，氮化铬铁试样粒度应小于 0.088 mm。

（2）试料分解：

1）硫酸—磷酸混合酸分解（适用于低碳、微碳铬铁）：将试料置于 500 mL 锥形瓶中，加 50 mL 硫酸—磷酸混合酸，加热至溶解试料，滴加硝酸破坏碳化物，待试样完全溶解后，继续加热至冒硫酸烟。冷却，加水至约 200 mL，加热溶解盐类。

2）磷酸高温分解（适用于高碳、中碳铬铁等难溶试样）：称取 0.5000 g 试料置于 300 mL 烧杯中，加 20 mL 磷酸，盖上表面皿，高温加热溶解并微冒磷酸烟，稍冷即加 20 mL 硫酸（1+4），5 mL 硝酸，煮沸 1～2 min，破坏碳化物，除去氮氧化物，冷却。用水将试液移入 250 mL 容量瓶中，用水稀释至刻度，混匀。分取 50.00 mL 试液于 500 mL 锥形瓶中，加 20 mL 硫酸（1+1），用水稀释至约 200 mL。

（3）氧化滴定。加 4 滴硫酸锰溶液（40 g/L），加 10 mL 硝酸银溶液（10 g/L），20 mL 过硫酸铵溶液（200 g/L），加热煮沸至呈高锰酸红色，继续煮沸 5 min，以分解过量的过硫酸铵。加 7 mL 氯化钠溶液（50 g/L），煮沸至高锰酸红色消失（若红色不消失，再补加氯化钠溶液），氯化银沉淀凝聚，流水冷却至室温。用硫酸亚铁铵标准滴定溶液（0.10 mol/L）滴定至试液黄绿色，加 4 滴 N-苯代邻氨基苯甲酸指示剂溶液，继续滴定至由紫红色变为亮绿色为终点。

7.2.10.3 分析结果的计算

按下式计算铬的质量分数（%）：

$$w_{Cr}=\frac{cV\times 50.98}{m\times 3000}\times 100$$

式中，c 为硫酸亚铁铵标准滴定溶液的浓度，mol/L；V 为滴定消耗硫酸亚铁铵标准滴定溶液的体积，mL；m 为试料量，g；50.98 为铬的摩尔质量，g/mol。

7.2.10.4 注释

（1）低碳铬铁可用硫酸磷酸混合酸或硫酸（1+4）分解，再加硝酸氧化。对高碳、中碳铬铁可

用3∶7硝磷混酸溶解，冒磷酸烟时再加硝酸氧化。高碳铬铁通常难以用酸分解完全，结果往往偏低，如将试样进一步研磨也有利于试料的分解。高碳铬铁通常以过氧化钠碱熔分解。

(2) 加氯化钠溶液煮沸时，如高锰酸红色褪不尽，再加1～2 mL氯化钠溶液煮沸。

(3) 钒、铈同时为高锰酸钾氧化和被硫酸亚铁铵标准滴定溶液滴定，其量可用理论值扣除，1%的钒相当于0.34%的铬，1%的铈相当于0.124%的铬。或经过硫酸铵氧化后的试液加过量的硫酸亚铁铵标准滴定溶液，再以高锰酸钾标准滴定溶液返滴定。但一般铬铁不含钒和铈。

(4) 方法也适用于金属铬中铬的测定，称取0.50 g试料按磷酸高温分解的方法测定。

(5) 硅铬合金也可用本方法测定，试料在聚四氟乙烯烧杯中以盐酸、硝酸和氢氟酸分解去硅，蒸发至小体积，转移至锥形瓶中，加相应量的硫酸磷酸，加热至冒烟，以下按铬铁分析方法测定。对酸分解不完全的试样，应以过氧化钠熔融，浸取后在硫酸磷酸介质中氧化滴定。

7.2.11　铬铁、硅铬合金——碱熔—过硫酸铵氧化亚铁滴定法测定铬量

7.2.11.1　方法提要

试料以过氧化钠熔融，铬被氧化为六价，熔块浸取酸化，在硫酸磷酸介质中用硫酸亚铁铵标准滴定溶液滴定。

碱熔方法适用于中碳、高碳铬铁、氮化铬铁和硅铬合金中铬量的测定。

7.2.11.2　分析步骤

(1) 试料量。称取0.10 g试样，精确至0.0001 g。

(2) 试料分解。将试料置于预先盛有3～4 g过氧化钠的铁坩埚或刚玉坩埚中，搅匀，再覆盖1～2 g过氧化钠。将坩埚于低温烘烤至焦黄色，于650～700℃高温炉中熔融10 min至试样分解完全，冷却。

(3) 测量。于500 mL烧杯中，用100 mL热水将熔块浸出，用水洗净坩埚，加热煮沸3～5 min，冷却。用硫酸(1＋1)中和试液至酸性，并过量20 mL，加5 mL磷酸，以水稀释至250 mL。加5 mL氯化钠溶液(50 g/L)，煮沸3～4 min。冷却，用硫酸亚铁铵标准滴定溶液滴定至黄绿色，加4滴N-苯代邻氨基苯甲酸指示剂溶液(2 g/L)，继续硫酸亚铁铵标准滴定溶液滴定至亮绿色为终点。

分析结果计算同酸溶亚铁滴定法。

7.2.11.3　注释

(1) 铬铁与过氧化钠熔融，过氧化钠既是碱性熔剂，又是强氧化剂，可将铬全部氧化至六价。

(2) 碱性溶液中，过氧化钠分解，可能产生少量过氧化氢，采用煮沸方式除去。碱性介质中过氧化氢是氧化剂，不能使六价铬还原，而且由于六价铬的存在又促使过氧化氢分解。而在酸性介质中过氧化氢可还原铬。

(3) 过氧化钠高温熔融不仅将铬氧化，锰也被氧化，因此酸化后加氯化钠煮沸，以还原可能存在的高价锰。

(4) 在标准分析方法中，称取0.50 g试料，用过氧化钠熔融，浸取液酸化后，在250 mL容量瓶中定容。移取50.00 mL试液于500 mL锥形瓶中，加20 mL硫酸(1＋1)，5 mL磷酸，用温水稀释至200 mL，以下按酸溶亚铁滴定法操作，以硝酸银、过硫酸铵将铬氧化，加氯化钠煮沸还原高价锰，用硫酸亚铁标准滴定溶液滴定。

7.2.12 铬铁、硅铬合金——高氯酸脱水重量法测定硅量

7.2.12.1 方法提要

试料用盐酸、硝酸分解或碱熔融—盐酸浸取，高氯酸冒烟使硅酸脱水，过滤、灼烧，将沉淀于1050℃灼烧成二氧化硅。以硫酸、氢氟酸处理后再次灼烧，由氢氟酸处理前后质量差计算硅的质量分数。

方法适用于铬铁、氮化铬铁、硅铬合金中硅量的测定。

7.2.12.2 分析步骤

(1) 试料量。铬铁试样，称取1.0 g，精确至0.0001 g。硅铬合金硅量大于50%，称取0.25 g；小于50%，称取0.50 g；精确至0.0001 g。

对钻屑样的微碳铬铁、低碳铬铁和中碳铬铁其试样粒度应小于1.68 mm，硅铬合金试样的粒度应小于0.125 mm，高碳铬铁、氮化铬铁试样粒度应小于0.088 mm。

(2) 空白试验。随同试料进行空白试验。

(3) 试料分解：

1) 酸熔法。将试料置于300 mL烧杯中，加50 mL盐酸(1+1)，加热至试料分解，加5 mL硝酸，加20 mL高氯酸，加热蒸发至冒白烟，继续加热冒高氯酸烟呈回流状态，保持15～20 min，冷却。

2) 碱熔法。将试料置于镍或铁坩埚中，加10 g过氧化钠，搅匀，再覆盖3 g碳酸钠，坩埚置于高温电热板上，徐徐加热使试料成焦黄色。将坩埚于750℃高温炉中熔融15 min至试样分解完全，冷却。将坩埚置于盛有60 mL盐酸(1+1)的500 mL烧杯中，浸出熔融物，洗出坩埚。加80 mL高氯酸，盖上表面皿，留一缝隙，在电热板上加热至冒高氯酸烟，使高氯酸烟在回流状态保持15～20 min，冷却。

3) 硅铬合金碱熔法。将试料置于镍或铁坩埚中，加6～8 g过氧化钠，搅匀，再覆盖2 g碳酸钠，坩埚置于高温电热板上，徐徐加热使试料成焦黄色。将坩埚于750℃高温炉中熔融15 min至试样分解完全，冷却。将坩埚置于盛有60 mL盐酸(1+1)的500 mL烧杯中，浸出熔融物，洗出坩埚。加80 mL高氯酸，盖上表面皿，留一缝隙，在电热板上加热至冒高氯酸烟，使高氯酸烟在回流状态保持15～20 min，冷却。

(4) 沉淀分离：

1) 加150 mL热水溶解盐类，分次少量加入10 mL过氧化氢，使铬还原，煮沸1 min，立即用中速定量滤纸加纸浆过滤，用热盐酸(1+19)将沉淀转移至滤纸上，用擦棒擦净烧杯壁上的沉淀物，洗净烧杯和擦棒，洗涤沉淀至无铁离子(用硫氰酸铵溶液检查)，再用热水洗至无酸性。

2) 对硅铬合金或含硅量较高的铬铁试样，须回收滤液和洗液中的硅。于滤液和洗液置于原500 mL烧杯中，蒸发至约250 mL，加10 mL高氯酸，继续加热蒸发至冒高氯酸烟，回流15 min，以下按分析步骤(4)中1)沉淀分离操作。

(5) 测量。将沉淀连同滤纸置于铂坩埚中，加2～3滴氨水于滤纸上，小心将滤纸烘干、灰化，将坩埚置于1050℃高温炉中灼烧30 min。取出，稍冷，置于干燥器中冷却至室温，称量，反复灼烧至恒量。

铂坩埚中沉淀物用数滴水润湿，加4滴硫酸(1+1)，6 mL氢氟酸，于电热板加热蒸发至冒尽硫酸烟。将坩埚于高温炉中再灼烧20 min。取出，稍冷，置于干燥器中冷却至室温，称量，反复灼烧至恒量。

对硅铬合金试料，于电热板加热蒸发至冒硫酸烟，沿坩埚壁再加5 mL氢氟酸，继续加热蒸发

至冒尽硫酸烟。以下按分析步骤操作。

7.2.12.3　分析结果计算

按下式计算硅的质量分数(%)：

$$w_{Si}=\frac{[(m_1-m_2)-(m_3-m_4)]\times 0.4674}{m}\times 100$$

式中，m_1，m_3 分别为氢氟酸处理前试料和空白试验铂坩埚与沉淀质量，g；m_2，m_4 分别为氢氟酸处理后试料和空白试验铂坩埚与残渣质量，g；m 为试料量，g；0.4674 为二氧化硅换算成硅的换算因素。

7.2.12.4　注释

(1) 低碳铬铁、微碳铬铁和某些中碳铬铁可采用酸溶法分解试料，高碳铬铁和硅铬合金需用碱熔融分解。

(2) 对铬铁试样精确分析时需二次脱水，硅铬合金中硅量高，也需进行二次脱水。

7.2.13　铬铁、硅铬合金——铋磷钼蓝光度法测定磷量

7.2.13.1　方法提要

试料用盐酸、过氧化氢分解，用高氯酸将磷氧化至正磷酸，以盐酸或氯化钠将铬挥发除去。或以过氧化钠、无水碳酸钠熔融分解。在硫酸介质中，磷与铋和钼酸盐生成铋磷钼黄杂多酸，用抗坏血酸将其还原为铋磷钼蓝杂多酸，测量吸光度，计算磷的质量分数。五价砷的干扰用硫代硫酸钠还原消除。

方法适用于铬铁、硅铬合金中 0.005%以上磷量的测定。

7.2.13.2　分析步骤

(1) 试料量。称取 0.2500 g 试样，用于碱熔的高碳铬铁试样称取 0.5000 g。

对钻屑样的微碳铬铁、低碳铬铁和中碳铬铁其试样粒度应小于 1.68 mm，高碳铬铁、硅铬合金试样的粒度应小于 0.125 mm，氮化铬铁试样粒度应小于 0.088 mm。

(2) 空白试验。随同试料进行空白试验。

(3) 试料分解：

1) 酸分解。将试料置于 150 mL 锥形瓶中，加 5 mL 过氧化氢，10 mL 盐酸，加热至试料溶解，加 12 mL 高氯酸，加热至冒高氯酸烟，待铬全部氧化至六价，分 6～8 次滴加盐酸挥铬，将大部分铬成氯化铬酰除去。加 5～8 mL 高氯酸，继续冒高氯酸烟至近干。

稍冷，加 20 mL 水溶解盐类，加 10 mL 硫酸(1+1)，滴加亚硫酸钠溶液(100 g/L)至残余的铬还原至三价。煮沸，除去过量的亚硫酸，冷却至室温。移入 100 mL 容量瓶中，用水稀释至刻度，混匀。

2) 碱熔融分解。将试料置于已盛有 6 g 过氧化钠和 4 g 无水碳酸钠的镍坩埚(或刚玉坩埚)中，搅拌均匀，再覆盖 2 g 过氧化钠，低温烘烤后至焦黄色后，于约 750℃的高温炉中熔融 10～12 min。冷却，用热水浸取熔块于 200 mL 塑料烧杯中，缓缓边搅拌边加入硫酸(1+1)中和至氢氧化物沉淀溶解并过量 18 mL，加 20 mL 亚硫酸钠溶液(100 g/L)。冷却至室温，移入 200mL 容量瓶中，用水稀释至刻度，混匀。

3）硅铬合金试料分解。将试料置于聚四氟乙烯烧杯或铂皿中，加 20 mL 硝酸，小心滴加 5～10 mL 氢氟酸至试料分解。加 15 mL 高氯酸，加热蒸发至冒高氯酸烟。用温水将试液移入 300 mL烧杯中，继续加热蒸发至冒高氯酸烟。待铬氧化至六价后，分次滴加盐酸，使铬成氯化铬酰挥去，直至不再出现氯化铬酰棕红色蒸气，继续冒高氯酸烟至近干。

稍冷，加 20 mL 水溶解盐类，加 10 mL 硫酸（1＋1），滴加亚硫酸钠溶液（100 g/L）至残余的铬还原至三价。煮沸，除去过量的亚硫酸，冷却至室温。移入 100 mL 容量瓶中，用水稀释至刻度，混匀。

（4）显色。分取 20.00 mL 试液两份于两个 50 mL 容量瓶中。

显色液：加 10 mL 硫代硫酸钠溶液，5 mL 硝酸铋溶液（10 g/L），5 mL 钼酸铵溶液（40 g/L），混匀，加 5 mL 抗坏血酸溶液（12 g/L），用水稀释至刻度，混匀。

参比液：除不加钼酸铵溶液外，其余同显色液。

（5）测量。选用适当吸收皿，于 700 nm 处测量吸光度，减去空白试验溶液吸光度，在工作曲线上计算磷的质量分数。

（6）工作曲线绘制。移取 0 mL、1.00 mL、2.00 mL、3.00 mL、4.00 mL 和 5.00 mL 磷标准溶液（10.0 μg/mL）与数个 50 mL 容量瓶中，加 2.0 mL 硫酸（1＋1），用水稀释至约 20 mL，混匀，加 10 mL 硫代硫酸钠溶液，以下按分析步骤（4）显色液操作，以试剂空白为参比，测量吸光度，绘制工作曲线。

7.2.13.3 注释

（1）酸溶方法中大量铬的存在影响磷的氧化（氧化不完全），用高氯酸将铬氧化至高价，用盐酸将铬挥去，再以高氯酸冒烟将磷氧化，残余的铬还原至三价。碱熔融方法中，磷被过氧化钠氧化至正磷酸，共存的铬不影响磷的氧化和显色。试液中的高价铬以亚硫酸还原，显色液中大量三价铬和镍（镍坩埚带入）离子的色泽以不显色的本身试液消除，不影响测定。

（2）酸溶时过氧化氢不宜过多加入，否则氧化气氛太浓不利于试料的分解。另外，注意过氧化氢中磷的空白，宜用优级纯的产品。

（3）过量的硫代硫酸钠将影响磷的显色，工作曲线中亦加入同样量的硫代硫酸钠溶液。试样不含砷，不加硫代硫酸钠溶液。

7.2.14 钛铁——硫酸高铁铵滴定法测定钛量

7.2.14.1 方法提要

试料用硫酸分解，在隔绝空气条件下，用铝片将钛还原至三价，用硫氰酸盐为指示剂，以硫酸高铁铵标准滴定溶液滴定至橙红色为终点，根据硫酸高铁铵标准溶液消耗量计算钛的质量分数。

方法适用于钛铁中钛量的测定。

7.2.14.2 分析步骤

（1）试料量。称取 0.25 g 粒度不大于 0.125 mm 的试样，精确至 0.0001 g。

（2）试料分解。将试料置于 500 mL 锥形瓶中，加 15 mL 硫酸（1＋1），缓缓加热（试料难溶时加数滴氢氟酸助溶），滴加 3 mL 硝酸，加热至试样溶解，继续加热蒸发至冒硫酸烟 5 min，冷却。

（3）还原。加 75 mL 盐酸，用水稀释至约 150 mL，加热溶解盐类。加 2 g 碳酸钠，4 g 铝片（铝箔），立即用盛有碳酸氢钠饱和溶液的盖氏漏斗塞紧瓶口，低温加热，不断摇动锥形瓶，待铝片全部溶解，继续煮沸 4～5 min，以驱尽所生成的氢气，流水冷却至室温。

(4) 滴定。取下盖氏漏斗，立即加入 20 mL 硫酸铵饱和溶液，迅速用硫酸高铁铵标准溶液滴定至浅紫色，加入 5.0 mL 硫氰酸铵溶液(100 g/L)，继续滴定至橙红色 2 min 内不消失为终点。

7.2.14.3　分析结果的计算

按下式计算钛的质量分数：

$$w_{Ti}=\frac{c(V-V_0)\times 47.90}{m\times 1000}\times 100$$

式中，c 为硫酸高铁铵标准滴定溶液浓度，mol/L；V，V_0 分别为滴定试料溶液和空白试验消耗硫酸高铁铵标准滴定溶液体积，mL；m 为试样量，g；47.90 为钛的摩尔质量，g/mol。

或以滴定度计算钛的质量分数(%)：

$$w_{Ti}=\frac{T(V-V_0)}{m}\times 100$$

式中，T 为硫酸高铁铵标准滴定溶液对钛的滴定度，g/mL；其余同上。

7.2.14.4　注释

(1) 三价钛在空气中易被氧化，应在隔绝空气条件下还原和滴定。通常分析中用盖氏漏斗隔绝空气。如没有盖氏漏斗，可在锥形瓶口上盖一瓷埚盖，并在还原前加 8 g 硫酸铵，以保护钛不被氧化。在分析方法标准中，在锥形瓶通氮的条件下进行滴定。

(2) 还原结束和冷却时，盖氏漏斗产生负压，应及时补加碳酸氢钠饱和溶液。

(3) 试样分解后如有不溶残渣，应过滤洗净、灰化、灼烧后用焦硫酸钾熔融，浸取后并入主液，以下按分析步骤操作。

(4) 钨、钼、锡干扰测定，可用强碱分离将钛沉淀，洗净后，用盐酸、硫酸溶解后再进行还原和滴定，但钛铁中一般不含这些元素，可不予考虑。

(5) 所用铝片纯度为 99.5%则可，纯度太高反应速度慢。如随同空白试验经还原呈深灰色，则这种铝片不能用。

7.2.15　磷铁——磷钼酸铵酸碱滴定法测定磷量

7.2.15.1　方法提要

试料用王水或过氧化钠熔融分解，将磷氧化为正磷酸。在硝酸铵存在的硝酸介质中，磷酸与钼酸铵生成磷钼酸铵沉淀。过滤，用稀硝酸洗净沉淀，用水洗净游离酸。以过量氢氧化钠标准滴定溶液溶解沉淀，用硝酸标准滴定溶液滴定过量氢氧化钠，计算磷的质量分数。

方法适用于磷铁中磷量的测定。

7.2.15.2　分析步骤

(1) 试料量。称取 0.20 g 粒度不大于 0.088 mm 的试样，精确至 0.0001 g。

(2) 空白试验。随同试料进行空白试验。

(3) 试料分解。将试料置于 250 mL 烧杯中，加 10 mL 硝酸，10 mL 盐酸，加热溶解试料。加 10 mL 高氯酸，加约 0.5 mL 氢氟酸，加热蒸发至冒高氯酸烟，继续加热至试液 2～3 mL。冷却，加 5 mL 硝酸及 50 mL 水，加热溶解盐类。冷却后移入 250 mL 容量瓶中，用水稀释至刻度，混匀。

(4) 沉淀分离。分取 25.00 mL 试液于 250 mL 锥形瓶中，加 5 mL 硝酸，5 g 硝酸铵，用水稀释至 60～70 mL,加热至 60～70℃,加入 100 mL 钼酸铵溶液(40 g/L),盖上胶塞,剧烈振荡 5 min,静止 2 h 以上。

用中速滤纸加纸浆或用小孔瓷片的漏斗加纸浆减压过滤,以硝酸(2+98)洗锥形瓶 3～4 次,洗沉淀 3～4 次(共约 50 mL),再用中性水洗锥形瓶和沉淀至无酸性反应(收集 5 mL 滤液,加 1 滴酚酞指示剂,1 滴氢氧化钠标准滴定溶液,溶液浅红色不消失)。

(5) 滴定。将沉淀连同滤纸移入原锥形瓶中,加 50 mL 中性水摇动锥形瓶,使滤纸浆松开。加氢氧化钠标准滴定溶液振荡,至黄色沉淀溶解并过量 5 mL。加三滴酚酞指示剂溶液,用中性水冲洗瓶壁,放置 2～3 min,以硝酸标准滴定溶液滴定过量氢氧化钠至红色恰好消失为终点。

7.2.15.3 分析结果的计算

按下式计算磷的质量分数(%):

$$w_P=\frac{[(c_1V_1-c_2V_2)-(c_1V_3-c_2V_4)]\times 1.291}{m\times 1000}\times 100$$

式中,c_1,c_2 分别为氢氧化钠标准滴定溶液和硝酸标准滴定溶液浓度,mol/L;V_1,V_3 分别为试料和空白试验溶液加入氢氧化钠标准滴定溶液体积,mL;V_2,V_4 分别为滴定试料和空白试验溶液所消耗硝酸标准滴定溶液体积;mL;m 为分取液中试料量,g;1.291 为 1/24 磷的摩尔质量,g/mol。

7.2.15.4 注释

(1) 难溶于酸的试样,需用碱熔融分解。称取试料于铁坩埚中,加 5 g 过氧化钠,搅拌均匀,于电炉上烘烤至焦黄色,于 650～700℃熔融至试料分解。在 400 mL 烧杯中以 50 mL 水浸出,洗净坩埚,用硝酸中和至酸性并过量 5 mL,煮沸 1～2 min,过滤于 250 mL 容量瓶中,用硝酸(1+49)洗净,用水稀释至刻度,混匀。以下同分析步骤(3)、(4)操作。

(2) 磷钼酸铵沉淀的过滤、洗涤和滴定过程中要避免环境中的酸碱气氛,以免影响分析结果。

(3) 试验表明,用中性水洗涤磷钼酸铵沉淀,其组成为$(NH_4)_2H[PMo_{12}O_{40}]H_2O$,与碱中和时 1 mol 的磷相当于 24 molOH^-,磷的基本单元为 1/24 磷,摩尔质量为 1.347 g/mol。而用硝酸钾溶液洗涤磷钼酸铵沉淀,由于洗涤时的离子交换作用,沉淀组成$(NH_4)_2K[PMo_{12}O_{40}]H_2O$,磷的基本单元为 1/23 磷,VCC 摩尔质量为 1.347 g/mol。此外,沉淀洗涤时的离子交换反应不一定完全,当磷钼酸铵沉淀量较多、较厚时,此现象更严重,易使结果偏高。

7.2.16 磷铁——磷钒钼黄光度法测定磷量

7.2.16.1 方法提要

试料用硝酸、氢氟酸分解,高氯酸冒烟氧化磷成正磷酸。在硝酸介质中磷酸与钼酸盐、钒酸盐生成黄色磷钒钼杂多酸,光度法测定,计算磷的质量分数。

方法适用于磷铁中磷量的沉淀。

7.2.16.2 分析步骤

(1) 试料量。称取 0.1000 g 粒度不大于 0.088 mm 的试样。

(2) 试料分解。将试料置于烧杯中,加 10 mL 硝酸,5 mL 盐酸,滴加 0.5 mL 氢氟酸,加热至试料溶解。加 5 mL 高氯酸,加热至冒高氯酸烟 5 min,用水冲洗杯壁,继续冒高氯酸烟至近干。

加50 mL热水溶解盐类，移入 100 mL 容量瓶中，用水稀释至刻度，混匀。

(3) 显色。移取 5.00 mL 试液两份于两个 100 mL 容量瓶中。

显色液：加 10 mL 硝酸(1+1)，5 mL 钒酸铵溶液(2.5 g/L)，5 mL 钼酸铵溶液(50 g/L)，用水稀释至刻度，混匀，放置 10 min。

参比液：不加钼酸铵溶液，其余同显色液操作。

(4) 测量。以适当吸收皿，于 420 nm 处测量吸光度，从工作曲线上计算磷的质量分数。

(5) 工作曲线的绘制。称取 0.075 g 纯铁(含磷量小于 0.005%)，按分析步骤(2)操作，制备底液，分取 5.0 mL 底液数份于一组 100 mL 容量瓶中，分别加入 0 mL，2.00 mL，4.00 mL，…，10.00 mL磷标准溶液(100 μg/mL)，以下按分析步骤操作，以不加磷标准溶液者为参比，测量吸光度，绘制工作曲线。

7.2.16.3　注释

(1) 难溶于酸的试样可在铁坩埚中用过氧化钠熔融分解，酸化后再显色。

(2) 也可采用差示光度法测量，以加 5.00 mL 磷标准溶液(100 μg/mL)的显色液作参比，测量试料溶液和工作曲线溶液的吸光度，绘制工作曲线并计算磷的质量分数。

7.2.17　硅系合金——硫酸钡重量法测定钡量

7.2.17.1　方法提要

试料用硝酸、氢氟酸分解，高氯酸冒烟驱氟。以 EDTA 隐蔽铁、铝等离子，在盐酸溶液中以硫酸铵沉淀钡，过滤、灼烧、称量，重量法测定，计算钡的质量分数。对含钙试料，沉淀灼烧后用碳酸钠熔融，过滤、洗涤，沉淀用盐酸溶解后再进行硫酸沉淀钡。

方法适用于硅钡、硅铝钡、硅钙钡合金中钡量的测定。

7.2.17.2　分析步骤

(1) 试料量。称取 0.25 g 粒度小于 0.125 mm 的试样，精确至 0.0001 g。

(2) 试料分解。将试料置于聚四氟乙烯烧杯(或铂皿)中，随同试料进行空白试验。加 10 mL 硝酸，缓慢滴加 5 mL 氢氟酸，低温加热至试料溶解完全。加 10 mL 高氯酸，加热至冒高氯酸烟约 2 min 冷却，用 5 mL 盐酸(1+1)和水将试液移入 400 mL 烧杯中，继续加热蒸发冒烟至近干。稍冷，加 10 mL 盐酸(1+1)，50 mL 水，加热溶解盐类。

注：如有残渣，应过滤，残渣用碳酸钠熔融，浸取后与主液合并。

以下按分析步骤(3)或(4)操作。

(3) 硅钡、硅钡铝合金试样：

1)沉淀：加热煮沸，加 20 mL EDTA 溶液(80 g/L)，用热水稀释至约200 mL，加 2 滴甲基橙指示剂(1 g/L)，用氨水(1+1)中和至呈黄色，再用盐酸(1+1)调节至溶液呈橙红色，并过量 2 mL。加热煮沸，取下，在不断搅拌下缓缓滴加 20 mL 硫酸(5+95)，微沸 5 min，保温0.5～1 h(或静置过夜)冷却至室温。

2) 测定：用慢速滤纸加纸浆过滤，沉淀用硫酸(1+1000)洗涤 6～8 次，再用水洗涤沉淀至无氯离子(用 10 g/L 的硝酸银溶液检查)。将沉淀连同滤纸置于恒量的铂坩埚(或瓷坩埚)中，炭化、灰化，于 800～850℃高温炉中灼烧 40 min，取出，干燥器中冷却至室温，称量。反复灼烧至恒量。

(4) 硅钙钡合金试样：

1) 沉淀:操作步骤同分析步骤(3)中1)。

2) 二次沉淀:用慢速滤纸加纸浆过滤,沉淀用硫酸(1+1000)洗涤6~8次,再用水洗涤沉淀至无氯离子(用10 g/L的硝酸银溶液检查)。将沉淀连同滤纸移入铂坩埚中,炭化、灰化,于800℃高温炉中灼烧10 min,冷却。加5~6 g无水碳酸钠,搅匀,再覆盖1 g无水碳酸钠,于950℃熔融30 min。冷却,将坩埚置于盛有80 mL热水的400 mL烧杯中,加热浸取,洗净并取出坩埚。在煮沸状态下用玻璃棒压碎熔块呈分散状。冷却,用慢速滤纸过滤,沉淀用碳酸钠溶液(10 g/L)洗涤烧杯3~4次,洗涤沉淀和滤纸至无硫酸根,弃去滤液。在漏斗上的沉淀用50 mL热盐酸(1+3)分次溶解于原烧杯中,用热盐酸(2+98)洗滤纸8~10次。

于溶液中加2滴甲基橙指示剂(1 g/L),加2 mL EDTA溶液(80 g/L),用氨水(1+1)中和至溶液呈黄色,再用盐酸(1+1)调至呈红色,过量2.0 mL,加水至约200 mL。加热煮沸,不断搅拌下,缓缓滴加20 mL硫酸(5+95),低温微沸5 min,保温30 min,静置1 h以上,冷却至室温。

3) 测定:用慢速滤纸过滤,用硫酸(1+1000)洗烧杯、沉淀6~8次,再用水洗至无氯离子。将沉淀连同滤纸移入已恒量铂坩埚(或瓷坩埚)中,仔细炭化、灰化,于800~850℃高温炉中灼烧30 min,于干燥器中冷却至室温,称量。反复灼烧至恒量。

7.2.17.3 分析结果的计算

按下式计算钡的质量分数(%):

$$w_{Ba}=\frac{[(m_1-m_2)-(m_3-m_4)]\times 0.5884}{m}\times 100$$

式中,m_1,m_2 分别为试液沉淀与坩埚和空坩埚质量,g;m_3,m_4 分别为空白试验沉淀与坩埚和空坩埚质量,g;m 为试料量,g;0.5884为硫酸钡换算为钡的换算系数。

7.2.17.4 注释

(1) 对含钙试样,钙与硫酸钡共沉淀,使钡的分析结果偏高。第一次沉淀灼烧后用碳酸钠熔融,水浸出,过滤。沉淀酸化溶解后再一次沉淀硫酸钡。对硅钡、硅钡铝合金试样,精确分析时也应采用二次沉淀分离步骤。

(2) 硫酸钡沉淀前加EDTA的目的是络合溶液中存在的铁等金属离子,以避免与硫酸钡产生共沉淀。

(3) 二次沉淀分离时,用碳酸钠溶液洗涤沉淀至无硫酸根,可取少量滤液,用盐酸(1+1)酸化,煮沸至冒大泡,再滴加氯化钡溶液(100g/L)检查。

(4) 硫酸钡灼烧温度不宜超过850℃,防止硫酸钡分解。

7.2.18 稀土合金——过硫酸铵氧化—亚铁滴定法测定铈量

7.2.18.1 方法提要

以硝酸、盐酸和氢氟酸分解试料,硫酸冒烟去氟,在硝酸银存在下,以过硫酸铵氧化铈至四价。在硫酸—磷酸介质中以亚硝酸钠还原消除锰的影响,以硫酸亚铁铵标准滴定溶液滴定。

方法用于稀土合金和稀土金属中铈量的测定。

7.2.18.2 分析步骤

(1) 试料量。称取0.25 g粒度不大于0.125 mm的试样(铈质量分数小于5%时称取0.50 g,稀土金属称取0.10 g),精确至0.0001 g。

(2) 试料分解。将试料置于 250 mL 锥形瓶中，加 5 mL 硝酸，5 mL 盐酸，小心滴加 5 mL 氢氟酸，摇动至试样溶解，用水冲洗瓶壁。加 10 mL 硫酸，加热蒸发至冒硫酸烟，驱尽氟、氯离子。冷却，加 100 mL 水。

(3) 氧化滴定。加 5 mL 磷酸，5 mL 硝酸银溶液(10 g/L)，加 20 mL 过硫酸铵溶液(200 g/L)，加热煮沸至冒大气泡，将铈氧化至四价，并使过硫酸铵分解完全。冷却至室温，如有高锰酸红色，加 1 g 尿素，滴加亚硝酸钠溶液(10 g/L)还原至红色消失，加 3 滴 N-苯代邻氨基苯甲酸指示剂(2 g/L)，用硫酸亚铁铵标准滴定溶液滴定至紫红色消失为终点。

7.2.18.3 分析结果的计算

按下式计算铈的质量分数(%)：

$$w_{Ce}=\frac{c(V-V_0)\times 140.12}{m\times 1000}\times 100$$

式中，c 为硫酸亚铁铵标准滴定溶液浓度，mol/L；V，V_0 分别为滴定试料和空白试验消耗硫酸亚铁铵标准滴定溶液体积，mL；m 为试料量，g；140.12 为铈的摩尔质量，g/mol。

或按硫酸亚铁铵标准滴定溶液对铈的滴定度 T 计算铈的质量分数。

7.2.18.4 注释

(1) 某些稀土合金，如稀土镁合金，试料分解时易着火，应小心滴加酸，以免着火溅出。

(2) 方法也适用于稀土金属(如稀土丝、稀土棒)中铈量的测定。称取 0.10 g 试样，用硝酸(1+3)溶解试料，加热至冒硫酸烟，以下按分析步骤操作。

(3) 氧化过程中锰、铬、钒也被氧化，干扰测定。锰的干扰按方法中用亚硝酸钠还原至高锰酸的红色消失。一般稀土合金中不含铬、钒，可不考虑其影响。

(4) 滴定速度要缓慢，尤其接近滴定终点时，以免滴定过量。

7.3 矿石、原材料及炉渣分析

7.3.1 三氯化钛—重铬酸钾滴定法测定全铁量

7.3.1.1 方法提要

试料以酸或碱熔融分解，以氯化亚锡预还原，再以钨酸钠为指示剂，三氯化钛将三价铁全部还原为二价至生成“钨蓝”。在硫酸—磷酸介质，以二苯胺磺酸钠为指示剂，用重铬酸钾标准滴定溶液滴定二价铁，计算全铁的质量分数。

方法适用于铁矿石、铁精矿、烧结矿和球团矿中全铁量的测定。

7.3.1.2 分析步骤

(1) 称样量。称取约 0.20 g 已于 105～110℃干燥并冷却至室温粒度不大于 0.100 mm 的试样，精确至 0.0001 g。

(2) 空白试验。随同试料作空白试验。

(3) 盐酸—氟化钠分解法：

1) 将试料置于 500 mL 锥形瓶中，用少量水润湿，加 15 mL 氟化钠溶液(50 g/L)，20 mL 盐酸，缓缓加热至试料溶解，溶解过程中不断滴加氯化亚锡溶液(60 g/L)和补加盐酸(1+1)，保持试液呈微黄色。

2) 将试液蒸发至约 20 mL,加约 100 mL 水,1 mL 钨酸钠溶液(250 g/L),滴加三氯化钛溶液(1+14)至试液呈蓝色。流水冷却至室温。

3) 待试液蓝色褪去后,立即加入 15 mL 硫酸—磷酸混合酸(25+5+70),加 5 滴二苯胺磺酸钠指示剂溶液(2 g/L),用重铬酸钾标准滴定溶液滴定至试液呈稳定的紫红色为终点。

(4) 硫酸—磷酸分解法:

1) 将试料置于 500 mL 锥形瓶中,用少量水润湿,加 10 mL 硫酸—磷酸混合酸(30+30+40),1 mL 硝酸,加热溶解,继续加热至冒硫酸烟,当硫酸烟离液面 2~3 cm 时取下锥形瓶。

2) 稍冷,沿瓶壁加 10 mL 盐酸(1+3),趁热滴加氯化亚锡溶液(60 g/L),至试液呈微黄色,冷却至室温,加约 100 mL 水,1 mL 钨酸钠溶液(250 g/L),滴加三氯化钛溶液(1+14)至试液呈蓝色。

3) 待试液蓝色褪去后,加 5 滴二苯胺磺酸钠指示剂溶液(2 g/L),用重铬酸钾标准滴定溶液滴定至试液呈稳定的紫红色为终点。

(5) 半熔分解法:

1) 将试料置于盛有 0.5 g 混合熔剂(取 100 g 碳酸钠、7.5 g 硝酸钾和 40 g 草酸研细后混匀)的瓷坩埚中,混匀,将其全部转移至锥形滤纸中,包成小包,置于垫有氧化镁的瓷坩埚中,于 850~900℃ 的高温炉中灼烧 5 min,取出,冷却,用小勺将熔块移入 500 mL 锥形瓶中。

2) 加 30 mL 盐酸(1+1),缓缓加热至试料溶解,溶解过程中不断滴加氯化亚锡溶液(60 g/L),保持试液呈微黄色。加约 100 mL 水,1 mL 钨酸钠溶液(250 g/L),滴加三氯化钛溶液(1+14)至试液呈蓝色。流水冷却至室温。

3) 待试液蓝色褪去后,立即加入 15 mL 硫酸—磷酸混合酸(25+5+70),加 5 滴二苯胺磺酸钠指示剂溶液(2 g/L),用重铬酸钾标准滴定溶液滴定至试液呈稳定的紫红色为终点。

(6) 空白试验滴定。与试料同时操作,在加硫酸—磷酸混合酸之前,加 5.00 mL 硫酸亚铁铵溶液,用重铬酸钾标准滴定溶液滴定至终点(消耗 V_1 mL),再加 5.00 mL 硫酸亚铁铵溶液,再以重铬酸钾标准滴定溶液滴定至终点(消耗 V_2 mL),前后滴定消耗重铬酸钾标准滴定溶液体积之差 V_0 即为空白值($V_0=V_1-V_2$)。

7.3.1.3 分析结果的计算

按下式计算铁的质量分数(%):

$$w_{\mathrm{TFe}}=\frac{c(V-V_0)\times 55.85}{m\times 1000}\times 100$$

式中,c 为重铬酸钾标准滴定溶液浓度,mol/L;V,V_0 分别为滴定试料溶液和空白试验溶液消耗重铬酸钾标准滴定溶液体积,mL;m 为试料的质量,g;55.85 为铁的摩尔质量,g/mol。

7.3.1.4 注释

(1) 分析方法标准中试料用盐酸(1+1)低温加热分解,过滤后不溶残渣在铂坩埚中灼烧,氢氟酸去硅,用 2 g 焦硫酸钾熔融,用盐酸浸取于原烧杯中,合并于主液,低温加热蒸发至约 100 mL。以下按分析步骤(3)中 2)、3)操作。如果盐酸分解后只有少量白色残渣,可不用回渣,对分析结果无显著影响。

(2) 如试样含碳、硫或有机物较高时,应将试料置于瓷坩埚中于 900℃灼烧 20~30 min。

(3) 当用氯化亚锡预还原时加入了过量的氯化亚锡,溶液变为无色,可滴加少量高锰酸钾溶液(4 g/L)至溶液呈浅黄色。

(4) 用盐酸分解试料过程中，应不断滴加氯化亚锡溶液使铁还原为二价状态，以避免三氯化铁挥发损失。

(5) 铜离子能催化"钨蓝"褪色，褪色后立即滴定。如试液不含铜离子，褪色较慢，可滴加稀重铬酸钾溶液(0.5 g/L)至蓝色消失，再用重铬酸钾标准滴定溶液(0.05 mol/L)滴定。

(6) 铜量大于 0.5%时，对铁的测定有影响，可用氨水将铜分离。试料分解后加 5 mL 过氧化氢，将铁全部氧化至高价，煮沸 5 min。用氨水中和至出现氢氧化铁沉淀，过量 10 mL，煮沸。待沉淀下沉，用快速滤纸过滤，氨水(1+19)洗涤沉淀。滤纸上的沉淀用盐酸(1+1)溶解，用盐酸(1+99)洗净滤纸。加热溶液，用氯化亚锡溶液将其还原为浅黄色，以下按分析步骤(3)中 2)操作，用三氯化钛溶液还原。

(7) 三氯化钛还原时也可用靛蓝作指示剂。加 6 滴靛蓝溶液(1 g/L)，滴加三氯化钛溶液(1+14)至蓝色变为无色，过量 2～3 滴，再逐滴加入稀重铬酸钾溶液(0.5 g/L)至溶液呈稳定的蓝色。

(8) 为减小测量不确定度，应使滴定和配制(或标定)重铬酸钾标准滴定溶液的温度保持一致。滴定与配制(或标定)的温度相差 1℃，其溶液的浓度有 0.02%的变化(水的膨胀系数为 2.1×10^{-4})。

(9) 氯化亚锡还原高铁时以 6 mol/L 盐酸酸度为宜，滴定时酸度在 1～4 mol/L 为宜，否则终点不够明晰。

(10) 滴定前加硫酸—磷酸混合酸的作用是：滴定过程中生成的 Fe^{3+} 能氧化指示剂，使颜色变化不灵敏，且会过早出现终点，加入磷酸后可形成 $[Fe(PO_4)_2]^{3-}$ 络离子，降低 Fe^{3+}/Fe^{2+} 的电位，消除 Fe^{3+} 对指示剂的影响，同时也避免 Fe^{3+} 的黄色掩盖蓝色终点，铁量大时可增加硫酸—磷酸混合酸的加入量。

7.3.2 重铬酸钾滴定法测定亚铁量

7.3.2.1 方法提要

试料用盐酸、氟化钠分解，在硫酸—磷酸介质中以二苯胺磺酸钠为指示剂，用重铬酸钾标准滴定溶液滴定，计算氧化亚铁量。

方法适用于铁矿石、铁精矿、烧结矿和球团矿中亚铁量的测定。

7.3.2.2 试剂

(1) 碳酸氢钠。

(2) 盐酸，$\rho\approx1.19$ g/mL。

(3) 氟化钠溶液，50 g/L。

(4) 硫酸—磷酸混合酸。将 200 mL 硫酸($\rho\approx1.84$ g/mL)在不断搅拌下注入 500 mL 水中，再加入 300 mL 磷酸($\rho\approx1.84$ g/mL)，混匀。

(5) 二苯胺磺酸钠溶液(5 g/L)　0.5 g 二苯胺磺酸钠溶于 100 mL 碳酸钠溶液(2 g/L)中。

(6) 重铬酸钾标准滴定溶液，$c(1/6K_2Cr_2O_7)=0.050$ mol/L。

7.3.2.3 分析步骤

(1) 试料量。称取 0.20～0.40 g 预先于 105～110℃干燥并冷却至室温的粒度不大于 0.10 mm的试样，精确至 0.0001 g。

(2) 空白试验。随同试料作空白试验。

(3) 试料分解。将试样置于 250 L 锥形瓶中，加约 1 g 碳酸钠和 15 mL 氟化钠溶液(50 g/L)，加 50 mL 盐酸(1+1),立即用一瓷坩埚盖在瓶口上,加热至沸,保持微沸 20～40 min,蒸发溶液体积至 20～30 mL。取下,加 100 mL 水,立即用橡皮塞塞紧瓶口。流水冷却至室温。

(4) 滴定。流水冷却至室温。加 15 mL 硫酸—磷酸混合酸,5 滴二苯胺磺酸钠溶液(5 g/L),用重铬酸钾标准滴定溶液滴定稳定的紫红色为终点。

(5) 空白试验滴定。与试料同时操作,在加硫酸—磷酸混合酸之前,加 5.00 mL 硫酸亚铁铵溶液,用重铬酸钾标准滴定溶液滴定至终点(消耗 V_1mL),再加 5.00 mL 硫酸亚铁铵溶液,再以重铬酸钾标准滴定溶液滴定至终点(消耗 V_2mL),前后滴定消耗重铬酸钾标准滴定溶液体积之差 V_0 即为空白值($V_0=V_1-V_2$)。

7.3.2.4 分析结果的计算

按下式计算亚铁的质量分数(%):

$$w_{Fe^{2+}}=\frac{c(V-V_0)\times 71.85}{m\times 1000}\times 100$$

式中,c 为重铬酸钾标准滴定溶液的浓度,mol/L;V,V_0 为滴定试料和空白试验消耗重铬酸钾标准滴定溶液的体积,mL;m 为试料量,g;71.85 为氧化亚铁的摩尔质量,g/mol。

7.3.2.5 注释

(1) 整个操作应连续、迅速进行。试料分解时加热不可中断,以免空气进入锥形瓶将亚铁氧化,导致分析结果偏低。

(2) 所用试剂不可混入硝酸或其他氧化和还原性物质。

(3) 方法不适用于含高量硫的样品。试料在用盐酸分解时生成硫化氢,可将 Fe^{3+} 还原为 Fe^{2+},使结果偏高。

(4) 试样中的亚铁不仅以 FeO 形式存在,还有以 FeS、$FeCO_3$、$FeSiO_3$、Fe_3O_4 等形式存在,进一步测定各种形态的量需进行物相分析。通常以 FeO 表示亚铁的量。

(5) 通过 TFe 和 FeO 量计算试样中 Fe_2O_3 的量(当不存在金属铁时):

$$Fe_2O_3(\%)=[TFe(\%)-FeO(\%)/1.286]\times 1.430$$

式中,1.286 和 1.430 分别为 Fe 换算成 FeO 和 Fe_2O_3 的换算因数。

(6) 对含金属铁的试样,用盐酸分解时,金属铁以 Fe^{2+} 形式进入溶液,同时它与盐酸反应生成的氢能将 Fe^{3+} 还原成 Fe^{2+},使亚铁结果偏高。含金属铁的试样可按金属铁测定方法,用 30 mL三氯化铁溶液(30 g/L)在电磁搅拌下溶解 20 min(锥形瓶上塞紧橡皮塞),再用盐酸和氟化钠溶液按分析步骤操作,计算测得的亚铁量减去 3 倍量的金属铁,即为试样中的亚铁量。

(7) 含硅高的试样,应加 1.5～2 g 氟化钠,以促试料的分解。

7.3.3 三氯化铁分解—重铬酸钾滴定法测定金属铁量

7.3.3.1 方法提要

试料用三氯化铁溶液浸取,三氯化铁将金属铁氧化为 Fe^{2+}(1 mol 金属铁最终生成 3 molFe^{2+}),将未作用的试料过滤除去。以重铬酸钾标准滴定溶液滴定 Fe^{2+},计算金属铁的质量分数。

7.3.3.2 试剂

(1) 三氯化铁溶液(50g/L)。三氯化铁用水溶解,静止过夜,过滤后使用。溶液配制时不可加热，以免铁盐水解。

(2) 酸洗石棉。预先将石棉置于蒸发皿中，于900～1000℃的高温炉中灼烧2 h，冷却，置于烧杯中加盐酸(1+1)浸泡，并煮沸10 min。用水洗至无酸性，浸泡在水中备用。

(3) 硫酸—磷酸混合酸，2+3+5。

(4) 二苯胺磺酸钠溶液，5 g/L。

(5) 硫酸亚铁铵标准溶液，$c(Fe^{2+})=0.025$ mol/L。

(6) 重铬酸钾标准滴定溶液，$c(1/6K_2Cr_2O_7)=0.025$ mol/L。

7.3.3.3　分析步骤

(1) 试料量。称取0.50 g预先在105～110℃干燥并冷却至室温粒度小于0.10 mm的试样，精确至0.0001 g。

(2) 空白试验。随同试料进行空白试验。

(3) 试料分解。将试料置于干燥的250 mL锥形瓶中，加100 mL三氯化铁溶液(50 g/L)，用橡胶塞塞紧瓶口，于振荡器上振荡30 min(或电磁搅拌30 min)，取下。以垫有小孔瓷片的中性石棉过滤，滤液用500 mL锥形瓶承接，用水洗原锥形瓶4～5次，洗石棉层4～5次。用水稀释至150～200 mL。

(4) 滴定。滤液加15 mL硫酸—磷酸混合酸，流水冷却下静止至黄色褪去，加3～4滴二苯胺磺酸钠溶液(5 g/L)，用重铬酸钾标准滴定溶液滴定至溶液呈稳定的紫红色为终点。

(5) 空白试验溶液的滴定。与试料同时操作，在加硫酸—磷酸混合酸之前，加5.00 mL硫酸亚铁铵溶液(0.025 mol/L)，用重铬酸钾标准滴定溶液滴定至终点(消耗V_1mL)，再加5.00mL硫酸亚铁铵溶液，再以重铬酸钾标准滴定溶液滴定至终点(消耗V_2mL)，前后滴定消耗重铬酸钾标准滴定溶液体积之差V_0即为空白值($V_0=V_1-V_2$)。

7.3.3.4　分析结果的计算

按下式计算金属铁的质量分数(%)：

$$w_{MFe}=\frac{c(V-V_0)\times 18.62}{m\times 1000}\times 100$$

式中，c为重铬酸钾标准滴定溶液的浓度，mol/L；V，V_0为滴定试料和空白试验消耗重铬酸钾标准滴定溶液的体积，mL；m为试料量，g；18.62为1/3铁的摩尔质量，g/mol。

7.3.3.5　注释

(1) 分析方法标准中将试料置于150 mL锥形瓶中，用16～20 mL乙醇，以1000奥斯特扁形磁铁外磁选，慢慢倾出非磁性矿物和乙醇(尽量倾倒干净)，如此重复4～5次。然后用30 mL三氯化铁—乙酸钠溶液，电磁搅拌20 min，再用酸洗石棉过滤，再按本分析方法操作。

(2) 三氯化铁—乙酸钠溶液：取100 mL三氯化铁溶液(30 g/L，用$FeCl_3\cdot 6H_2O$配制)，加3 g乙酸钠($NaAc\cdot 3H_2O$)，控制pH=2.2～2.4。

7.3.4　二氧化硅、三氧化二铝、氧化钙和氧化镁量的联合测定

7.3.4.1　方法提要

试料以混合熔剂熔融，盐酸浸取，加热蒸发至干。在浓盐酸溶液中加动物胶使硅酸凝聚沉淀，经过滤、洗涤、灼烧、称量，计算二氧化硅的质量分数。所得滤液以氨水沉淀分离，滤液用

EDTA滴定,计算氧化钙和氧化镁的质量分数。氢氧化物沉淀用盐酸溶解,再在氢氧化钠溶液中强碱分离铝,分取滤液用氟盐取代 EDTA 滴定铝,计算铝的质量分数。

方法适用于铁矿石、铁精矿、烧结矿和球团矿中二氧化硅、三氧化二铝、氧化钙和氧化镁量的测定。

7.3.4.2 试剂

(1) 混合熔剂,两份碳酸钠和一份硼酸研细后混匀。

(2) 氯化铵。

(3) 硝酸铵。

(4) 过硫酸铵。

(5) 氢氧化钠。

(6) 氟化钠。

(7) 盐酸,$\rho \approx 1.19$ g/mL,1+1,1+4,1+19。

(8) 硝酸,$\rho \approx 1.42$ g/mL。

(9) 氨水,$\rho \approx 0.90$ g/mL,1+1。

(10) 三乙醇胺,1+4。

(11) 乙醇。

(12) 动物胶溶液,10 g/L。

(13) 氯化铵溶液,50 g/L。

(14) 硝酸铵溶液,20 g/L。

(15) 氢氧化钾溶液,200 g/L。

(16) EDTA 溶液,20 g/L。

(17) 缓冲溶液(pH=5.7)。取 200 g 醋酸钠(含 3 个结晶水)溶于水,加乙酸($\rho \approx 1.05$ g/mL),用水稀释至 1 L。

(18) 氨性缓冲溶液(pH=10)。取 67.5 g 氯化铵溶于 200 mL 水中,加 570 mL 氨水,用水稀释至 1 L。

(19) 氢氧化钠—氯化钠洗涤液。取 10 g 氢氧化钠和 30 g 氯化钠溶于水中,用水稀释至 1 L。

(20) 钙指示剂溶液,5 g/L。

(21) 酸性铬蓝 K-萘酚绿指示剂溶液。取 0.5 g 酸性铬蓝 K 和 0.2 g 萘酚绿溶于水中,用水稀释至 70 mL。

(22) 对硝基酚指示剂溶液,1 g/L。

(23) 二甲酚橙指示剂溶液,2 g/L。

(24) EDTA 标准滴定溶液,$c(\text{EDTA})=0.01$ mol/L。

(25) 醋酸锌标准滴定溶液,$c(Zn^{2+})=0.01$ mol/L。

7.3.4.3 分析步骤

(1) 试料量。称取 0.5000 g 粒度小于 0.100 mm,在 105~110℃干燥 2 h 并于干燥器中冷却至室温的试样。

(2) 空白试验。随同试料进行空白试验。

(3) 试料分解。将试料置于预先盛有 4 g 混合熔剂的铂坩埚中,搅匀,再覆盖 1 g 混合熔剂于表面。将坩埚置于 900~950℃的高温炉中熔融 10~20 min,至熔融物透明,取出,冷却。

(4) 二氧化硅量的测定：

1) 硅酸脱水和分离。将坩埚置于盛有 100 mL 盐酸(1+4)的 250 mL 烧杯中，低温加热浸取熔块，洗出坩埚，加热至试液清亮。加热浓缩至 20 mL，加 20 mL 乙醇(或 10 mL 甲醇)，将试液低温蒸发至干。

稍冷，加 15 mL 盐酸，低温加热至沸，趁热加入 15 mL 动物胶溶液(10 g/L)，用玻璃棒快速搅拌 2 min，于 70～80℃处保温 10 min。用热水冲洗表面皿和烧杯壁，并稀释至约 100 mL。趁热用快速滤纸加少许滤纸浆过滤，滤液用 500 mL 烧杯承接。用热盐酸(1+19)冲洗烧杯 3～4 次，用擦棒擦净烧杯，将沉淀全部转移至滤纸上，以热盐酸(1+19)洗涤沉淀和滤纸至无铁离子(用硫氰酸钾溶液检查)，再用热水洗涤至无氯离子(用硝酸银溶液检查)。

2) 将沉淀和滤纸置于瓷坩埚中，低温炭化，灰化，于 1000～1050℃的高温炉中灼烧 30 min，取出。稍冷，将坩埚置于干燥器中冷却至室温，称量。

(5) 氧化钙和氧化镁量的测定：

1) 氨水分离。将过滤二氧化硅后的滤液加 1 mL 硝酸，加热浓缩至体积 150 mL 左右，加 20 mL饱和氯化铵溶液，滴加氨水(1+1)中和至溶液 pH 值为 6～7，加热煮沸 10 min。趁热用快速滤纸过滤，滤液和洗液用 250 mL 容量瓶承接，用热氯化铵溶液(50 g/L)洗烧杯 3～4 次，洗涤沉淀7～8次，加 3mL 盐酸，用水稀释至刻度，混匀。沉淀保留测定铝量。

注意，若试样中锰量大于 0.5%，滤液和洗液用另一 500 mL 烧杯承接，并按分析步骤(5)中 2)操作分离锰。

2) 锰的分离：将滤液加热浓缩至体积 150 mL 左右，加 5 mL 氨水至试液有氨味，加约 3 g 过硫酸铵，充分搅拌，再滴加氨水至有氨味煮沸 5～10 min，静止至沉淀下沉，如溶液无氨味再补加数滴氨水。趁热用快速滤纸过滤，滤液用 250 mL 容量瓶承接，用热硝酸铵溶液(20 g/L)洗涤液洗烧杯 3～4 次，洗沉淀 6～7 次，加 3 mL 盐酸，用水稀释至刻度，混匀。

3) 钙量的测定。分取 25.00 mL 试液于 250 mL 锥形瓶中，加 10 mL 三乙醇胺(1+4)，用水稀释至 50 mL，混匀。加 20 mL 氢氧化钾溶液(200 g/L)，4～5 滴钙指示剂溶液，用 EDTA 标准滴定溶液滴定至由红色变为纯蓝色为终点。

4) 镁量的测定。分取 25.00 mL 试液于 250 mL 锥形瓶中，加 10 mL 三乙醇胺(1+4)，20 mL 氨性缓冲溶液，用水稀释至 50 mL，混匀。加 4～5 滴酸性铬蓝 K-萘酚绿指示剂溶液，用 EDTA 标准滴定溶液滴定至由红色变为纯蓝色为终点。

(6) 三氧化二铝量的测定：

1) 强碱分离。用 20 mL 热盐酸(1+1)分次将分析步骤(5)中 1)中氢氧化物沉淀溶解于原烧杯中，用盐酸(1+19)洗涤滤纸至无黄色。将溶液稀释至 100 mL，在不断搅拌下加氢氧化钠至沉淀出现并过量 2 g，加热煮沸 1～2 min。待沉淀下沉后用快速滤纸过滤于 250 mL 容量瓶中(滤纸预先用氢氧化钠—氯化钠溶液洗涤 2～3 次)，用热氢氧化钠—氯化钠溶液洗涤烧杯和沉淀 7～8 次，冷却至室温，用水稀释至刻度，混匀。

2) 滴定。根据铝含量分取 25.00～100.0 mL 试液于 500 mL 锥形瓶中，加 5～10 mL EDTA 溶液(20 g/L，1 mL 该溶液相当于 2.7 mg Al_2O_3)。加 2～3 滴对硝基酚指示剂溶液(1 g/L)，用盐酸(1+1)中和至黄色消失转变为无色，加 20 mL 缓冲溶液(pH=5.7)，煮沸 3 min。流水冷却至室温，加 2 滴二甲酚橙指示剂溶液(2 g/L)，用醋酸锌标准滴定溶液滴定至溶液呈微红色(不计滴定毫升数)。加 15～20 mL 氟化钾溶液(200 g/L)，煮沸 3 min，流水冷却至室温，补加 1～2 滴二甲酚橙指示剂溶液(2 g/L)，用醋酸锌标准滴定溶液滴定至与前次滴定色泽一致的微红色为终点。

7.3.4.4 分析结果的计算

(1) 按下式计算二氧化硅的质量分数(%)：

$$w_{SiO_2}=\frac{m_1-m_0}{m}\times 100$$

式中，m_1，m_0 分别为试料二氧化硅沉淀和空白试验沉淀的质量，g；m 为试料量，g。

(2) 按下式计算氧化钙和氧化镁的质量分数(%)：

$$w_{CaO}=\frac{c(V_1-V_{01})\times 56.08}{m}\times 100$$

$$w_{MgO}=\frac{c[(V_2-V_1)-(V_{02}-V_{01})]\times 40.31}{m}\times 100$$

式中，c 为 EDTA 标准滴定溶液的浓度，mol/L；V_1，V_{01} 分别为滴定试料溶液和空白试验溶液中氧化钙消耗 EDTA 标准滴定溶液的体积，mL；V_2，V_{02} 分别为滴定试料溶液和空白试验溶液中氧化钙、氧化镁合量消耗 EDTA 标准滴定溶液的体积，mL；m 为分取液中的试料量，g；56.08，40.31 分别为氧化钙和氧化镁的摩尔质量，g/mol。

(3) 按下式计算三氧化二铝的质量分数(%)：

$$w_{Al_2O_3}=\frac{c(V-V_0)\times 50.98}{m}\times 100$$

式中，c 为 EDTA 标准滴定溶液的浓度，mol/L；V，V_0 分别为滴定试料溶液和空白试验溶液消耗 EDTA 标准滴定溶液的体积，mL；m 为分取液中的试料量，g；50.98 为 $1/2Al_2O_3$ 的摩尔质量，g。

7.3.4.5 注释

(1) 试料也可先加盐酸，加热至大部分试料溶解，用快速滤纸过滤，洗涤。残渣置于铂坩埚中烘干、灰化、灼烧后，加 2～3 g 混合熔剂熔融，用原滤液浸取熔块，洗净坩埚。以下按分析步骤(4)操作步骤进行。

(2) 对含较高硫化物或含游离碳的样品，应将称取的试料先灼烧 30 min 再熔融分解。

(3) 对易分解试样或含金属铁试样可用半溶剂(无水碳酸钠—草酸—硝酸钠，10＋4＋0.75)分解。将称取的试料置于瓷坩埚中，加 1 g 半溶剂搅拌混匀，移入一小片湿润滤纸的铂坩埚盖上，将铂盖移入 850～900℃的高温炉灼烧 10～15 min，使试料烧结成疏松状。铂盖上的灼烧物用盐酸浸取，以下按分析步骤操作。由于溶剂不含硼酸，测定二氧化硅将试液蒸发至干时不用加乙醇。

(4) 如果灼烧二氧化硅后的沉淀颜色不白，需用磷酸—氢氟酸处理，将硅以四氟化硅挥发除去，以氢氟酸处理前后质量差计算二氧化硅量。残渣用混合溶剂熔融，熔融物浸取后与分析步骤(4)中 1)过滤二氧化硅的滤液合并，以下按分析步骤操作。

(5) 动物胶是一种含氨基酸的蛋白质，本身带有负电荷，水溶液中具有很强的亲水性。在盐酸溶液中吸附氢离子而带正电荷，与硅酸的负电荷产生电中和作用，使硅酸凝聚而沉淀。用动物胶凝聚硅酸时盐酸的酸度不能小于 8 mol/L。为使硅酸与动物胶充分作用，需剧烈搅拌和保温。沉淀温度不要超过 80℃，否则高温下动物胶分解，降低硅酸的聚合作用。有些分析方法采用 CTMAB(溴化十六烷基三甲基胺)、PEO(聚环氧乙烷)、甲基纤维素等表面活性剂使硅酸聚合，取得很好的效果。

(6) 滴定铝时加入 EDTA 溶液的量要足以络合试验中的铝量并过量 2 mL EDTA 溶液(20 g/L)。加入 EDTA 溶液后用盐酸中和时如溶液出现混浊,则表示 EDTA 溶液的加入量不够,此时应滴加盐酸(1+1)至溶液清亮,再补加一定量的 EDTA 溶液,然而滴加氨水至溶液刚变黄,以下按分析步骤进行。

(7) 由于大量铁和铝对钙、镁的吸附作用,在精确分析中应进行二次氢氧化铁沉淀分离,以回收第一次沉淀时吸附的钙和镁。

(8) 钙指示剂也可与干燥的氯化钾以 1+100 比例研细混匀后保存于磨口瓶中,滴定时加适量稀释的固体指示剂。滴定镁也可用铬黑 T 作指示剂,通常以 100 倍的固体 KCl 或 NaCl 稀释,滴定时加适量的固体指示剂。

7.3.4.6 允许差

实验室内二氧化硅量、氧化钙量、氧化镁量、三氧化二铝量两个分析结果的差值不大于表 7-5 所示允许差。

表 7-5 分析结果允许差

二氧化硅量/%	允许差/%	氧化钙量/%	允许差/%	氧化镁量/%	允许差/%	三氧化二铝量/%	允许差/%
1.00～2.50	0.08	<2.00	0.15	<2.00	0.15	<1.00	0.06
2.51～5.00	0.10	2.01～5.00	0.25	2.01～5.00	0.20	1.01～2.50	0.10
5.01～10.00	0.15	5.01～10.00	0.30	>5.00	0.35	2.51～5.00	0.15
10.01～15.00	0.20	10.01～20.00	0.40			>5.00	0.20
15.01～20.00	0.25	>20.00	0.50				
>20.00	0.30						

7.3.5 硅钼蓝光度法测定二氧化硅量

7.3.5.1 方法提要

试料用混合熔剂熔融,稀盐酸浸取,在约 0.10～0.30 mol/L 酸度下,硅酸与钼酸铵生成黄色的硅钼杂多酸,加入草酸消除磷、砷的干扰,用硫酸亚铁铵将其还原为硅钼蓝。在 680 nm 或 810 nm测量吸光度,计算二氧化硅的质量分数。

方法适用于铁矿石、铁精矿、烧结矿和球团矿中 0.10%～10%二氧化硅量的测定。

7.3.5.2 试剂

(1) 混合熔剂。两份无水碳酸钠与一份硼酸研细后混匀。

(2) 盐酸,1+5。

(3) 草酸—硫酸混合酸。32 g 草酸溶解于 1000 mL 硫酸(1+9)中。

(4) 钼酸铵溶液,50 g/L,储于塑料瓶中。

(5) 硫酸亚铁铵溶液,50 g/L。称取 6 g 硫酸亚铁铵(含 6 个结晶水),加 1 mL 硫酸(1+1),加适量水搅拌溶解,用水稀释至 100 mL,混匀,过滤后使用。

(6) 二氧化硅标准溶液,50.0 μg/mL,20.0 μg/mL。

7.3.5.3 分析步骤

(1) 试料量。根据硅含量称取预先在 105～110℃干燥并冷却至室温粒度小于 0.100 mm 的试样，二氧化硅量0.10%～1.0%，称取0.5000 g，二氧化硅量大于1.0%，称取0.2000 g。

(2) 空白试验。随同试料作空白试验。

(3) 试料分解。将试料置于已盛有3.0 g混合熔剂的铂坩埚中，混匀，再覆盖1.0 g混合熔剂。将坩埚置于900～950℃的高温炉中熔融15～30 min，取出转动坩埚，冷却。将坩埚置于预先盛有75 mL盐酸(1+5)的烧杯中，在不断搅拌下低温加热溶解，用水洗净坩埚，低温加热至溶液清亮。冷却至室温，移入250 mL容量瓶中，用水稀释至刻度，混匀。

(4) 显色。分取20.00 mL试液两份于两个100 mL容量瓶中(如二氧化硅量大于1%，分取10.00 mL或5.00 mL试液，相应补加10 mL或15 mL空白试验溶液，控制分取液中的二氧化硅量在500 μg以内)，用水稀释至30 mL。

显色液：加5 mL钼酸铵溶液(50 g/L)，于室温放置20 min，当室温低于15℃时，在约30℃的温水浴中放置15～20 min。加20 mL草酸—硫酸溶液，放置30 s，立即加入5 mL硫酸亚铁铵溶液(50 g/L)，用水稀释至刻度，混匀。

参比液：加20 mL草酸—硫酸溶液，5 mL钼酸铵溶液(50 g/L)，混匀。加5 mL硫酸亚铁铵溶液(50 g/L)，用水稀释至刻度，混匀。

(5) 测量。将显色液移入适当的吸收皿中，于680 nm处测量吸光度，由工作曲线计算二氧化硅的质量分数。

(6) 工作曲线的绘制。移取20 mL空白试验溶液数份于数个100 mL容量瓶中，分别加入0 mL，0.50 mL，1.00 mL，…，5.00 mL二氧化硅标准溶液(100.0 μg/mL)，用水稀释至30 mL，加5 mL钼酸铵溶液(50 g/L)，以下同分析步骤(4)显色液操作。另取一份空白试验溶液，用水稀释至30 mL，按分析步骤(4)参比液操作，于680 nm处测量吸光度。

7.3.5.4 注释

(1) 如试料含氟，应在聚四氟乙烯烧杯中浸取熔融物，冷却至室温后移入250 mL容量瓶中，用水稀释至刻度，混匀，立即移入塑料瓶中。

(2) 浸取后的试液不应放置过夜，宜当日显色测量，以防硅酸的聚合。

(3) 含钡的试料，其浸取液可能出现混浊，可过滤后再分取试液。

(4) 硅钼蓝的最大吸收波长为810 nm。根据试料含硅量称取试样，并调整工作曲线所用硅标准溶液的浓度。对低含量的硅可在810 nm处测量吸光度，一般在680 nm处测量。

(5) 分取本方法的试料溶液可同时测定三氧化二铝量(见Zn-EDTA隐蔽铬天青S光度法测量三氧化二铝量)。

7.3.6 铋磷钼蓝光度法测定磷量

7.3.6.1 方法提要

试料用硝酸、盐酸和氢氟酸分解，高氯酸冒烟去氟。在硫酸介质中磷与铋、钼生成铋磷钼杂多酸，以抗坏血酸将其还原为铋磷钼蓝，在700 nm处测量吸光度，计算磷的质量分数。砷干扰磷的测定，可在试料分解时加盐酸-氢溴酸挥发除去，或显色时加硫代硫酸钠将砷还原至三价消除干扰。

方法适用于铁矿石、铁精矿、烧结矿和球团矿中0.005%以上磷量的测定。

7.3.6.2 试剂

(1) 盐酸，$\rho \approx 1.19$ g/mL。

(2) 硝酸，$\rho \approx 1.42$ g/mL。

(3) 氢氟酸，$\rho \approx 1.15$ g/mL。

(4) 高氯酸，$\rho \approx 1.67$ g/mL。

(5) 硫酸，1+1。

(6) 硝酸铋溶液，10 g/L。称取 5 g 硝酸铋（含 5 个结晶水），加 15 mL 硝酸，加 100 mL 水，加热溶解，煮沸除去氮氧化物，加 25 mL 硫酸（1+1），冷却至室温，用水稀释至 500 mL，混匀。

(7) 钼酸铵溶液，40 g/L，贮于塑料瓶中。

(8) 抗坏血酸溶液，20 g/L，用时配制。

(9) 氢溴酸—盐酸混合酸，盐酸与氢溴酸（$\rho \approx 1.45$ g/mL）等体积混合。

(10) 硫代硫酸钠—亚硫酸钠溶液。取 0.2 g 硫代硫酸钠溶于 100 mL 水中，加 1 g 无水亚硫酸钠，搅拌溶解。

(11) 磷标准溶液，10.0 μg/mL。

7.3.6.3 分析步骤

(1) 试料量。按磷含量称取 0.1000～0.5000 g 已于 105～110℃干燥 2 h 并冷却至室温，粒度小于 0.100 mm 的试料。

(2) 空白试验。称取与试料量一半的高纯铁或 0.075 g 高纯三氧化二铁，随同试料作空白试验。

(3) 试料分解。将试料置于聚四氟乙烯烧杯中，加少量水湿润。加 15～20 mL 盐酸，盖上表面皿，低温加热溶解 20～30 min。取下表面皿，加 5 mL 硝酸，5 mL 氢氟酸，混匀，加热蒸发，用水冲洗杯壁。加 5 mL 高氯酸，继续加热蒸发冒高氯酸烟至湿盐状。稍冷，加约 30 mL 水，加热溶解盐类。冷却至室温，移入 100 mL 容量瓶中，用水稀释至刻度，混匀。

(4) 显色。根据试料含磷量，分取 5.00～20.00 mL 试液于 50 mL 容量瓶中，加 5 mL 硫酸（1+4），5 mL 硝酸铋溶液（10 g/L），5 mL 钼酸铵溶液（40 g/L），混匀，加 5 mL 抗坏血酸溶液（20 g/L），混匀，用水稀释至刻度，混匀。放置 20 min。

(5) 测量。将显色液移入适当吸收皿中，以空白试液溶液为参比，于分光光度计 700 nm 处测量吸光度，从工作曲线计算磷的质量分数。

(6) 工作曲线的绘制。移取 0 mL，0.50 mL，1.00 mL，…，5.00 mL 磷标准溶液（10.0 μg/mL）于数个 50 mL 容量瓶中，加入与试料溶液分取量相同的空白试液溶液，以下按分析步骤(4)操作，以不加磷标准溶液的空白试液为参比，测量吸光度，绘制工作曲线。

7.3.6.4 注释

(1) 显色时砷同时形成砷铋钼蓝，对磷的测定有干扰。在试料冒高氯酸烟时加 10 mL 氢溴酸—盐酸混合酸（1+1），加热蒸发至冒高氯酸烟，砷被还原为三价，成三溴化砷挥发除去。或在显色时，加 5 mL 硫代硫酸钠—亚硫酸钠溶液，将砷还原为三价而消除干扰。硫代硫酸钠量不能太多，否则影响到磷的显色。硫代硫酸钠溶液中加亚硫酸钠是防止硫化物的析出。

(2) 铁离子对磷的显色有影响。试验表明，无铁时磷的吸光度较有铁时稍低，而且其显色液的稳定性也较有铁的稍差，因此工作曲线以相应量的铁基打底。

(3) 铬对磷的测定有影响，由于六价铬的存在，消耗还原剂，使抗坏血酸的还原能力减弱，分析结果偏低。为消除铬的影响，可在高氯酸冒烟时将铬氧化至六价，滴加盐酸使其生成氯化铬酰挥发除去。

(4) 铋磷钼蓝也可在硝酸介质中显色，但其在硫酸介质中的稳定性稍高于硝酸介质的稳定性。

7.3.7 Zn-EDTA 隐蔽铬天青 S 光度法测量三氧化二铝量

7.3.7.1 方法提要

试料用混合熔剂熔融，稀盐酸浸取。以 Zn-EDTA 隐蔽铁、锰等离子，过氧化氢隐蔽钛离子，在六次甲基四胺缓冲体系中，铝与铬天青 S 生成紫红色的络合物，于 545 nm 处测量吸光度，计算三氧化二铝的质量分数。

方法适用于铁矿石、铁精矿、烧结矿和球团矿中 0.05%～1.0%三氧化二铝量的测定。

7.3.7.2 试剂

(1) 混合熔剂，两份碳酸钠和一份硼酸研细后混匀。

(2) 高纯三氧化二铁。

(3) 盐酸，1+5。

(4) Zn-EDTA 溶液，取 4.15 g 氧化锌溶于 25 mL 盐酸(1+1)中，用水稀释至 200 mL；另取 18.6 g EDTA 二钠盐于烧杯中，加 200 mL 水，用 20 mL 氨水(1+1)溶解。将上两溶液混合均匀，用盐酸(1+1)和氨水(1+1)调节溶液 pH5～6，用水稀释至 1L，混匀。

(5) 过氧化氢，1+9。

(6) 六次甲基四铵溶液，250 g/L，贮于塑料瓶中。

(7) 氟化铵溶液，5 g/L，贮于塑料瓶中。

(8) 铬天青 S 溶液，1 g/L，用乙醇(1+9)配制，溶液配制后使用时间不超过一周。

(9) 三氧化二铝标准溶液，4.0 μg/mL，用母液稀释时每 1000 mL 溶液加 10 mL 盐酸(1+1)。

7.3.7.3 分析步骤

(1) 试料量。称取 0.1000 g 粒度小于 0.100 mm 已于 105～110℃干燥并冷却至室温的试样。

(2) 空白试验。称取 0.1000 g 高纯三氧化二铁，随同试料作空白试验。

(3) 试料分解。将试料置于已盛有 3.0 g 混合熔剂的铂坩埚中，混匀，再覆盖 1.0 g 混合熔剂。将坩埚置于 900～950℃的高温炉中熔融 15～30 min，取出转动坩埚，冷却。将坩埚置于预先盛有 75 mL 盐酸(1+5)的烧杯中，在不断搅拌下低温加热溶解，用水洗净坩埚，低温加热至溶液清亮。冷却至室温，移入 250 mL 容量瓶中，用水稀释至刻度，混匀。

(4) 显色。按试样中三氧化二铝量分取 10.00 mL 或 5.00 mL 试液于两个 50 mL 容量瓶中。

显色液：加 5 mLZn-EDTA 溶液，6 滴过氧化氢(1+9)，混匀，放置 2～3 min。加 2.0 mL 铬天青 S 溶液(1 g/L)，混匀，加 10 mL 或 5 mL 六次甲基四胺溶液(250 g/L，加入量与分取试液的体积相同)，用水稀释至刻度，轻轻混匀，放置 20 min。

参比液：同显色液操作，但在加铬天青 S 溶液前加 5 滴氟化铵溶液(5 g/L)。

(5) 测量。选择适当的吸收皿，于分光光度计 545 nm 处测量吸光度，从工作曲线上计算三氧化二铝的质量分数。

(6) 工作曲线的绘制。分取与试料溶液相同量的空白试验溶液于一组 50 mL 容量瓶中，分别加入 0 mL、0.50 mL、1.00 mL、…，10.00 mL 三氧化二铝标准溶液(4.0 μg/mL)，加 5 mLZn-EDTA 溶液，以下同显色液操作。以不加三氧化二铝标准溶液的试液制备参比液，按分析步骤(5)测量吸光度，绘制工作曲线。

7.3.7.4　注释

(1) 本方法利用Zn-EDTA与铁的络合缓冲作用隐蔽铁，锌与EDTA的比例对分析结果有一定的影响。由于显色液中的铁量较少，如果EDTA的摩尔数大于锌的摩尔数，有可能EDTA过量络合铝而不显色。本方法试剂配制中锌量略大于EDTA量，保证铁的隐蔽和铝的显色。

(2) 钛与铬天青S显色，加过氧化氢隐蔽。钛的干扰也可用甘露醇隐蔽，0.15 g的甘露醇可隐蔽50 μg的二氧化钛。

(3) 本方法在氧化性介质中显色，铝与铬天青S络合物的稳定性好于用抗坏血酸还原隐蔽介质的稳定性。在30℃时显色液至少稳定90 min。

(4) 分取本方法的试料溶液可同时测定二氧化硅量(见硅钼蓝光度法测定二氧化硅量)。

7.3.8　氢氟酸重量法测定硅石中二氧化硅量

7.3.8.1　方法提要

试料经灼烧后恒量，加氢氟酸、硝酸溶解，蒸发挥散驱硅，再以硝酸驱氟，于1050±50℃灼烧至恒量，根据前后两次称量差计算二氧化硅的质量分数。

方法适用于硅质耐火材料、硅石中大于95%二氧化硅量的测定。

7.3.8.2　试剂

(1) 硝酸，$\rho \approx 1.42$ g/mL。

(2) 氢氟酸，$\rho \approx 1.15$ g/mL。

7.3.8.3　分析步骤

(1) 试料量。称取0.50 g已于105～110℃干燥2 h并冷却至室温的试样，精确至0.0001 g。

(2) 空白试验。随同试料进行空白试验。

(3) 试料前处理。将试料置于铂坩埚中，加铂盖并留有一缝隙。置于1050±50℃的高温炉内，灼烧1 h。取出，稍冷，置于干燥器中冷却至室温，称量。如此反复灼烧(每次15 min)至恒量。

(4) 驱氟。将坩埚置于电热板上，沿坩埚壁缓缓加入3 mL硝酸，7 mL氢氟酸，加铂盖并留有一缝隙。在不沸腾情况下加热约30 min(此时试液清澈)，取下坩埚盖并用少量水洗净。继续加热蒸发至干。冷却，再加5 mL硝酸、10 mL氢氟酸，再次蒸发至干。沿杯壁加5 mL硝酸，蒸发至干，再用硝酸处理1～2次，蒸发至冒净硝酸烟。

(5) 称量。将坩埚置于高温炉内，初以低温，再升温至1050±50℃灼烧30 min。取出，稍冷，置于干燥器中冷却至室温，称量。如此反复灼烧(每次15 min)至恒量。

7.3.8.4　分析结果的计算

按下式计算二氧化硅的质量分数(%)：

$$w_{SiO_2} = \frac{(m_1 - m_2) - (m_3 - m_4)}{m} \times 100$$

式中，m_1，m_3 分别为氢氟酸处理前试料和空白试验铂坩埚及试料的质量，g；m_2，m_4 分别为氢氟酸处理后试料和空白试验铂坩埚及试料的质量，g；m 为试料量，g。

7.3.8.5　允许差

实验室内两次独立分析结果的差值不大于下列允许差：

二氧化硅量/%	允许差/%
>95	0.60

7.3.9 邻菲罗啉光度法测定硅石中三氧化二铁量

7.3.9.1 方法提要

将氢氟酸重量法测定二氧化硅后的残渣，用混合熔剂熔融，盐酸浸取。此溶液可用于三氧化二铁、三氧化二铝和二氧化钛量的测定。取部分试液，以盐酸羟胺将铁还原为二价，在弱酸性溶液中二价铁与邻菲罗啉生成橙红色络合物，于 510 nm 测量吸光度，计算三氧化二铁的质量分数。

方法适用于硅质耐火材料、硅石中 0.05%以上三氧化二铁量的测定。

7.3.9.2 试剂

(1) 混合熔剂。一份无水碳酸钠和两份硼酸研细、混匀，贮于磨口瓶中备用。

(2) 盐酸，1+1。

(3) 盐酸羟胺溶液，100 g/L，使用时配制。

(4) 邻菲罗啉溶液，10 g/L，用乙醇(1+1)配制。

(5) 乙酸铵溶液，200 g/L。

(6) 三氧化二铁标准溶液，20.0 μg/mL，100 μg/mL。

7.3.9.3 分析步骤

(1) 试验制备。将挥去二氧化硅后的铂坩埚中加 3 g 混合熔剂，盖上铂坩埚盖并留有一缝隙，将坩埚置于 1000℃的高温炉中至残渣全部熔融，取出，冷却。用滤纸擦净坩埚外壁，将坩埚和盖置于预先盛有 25 mL 盐酸(1+1)和 100 mL 水的 250 mL 烧杯中，加热浸出熔块，煮沸至试液清亮，取出坩埚和盖，用水洗净。冷却至室温，移入 250 mL 容量瓶中，用水稀释至刻度，混匀。

此试液(母液)可用于三氧化二铁、三氧化二铝和二氧化钛量的测定。

(2) 显色。移取 20.00 mL 或 10.00 mL 母液于 100 mL 容量瓶中，加水至约 50 mL，加 5 mL 盐酸羟胺溶液(100 g/L)，混匀，加 5 mL 邻菲罗啉溶液(10 g/L)，10 mL 乙酸铵溶液(200 g/L)，用水稀释至刻度，混匀。

(3) 测量。将显色液置于合适的显色皿中，以空白试验溶液为参比，于分光光度计 510 nm 处测量吸光度，由工作曲线计算三氧化二铁的质量分数。

(4) 工作曲线的绘制。分取 0 mL，1.00 mL，2.00 mL，…，10.00 mL 三氧化二铁标准溶液(20.0 μg/mL)或 0 mL，1.00 mL，2.00 mL，…，5.00 mL 三氧化二铁标准溶液(100.0 μg/mL)于一组 100 mL 容量瓶中，加水至 50 mL，以下按分析步骤(2)显色，以试剂空白(即不加三氧化二铁标准溶液者)为参比，于分光光度计 510 nm 处测量吸光度，绘制工作曲线。

7.3.10 二安替吡啉甲烷光度法测定硅石中二氧化钛量

7.3.10.1 方法提要

在盐酸溶液中，二安替吡啉甲烷与钛生成黄色络合物，于 390 nm 测量吸光度，计算二氧化钛的质量分数。三价铁的干扰用抗坏血酸还原消除。

方法适用于硅石、硅质耐火材料中 0.01%以上二氧化钛量的测定。

7.3.10.2　试剂

(1) 盐酸,1+1。

(2) 抗坏血酸溶液,20 g/L,用时配制。

(3) 二安替吡啉溶液,40 g/L,用盐酸(1+20)配制。

(4) 二氧化钛标准溶液,20.0 μg/mL。

7.3.10.3　分析步骤

(1) 显色。移取10.00 mL或25.00 mL测定三氧化二铁的母液于50 mL容量瓶中,加2 mL抗坏血酸溶液(20 g/L),混匀,放置3～5 min。加10 mL二安替吡啉甲烷溶液(40 g/L),10 mL盐酸(1+1),以水稀释至刻度,混匀,放置30～40 min。

(2) 测量。将显色溶液移入适当显色皿中,以空白试验溶液为参比,于390 nm处测量吸光度。从工作曲线上计算二氧化钛的质量分数。

(3) 工作曲线的绘制。分取0 mL,1.00 mL,…,10.00 mL二氧化钛标准溶液(20.0 μg/mL)于一组50 mL容量瓶中,加2 mL抗坏血酸溶液(20 g/L),混匀,以下按显色液操作。以试剂空白为参比,测量吸光度,绘制工作曲线。

7.3.11　铬天青S光度法测定硅石中三氧化二铝量

7.3.11.1　方法提要

分取测定三氧化二铁的母液,在六次甲基四胺缓冲溶液中,铝与铬天青S生成紫红色络合物,于545 nm处测量吸光度,计算三氧化二铝的质量分数。

三价铁和四价钛干扰测定,显色时以抗坏血酸还原三价铁,以苯羟乙酸隐蔽钛而消除干扰。

方法适用于硅石、硅质耐火材料中0.05%以上三氧化二铝量的测定。

7.3.11.2　试剂

(1) 盐酸,1+30。

(2) 氨水,1+5,用塑料瓶盛装的氨水配制,贮于试料瓶中。

(3) 抗坏血酸溶液,10 g/L,用时配制。

(4) 苯羟乙酸溶液,10 g/L。

(5) 六次甲基四胺溶液,200 g/L,贮于塑料瓶中。

(6) 2,4-二硝基酚指示剂,2 g/L,用乙醇配制。

(7) 铬天青S溶液,0.8 g/L,用乙醇(1+1)配制。

(8) 三氧化二铝标准溶液,10.0 μg/mL,用母液稀释时每升溶液加3 mL盐酸。

7.3.11.3　分析步骤

(1) 显色。分取10.00 mL(或5.00 mL)测定三氧化二铁的母液于100 mL容量瓶中,加水至约40 mL,加1～2滴2,4-二硝基酚指示剂,1 mL抗坏血酸溶液(10 g/L),滴加氨水(1+5)至试液呈黄色,立即滴加盐酸(1+30)至黄色刚好褪去,再过量3.0 mL。加2 mL苯羟乙酸溶液(10 g/L),混匀,放置5 min。加8.0 mL铬天青S溶液(0.8 g/L),8 mL六次甲基四胺溶液(200 g/L),以水稀释至刻度,混匀,放置5 min。

(2) 测量。将显色液移入适当显色皿中,以空白试液溶液为参比,于545 nm测量吸光度,由工作曲线计算三氧化二铝的质量分数。

(3) 工作曲线的绘制。分取 0 mL,1.00 mL,…,5.00 mL 三氧化二铝标准溶液(10.0 μg/mL)于一组 100 mL 容量瓶中,加水至约 40 mL,以下按显色溶液操作,以试剂空白为参比,于 545 nm 测量吸光度,绘制工作曲线。

7.3.11.4 注释

铝与铬天青 S 有色络合物的稳定性较差,特别显色温度高时。在用氨水和盐酸调节酸度时溶液发热,因此在过加 3.0 mL 盐酸(1+30)后应冷却至室温,再进行下一步操作。溶液显色后应在 40 min 内测量吸光度。

7.3.12 蒸馏—锆盐滴定测定保护渣中氟量

7.3.12.1 方法提要

试料用高氯酸—磷酸在 130～140℃以水蒸气蒸馏,氟成四氟化硅随水蒸气蒸馏而与共存在元素分离。接收蒸馏液,调整酸度至 pH=2 左右,以茜素红—次甲基蓝为指示剂,用锆盐标准滴定溶液滴定,计算氟的质量分数。

方法适用于炉渣、连铸保护渣中氟量的测定,也适用于矿石中氟量的测定。

7.3.12.2 试剂

(1) 高氯酸,ρ≈1.69 g/mL。

(2) 磷酸,ρ≈1.70 g/mL。

(3) 盐酸,1+10。

(4) 饱和高锰酸钾溶液。

(5) 茜素红溶液(10 g/L)。

(6) 次甲基蓝溶液(1 g/L)。

(7) 氟标准溶液,1.0 mg/mL。

(8) 锆标准滴定溶液:

1) 配制:称取 4.2 g 氯氧化锆($ZrOCl_2 \cdot 8H_2O$)溶于水中,移入 1000 mL 容量瓶,用水稀释至刻度,混匀。

2) 标定:分取一定量的氟标准溶液(1.0 mg/mL)于 500 mL 锥形瓶中(所取的量尽量与试料溶液中的氟量接近),用水稀释至约 200 mL,以下按分析步骤(4)操作,同时进行空白试验。计算锆标准滴定溶液对氟的滴定度 T(mg/mL)。

7.3.12.3 分析步骤

(1) 试料量。称取 0.20～0.50 g 粒度小于 0.100 nm 并于 105～110℃预干燥的试样。

(2) 空白试验。随同试料进行空白试验。

(3) 试料分解和蒸馏:

1) 将试料贮于 250 mL 蒸馏瓶中,用少量水冲洗附着在瓶壁上的试料,加 15 mL 高氯酸,1 mL磷酸,滴加高锰酸钾饱和溶液至溶液红色不褪。用带有温度计和玻璃导管的橡皮塞塞紧蒸馏瓶口(不使温度计和玻璃管与瓶底接触),导管与水蒸气瓶连接(水蒸气瓶中的水预先加热至沸),蒸馏瓶与冷凝器连接,接通冷却水,冷凝器出口用 500 mL 锥形瓶承接冷凝液。

2) 加热蒸馏瓶,待温度升至 130℃时打开水蒸气阀,通入水蒸气蒸馏,保持蒸馏温度 130～

140℃。控制蒸馏速度 3～4 mL/min。待蒸馏液体积 180～200 mL 时停止蒸馏。关闭水蒸气阀，取下承接蒸馏液的锥形瓶。

(4) 滴定。于蒸馏液中加 2 滴茜素红溶液(10 g/L)，用氢氧化钠溶液(20 g/L)中和至呈玫瑰红色，再用盐酸(1+10)中和至柠檬黄色并过量 3 mL，补加 4 滴茜素红溶液(10 g/L)，加 6 滴次甲基蓝溶液(1 g/L)，用锆标准滴定溶液滴定至试液由翠绿色经暗灰变为茶红色为终点。

7.3.12.4　分析结果的计算

按下式计算氟的质量分数：

$$w_F = \frac{T(V-V_0)}{m \times 1000} \times 100$$

式中，T 为锆标准滴定溶液对氟的滴定度，mg/mL；V、V_0 分别为滴定试液和空白试验溶液消耗锆标准滴定溶液的体积，mL；m 为试料量，g。

7.3.12.5　注释

(1) 蒸馏温度要严格控制，超过 140℃，试液冒烟，大量高氯酸存在将影响滴定终点的观察。温度低于 130℃，蒸馏不完全，分析结果偏低。

(2) 对难溶试样(例如某些矿石)，可先在铁坩埚或镍坩埚中用 2 g 过氧化钠熔融，用少量水浸取，加 20 mL 高氯酸，2 mL 磷酸，移入蒸馏瓶中按分析步骤进行蒸馏。

(3) 本方法用锆标准滴定溶液代替经典的硝酸钍标准滴定溶液进行滴定，目的是防止钍盐的放射性污染。

(4) 用硝酸钍标准滴定溶液滴定可按以下步骤操作：于蒸馏液中加 5 滴对硝基酚溶液(2 g/L)，以氢氧化钠溶液(20 g/L)和盐酸(1+200)调节至溶液黄色消失，并过量 4 mL 盐酸(1+200)，加 4 mL 氯乙酸缓冲溶液(pH=3.1±0.1)，加约 150 mg 甲基百里酚蓝(MTB)指示剂，用硝酸钍标准滴定溶液滴定至试液由黄色经灰白色到蓝色为终点。硝酸钍标准滴定溶液用氟标准溶液标定。氯乙酸缓冲溶液(pH=3.1±0.1)的配制：取 9.45 g 氯乙酸加水溶解，加 2.7 g 氢氧化钠，溶解后用水稀释至 100 mL，混匀，必要时用 pH 计校正。甲基百里酚蓝(MTB)指示剂的配制：取 0.5 g 甲基百里酚蓝与 50 g 硝酸钾(预先在 110℃干燥去水)研细，混匀，贮于磨口瓶中。硝酸钍标准滴定溶液的配制：取 7.3g 硝酸钍(含 4 个结晶水)，以水溶解，过滤于 1000 mL 容量瓶中，用水稀释至刻度，混匀。

7.3.13　保护渣中游离碳量的测定

7.3.13.1　方法提要

试料以酸分解，氟化钠(或氢氟酸)助溶，过滤，经酸洗、水洗，烘干，用常规的管式炉燃烧气体容量法或高频燃烧红外吸收法测定，计算游离碳的质量分数。

方法适用于连铸保护渣中 0.5%以上游离碳量的测定。

7.3.13.2　试剂

(1) 酸洗石棉，使用前在 1000℃的高温炉中灼烧 4 h，冷却后贮于干燥器中备用。

(2) 氟化钠。

(3) 氢氟酸，$\rho \approx 1.15$g/mL。

(4) 盐酸，1+1，1+19。

(5) 氧气,氧含量不低于 99.5%。

(6) 铜片,或锡粒、氧化铜。

(7) 纯铁助熔剂,碳量小于 0.002%。

(8) 钨粒助熔剂,碳量小于 0.002%。

(9) 瓷舟,长 88 nm 或 97 nm,使用前在 1200℃的高温炉中灼烧 2 h,冷却后贮于无油的干燥器中。

(10) 红外碳硫用陶瓷坩埚,使用前在 1200℃的高温炉中灼烧 2 h,或在坩埚炉中通氧灼烧,冷却后贮于无油的干燥器中。

(11) 管式炉和气体容量法定碳仪。

(12) 高频红外线定碳仪。

7.3.13.3 分析步骤

(1) 试料量。根据游离碳含量称取试样:

1) 燃烧气体容量法。游离碳小于 1%,称取 1.000 g;1%～1.5%,称取 0.5000 g;1.5%～3%,称取 0.3000 g;3%～5%,称取 0.2000 g;大于 5%,称取 0.1000 g。

2) 高频燃烧红外吸收法。游离碳 0.5%～10%,称取 0.25 g;大于 10%,称取 0.1 g,精确至 0.0001 g。

(2) 空白试验。随同试料进行空白试验。

(3) 试料处理。将试料置于 250 mL 烧杯中,加 40 mL 盐酸(1+1),0.2 g 氟化钠,盖上表面皿低温加热溶解试料,待试料溶解后沿杯壁加 50 mL 热水,煮沸 5～6 min。

注意,高硅试料可滴加 4～6 滴氢氟酸,难溶试料应不断补加水,以保持试液体积。

(4) 游离碳分离。趁热用以铺有酸洗石棉的古氏漏斗或带有瓷滤片的玻璃漏斗减压抽滤,先将上层澄清液倾于酸洗石棉上,烧杯中的残渣用热盐酸(1+19)以倾洗法洗涤 5～6 次,再将烧杯中的残渣全部洗至酸洗石棉上,用热水将酸洗石棉洗至中性,停止抽滤,取下漏斗。

注意,抽滤前用玻璃棒将酸洗石棉压实,其厚度以 5～7 mm 为宜。

(5) 测量。可采用管式炉燃烧气体容量法或高频燃烧红外吸收法测定酸洗石棉上的游离碳:

1) 管式炉燃烧气体容量法。用玻璃棒或镊子将酸洗石棉层及残渣全部转移至瓷舟中,附着在漏斗和烧杯壁上的残渣可用少许干净石棉以镊子将其擦下,合并于瓷舟中。将瓷舟于 105～110℃的烘箱中干燥 2 h,在干燥器中冷却至室温。

准备好管式炉和定碳仪,通入氧气检查整个装置的管路及活塞是否漏气,调节并保持装置在正常的工作状态。接通电源,将管式炉升温至 1200℃。

于瓷舟上覆盖约 1 g 铜片作助熔剂,将瓷舟放入瓷管中,用长钩将瓷舟推至瓷管的高温区,塞紧管塞,预热 2 min。以下按定碳仪操作规程操作,记录由游离碳燃烧生成二氧化碳的体积(或含量),扣除空白试验值,计算游离碳的质量分数。

2) 高频燃烧红外吸收法。用玻璃棒或镊子将酸洗石棉层及残渣全部转移至预先盛有 1g 纯铁助熔剂的红外碳硫用陶瓷坩埚中,附着在漏斗和烧杯壁上的残渣可用少许干净石棉以镊子将其擦下,合并于坩埚中。将坩埚于 105～110℃的烘箱中干燥 2 h,在干燥器中冷却至室温。

准备好红外定碳仪,将其调节至最佳分析条件。以生铁标准物质校正红外定碳仪。

覆盖 1.5 g 钨粒助熔剂于坩埚中,将坩埚置于红外定碳仪的炉台上,按仪器的操作规程操作,读取分析结果。

7.3.14　EDTA 滴定法测定石灰石、白云石中氧化钙和氧化镁量

7.3.14.1　方法提要

试料用碳酸钠-硼酸混合熔剂分解，稀盐酸浸取。分取部分试液，加三乙醇胺隐蔽铁、铝，在 pH>12.5 的碱性介质中用 EDTA 标准滴定溶液滴定钙，在 pH=10 的氨性缓冲溶液中用 EDTA 标准滴定溶液滴定钙、镁合量，计算氧化钙和氧化镁的质量分数。

方法适用于石灰石、白云石和石灰中氧化钙和氧化镁量的测定。

7.3.14.2　试剂

(1) 混合熔剂，两份无水碳酸钠与一份硼酸研细，混匀。

(2) 盐酸，1+5。

(3) 三乙醇胺，1+1。

(4) 氢氧化钾溶液，200 g/L。

(5) 氨性缓冲溶液，pH=10，取 67.5 g 氯化铵溶于水，加 570 mL 氨水，用水稀释至 1 L。

(6) 钙指示剂，0.5 g 钙指示剂与 50 g 氯化钾研细，混匀，贮于磨口瓶中。

(7) 酸性铬蓝 K 溶液，5 g/L，用三乙醇胺(1+1)配制。

(8) 萘酚绿 B 溶液，5 g/L，用三乙醇胺(1+1)配制。

(9) 氧化钙标准溶液，1.00 mg/mL。

(10) 氧化镁标准溶液，1.00 mg/mL。

(11) EDTA 标准滴定溶液，c(EDTA)=0.01 mol/L。EDTA 标准滴定溶液用氧化钙和氧化镁标准溶液按分析步骤标定，分别求其对氧化钙的滴定度 T_1(g/mL)和氧化镁的滴定度 T_2(g/mL)。标定氧化钙时在溶液中加 4～5 滴氧化镁标准溶液(1.00 mg/mL)。

7.3.14.3　分析步骤

(1) 试料量。称取 0.5000 g 粒度小于 0.125 mm，并于 105～110℃干燥的试样。

(2) 空白试验。随同试料进行空白试验。

(3) 试料分解。将试料置于预先盛有 3.0 g 混合熔剂的铂坩埚中，混匀，再覆盖 1.0 g 混合熔剂。将坩埚置于炉温低于 300℃的高温炉中，盖上铂盖(留有一缝隙)。将炉温逐渐升至 950～1000℃。熔融 10 min，取出，转动铂坩埚，使熔融物附着于坩埚壁上，冷却。

(4) 分析母液的制备。用水冲洗坩埚外壁，将铂坩埚和盖置于 300 mL 烧杯中，加 75 mL 盐酸(1+5)，低温加热浸出熔块，用水洗净铂坩埚和盖。低温加热至溶液清亮，冷却至室温，将溶液移入 250 mL 容量瓶中，用水稀释至刻度，混匀。此试液可作为测定氧化钙、氧化镁、二氧化硅、氧化铝和氧化铁量的母液。

分取 25.00 mL 母液两份分别置于 250 mL 锥形瓶中，加 25 mL 水，分别用于氧化钙量和氧化镁量的测定。

(5) 氧化钙量的测定：

1) 石灰石、石灰试样。于一份试液中加 5 mL 三乙醇胺(1+1)，混匀，加 20 mL 氢氧化钾溶液(200 g/L)及少许钙指示剂，混匀。用 EDTA 标准滴定溶液滴定至试液由红色变为亮蓝色为终点。空白试验溶液和当试样中氧化镁量小于 1.0%时，在滴定前加 4～5 滴氧化镁标准溶液(1.00 mg/mL)。

当试样中氧化镁量大于 2.5%时，按分析步骤(5)中 2)中预置滴定剂方法滴定。

2) 白云石试样。于一份试液中加 5 mL 三乙醇胺(1+1)，混匀，加入相当于滴定溶液中 90%～95%氧化钙量 EDTA 标准滴定溶液，加 20 mL 氢氧化钾溶液(200 g/L)及少许钙指示剂，混匀。继续用 EDTA 标准滴定溶液滴定至试液由红色变为亮蓝色为终点。空白试验溶液在滴定前加3～4滴氧化镁标准溶液(1.00 mg/mL)，不预置滴定剂。

(6) 氧化钙、氧化镁合量的测定。于另一份试液中加 5 mL 三乙醇胺(1+1)，混匀，加 20 mL 氨性缓冲溶液，加 2 滴酸性铬蓝 K 溶液(5 g/L)，6～7 滴萘酚绿 B 溶液(5 g/L)，用 EDTA 标准滴定溶液滴定至试液由暗红色变为蓝绿色为终点。

7.3.14.4　分析结果的计算

(1) 按下式计算氧化钙的质量分数：

$$w_{CaO}=\frac{(V_1-V_{01})\times T_1}{m}\times 100$$

式中，V_1，V_{01}分别为滴定氧化钙试液和空白试验溶液消耗 EDTA 标准滴定溶液的体积，mL；T_1为 EDTA 标准滴定溶液对氧化钙的滴定度，g/mL；m 为分取试液相当的试料量，g。

(2) 按下式计算氧化镁的质量分数：

$$w_{MgO}=\frac{[(V_2-V_{02})-(V_1-V_{01})]T_2}{m}\times 100$$

式中，V_2，V_{02}分别为滴定氧化钙、氧化镁合量和空白试验溶液消耗 EDTA 标准滴定溶液的体积，mL；V_1，V_{01}分别为滴定氧化钙试液和空白试验溶液消耗 EDTA 标准滴定溶液的体积，mL；T_2 为 EDTA 标准滴定溶液对氧化镁的滴定度，g/mL；m 为分取试液相当的试料量，g。

7.3.14.5　注释

(1) 在滴定白云石和高镁石灰石试样时，在溶液调至碱性前预加约 90%～95%氧化钙量的 EDTA 标准滴定溶液，以避免氢氧化镁沉淀对大量钙的吸附，而不再加蔗糖溶液作分散剂。

(2) 由于石灰石、白云石中铁、铝、锰量一般不高，日常分析时不用分离而直接分液滴定。当试样中氧化铁、氧化铝量大于 2%，或氧化锰量大于 0.1%时，可分取 100.0 mL 母液于 250 mL 容量瓶中，用氢氧化钾溶液(200 g/L)中和大部分酸，再以氨水(1+4)中和至近中性(刚果红试纸呈红色)，加 10 mL 铜试剂溶液(50 g/L，用时配制)，剧烈振荡 1min，冷却至室温，用水稀释至刻度，混匀。干过滤，分别取 50.00 mL 滤液按分析步骤滴定氧化钙和氧化镁量。

(3) 试料溶液也可采用 EGTA 和 CyDTA 标准滴定溶液滴定氧化钙量和氧化镁量。用 EGTA 标准滴定溶液滴定氧化钙同 EDTA 滴定的操作。滴定氧化镁时用稍过量的 EGTA 隐蔽钙，以 CyDTA 标准滴定溶液直接滴定氧化镁量：取一份试液，加 5mL 三乙醇胺(1+1)，加 EGTA 标准滴定溶液，其量等于滴定氧化钙量时所消耗的毫升数，并过量 0.5mL。然而加 20mL 氨性合成溶液，加酸性铬蓝 K 和萘酚绿 B 指示剂溶液，以 CyDTA 标准滴定溶液滴定氧化镁量。

7.3.15　硅钼蓝光度法测定石灰石、白云石中二氧化硅量

7.3.15.1　方法提要

试料用碳酸钠—硼酸混合熔剂分解，稀盐酸浸取。分取部分试液，在约 0.15 mol/L 的盐酸介质中，钼酸铵与硅酸形成硅钼黄杂多酸，加入草酸-硫酸混合酸，消除磷、砷干扰，用硫酸亚铁铵将其还原为硅钼蓝，于 680 nm(或 810 nm)测量吸光度，计算二氧化硅的质量分数。

方法适用于石灰石、白云石和冶金石灰中0.05%以上二氧化硅量的测定。

7.3.15.2　试剂

(1) 混合熔剂，取两份无水碳酸钠和一份硼酸研细，混匀。

(2) 盐酸，1+5，1+14。

(3) 钼酸铵溶液，60 g/L，贮于塑料瓶中。

(4) 草酸-硫酸混合酸，称取35 g草酸($H_2C_2O_4\cdot 2H_2O$)，溶于1 L硫酸(1+8)中。

(5) 硫酸亚铁铵溶液，60 g/L，取12 g硫酸亚铁铵($Fe(NH_4)_2(SO_4)_2\cdot 6H_2O$)溶于少量水中加约0.5 mL硫酸，用水稀释至200 mL。

(6) 无水乙醇。

(7) 二氧化硅标准溶液，50.0 μg/mL，20.0 μg/mL，贮于塑料瓶中。

7.3.15.3　分析步骤

(1) 试料量。称取0.5000 g粒度小于0.125 mm的试样。

(2) 空白试验。随同试料进行空白试验。

(3) 试料分解。试料分解同EDTA滴定法测定氧化钙和氧化镁量方法，测定二氧化硅、氧化钙、氧化镁、氧化铝和氧化铁的母液稀释于250 mL容量瓶中。

(4) 显色。根据试料中二氧化硅的含量，按表7-6分取母液于100 mL容量瓶中，加8 mL无水乙醇，按表补加相应量的盐酸(1+14)，立即用水稀释至50 mL，混匀。加5 mL钼酸铵溶液(60 g/L)，于室温放置20 min(室温低于15℃时于约30℃的温水浴中放置15～20 min)。

表7-6　补加盐酸体积

二氧化硅量/%	分取母液体积/mL	补加盐酸(1+14)体积/mL
0.05～0.25	20.00	0
0.25～1.00	10.00	5.0
>1.00	5.00	8.0

加20 mL草酸—硫酸混合酸，混匀，放置1～2 min，立即加入5 mL硫酸亚铁铵溶液(60 g/L)，用水稀释至刻度，混匀。

(5) 测量。将部分显色液移入适当吸收皿中，以空白试验溶液作参比，于分光光度计680 nm处测量吸光度(对低含量二氧化硅的显色液，可在810 nm处测量吸光度)，在工作曲线上计算二氧化硅的质量分数。

(6) 工作曲线的绘制。分取0 mL，1.00 mL，2,00 mL，…，10.00 mL二氧化硅标准溶液(20.0 μg/mL或50.0 μg/mL)于一组预先盛有10 mL盐酸(1+14)的100 mL容量瓶中。加8 mL无水乙醇，用水稀释至50 mL，混匀，以下按分析步骤(4)、(5)操作，以试剂空白为参比，测量吸光度，绘制工作曲线。

7.3.16　邻菲罗啉光度法测定石灰石、白云石中氧化铁量(方法提要)

试料用碳酸钠—硼酸混合熔剂熔融，稀盐酸浸取。分取部分试液，以抗坏血酸将三价铁还原为亚铁，在乙酸—乙酸钠介质中，亚铁与邻菲罗啉生成橙红色的络合物，于分光光度计510 nm处测量吸光度，计算氧化铁量的质量分数。

方法适用于石灰石、白云石和石灰中0.02%以上氧化铁量的测定。

具体参照“7.3.9 邻菲罗啉光度法测定硅石中三氧化二铁量”方法。

7.3.17 EDTA滴定法测定萤石中氟化钙量

7.3.17.1 方法提要

试料以稀乙酸浸取，分离碳酸盐。过滤，以饱和硼酸和盐酸浸取并分解分离碳酸盐后的试料。过滤，分取部分滤液于pH大于12.5的条件下，用EDTA标准滴定溶液滴定钙量，计算氟化钙的质量分数。

方法适用于萤石中氟化钙量的测定。

7.3.17.2 试剂

(1) 盐酸羟胺。

(2) 盐酸，1+1，1+49。

(3) 乙酸，1+9。

(4) 饱和硼酸。

(5) 氢氧化钾溶液，200 g/L。

(6) 三乙醇胺，1+2。

(7) 钙指示剂。将0.1 g钙指示剂与100 g干燥的氯化钠研细，混匀，于磨口瓶中保存备用。

(8) EDTA标准滴定溶液，$c(\text{EDTA})=0.01$mol/L。

7.3.17.3 分析步骤

(1) 试料量。称取0.5000 g预先在105～110℃下干燥1 h并冷至室温的试料。

(2) 试料分解。将试料置于250 mL烧杯中，加10 mL乙酸(1+9)，盖上表面皿，室温放置30 min(放置时不时搅动)。以慢速滤纸过滤，将试料全部转移至滤纸上，用水洗净烧杯，并洗沉淀4～5次。

将滤纸连同沉淀物置于原烧杯中，加10 mL饱和硼酸溶液，40 mL盐酸(1+1)，于低温处加热煮沸20～30 min。加水稀释至100 mL，加热煮沸，用快速滤纸过滤于250 mL容量瓶中，用热盐酸(1+49)洗净烧杯和滤纸，冷却至室温，用水稀释至刻度，混匀。

(3) 滴定。分取25.00 mL试液于250 mL锥形瓶中，加5 mL三乙醇胺(1+2)，0.1g盐酸羟胺，20 mL氢氧化钾溶液(200 g/L)，加约0.1 g钙指示剂，用EDTA标准滴定溶液滴定至试液由酒红色变为纯蓝色为终点。

7.3.17.4 分析结果的计算

按下式计算氟化钙的质量分数：

$$w_{\text{CaF}_2}=\frac{c(V-V_0)\times 78.08}{m\times 1000}\times 100$$

式中，c为EDTA标准滴定溶液的浓度，mol/L；V，V_0为滴定试料溶液和空白试验溶液消耗EDTA标准滴定溶液的体积，mL；m为分取溶液中的试料量，g；78.08为氟化钙的摩尔质量，g/mol。

7.3.17.5 注释

如已测定了碳酸钙量，也可将称取的试料直接用饱和硼酸溶液和盐酸(1+1)按分析方法处理,在测定的总钙量中减去碳酸钙量计算氟化钙量。碳酸钙换算成氟化钙的系数是0.78。

7.4 有色金属分析

7.4.1 EDTA滴定法测定铝及铝合金中铝量

7.4.1.1 方法提要

试料分解后分取部分试液,在微酸性介质中加入过量的EDTA溶液,煮沸,使试液中的铝及铁、锌、镍、铜等离子与其络合。以二甲酚橙为指示剂,用锌标准滴定溶液滴定过量的EDTA。加入氟化钠,氟离子选择性地与铝络合而释放出等物质量的EDTA,再以锌标准滴定溶液滴定EDTA,计算铝的质量分数。

方法适用于金属铝中铝量的测定。

7.4.1.2 试剂

(1) 氟化钠。

(2) 氢氧化钠溶液,200 g/L。

(3) 硝酸,1+1。

(4) 乙酸钠—乙酸缓冲溶液,pH=5.7。每升缓冲溶液中含200 g乙酸钠(含三结晶水)和5 mL冰乙酸($\rho \approx 1.05$ g/mL)。

(5) 对—硝基酚指示剂溶液,1 g/L。

(6) 二甲酚橙指示剂溶液,2 g/L。

(7) EDTA溶液,20 g/L。

(8) 铝标准溶液,1.00 mg/mL

(9) 乙酸锌标准滴定溶液,0.025 mol/L。分取25.00 mL铝标准溶液,按分析步骤操作,标定乙酸锌标准滴定溶液对铝的滴定T(mg/ mL)。

7.4.1.3 分析步骤

(1) 试料量。称取0.30 g试样,精确至0.0001 g。

(2) 试料分解。将试料置于聚四氟乙烯烧杯中,加20 mL氢氧化钠溶液(200 g/L),低温加热至试料溶解。冷却,加水至约50 mL,小心加入35 mL硝酸(1+1),加热至沸,冷却至室温(如试液有棕色二氧化锰沉淀,加数滴亚硝酸钠溶液(10 g/L)还原锰,加少许尿素)。将溶液移入250 mL容量瓶中,以水稀释至刻度,混匀。

(3) 测量。分取25.00 mL试液于500 mL锥形瓶中,加25 mL水,加20 mLEDTA溶液(20 g/L,1.0 mL该溶液相当于1.45 mg铝),加2~3滴对硝基酚指示剂溶液(1 g/L),用氨水(1+1)中和至黄色,立即以盐酸(1+1)回滴至无色,加20 mL乙酸钠-乙酸缓冲溶液(pH=5.7),煮沸3 min,流水冷却至室温。

加2滴二甲酚橙指示剂溶液(1 g/L),用乙酸锌标准滴定溶液滴定至微红色,不计滴定毫升数。加2 g氟化钠,煮沸3 min,流水冷却至室温。补加1~2滴二甲酚橙指示剂溶液,用醋酸锌标准滴定溶液滴定至微红色为终点。

7.4.1.4 分析结果的计算

按下式计算铝的质量分数(%):

$$w_{Al}=\frac{V\times T}{m\times 1000}\times 100$$

式中 V 为滴定分取液消耗乙酸锌标准滴定溶液的体积，mL；T 为乙酸锌标准滴定溶液对铝的滴定度，mg/mL；m 为分取液中的试料量，g；

7.4.1.5 注释

(1) 滴定也可以 PAN 为指示剂，在 pH=4.7 的缓冲溶液中用硫酸铜标准滴定溶液的热溶液中滴定。或以二甲酚橙为指示剂用硝酸铅标准滴定溶液滴定。

(2) 为消除测定过程中的系统误差，应以铝标准溶液，或用纯铝按分析步骤操作求标准滴定溶液的滴定度。

(3) 钛、锡和稀土与 EDTA 的络合物也可被氟离子取代，定量干扰铝的测定。一般铝合金中不含钛、锡和稀土，不必考虑其影响。某些铝合金中可能含 0.1%～0.3%的钛，可按等物质量扣除，0.10%的钛相当于 0.056%的铝。若不能确定试样中的含钛量，可采用碱分离步骤，在滤液中测定铝。

7.4.2 硅钼蓝光度法测定铝及铝合金中硅量

7.4.2.1 方法提要

试料以氢氧化钠溶解，用硝酸酸化，使各被测量元素以离子状态存在于溶液中，将试液定容于 200 mL 容量瓶中，此为母液，可用于硅、铁、锰、铜、镍、钛和铬等元素的测定。

分取部分溶液在 0.1～0.2 mol/L 的酸度中，硅酸与钼酸铵生成硅钼杂多酸，在草酸存在下，以硫酸亚铁铵将其还原成硅钼蓝，测量吸光度，计算硅的质量分数。

方法适用于铝及铝合金中 0.02%～5.0%硅量的测定。

7.4.2.2 试剂

(1) 氢氧化钠溶液，400/L，在塑料杯中配制并贮于塑料瓶中。

(2) 硝酸，1+1。

(3) 过氧化氢，$\rho\approx$1.10 g/mL。

(4) 钼酸铵溶液，50 g/L，贮于塑料瓶中。

(5) 草酸溶液，50 g/L。

(6) 硫酸亚铁铵溶液，60 g/L，每 100 mL 溶液加 3 滴硫酸($\rho\approx$1.84 g/mL)。

(7) 硅标准溶液，10.0 μg/mL ，50.0 μg/mL，贮于试料瓶中。

7.4.2.3 分析步骤

(1) 试料量。根据元素含量称取 0.1000～0.5000 g 试样。

(2) 空白试验。随同试料进行空白试验。

(3) 试料分解和母液制备。将试料置于聚四氟乙烯烧杯中，加 10 mL 氢氧化钠溶液(400 g/L)，加热溶解，用水冲洗杯壁，滴加约 10 滴过氧化氢，继续加热使硅化物分解完全，蒸发至糖浆状，冷却。

加水至约 50 mL，小心加入 35 mL 硝酸(1+1)，加热至沸，冷却至室温(如试液有棕色二氧化锰沉淀，加数滴亚硝酸钠溶液(10 g/L)还原锰，加少许尿素)。将溶液移入 200 mL 容量瓶中，以水稀释至刻度，混匀。

此溶液称为母溶,可用于硅、铁、锰、铜、镍、钛和铬等元素的测定。

(4) 显色。移取 10.00 mL 或 5.00 mL 试液两份于 100 mL 容量瓶中(移取 5.00 mL 试液时补加 5.0 mL 空白试验溶液),加 50 mL 水,混匀。

显色液:加 5 mL 钼酸铵溶液(50 g/L),于室温放置 10~20min(或在沸水浴上加热 30 s)。加 10 mL 草酸溶液(50 g/L),10 mL 硫酸亚铁铵溶液(60 g/L),用水稀释至刻度,混匀。

参比液:加 10 mL 草酸溶液(50 g/L),5 mL 钼酸铵溶液(50 g/L),10 mL 硫酸亚铁铵溶液(60 g/L),用水稀释至刻度,混匀。

(5) 测量。将显色液移入适当吸收皿中,于 680 nm 或 810 nm 处测量吸光度。试液吸光度减去空白试验溶液的吸光度,于工作曲线上计算硅的质量分数。

(6) 工作曲线的绘制。分取 0 mL,1.00 mL,2.00 mL,…,5.00 mL 硅标准溶液(10.0 μg/ mL 或 50.0 μg/ mL)于 100 mL 容量瓶中,各加 10 mL 空白试验溶液,以水稀释至约 60 mL,以下按显色液操作。以试剂空白(不加硅标准溶液者)为参比,测量吸光度,绘制工作曲线。

7.4.2.4 注释

(1) 测定硅的试液不宜放置太久,在酸性介质中硅酸易聚合而不能与钼酸铵完全反应,一般应在当天完成测定。

(2) 如仅分析试料中的硅,或分析元素不多,可将试料溶液稀释在 100 mL 容量瓶中,作为母液。分析硅时,分取 5.00 mL 母液,按分析步骤操作。

(3) 如称取 1.0 g 试料,或多分取试液并控制显色酸度,可测量更低量的硅量。

7.4.3 铝及铝合金中硅、铁、锰、铜、镍、钛、铬量的联合测定

7.4.3.1 方法提要

试料以氢氧化钠溶解,用硝酸酸化,使各被测量元素以离子状态存在于溶液中,将试液定容与 200 mL 容量瓶中,此为母液,可用于硅、铁、锰、铜、镍、钛和铬等元素的测定。

分取部分溶液以硅钼蓝光度法测定硅量,邻二氮杂菲光度法测定铁量,过硫酸铵氧化光度法测定锰量,双环已酮草酰二腙测定铜量,丁二酮肟光度法测定镍量,二安替比啉甲烷光度法钛量的测定,二苯碳酰二肼光度法测定铬量。

7.4.3.2 试料分解和母液制备

A 试剂

(1) 氢氧化钠溶液,40 g/L,在塑料杯中配制并贮于塑料瓶中。

(2) 硝酸,1+1。

(3) 过氧化氢,$\rho \approx 1.10$g/ mL。

B 试料分解

(1) 试料量。根据元素含量称取 0.1000~0.5000 g 试样。

(2) 空白试验。随同试料进行空白试验。

(3) 试料分解。将试料置于聚四氟乙烯烧杯中,加 10 mL 氢氧化钠溶液(400 g/L),加热溶解,用水冲洗杯壁,滴加约 10 滴过氧化氢,继续加热使硅化物分解完全,蒸发至糖浆状,冷却。

C 母液制备

加水至约 50 mL,小心加入 35 mL 硝酸(1+1),加热至沸,冷却至室温(如试液有棕色二氧化锰沉淀,加数滴亚硝酸钠溶液(10 g/L)还原锰,加少许尿素)。将溶液移入 200 mL 容量瓶中,以

水稀释至刻度,混匀。

此溶液称为母液,可用于硅、铁、锰、铜、镍、钛和铬等元素的测定。

7.4.3.3 硅钼蓝光度法测定硅量(参见 7.4.2 节)

7.4.3.4 邻菲罗啉光度法测定铁量

A 方法提要

分取测定二氧化硅的母液,以抗坏血酸溶液将铁还原至二价,铁与邻菲罗啉在弱酸性溶液中生成橙红色络合物,测量吸光度,计算铁的质量分数。

方法适用于铝及铝合金中 0.02%～2.0%铁量的测定。

B 试剂

(1) 抗坏血酸溶液,10 g/L,用时配制。

(2) 邻菲罗啉溶液,2.5 g/L。

(3) 缓冲溶液。称取 227 g 乙酸钠(含三结晶水),以 500 mL 水溶解(必要时过滤),加240 mL 冰乙酸($\rho \approx 1.05$ g/mL),用水稀释至 1 L。

(4) 铁标准溶液,10.0 μg/mL 或 50.0 μg/mL。

C 分析步骤

(1) 显色。分取 10.00 mL 或 20.00 mL 试液置于 50 mL(或 100 mL)容量瓶中。加 2 mL 抗坏血酸溶液(10 g/L),10 mL 邻菲罗啉溶液(2.5 g/L)及 10 mL 缓冲溶液,混匀,用水稀释至刻度,混匀。

(2) 测量。将显色液置于适当的吸收皿中,以空白试验溶液为参比,于 510 nm 测量吸光度,从工作曲线上计算三氧化二铁的质量分数。

(3) 工作曲线的绘制

分取 0 mL,1.00 mL,…,5.00 mL 铁标准溶液(10.0 μg/ mL 或 50.0 μg/ mL)于 50 mL(或 100 mL)容量瓶中,按分析步骤(2)操作。以试剂空白溶液(未加铁标准溶液者)为参比,测量吸光度,绘制工作曲线。

D 注释

(1) 邻菲罗啉与铁的橙色络合物有较高的灵敏度和选择性。按操作条件也可将试液移入 100 mL 容量瓶中显色。因此,可根据试样中铁的含量调整分取试液量、显色体积和吸收皿测定高低不同含量的三氧化二铁量。如铁量低于 0.05%,可称取 0.1000～0.5000 g 试样,试料溶解后移入容量瓶中全部显色。测定低含量的铁时要注意试剂和器皿的空白。

(2) 铜、镍、锌等也与邻菲罗啉生成无色络合物,当其含量高时,铁与邻菲罗啉显色不完全,应增加邻菲罗啉溶液的加入量(至 20 mL)

7.4.3.5 三价锰—硫酸亚铁铵滴定法测定锰量

A 方法提要

试料用硝酸、磷酸分解,在磷酸存在下以高氯酸冒烟将锰氧化至三价,或在磷酸冒微烟时以硝酸铵将锰氧化至三价。以 N-苯代邻氨基苯甲酸为指示剂,用硫酸亚铁铵标准溶液滴定锰量,计算锰的质量分数。

方法适用于锰铁、锰硅、硅铝锰、金属锰中锰量的测定。

B　试剂

(1) 硝酸铵。

(2) 硝酸，$\rho \approx 1.42$ g/mL。

(3) 磷酸，$\rho \approx 1.69$ g/mL。

(4) 氢氟酸，$\rho \approx 1.15$ g/mL。

(5) 高氯酸，$\rho \approx 1.67$ g/mL。

(6) 硫酸，1+9。

(7) N-苯代邻氨基苯甲酸指示剂溶液，2 g/L，每 100 mL 溶液含 0.2 g 碳酸钠。

(8) 硫酸亚铁铵标准滴定溶液，$c(Fe^{2+})=0.050$ mol/L。硫酸亚铁铵标准滴定溶液用重铬酸钾标准溶液标定，或以锰标准溶液按分析步骤操作，计算硫酸亚铁铵标准滴定溶液对锰的滴定度。

C　分析步骤

(1) 试料量。称取 0.20 g 粒度不大于 0.125 mm 的试样，精确至 0.0001 g。

(2) 硝酸铵氧化—亚铁滴定法。将试料置于 250 mL 锥形瓶中，加 15 mL 磷酸，5 mL 硝酸，加热至试料溶解（硅锰、硅铝锰试料滴加氢氟酸助溶至试料溶解），继续加热蒸发至液面平静刚冒磷酸微烟（温度控制在 200～240 ℃，以液面平静出现微烟（约 220 ℃）），取下，立即从瓶口中央加入约 3 g 硝酸铵，摇动锥形瓶，排除瓶内氮氧化物（可用洗耳球将氮氧化物吹去），放置 1～2 min。待温度降至 100～80 ℃时，加入 60 mL 硫酸（1+9），混匀，冷却至室温。用硫酸亚铁铵标准滴定溶液滴定至浅红色，加 2 滴 N-苯代邻氨基苯甲酸指示剂溶液（2 g/L），继续滴定至紫红色消失为终点。

(3) 高氯酸氧化—亚铁滴定法

将试料置于 250 mL 锥形瓶中，15 mL 磷酸，加 5 mL 硝酸及 2 mL 高氯酸，加热至试样完全溶解（锰硅、硅铝锰试料滴加氢氟酸助溶至试料溶解）。继续加热冒烟至高氯酸分解完全，小气泡停止发生，此时液面平静并有少量小液珠滚动。取下，稍冷（约 80 ℃），从瓶口中央加 50～60 mL 水，摇动溶解盐类，冷却至室温。用硫酸亚铁铵标准滴定溶液滴定至浅红色，加 2 滴 N-苯代邻氨基苯甲酸指示剂溶液（2 g/L），继续滴定至紫红色消失为终点。

D　分析结果的计算

按下式计算锰的质量分数（%）：

$$w_{Mn}=\frac{cV\times 54.94}{m\times 1000}\times 100 \quad 或 \quad w_{Mn}=\frac{TV}{m\times 1000}\times 100$$

式中，c 为硫酸亚铁铵标准滴定溶液浓度，mol/L；T 为硫酸亚铁铵标准滴定溶液对锰的滴定度，mg/mL；V 为滴定消耗硫酸亚铁铵标准滴定溶液体积，mL；m 为试料量，g；54.94 为锰的摩尔质量，g/mol。

E　注释

(1) 锰硅、硅铝锰试料在试料分解时滴加氢氟酸，加速试料分解，并在冒烟时去硅。

(2) 由于磷酸存在，铬不被氧化，但钒、铈同时被氧化，1.00%的钒相当于 1.08%的锰，1.00%铈相当于 0.39%的锰。一般含锰合金不含钒、铈，可不考虑其影响。

(3) 本方法中，控制温度是关键，掌握好冒烟时间。温度过低则氧化不完全，分析结果偏低；而温度太高则又可能析出焦磷酸盐，不易溶解，也使结果偏低。

(4) 冒烟后加入稀硫酸的时间要控制好，趁热加入，瓶内有大量水蒸气冲出，以此驱尽瓶内的氮氧化物。

(5) 指示剂有还原性，精确分析时要进行指示剂校正。

(6) 本方法也可用铂指示电极和饱和甘汞电极，在电磁搅拌下进行电位滴定，或用自动电位滴定仪滴定。

7.4.3.6 双环己酮草酰二腙测定铜量

A 方法提要

分取测定硅的母液，在有柠檬酸存在下的 pH=9.0～9.5 的弱碱性溶液中，二价铜与双环己酮草酰二腙(BCO)生成蓝色络合物，于 600 nm 测量吸光度，计算铜的质量分数。

方法适用于铝及铝合金中 0.02%～4.0%铜量的测定。

B 试剂

(1) 氨水，1+1(0.02%～4.0%)。

(2) 柠檬酸铵溶液，500 g/L。

(3) 缓冲溶液。

(4) 中性红指示剂乙醇溶液，1 g/L。

(5) BCO 溶液，2 g/L。称取 1 g 双环己酮草酰二腙(BCO)于烧杯中，加乙醇(1+1)，温热溶解，用乙醇(1+1)稀释至 500 mL，混匀。

(6) 铜标准溶液，20.0 μg/mL。

C 分析步骤

(1) 显色。分取 10.00 mL(或 5.00 mL)母液于 50 mL 容量瓶中。加 2 mL 柠檬酸铵溶液(500 g/L)，加 2 滴中性红指示剂乙醇溶液(1 g/L)，滴加氨水(1+1)至指示剂恰呈黄色，加 10 mL 缓冲溶液，混匀。加 10 mLBCO 溶液(2 g/L)，用水稀释至刻度，混匀，放置 5～10 min。

(2) 测量。将显色液移入适当的吸收皿中，以空白试验溶液为参比，于 600 nm 测量吸光度，在工作曲线上计算铜量的质量分数。

(3) 工作曲线的绘制。分取 0 mL，0.50 mL，1.00 mL，…，5.00 mL 铜标准溶液(20.0 μg/mL)于数个 50 mL 容量瓶中，加 2 mL 柠檬酸铵溶液(500 g/L)，以下按显色液操作，以试剂空白为参比测量吸光度，绘制工作曲线。

D 注释

(1) 对较高含量的铜，可在 100 mL 容量瓶中显色。

(2) 显色液的稳定性受温度的影响。温度高，显色快，但显色液的稳定性稍差。室温大于 25 ℃时，3 min 即显色完全，应在 20 min 内测量吸光度。

(3) 增加 BCO 溶液的用量可抑制镍、钴的影响，并增加显色液的稳定性，在此情况下可加入 20 mLBCO 溶液。

(4) 对铜量小于 0.05%的样品，可称取 1 g 试样，按分析步骤，用 20 mL 氢氧化钠溶液(400 g/L)溶解，溶液酸化后定容于 100 mL 容量瓶中，按分析步骤分液显色。

7.4.3.7 丁二酮肟光度法测定镍量

A 方法提要

分取测定硅的母液，用酒石酸钾钠隐蔽铝、铁等干扰元素，在碱性介质中，有氧化剂过硫酸铵存在下，镍与丁二酮肟生成酒红色络合物，测量吸光度，计算镍的质量分数。

方法适用于铝及铝合金中 0.05%～2.0%镍量的测定。

B　试剂

(1) 酒石酸钾钠溶液，100 g/L。

(2) 过硫酸铵溶液，100 g/L，用时配制。

(3) EDTA 溶液，50 g/L。

(4) 碱性丁二酮肟溶液。0.5 g 丁二酮肟溶于 100 mL 氢氧化钠溶液(100 g/L)中，混匀。

(5) 镍标准溶液，20.0 μg/mL。

C　分析步骤

(1) 显色。分取 10.00 mL(或 5.00 mL)母液于 50 mL 中，加 5 mL 酒石酸钾钠溶液(100 g/L)，5 mL 过硫酸铵溶液(100 g/L)，10 mL 碱性丁二酮肟溶液，5 mLEDTA 溶液(50 g/L)，混匀，放置 3～5 min，用水稀释至刻度，混匀。

(2) 测量。将显色液移入适当吸收皿中，以空白试验溶液为参比，于 470 nm 处测量吸光度，在工作曲线上计算镍的质量分数。

(3) 工作曲线的绘制。分取 0 mL，1.00 mL，…，10.00 mL 镍标准溶液(20.0 μg/mL)于数个 50 mL 容量瓶中，加 5 mL 酒石酸钾钠溶液(100 g/L)，以下按显色液操作，以试剂空白作参比，测量吸光度，绘制工作曲线。

D　注释

分取的试液也可在氨性溶液中用碘作氧化剂以丁二酮肟显色；将分取的试液置于 100 mL 容量瓶中，加 10 mL 柠檬酸铵溶液(500 g/L)、水 50 mL，加 5 mL 碘溶液(0.1 mol/L)，20 mL 丁二酮肟氨性溶液(1 g/L，用氨水 1+1 配制)，用水稀至刻度混匀。

7.4.3.8　二安替比咻甲烷光度法钛量的测定

A　方法提要

分取测定硅的母液，在盐酸介质中，用抗坏血酸还原三价铁，二安替比咻甲烷与钛生成黄色络合物，测量吸光度，计算钛的质量分数。

方法适用于铝及铝合金中 0.01%以上钛量的测定。

B　试剂

(1) 盐酸，$\rho \approx 1.19$g/ mL。

(2) 抗坏血酸溶液，60 g/L，用时配制。

(3) 二安替比咻甲烷(DAM)溶液，50 g/L，用盐酸(1+9)配制。

(4) 钛标准溶液，10.0 μg/mL，取钛储备液，用硫酸(5+95)稀释。

C　分析步骤

(1) 显色。分取 10.00 mL 母液于 50 mL 容量瓶中，加 6～8 mL 盐酸，5 mL 抗坏血酸溶液(60 g/L)，放置 5 min，加 5 mL 乙醇，10 mL 二安替比咻甲烷溶液(50 g/L)，用水稀释至刻度，放置 20 min。

(2) 测量。将显色液移入适当吸收皿中，以空白试验溶液为参比，于 395 nm 处测量吸光度，在工作曲线上计算钛的质量分数。

(3) 工作曲线的绘制。分取 0 mL，1.00 mL，…，10.00 mL 钛标准溶液(10.0 μg/mL)于数个 50 mL 容量瓶中，加 6～8 mL 盐酸，以下按显色液操作，以试剂空白作参比，测量吸光度，绘制工作曲线。

D　注释

(1) 根据试料中的钛含量可分取 5.00～20.00 mL 母液显色，钛量小于 0.1%时取 20.00 mL，大于 0.4%时取 5.00 mL。

(2) 硅量高时有可能析出显色剂致使溶液浑浊,加乙醇可避免。

(3) 锌量高时,显色液可能产生沉淀,可干过滤后测量吸光度。

7.4.3.9 二苯碳酰二肼光度法测定铬量

A 方法提要

分取测定硅的母液,在酸性介质中,用高锰酸钾氧化铬至六价,六价铬与二苯碳酰二肼生成红色络合物,测量吸光度,计算铬的质量分数。

方法适用于铝及铝合金中 0.01%以上铬量的测定。

B 试剂

(1) 硫酸—磷酸混合酸,于 940 mL 水中加 30 mL 硫酸($\rho \approx 1.84$ g/m)和 30 mL 磷酸($\rho \approx 1.69$ g/m),混匀。

(2) 高锰酸钾溶液,2 g/L。

(3) 尿素溶液,100 g/L。

(4) 二苯碳酰二肼溶液,5 g/L。称取 4 g 苯二甲酸酐溶于 100 mL 热乙醇中,加入 0.5 g 二苯碳酰二肼,微热溶解,冷却,贮于棕色瓶中。

(5) 铬标准溶液,10.0 μg/mL。

C 分析步骤

(1) 显色。分取 10.00 mL 母液两份于两个 100 mL 烧杯中。

显色液:加 10 mL 硫酸—磷酸混合酸,加热至微沸,滴加高锰酸钾溶液(2 g/L)至溶液恰呈红色,继续微沸 2 min,冷却,加 5 mL 尿素溶液(100 g/L)。将溶液移入 50 mL 容量瓶中,少许水洗净烧杯,加 1 mL 二苯碳酰二肼溶液(5 g/L),用水稀释至刻度,混匀。

参比液:同显色液操作,只是不加二苯碳酰二肼溶液。

(2) 测量。将显色液移入适当吸收皿中,以空白试验溶液为参比,于 530 nm 处测量吸光度,在工作曲线上计算钛的质量分数。

(3) 工作曲线的绘制。分取 0 mL,1.00 mL,…,5.00 mL 铬标准溶液(10.0 μg/mL)于数个 100 mL 烧杯中,加水至 10 mL,加 10 mL 硫酸—磷酸混合酸,以下按显色液操作,以试剂空白作参比,测量吸光度,绘制工作曲线。

D 注释

(1) 试料中锰量较高时,用高锰酸钾氧化时可能有二氧化锰沉淀,可滴加亚硝酸钠溶液(5 g/L)使沉淀溶解。

(2) 根据试料中的铬含量可分取 5.00～20.00 mL 母液显色,铬量小于 0.05%时可取 20.00 mL,大于 0.2%时取 5.00 mL。

(3) 显色液的稳定性与温度有关,显色后宜在 15 min 内测量吸光度。

7.4.4 电解重量法测定铜及铜合金中铜量

7.4.4.1 方法提要

试料用硫酸—硝酸混合酸分解,试液用铂网电极在恒电流电解仪上电解,铜在阴极上析出,洗净电极烘干后称量,电解液中残余的铜用 BCO 光度法或原子吸收法测量,计算铜的质量分数。

方法适用于铜及铜合金中铜量的测定。

7.4.4.2　试剂和仪器

(1) 硫酸—硝酸混合酸，1 L 混合酸中含 200 mL 硫酸($\rho \approx 1.84$ g/mL)和 140 mL 硝酸($\rho \approx 1.42$ g/mL)。

(2) 过氧化氢，1+9。

(3) 柠檬酸溶液，250 g/L。

(4) 中性红指示剂，1 g/L。

(5) 硼酸钠缓冲溶液，1 L 溶液中含 26.9 g 硼酸和 2.3 g 氢氧化钠。

(6) 双环己酮草酰二腙(BCO)溶液，2 g/L，取 1 gBCO 溶于 250 mL 乙醇中，用水稀释至 500 mL。

(7) 铜标准溶液，20.0 μg/mL。

(8) 恒电流电解仪。

(9) 铂网电极。铂网电极和电解后的电极需进行预处理：将铂电极置于硝酸(1+1)中，煮沸 4～5 min，使电极上的铜完全溶解，取出，用水冲洗干净，再于沸水中煮沸 1～2 min，以无水乙醇浸洗二次，取出。将电极于 105 ℃的烘箱中干燥 3～5 min，取出，于干燥器中冷却至室温，备用。

7.4.4.3　分析步骤

(1) 试料量。称取 2.0000 g 试样于 250 mL 高型烧杯中，50 mL 硫酸—硝酸混合酸，盖上表面皿，低温加热溶解，继续加热微沸 2 min，驱除氮氧化物。加 5 mL 过氧化氢(1+9)用水冲洗表面皿和杯壁，以水稀释至约120 mL。

(2) 电解。将已处理并称量的铂网电极置于电解仪上，把试液放在电解仪盘上，下移电极，使试液恰好浸没铂网电极，用两个半片表面皿盖好烧杯。开动搅拌器，先以 1.5 A/dm^2 电流密度电解 30 min，再加大电流密度至 2.5 A/dm^2 电解至肉眼看不见铜离子的蓝色，用水冲洗表面皿和杯壁，继续电解 30 min。在不切断电源的情况下，取下烧杯并用水冲洗电极，洗液收集于原烧杯中。

(3) 称量。切断电源，取下铂电极，将铂电极用盛有乙醇的烧杯浸洗，用电吹风将铂网电极吹干，或将电极置于已恒温于 105～110 ℃的烘箱中烘 3～5 min，取出后置于干燥器中冷却至室温，在天平上用原称量电极的砝码称量。

(4) 电解后试液中铜的测定。将电解后的溶液移入 250 mL 容量瓶中，用水稀释至刻度，混匀。分取电解后试液 5.00～10.00 mL 于 50 mL 容量瓶中，加 2 mL 柠檬酸溶液(250 g/L)，滴加氨水(1+1)至中性红指示剂刚变为黄色，加 5 mL 硼酸钠缓冲溶液，混匀，加 5 mLBCO 溶液(2 g/L)，用水稀释至刻度，混匀。

用适当的吸收皿，以空白试验溶液为参比，于 600 nm 测量吸光度，在工作曲线上计算电解后试液中的铜量。

(5) 工作曲线的绘制。分取 0 mL，1.00 mL，…，5.00 mL 铜标准溶液(20 μg/mL)于一组 50 mL容量瓶中，加 2 mL 柠檬酸溶液(250 g/L)，以下同分析步骤(4)操作，用试剂空白作参比，测量吸光度，绘制工作曲线。

7.4.4.4　分析结果的计算

按下式计算铜的质量分数(%)：

$$w(\mathrm{Cu})=\frac{m_2-m_1+m_3}{m}\times 100$$

式中，m_1 为沉积铜后铂网电极的质量，g；m_2 为铂网电极的质量，g；m_3 为电解后试液中残留的铜量，g；m 为试料量，g。

7.4.4.5 注释

(1) 分析步骤中列出的是测定铜和铜合金中铜量的通用方法。根据不同材质的铜和铜合金，可采用相应的溶解酸和电解条件：

紫铜：称取 5.0 g 试料，精确至 0.0001 g。加 50 mL 混合酸，低温加热至试料溶解。微沸 2 min驱除氮氧化物，加 5 mL 过氧化氢(1+9)，用水稀释至要 120 mL。按分析方法操作，开动搅拌器，调节电流密度 0.3 A/dm^2 进行电解。电解至肉眼看不见铜离子的蓝色，用水冲洗表皿和杯壁，继续电解 30 min。以下按分析步骤进行。紫铜中铜含量高，为消除称量时添加砝码的误差，在称取试料后，再放上已处理的铂阴极，称取试料与铂阴极的总量，最后以原天平和原主要砝码称取电解沉积后铂阴极。对电子天平可不考虑砝码的影响

硅青铜、硅黄铜(及锡青铜、锡黄铜)：称取 2.0 g 试料，精确至 0.0001 g。将试料置于聚四氟乙烯烧杯中，加 25 mL 硝酸(1+1)，滴加 2 mL 氢氟酸，待剧烈作用缓慢时，加热溶解试料，并除去氮氧化物。加 3 mL 硝酸铅溶液(10 g/L)，加水至约 120 mL，以下按上述分析步骤电解并测定电解液中残留的铜。本方法中以氢氟酸络合硅、锡等离子，而省去偏锡酸沉淀的过滤。

锡黄铜、锡青铜、锡锑铜：加 25 mL 硝酸(1+1)，温热溶解，用慢速滤纸滤去偏锡酸沉淀，用热硝酸(1+99)洗涤烧杯和沉淀，滤液按上述分析步骤电解并测定电解液中残留的铜。精确测定时需回收偏锡酸中供沉淀的铜，将沉淀及滤纸置于原烧杯中，加 10 mL 硝酸和 10 mL 硫酸，加热至冒硫酸烟使滤纸炭化、分解并溶解偏锡酸。加 10 mL 水，15 mL 柠檬酸铵溶液(500 g/L)，加水定容为 100 mL，分取部分试液按 BCO 光度法测定并计算偏锡酸中供沉淀的铜量。

铅青铜、铅黄铜：称取 2.0 g 试料，精确至 0.0001 g。试料用盐酸、过氧化氢溶解后加 10 mL 硫酸，加热蒸发至冒硫酸烟。冷却，加 100 mL“铅酸”溶液，放置 2 h 或过夜。用中速滤纸过滤，以“铅酸”溶液充分洗涤沉淀和滤纸，于滤液中加 5 mL 硝酸铵溶液(50 g/L)，胺磺酸少许，用水稀释至 120 mL，以下按上述分析步骤电解并测定电解液中残留的铜。滤纸上的沉淀可溶于乙酸铵溶液，并用于铅量的测定。“铅酸”溶液的配制：1 L 硫酸(5+95)中加 0.5 g 硝酸铅，混匀，放置 24 h 后取其澄清液使用。

铬青铜：称取 1.0 g 试料，精确至 0.0001 g。加 5 mL 硝酸和 10 mL 高氯酸，温热溶解并蒸发至冒高氯酸烟。稍冷，加 20 mL 水和 5 mL 过氧化氢(1+9)，蒸发 1～2 min 驱除氯气并还原铬(Ⅵ)至铬(Ⅲ)，冷却，加 5 mL 硝酸铵溶液(50 g/L)，胺磺酸少许，用水稀释至 120 mL，以下按上述分析步骤电解并测定电解液中残留的铜。

(2) 电解后的溶液可用于铁、镍、铝、锌、钴、锰等元素的测定。

(3) 对含铅试样，在硝酸介质中电解时，铅(Ⅱ)离子则在阳极氧化并以 PbO_2 在(铂网)阳极上沉积，可实现铜、铅同时测定。

(4) 砷、锑、锡、铋、金、银、硒、碲等元素也可在阴极上析出，影响铜的测定，需采用适当方法消除。青铜中锡量较高，可用硝酸、氢氟酸分解试料，锡与氟络合使锡留在溶液中，或用硝酸分解试料，使锡成偏锡酸析出，过滤后在滤液中电解测量铜，但需回收偏锡酸沉淀中的铜；含砷较高的试样，在电解前可加硝酸铵，以使砷处于高价状态，不干扰铜的测定；电解接近终了时，加少量过氧化氢溶液，可防止微量铋、锑、锡对铜电解的影响。含碲试样(如铜碲合金)，应使碲离子在溶液中保持六价状态，需加入 $KMnO_4$ 和 Mn(Ⅱ)，作氧化剂。其中 Mn(Ⅱ)在阳极上氧化而不断生成 MnO_4^-(可以看到阳极周围有紫色的 MnO_4^-)。金、银与铜一起在阴极上析出，一般铜中不含金，

如试样含少量银，则测定的是铜和银的合量。

(5) 铜的电解通常在硫酸—硝酸或硝酸介质中进行。硝酸(或加入硝酸铵)存在是必要的，如果在单纯硫酸介质中电解，除铜在阴极上析出外，还有氢离子在阴极上还原而释放出大量氢气，使铜镀层变得疏松以至脱落。当有硝酸根存在时，在阴极上有如下反应：

$$NH_3^- + 10H^+ + 8e = NH_4^+ + 3H_2O$$

此反应先于氢离子在阴极上还原，阴极上不会产生氢气，保证了铜镀层的致密和光亮。

(6) 电解时硝酸根的存在是必要的，但在电解前需除去溶液中存在的氮氧化物和亚硝酸根。亚硝酸的存在妨碍铜离子在阴极上的沉积，甚至使已沉积在阴极上的又溶解下来。氮氧化物的除去可采用以下方法：1)当有硫酸存在时可微沸 3 min。当仅有硝酸存在时，需将溶液置于 80～90℃水浴中保温使氮氧化物逸出，而如果直接煮沸，在过高的温度下加热反而会引起少量硝酸分解产生亚硝酸。2)在电解前加入少量的尿素、过氧化氢(1+9)或胺磺酸，以还原亚硝酸：

$$2HNO_2 + (NH_2)CO_2 = 2N_2 + CO_2 + 3H_2O$$

$$HNO_2 + HOSO_2NH_2 = N_2 + H_2SO_4 + H_2O$$

$$2HNO_2 + H_2O_2 = N_2 + 2O_2 + 2H_2O$$

上述试剂也不宜加入过多，尿素过多使溶液酸度下降，过氧化氢过多会延缓甚至阻碍铜的沉积，而含有铅的试液中加入胺磺酸会使硫酸铅沉淀析出。

(7) 电解时将溶液不断搅拌，增加离子在电极间的扩散速度，使铜离子不间断在阴极上沉积，即使较大电流密度下仍能得到较好的铜镀层，节约了电解时间。

(8) 采用控制阴极电位可在较大电流密度(5 A/dm²)进行电解。由于控制在铜被电解条件下的电位下，可不必考虑其他离子的干扰。采用快速控制电位电解仪，对 5 g 纯铜试料，可在 1 h 内完成测定。对 2 g 锡青铜试料，可在 30 min 内完成。

7.4.4.6 允许差

两个分析结果的差值不大于表 7-7 所示的允许差。

表 7-7 分析结果允许差

铜量/%	允许差/%
50～97	0.20

7.4.5 次磷酸盐还原—碘酸钾滴定法测定锡量

7.4.5.1 方法提要

试料以盐酸、过氧化氢分解，加入次磷酸钠溶液，用氯化汞作催化剂，在隔绝空气条件下使四价锡还原至二价，用淀粉作指示剂，以碘酸钾标准滴定溶液滴定二价锡。大量铜在该条件下被还原至一价，加入硫氰酸盐生成白色硫氰酸亚铜沉淀而消除其影响。

方法适用于锡青铜、锡黄铜中 0.5%以上锡量的测定。

7.4.5.2 试剂

(1) 盐酸，$\rho \approx 1.19$ g/mL，1+1。

(2) 过氧化氢，$\rho \approx 1.10$ g/mL。

(3) 氯化高汞溶液，2.5 g/L。

(4) 次磷酸钠溶液($NaH_2PO_2 \cdot H_2O$),500 g/L。

(5) 饱和碳酸氢钠溶液。

(6) 硫氰酸铵溶液,250 g/L。

(7) 碘化钾溶液,100 g/L。

(8) 淀粉溶液,10 g/L,用时配制。

(9) 锡标准溶液,1.00 mg/mL。

(10) 碘酸钾标准滴定溶液:

1) 配制。称取 0.595 g 碘酸钾及 0.5 g 氢氧化钠溶于 200 mL 水中,加 8 g 碘化钾,移入 1000 mL容量瓶中,用水稀释至刻度,混匀。

2) 标定。用与试样含量相近的标准物质按分析步骤操作,或称取 0.4 g 不含锡的纯铜,按分析步骤(2)分解,加入 25.00 mL 锡标准溶液(1.00 mg/mL),以下按分析步骤(3)、(4)操作,求碘酸钾标准滴定溶液对锡的滴定度 T(g/mL)。

7.4.5.3　分析步骤

(1) 试料量。称取 0.50～1.00 g 试样,精确至 0.0001 g。

(2) 试料分解。将试料置于 500 mL 锥形瓶中,加 10 mL 盐酸(1+1),分次加入 3～5 mL 过氧化氢,低温加热至试料分解,煮沸至过氧化氢分解完全(至无细小气泡出现)。

(3) 还原。加 35 mL 盐酸($\rho \approx 1.19$ g/mL),20 mL 氯化高汞溶液(2.5 g/L),用约 10 mL 水冲洗瓶壁。加 10 mL 次磷酸钠溶液(500 g/L),装上隔绝空气装置(盖氏漏斗,其中加饱和碳酸氢钠溶液)。加热煮沸,并在微沸状态下保持 5 min。取下锥形瓶,于隔绝空气装置中补加饱和碳酸氢钠溶液,待溶液稍冷后于冰水中冷却至 10 ℃下。

(4) 滴定。取下隔绝空气装置,迅速加入 10 mL 硫氰酸铵溶液(250 g/L),5 mL 碘化钾溶液(100 g/L),10 mL 淀粉溶液(10 g/L),立即用碘酸钾标准滴定溶液滴定至白色乳浊液中初显蓝色并保持 10 s 不消失为终点。

7.4.5.4　分析结果的计算

按下式计算锡的质量分数:

$$w_{Sn} = \frac{TV}{m} \times 100$$

式中,T 为碘酸钾标准滴定溶液对锡的滴定度,g/mL;V 为滴定消耗碘酸钾标准滴定溶液的体积,mL;m 为试料量,g。

7.4.5.5　注释

(1) 锡在浓盐酸溶液中易挥发,故用盐酸(1+1)分解试料,且不能长时间煮沸。

(2) 由于过量的次磷酸钠可与碘酸钾缓慢作用,滴定终点的蓝色不能持久保持,一般当蓝色保持 10 s 即认为到达终点。滴定时冷却溶液至 10 ℃以下,以减小次磷酸钠与碘酸钾作用的可能性。

(3) 在还原和随后冷却过程中,用盖氏漏斗使试液与空气隔绝。溶液冷却时,盖氏漏斗中的饱和碳酸氢钠溶液会被吸入锥形瓶中,应随时补加碳酸氢钠溶液,以免空气吸入锥形瓶中。

(4) 为抵消实验误差,一般不用碘酸钾标准滴定溶液浓度的理论值计算,而以标准物质或以铜打底的锡标准溶液在同条件下操作，求其滴定度计算。按本法配制的碘酸钾标准滴定溶液，1.0 mL 约相当于 1.0 mg 的锡。

(5) 低含量的锡或精确分析中可采用氢氧化铁共沉淀或二氧化锰共沉淀富集，将锡与基体铜分离。其基本方法为：试料用盐酸(1＋1)和 5～10 mL 过氧化氢分解，待溶解完全，盖上表面皿，加热 2 min。加 25 mL 三氯化铁溶液($FeCl_3 \cdot 6H_2O$，10 g/L)，用氨水(1＋1)中和至铜离子转化为深蓝色的铜氨络离子并过量 5 mL，盖上表面皿，煮沸 2 min。趁溶液温热时用快速滤纸过滤，用氨水(1＋40)洗涤沉淀 3～4 次。用 90 mL 温热盐酸(1＋1)溶解原烧杯壁和滤纸上的沉淀和洗涤滤纸，再用温水洗烧杯和滤纸 4～5 次。滤液和洗液收集于 500 mL 锥形瓶中，加 20 mL 氯化高汞溶液(2.5 g/L)，以下同分析步骤操作。

7.4.5.6 允许差

两个分析结果的差值不大于表 7-8 所示的允许差。

表 7-8 分析结果允许差

锡量/%	允许差/%
0.50～1.00	0.08
1.01～2.00	0.10
2.01～6.00	0.15
6.01～10.00	0.20

7.4.6 铬酸铅沉淀—亚铁滴定法测定铅量

7.4.6.1 方法提要

试料用硝酸分解，在 pH＝3～4 的乙酸铵缓冲溶液中，准确加入过量的重铬酸钾标准滴定溶液，使铅生成铬酸铅沉淀。在不分离的条件下提高溶液酸度，用亚铁标准滴定溶液滴定过量的重铬酸钾，计算铅的质量分数。

方法适用于铜合金中 0.5%以上铅量的测定。

7.4.6.2 试剂

(1) 硝酸，1＋3。

(2) 硫酸—磷酸混合酸，1 L 混合酸中含 150 mL 硫酸($\rho \approx 1.84$ g/mL)和 150 mL 磷酸($\rho \approx 1.69$ g/mL)。

(3) 硝酸锶溶液，100 g/L。

(4) 乙酸铵溶液，150 g/L。

(5) N-邻苯氨基苯甲酸指示剂，2 g/L。

(6) 重铬酸钾标准滴定溶液，$c(1/6K_2Cr_2O_7)=0.05$ mol/L。

(7) 硫酸亚铁铵标准滴定溶液，$c(Fe^{2+})=0.02$ mol/L。

7.4.6.3 分析步骤

(1) 试料量。称取 1.0 g 试样，精确至 0.0001 g。

(2) 试料分解。将试料置于 250 mL 锥形瓶中，加 16 mL 硝酸(1＋3)，温热溶解。趁热加入 4 mL硝酸锶溶液(100 g/L)，25 mL 乙酸铵溶液(150 g/L)。

(3) 测定。于试液中加入 10.00 mL 重铬酸钾标准滴定溶液，煮沸 1 min，冷却。加 50 mL 水，20 mL 硫酸—磷酸混合酸，随即用硫酸亚铁铵标准滴定溶液滴定至试液呈淡黄色，加 2 滴 N-邻苯氨基苯甲酸指示剂(2 g/L)，继续用滴定至试液由紫红色变为亮绿色为终点。

7.4.6.4　分析结果的计算

按下式计算铅的质量分数：

$$w_{Pb}=\frac{(c_1V_1-c_2V_2)\times 69.07}{m\times 1000}\times 100$$

式中，c_1，c_2 为重铬酸钾标准的溶液和硫酸亚铁铵标准滴定溶液的浓度，mol/L；V_1，V_2 为加入重铬酸钾标准溶液体积和滴定消耗硫酸亚铁铵标准滴定溶液体积，mL；m 为试料量，g；69.07 为1/3 铅的摩尔质量，g/mol。

7.4.6.5　注释

(1) 本方法中一个重铬酸钾分子转化成两个铬酸根，与两个铅离子生成铬酸铅沉淀，因此以1/3 铅的摩尔质量计算其质量分数。

(2) 本方法在 pH＝3～4 的溶液中沉淀铬酸铅，然后提高酸度至 1 mol/L 以上，用硫酸亚铁铵标准滴定溶液滴定。为防止在高酸度下铬酸铅沉淀的溶解，加入硝酸锶作为凝聚剂，从而实现在不分离条件下的直接滴定。

(3) 理论上 10 mL 的重铬酸钾标准滴定溶液可沉淀 34 mg 的铅，当试样中铅量大于 3％时，应多加重铬酸钾标准滴定溶液，或称取 0.50 g 试样(此时溶解酸加 12 mL)。

7.4.6.6　允许差

两个分析结果的差值不大于表 7-9 所示的允许差。

表 7-9　分析结果允许差

铅量/％	允许差/％
0.50～1.50	0.06
1.51～2.00	0.10
2.00～4.00	0.15

7.4.7　磷钒钼黄光度法测定磷量

7.4.7.1　方法提要

试料用硝酸、盐酸分解，过氧化氢氧化，在硝酸介质中磷与钼酸盐、钒酸盐生成黄色磷钒钼杂多酸，于 430 nm 测量吸光度，计算磷的质量分数。

试样中铜、镍、铬、钴等有色离子可用试液本身空白消除。方法适用铜合金中 0.005％以上磷量的沉淀。

7.4.7.2　试剂

(1) 纯铜，磷量不大于 0.0002％。

(2) 盐酸—硝酸混合酸，120＋340＋540。

(3) 过氧化氢，1+9。

(4) 钒酸铵溶液，2.5 g/L。称取 2.5 g 偏钒酸铵，溶于 500 mL 热水中，冷却，在不断搅拌下加入 20 mL 硝酸(1+1)，以水稀释至 1 L，混匀。

(5) 钼酸铵溶液，100 g/L，贮于塑料瓶中。

(6) 磷标准溶液，100.0 μg/mL。

7.4.7.3　分析步骤

(1) 试料量。按表 7-10 称取试样。

表 7-10　试样称取量

磷量/%	试料量/g	混合酸量/mL	稀释体积/mL	分取体积/mL	补加混合酸量/mL
0.01～0.040	2.000	30	50	25.00	0
>0.040～0.080	1.000	22	50	25.00	0
>0.080～0.40	0.5000	20	50	10.00	4.0
>0.40～0.80	0.5000	20	100	10.00	6.0

(2) 试料分解。将试料置于 150 mL 烧杯中，按表 7-10 加入混合酸，盖上表面皿，低温加热至试料溶解完全。取下，以少量水洗涤表面皿和杯壁，加 1 mL 过氧化氢(1+9)，混匀，盖上表面皿微沸 3～4 min，取下，冷却至室温。按表 7-10 移入相应的容量瓶中，用水稀释至刻度，混匀。

(3) 显色。当磷量不大于 0.08%时，用干的移液管移取 25.00 mL 试液于 50 mL 容量瓶中，以此作为显色溶液，而原试液作为参比溶液。

当磷量大于 0.08%时，移取 10.00 mL 试液两份于两个 50 mL 容量瓶中，并按上表补加混合酸，以此作为显色溶液和参比溶液。

显色液：加 5.0 mL 钒酸铵溶液(2.5 g/L)，10 mL 钼酸铵溶液(100 g/L)，用水稀释至刻度，混匀，放置 15 min。

参比液：加 5.0 mL 钒酸铵溶液(2.5 g/L)，用水稀释至刻度，混匀。

(4) 测量。以 1～2 cm 吸收皿，于 430 nm 处测量吸光度，从工作曲线上计算磷的质量分数。

(5) 工作曲线的绘制。称取 1.000 g 纯铜(磷量小于 0.0002%)六份分别置于数个 150 mL 烧杯中，依从加入 0 mL，0.50 mL、1.00 mL、2.00 mL、3.00 mL、4.00 mL 磷标准溶液(100.0 μg/mL)，加入 15 mL 混合酸，盖上表面皿，低温加热至试料溶解完全。取下，以少量水洗涤表面皿和杯壁，加 1 mL 过氧化氢(1+9)，混匀，盖上表面皿微沸 3～4 min，冷却至室温。加 5.0 mL 钒酸铵溶液(2.5 g/L)，10 mL 钼酸铵溶液(100 g/L)，但不加磷标准溶液的一份不加钼酸铵溶液(以此作参比液)，移入 50 mL容量瓶中，用水稀释至刻度，混匀，放置 15 min。于 430 nm 测量吸光度，绘制工作曲线。

7.4.7.4　注释

(1) 试料分解时应低温微沸，使过氧化氢分解，加热温度不能太高，否则试料中的锡可能以偏锡酸析出而影响测定。

(2) 室温大于 20 ℃时，加热钼酸铵后 5 min 即可显色完全，低于 20 ℃时应适当延长放置时间。

(3) 对低含量磷量的测定，所用纯铜中的磷量应计算在工作曲线中。

(4) 磷钒钼黄光度法的灵敏度虽不高，但其显色液的稳定性很高，多取样可用于低含量磷的测定。

7.4.8 沉淀分离 EDTA 滴定法测定铅锡合金中铅量

7.4.8.1 方法提要

试料用硫酸分解，以酒石酸掩蔽锑，使铅以硫酸铅沉淀析出而与大量锡、锑、铜、镍、镉、铁等元素分离，沉淀过滤后用乙酸铵溶解。溶液中的铅用二甲酚橙作指示剂，以 EDTA 标准滴定溶液滴定，计算铅的质量分数。

方法是由于铅锡合金中 1%以上铅量的测定。

7.4.8.2 试剂

(1) 酒石酸。

(2) 氟化钾。

(3) 硫酸，1+1，1+99。

(4) 乙酸—乙酸钠溶液(pH=5.5～6.0)。称取 200 g 结晶乙酸钠，用水溶解，加 10 mL 乙酸($\rho\approx 1.05$ g/mL)，用水稀释至 1 L，混匀。

(5) 二甲酚橙溶液，2 g/L。

(6) 铅标准溶液，1.00 g/mL。

(7) EDTA 标准滴定溶液，0.01 mol/L。分取 25.00 mL 铅标准溶液，加 25 mL 乙酸—乙酸钠溶液，以下按分析步骤操作，求 EDTA 标准滴定溶液对铅的滴定度 T(mg/ mL)。

7.4.8.3 分析步骤

(1) 试料量。根据试样含铅量称取 0.2～0.5 g 试样，精确至 0.0001 g。

(2) 试料分解。将试料置于 250 mL 烧杯中，加 20 mL 硫酸(1+1)低温加热至试料溶解，加热至冒硫酸烟，用少量水冲洗杯壁，继续加热冒硫酸烟。稍冷，沿杯壁加 100 mL 水，加 2 g 酒石酸，微热溶解，静置 1～2 h。

(3) 分离和滴定。用慢速滤纸过滤，以硫酸(1+99)洗涤烧杯 2～3 次，洗沉淀 7～8 次。将沉淀和滤纸移入原烧杯中加 30 mL 乙酸—乙酸钠溶液，25 mL 水，加热煮沸使沉淀溶解。加少量氟化铵(钾)，加数滴二甲酚橙溶液(2 g/L)，加 50 mL 水。用 EDTA 标准滴定溶液滴定置试液由紫红色变为黄色为终点。

7.4.8.4 分析结果的计算

按下式计算铅的质量分数(%)：

$$w_{\mathrm{Pb}}=\frac{T\times V}{m\times 1000}\times 100$$

式中，T 为 EDTA 标准滴定溶液对铅的滴定度，mg/ mL；V 为滴定试料溶液消耗 EDTA 标准滴定溶液的体积，mL；m 为试料量，g。

7.4.8.5 注释

(1) 硫酸冒烟温度不宜太高，时间不宜过长，否则铁、铝、铋等生成难溶硫酸盐，夹杂在硫酸铅沉淀中。

(2) 滴定时加少量氟化物以隐蔽残存的铁、锡等离子。

7.4.9　碘量法测定锡量

7.4.9.1　方法提要

试料用硫酸、硫酸氢钾加热分解。在盐酸溶液中，于隔绝空气条件下，用铝片(粒)将锡(Ⅳ)还原成锡(Ⅱ)，以淀粉为指示剂，用碘酸钾标准滴定溶液滴定锡(Ⅱ)至淀粉变为蓝色为终点，计算锡的质量分数。

方法适用于锡基、铅基合金及铅锡焊料中锡量的测定。

7.4.9.2　试剂

(1) 硫酸氢钾。

(2) 铝片或铝粒，不含锡。

(3) 硫酸，$\rho \approx 1.84$ g/mL。

(4) 三氯化锑溶液，20 g/L。取 2 g 三氯化锑溶于 50 mL 盐酸中，用水稀释至 100 mL。

(5) 碘化钾溶液，100 g/L。

(6) 淀粉溶液，10 g/L。取 1 g 淀粉，加 5 mL 水调成糊状，倾入 100 mL 沸水，搅匀，冷却。

(7) 碘酸钾标准滴定溶液，$c(1/6KIO_3)=0.05$ mol/L。用锡标准溶液(1.00mg/ mL)或纯锡按分析步骤操作求碘酸钾标准滴定溶液对锡的滴定度 T(mg/ mL)。

7.4.9.3　分析步骤

(1) 试料量。根据试样含锡量称取 0.2～1.0 g 试样，精确锡量至 100 mg 左右。

(2) 试料分解和还原。将试料置于 500 mL 锥形瓶中，加 2 g 硫酸氢钾和 20 mL 硫酸，加热至试料溶解。稍冷，加 100 mL 水和 80 mL 盐酸。若试样不含锑，则加 2 滴三氯化锑溶液(20 g/L)。加 2 g铝片(粒)，迅速塞上盛有饱和碳酸氢钠溶液的盖氏漏斗。此时反应激烈，可用冷水冷却，以防止溶液冲出瓶外。当作用缓慢时于低温加热至溶液中铝片(粒)全部溶解并有黑色浮悬物下沉。

停止加热，将锥形瓶连同盖氏漏斗于流水冷却(最好用冰水)至室温，冷却中随时于盖氏漏斗中补加碳酸氢钠溶液，以防止空气进入锥形瓶内。

(3) 滴定。移去盖氏漏斗，迅速于锥形瓶中加入 5 mL 碘化钾溶液(100 g/L)，5 mL 淀粉溶液(10 g/L)，立即以碘酸钾标准滴定溶液滴定至淀粉恰呈蓝色为终点。

7.4.9.4　分析结果的计算

按下式计算锡的质量分数(%)：

$$w_{Sn}=\frac{VT}{m\times 1000}\times 100$$

式中，T 为碘酸钾标准滴定溶液对锡的滴定度，mg/mL；V 为滴定试料消耗碘酸钾标准滴定溶液的体积，mL；m 为试料量，g。

7.4.9.5　注释

(1) 试料中 10 mg 的铜、100 mg 的锑、5 mg 的砷对锡的测定干扰不大。

(2) 三氯化锑的加入可抑止锡(Ⅱ)被空气的氧化。

(3) 还原开始后溶液中有大量黑色悬浮物出现，其中大部分是元素锡，经加入煮沸，元素锡又溶解于盐酸溶液中，成锡(Ⅱ)形态存在。最后残留于底部的黑色粉状物质为铜、锑等元素。

(4) 试料开始分解时加热温度不宜太高，以免试料熔化而溶解不完全。在加热条件下，浓硫酸具有氧化作用而使试料溶解，试料溶解后应在较高温度下加热，使析出的硫氧化。

7.4.10 氟取代 EDTA 滴定法测定锡量

7.4.10.1 方法提要

试料用盐酸、硝酸溶解，在酸性溶液中加入过量的 EDTA，加热至沸，锡、铅、铁、铜等与EDTA生成络合物。在六次甲基四胺缓冲溶液中以二甲酚橙为指示剂，用铅标准滴定溶液滴定过量的 EDTA。加氟化物破坏 EDTA 与锡的络合物并释放出等物质量的 EDTA，继续用铅标准滴定溶液释放出的 EDTA。计算锡的质量分数。

方法适用于金属锡、铅锡合金中锡量的测定。

7.4.10.2 试剂

(1) 氟化铵。
(2) 盐酸，1+1。
(3) 硝酸，1+1。
(4) 氨水，1+1。
(5) EDTA 溶液，0.05 mol/L。
(6) 六次甲基四胺溶液，200 g/L。
(7) 对硝基酚溶液，2 g/L。
(8) 二甲酚橙溶液，2 g/L。
(9) EDTA 溶液，0.05 mol/L。
(10) 铅标准滴定溶液，0.025 mol/L。

7.4.10.3 分析步骤

(1) 试料量。称取 0.1 g 试样，精确至 0.0001 g。

(2) 试料分解。将试料置于 250 mL 锥形瓶中加 10 mL 盐酸(1+1)，1 mL 硝酸(1+1)，低温加热溶解，煮沸片刻，驱净氮氧化物。

(3) 滴定。稍冷，加 40 mL 水，加 25 mLEDTA 溶液(0.05 mol/L)，加热煮沸 25 s。冷却，加 2 滴对硝基酚溶液(2 g/L)，用氨水(1+1)调节至溶液呈黄色，再滴加盐酸(1+1)至黄色褪去，加 10 mL六次甲基四胺溶液(200 g/L)，加 3～4 滴二甲酚橙溶液(2 g/L)，用硝酸铅标准滴定溶液滴定过量的 EDTA 至溶液恰呈橙红色，不计滴定体积。

于试液中加 2 g，加热至 40 ℃(或放置 5 min)，取下，继续用铅标准滴定溶液滴定试液恰呈橙红色为终点。

7.4.10.4 分析结果的计算

按下式计算锡的质量分数(%)：

$$w_{Sn}=\frac{cV\times 118.6}{m\times 1000}\times 100$$

式中，c 为铅标准滴定溶液的浓度，mol/L；V 为滴定试料溶液消耗铅标准滴定溶液的体积，mL；m 为试料量，g；118.6 为锡的摩尔质量，g/mol。

7.4.10.5 注释

铝、钛、稀土能与氟生成稳定的络合物，它们定量干扰锡量的测定。但锡、铅合金中其含量极低，一般不考虑其影响。

7.4.11 高锰酸钾滴定法测定锑量

7.4.11.1 方法提要

试料用硫酸、硫酸氢钾加热分解。在盐酸溶液中用高锰酸钾标准滴定溶液滴定，将三价锑氧化成五价，计算锑的质量分数。

方法应用于锡铅焊料中 0.5%以上锑量的测定。

7.4.11.2 试剂

(1) 硫酸氢钾。

(2) 硫酸，$\rho \approx 1.84$ g/mL。

(3) 盐酸，$\rho \approx 1.19$ g/mL。

(4) 高锰酸钾标准滴定溶液，$c(1/5KMnO_4)=0.05$ mol/L。

7.4.11.3 分析步骤

(1) 试料分解。称取 0.50 g 试样，精确至 0.0001 g。

(2) 空白试验。随同试料进行空白试验。

(3) 试料分解。将试料置于 500 mL 锥形瓶中，加 3 g 硫酸氢钾，20 mL 硫酸，加热至试料溶解，继续加热至冒硫酸烟，并使析出的硫氧化，溶液无色，冷却。

(4) 滴定。在不断摇动下沿瓶壁进入 20 mL 水，20 mL 盐酸，低温加热煮沸 5～10 min。加 100 mL 水，冷却至室温，立即用高锰酸钾标准滴定溶液滴定至溶液呈微红色为终点。

7.4.11.4 分析结果的计算

按下式计算锑的质量分数(%)：

$$w_{Sb}=\frac{c\times(V-V_0)\times 60.88}{m\times 1000}\times 100$$

式中，c 为高锰酸钾的浓度，mol/L；V，V_0 为滴定试料溶液和空白试验溶液消耗高锰酸钾标准滴定溶液的体积，mL；m 为试料量，g；60.88 为 1/2 锑的摩尔质量，g/mol。

7.4.11.5 注释

(1) 在分析条件下，锡成 Sn(Ⅳ)存在，不影响锑的滴定；铅虽生成硫酸铅沉淀，但不干扰滴定；砷(Ⅲ)可与高锰酸钾作用使分析结果偏高，但在盐酸溶液中煮沸 5～10 min 使砷成 $AsCl_3$ 挥发除去，消除其干扰。

(2) 试料开始分解时加热温度不宜太高，以免试料熔化而溶解不完全。试料溶解完全后，加热至冒硫酸烟，使溶液中的还原性物质氧化，否则还原性物质被高锰酸钾滴定，影响测量的准确度和精度。有方法在试料溶解后投入一小片滤纸，加热冒烟至试液无色，以指示还原性物质被氧化完全。

(3) 在 80～90 ℃的盐酸溶液中也可以甲基橙作指示剂，用溴酸钾标准溶液 $\left(C\left(\frac{1}{6}KBrO_6\right)=0.015\ mol/L\right)$滴定 Sb(Ⅲ)。此时甲基橙并非酸碱指示剂，而是到滴定终点时过量的溴酸钾将甲基橙氧化而褪色，其变色是不可逆的，在接近滴定终点时滴定溶液要逐滴加入。

习题(略)

附　　录

附表 1　元素周期表

元素周期表

原子序数------1 H------元素符号

元素名称------氢 1.0079------原子量

$\mathrm{I_A}$	$\mathrm{II_A}$	$\mathrm{III_B}$	$\mathrm{IV_B}$	$\mathrm{V_B}$	$\mathrm{VI_B}$	$\mathrm{VII_B}$	Ⅷ			$\mathrm{I_B}$	$\mathrm{II_B}$	$\mathrm{III_A}$	$\mathrm{IV_A}$	$\mathrm{V_A}$	$\mathrm{VI_A}$	$\mathrm{VII_A}$	0
1 H 氢 1.0079																	2 He 氦 4.0026
3 Li 锂 6.941	4 Be 铍 9.0122											5 B 硼 10.811	6 C 碳 12.011	7 N 氮 14.007	8 O 氧 15.999	9 F 氟 18.998	10 Ne 氖 20.17
11 Na 钠 22.9898	12 Mg 镁 24.305											13 Al 铝 26.982	14 Si 硅 28.086	15 P 磷 30.974	16 S 硫 32.065	17 Cl 氯 35.453	18 Ar 氩 39.95
19 K 钾 39.098	20 Ca 钙 40.08	21 Sc 钪 44.956	22 Ti 钛 47.87	23 V 钒 50.9415	24 Cr 铬 51.996	25 Mn 锰 54.938	26 Fe 铁 55.845	27 Co 钴 58.9332	28 Ni 镍 58.69	29 Cu 铜 63.55	30 Zn 锌 65.39	31 Ga 镓 69.72	32 Ge 锗 72.5	33 As 砷 74.922	34 Se 硒 78.96	35 Br 溴 79.904	36 Kr 氪 83.80
37 Rb 铷 85.468	38 Sr 锶 87.62	39 Y 钇 88.906	40 Zr 锆 91.224	41 Nb 铌 92.9064	42 Mo 钼 95.94	43 Tc 锝 (97.99)	44 Ru 钌 101.07	45 Rh 铑 102.906	46 Pd 钯 106.42	47 Ag 银 107.868	48 Cd 镉 112.41	49 In 铟 114.82	50 Sn 锡 118.71	51 Sb 锑 121.76	52 Te 碲 127.60	53 I 碘 126.904	54 Xe 氙 131.3
55 Cs 铯 132.905	56 Ba 钡 137.33	57-71 La-Lu 镧系	72 Hf 铪 178.49	73 Ta 钽 180.948	74 W 钨 183.8	75 Re 铼 186.207	76 Os 锇 190.2	77 Ir 铱 192.2	78 Pt 铂 195.08	79 Au 金 196.967	80 Hg 汞 200.59	81 Tl 铊 204.38	82 Pb 铅 207.2	83 Bi 铋 208.98	84 Po 钋 (209.210)	85 At 砹 (210)	86 Rn 氡 (222)
87 Fr 钫 (223)	88 Ra 镭 (226)	89-103 Ac-Lr 锕系	104 (261)	105 (262)	106 (263)	107 (264)	108 (265)	109 (268)									

镧系	57 La 镧 138.9055	58 Ce 铈 140.12	59 Pr 镨 140.91	60 Nd 钕 144.24	61 Pm 钷 (147)	62 Sm 钐 150.36	63 Eu 铕 151.96	64 Gd 钆 157.25	65 Tb 铽 158.93	66 Dy 镝 162.5	67 Ho 钬 164.93	68 Er 铒 167.26	69 Tm 铥 168.934	70 Yb 镱 173.04	71 Lu 镥 174.97
锕系	89 Ac 锕 (227)	90 Th 钍 232.04	91 Pa 镤 231.04	92 U 铀 238.03	93 Np 镎 (237)	94 Pu 钚 (239.244)	95 Am 镅 (243)	96 Cm 锔 (247)	97 Bk 锫 (247)	98 Cf 锎 (251)	99 Es 锿 (252)	100 Fm 镄 (257)	101 Md 钔 (258)	102 No 锘 (259)	103 Lr 铹 (260)

附表 2　常用标准溶液配制方法

名称	配制方法
Ag	称取 110℃烘干 $AgNO_3$(GR 或为基准)1.5760 g,溶于少量水后加 10 mLHNO_3,移入 1000 mL 棕色容量瓶中,用水稀释至刻度,混匀(以下简称定容),其浓度 1.00 mg/mL
Al	① 称取高纯 Al(>99.99%)1.0000 g,溶于 40 mL(1+3)HNO_3 或 25 mL(1+1)王水(HCl：HNO_3=3：1),移入 1000 mL 容量瓶中定容,其浓度 1.00 mg/mL; ② 也可将高纯 Al 1.0000 g 溶于 20 mL10%NaOH,水浴加热,(1+1)HCl 中和至沉淀溶解并过量 20 mL,于 1000 mL 瓶中定容,浓度为 1.00 mg/mL
As	① 称取经 110℃烘干 As_2O_3(基准)1.3200 g,溶于 40 mL(1+2)HNO_3,移入 1000 mL 容量瓶定容,浓度为 1.00 mg/mL; ② 也可将 1.3200 gAs_2O_3 溶于 10 mL(10%)NaOH 及 200 mL 水中,用(1+1)HCl 中和至微酸性,于 1000 mL 瓶中定容
Au	称取纯金 1.0000 g,溶于 10 mL 王水,2 mLHCl 及少量水中,于 1000 mL 容量瓶定容,浓度为 1.00 mg/mL
B	① 称取 H_3BO_3(基准)5.7180 g,溶于少量水中,移入 1000 mL 容量瓶定容,浓度为 1.00 mg/mL; ② 也可将 $H_3BO_3$5.7180 g 溶于 20 mL、pH=10 的 NaOH 溶液中,再用该碱液于 1000 mL 瓶中定容,浓度为 1.00 mg/mL。两者均用塑料瓶保存
Ba	① 称取 110℃烘干 $BaCO_3$(基准)1.4370 g,溶于 20 mL(1+1)HCl 中,煮沸除 CO_2,移入 1000 mL 容量瓶定容,浓度为 1.00 mg/mL; ② 也可称取 $BaCl_2 \cdot 2H_2O$ (基准)1.7790 g,溶于煮沸除 CO_2 的水中,于 1000 mL 瓶中定容
Be	称取 BeO(基准)1.3880 g,溶于 20 mL(1+1)王水中,移入 1000 mL 瓶中定容,浓度为 1.00 mg/mL
Bi	称取高纯 Bi 1.0000 g,溶于 20 mL(1+1)HNO_3,再加 50 mLHNO_3,移入 1000 mL 瓶中定容,浓度为 1.00 mg/mL
Ca	称取于 110℃烘干的 $CaCO_3$(基准)2.4980 g,溶于 40 mL(1+3)HNO_3 中,移入 1000 mL 瓶中定容,浓度为 1.00 mg/mL。欲配制 1.00 mg/mLCaO1000 mL,则称 $CaCO_3$1.7853 g
Cd	称取高纯 Cd 1.0000 g,溶于 10 mLHNO_3 及少量水中,移入 1000 mL 瓶中定容,浓度为 1.00 mg/mL。用基准 $CdCl_2 \cdot H_2O$ 则称 0.5070 g
Ce	称取经 750℃灼烧 30 min 并冷至室温的 CeO_2(基准)1.2280 g,加 40 mL(1+1)HNO_3 和 5 mLH_2O_2,煮沸分解多余 H_2O_2,或用 20 mL 王水分解,移入 1000 mL 瓶中定容,浓度为 1.00 mg/mL
Cl	称取经 500℃灼烧至恒重的 NaCl(基准) 1.6480 g(基准),溶于少量水(不含氯根)中,移入 1000 mL 瓶中定容,浓度为 1.00 mg/mL
Co	称取高纯 Co 1.0000 g,溶于 30 mL(1+1)HNO_3 中,移入 1000 mL 瓶中定容,浓度为 1.00 mg/mL
Cr	① 称取高纯 Cr 1.0000 g,溶于 25 mL(1+1)王水,移入 1000 mL 瓶中定容,浓度 1.00 mg/mL; ② 也可称取 105℃烘干并冷至室温的 K_2CrO_4(基准)3.7340 g,或 $K_2Cr_2O_7$(基准)2.8290 g,溶于水中,于 1000 mL 瓶中定容,浓度 1.00 mg/mL
Cu	称取高纯 Cu1.0000 g,溶于 25 mL(1+1)HNO_3,移入 1000 mL 瓶中定容,浓度为 1.00 mg/mL
Fe	① 称取高纯 Fe1.0000 g,溶于 20 mL(1+1)热 HNO_3 中,移入 1000 mL 容量瓶中定容,浓度为 1.00 mg/mL; ② 也可将高纯 Fe1.0000 g 溶于 20 mL(1+1)王水或反王水(HCl：HNO_3=1：3)中,或高纯 $FeSO_4(NH_4)_2SO_4 \cdot 6H_2O$7.0170 g溶于 5 mL$H_2SO_4$ 中,于 1000 mL 瓶中定容,浓度为 1.00 mg/mL
K	称取经 500～600℃灼烧至恒重的 KCl(基准)1.9070 g,溶于少量水中,加 1 mL HNO_3,移入 1000 mL 瓶中定容,浓度为 1.00 mg/mL。欲配 1.00 mg/mL 的 K_2O1000 mL,则称取 KCl1.5830 g

续附表 2

名称	配制方法
Li	称取经 110℃烘 2 h 并冷至室温的 Li_2CO_3(基准)5.324 g,溶于 25 mL(1+1)HNO_3 中,移入 1000 mL 瓶中定容,浓度为 1.00 mg/mL
Mg	① 称取高纯 Mg 1.0000 g,溶于 20 mL(1+1)HNO_3 及 20 mL 水中,移入 1000 mL 瓶中定容,浓度为 1.00 mg/mL; ② 称取于 850℃灼烧 30 min 并冷至室温的 MgO 1.0000 g,溶于 20 mLHCl(1+1)中,移入 1000 mL 瓶中定容,浓度为 1.00 mg/mLMgO
Mn	① 称取高纯 Mn(>99.9%)1.0000 g,溶于 20 mL(1+1)HNO_3 中,移入 1000 mL 瓶中定容,浓度为 1.00 mg/mL。欲配制 1.00 mg/mLMnO1000 mL,称高纯 Mn 0.7746 g; ② 也可称取经 500℃灼烧至恒重的高纯 $MnSO_4$ 2.7490 g,用少量水溶解,于 1000 mL 瓶中定容,浓度为 1.00 mg/mL
Mo	①称取高纯 Mo1.0000 g,溶于 20 mL(1+1)反王水或 20 mL(1+1)HNO_3 中,移入 1000 mL 瓶中定容,浓度为 1.00 mg/mL; ②称取钼酸铵[$(NH_4)_6Mo_7O_{24}\cdot 4H_2O$]1.2880g,溶于少量水中,移入 1000mL 瓶中定容,浓度为 0.10mg/mL
N	称取 105℃烘 1h 冷至室温的高纯 NH_4Cl3.8180 g,溶于少量水中,移入 1000 mL 瓶中定容,浓度为 1.00 mg/mL
Na	称取于 500℃灼烧至恒重的 NaCl2.5420 g,溶于少量水中,移入 1000 mL 瓶中定容,浓度为 1.00 mg/mL。欲配制 1.00 mg/mLNa_2O100 mL,则称取 NaCl 1.8859 g
Nb	① 称取经 950℃灼烧 30 min 并冷至室温的 Nb_2O_5(基准)0.1431 g 于石英(或瓷)坩埚中,加焦硫酸钾(GR)5~7 g,于 650℃熔融,用 6%酒石酸—1.5%硫酸混合溶液 100 mL 浸出熔块,加热至清亮,移入 500 mL 容量瓶中用 6%酒石酸—1.5%硫酸混合溶液定容,其浓度为 0.20 mg/mL; ② 称取 Nb_2O_5(基准)1.4305 g 于铂皿中,加 15 mLHF,少量 HNO_3,低温加热溶解 20 min,至清亮,蒸发近干,加 50 mL3%草酸铵,移入 1000 mL 容量瓶中定容,于塑料瓶中贮存,浓度为 1.00 mg/mL
Nd	称取经 850℃灼烧 2h 并冷至室温的 Nd_2O_5(基准)1.1660 g 加 20 mL(1+1)王水溶解,于 1000 mL 瓶中定容,浓度为 1.00 mg/mL
Ni	称取高纯 Ni1.0000 g,溶于 20 mL(1+1)HNO_3 移入 1000 mL 容量瓶中定容,浓度为 1.00 mg/mL
P	称取 105℃烘 1h 冷至室温的 $KH_2PO_4$4.3940 g,溶于少量水中加 5 mL HNO_3,移入 1000 mL 瓶中定容,浓度为 1.00 mg/mL。欲配制 1.00 mg/mL$P_2O_5$1000 mL,则称取 $KH_2PO_4$1.9178 g
Pb	称取高纯 Pb1.0000 g,溶于 20 mL(1+1)HNO_3 中,移入 1000 mL 瓶中定容,浓度为 1.00 mg/mL
Pr	称取于 850℃灼烧 2 h 并冷至室温的高纯 Pr_6O_{11}1.2080 g,溶于 20 mL(1+1)HCl 中,移入 1000 mL 瓶中定容,浓度为1.00 mg/mL
Pt	称取高纯 Pt1.0000 g,溶于 20 mL(1+1)王水中,移入 1000 mL 瓶中定容,浓度为 1.00 mg/mL
Rh	称取高纯 $RhCl_2$2.0340 g,溶于 20 mL(1+1)HCl 中,移入 1000 mL 瓶中定容,浓度为 1.00 mg/mL
Sb	① 称取高纯 Sb1.0000 g,溶于 30 mL(1+1)HNO_3 及 10 g 酒石酸中,移入 1000 mL 瓶中用(1+3)HNO_3 定容,浓度为 1.00 mg/mL; ②也可称取高纯 Sb1.0000 g,溶于 40 mL 浓硫酸或 40 mL 王水中,于 1000 mL 瓶中用(1+3)反王水定容
Se	① 称取高纯 Se1.0000 g,溶于 100 mLHNO_3 中,于 1000 mL 瓶中用水定容,浓度为 1.00 mg/mL; ② 称取 SeO_2(基准)1.4050 g,溶于 20 mL 水中,移入 1000 mL 瓶中定容,浓度为 1.00 mg/mL

续附表 2

名称	配制方法
Si	称取经 1000℃灼烧 2h 冷至室温的高纯 SiO_2 2.1416 g 于铂皿中，加 3～5 gNa_2CO_3 于 900～1000℃熔融成透明溶液，用水浸出，移入 1000 mL 容量瓶中定容，再转入塑料瓶中保存，浓度为 1.00 mg/mL。欲配制 1.00 mg/mLSiO_2 标液 1000 mL，则称取 SiO_2 1.000 g
Sm	称取经 850℃灼烧 2h 并冷至室温的 Sm_2O_3(基准)1.160 g，溶于 20 mL(1+1)HCl 中，1000 mL 瓶中定容，浓度为 1.00 mg/mL
Sn	① 称取高纯 Sn1.0000 g，溶于 20 mL(1+1)反王水(HNO_3 : HCl=3 : 1)中，移入 1000 mL 瓶中用(1+5)反王水定容，浓度为 1.00 mg/mL； ② 称取高纯 Sn1.0000 g，溶于 30 mL(1+1)HNO_3，1 mLHCl 及 10 g 酒石酸中，移入 1000 mL 瓶中用(1+3)HNO_3 定容
Sr	称取经 110℃烘 2h 的 $SrCO_3$(基准)1.6850 g，溶于 20 mL(1+1)HNO_3 及 20 mL 水中，煮沸除去 CO_2，于 1000 mL瓶中定容，浓度为 1.00 mg/mL
Ta	① 称取 Ta_2O_5(基准)1.2210 g 于铂皿中，加焦硫酸钾(GR)7g 于 700～800℃熔融，用 8%酒石酸溶液浸出并用该溶液于 1000 mL 瓶中定容，浓度为 1.00 mg/mL； ② 称取高纯 Ta1.0000 g，溶于 20 mL(1+1)H_2SO_4，5 mLHNO_3 和 5 mLHF 中，于 1000 mL 容量瓶中用 8%酒石酸溶液定容，再移入塑料瓶中保存，浓度为 1.00 mg/mL
Ti	① 称取高纯海绵钛 0.5000 g，溶于 40 mL(1+1)HCl 中，移入 500 mL 瓶中用(1+4)HCl 定容，浓度为 1.00 mg/mL； ② 称取经 950℃灼烧至恒重的基准 TiO_2 0.1668 g 于铂坩埚中，加焦硫酸钾 2～4 g，于 700℃熔融，用(5+95)H_2SO_4 浸出并用该酸溶液于 500 mL 瓶中定容，浓度为 0.20 mg/mL，欲配制 0.20 mg/mLTiO_2 500 mL，则称取 TiO_2 0.1000 g
V	① 称取经 500℃灼烧的 V_2O_5(基准)1.7852 g，溶于 20 mL(10%)NaOH 溶液，用 50 mL(1+1) HNO_3 酸化，于 1000 mL 瓶中定容，浓度为 1.00 mg/mL； ② 称取高纯 V1.0000 g 溶于 20 mL(1+1)HNO_3 中，于 1000 mL 瓶中定容，浓度为 1.00 mg/mL
Te	称取高纯 Te 0.1000 g 溶于 20 mL(1+1)HNO_3 中，加硫酸 10 mL 冒烟赶尽硝酸，加水溶解盐类，于 1000 mL 瓶中定容，浓度为 1.00 mg/mL
W	① 称取经 750℃灼烧 1h 冷至室温的高纯 WO_3 1.2610 g，溶于 50 mL20%NaOH 中，移入 1000 mL 瓶中定容，移入塑料瓶中储存，浓度为 1.00 mg/mL； ② 称取高纯 $Na_2WO_4 \cdot 2H_2O$ 1.7940 g，溶于 20 mL 水中，移入 1000 mL 瓶中定容，浓度为 1.00 mg/mL
Y	称取经 850℃灼烧 2h 的 Y_2O_3 1.270 g，溶于 20 mL(1+1)反王水中，移入 1000 mL 容量瓶定容，浓度为 1.00 mg/mL
Zn	①称取高纯 Zn1.0000 g，溶于 20 mL(1+1)HNO_3 中，移入 1000 mL 瓶中定容，浓度为 1.00 mg/mL； ②称取经 900℃灼烧 2h 冷至室温的 ZnO 0.1245g，溶于 20mL(1+1)HCl 中，移入 1000mL 瓶中定容，浓度为 0.10mg/mL
Zr	①称取 $ZrOCl_2 \cdot 8H_2O$(基准)3.5330 g，溶于 100 mL(1+4)HNO_3 中，并用该酸液于 1000 mL 瓶中定容；也可用 20 mL(1+1)HCl 溶解，1000 mL 瓶中定容，浓度为 1.00 mg/mL； ②称取 ZrO_2(基准)0.1351g 于瓷坩埚中，加焦硫酸钾 4g，于 750℃熔融 10～15min，用 100mL(1+5)HCl 浸出熔块，移入 1000mL 瓶中定容，用(1+5)HCl 定容，浓度为 0.10mg/mL

注：电解锰去表面氧化锰可用 H_2SO_4(5+95)清洗，再用清水、无水乙醇洗净，干燥。

附表 3　换 算 因 数

A	B(相对分子质量)	A/B因数
Ag	$AgCl$(143.35)	0.7525
	$AgSCN$(165.96)	0.6500
	$AgNO_3$(169.88)	0.6349
	Ag_2CrO_4(331.37)	0.6510
Al	$Al(C_9H_6ON)_3$(459.42) (8-羟基喹啉)	0.05873
	Al_2O_3(101.96)	0.5293
	$KAl(SO_4)_2 \cdot 12H_2O$(474.36)	0.05688
Al_2O_3	$Al(C_9H_6ON)_3$(459.42)	0.1110
As	As_2O_3(197.84)	0.7574
	As_2O_5(229.86)	0.6519
Au	$AuCN$(222.99)	0.8833
	$AuCl_3$(303.31)	0.6494
	$KAu(CN)_4 \cdot H_2O$(358.12)	0.5500
B	B_2O_3(69.61)	0.3106
	H_3BO_3(61.84)	0.1748
	$Na_2B_4O_7 \cdot 10H_2O$(381.37)	0.1134
	KBF_4(125.91)	0.08586
Ba	BaO(153.33)	0.8957
	$BaCO_3$(197.31)	0.6959
	$BaSO_4$(233.37)	0.5884
	$BaCrO_4$(253.32)	0.5421
	$BaCl_2 \cdot H_2O$(244.24)	0.5622
Be	BeO(25.01)	0.3603
Bi	Bi_2O_3(465.96)	0.8970
	$BiOCl$(260.43)	0.8024
Br	$NaBr$(102.89)	0.7766
	KBr(119.00)	0.6715
C	CO_2(44.01)	0.2729
	CaC_2O_4(128.01)	0.3748
	$CaCO_3$(100.09)	0.1200
CO_2	$CaCO_3$(100.09)	0.4397
	Na_2CO_3(105.99)	0.4152
	$NaHCO_3$(84.01)	0.5239
	$BaCO_3$(197.31)	0.3041
Ca	CaO(56.08)	0.7147
	$CaCO_3$(100.09)	0.4004
	$CaC_2O_4 \cdot H_2O$(146.11)	0.2743
	$CaSO_4$(136.15)	0.2944
	$CaCl_2$(110.99)	0.3611
	$Ca_3(PO_4)_2$(310.18)	0.3876
Cd	CdO(128.41)	0.8754
	$Cd_2P_2O_7$(199.38)	0.5638
Ce	Ce_2O_3(328.22)	0.8538
	CeO_2(172.11)	0.8141
Cl	$AgCl$(143.32)	0.2474
Co	Co_3O_4(240.81)	0.7342
Cr	Cr_2O_3(151.99)	0.6842
	K_2CrO_4(194.19)	0.2678
	$BaCrO_4$(253.32)	0.2053
	$K_2Cr_2O_7$(294.18)	0.3535
	$PbCrO_4$(323.20)	0.1609
Cs	$CsCl$(168.36)	0.7894
Cu	CuO(79.55)	0.7989
	$CuSO_4$(159.60)	0.3981
F	CaF_2(78.08)	0.4867
	NaF(41.99)	0.4525
	SiF_4(104.08)	0.7301
	H_2SiF_6(144.09)	0.7911
Fe	FeO(71.85)	0.7773
	Fe_2O_3(159.69)	0.6994
	Fe_3O_4(231.55)	0.7236
	$FeCl_3$(162.21)	0.3444
	$FeSO_4 \cdot 7H_2O$(278.01)	0.2009
	$Fe_2(SO_4)_3$(399.86)	0.2793
Ga	Ga_2O_3(187.44)	0.7440
Ge	GeO_2(104.61)	0.6941
	K_2GeF_6(264.81)	0.2742
Hg	Hg_2Cl_2(472.09)	0.8298
	$HgCl_2$(271.50)	0.7388
	HgS(232.65)	0.8622

续附表3

A	*B*(相对分子质量)	*A*/*B* 因数
K	KCl(74.55)	0.5244
	$KClO_4$(138.55)	0.2822
	K_2PtCl_6(485.99)	0.1609
K_2O	KCl(74.55)	0.6318
	K(39.098)	1.2046
La	La_2O_3(325.81)	0.8527
Li	$LiCl$(42.39)	0.1637
	Li_2O(29.88)	0.4646
	Li_2CO_3(73.89)	0.1879
Mg	MgO(40.30)	0.6030
	$Mg_2P_2O_7$(222.55)	0.2184
	$MgSO_4$(120.36)	0.2019
	$MgCO_3$(84.31)	0.2882
Mn	MnO(70.94)	0.7746
	MnO_2(86.94)	0.6319
	$MnSO_4$(151.01)	0.3638
	MnS(87.01)	0.8154
	$KMnO_4$(158.03)	0.3476
Mo	MoO_3(143.94)	0.6665
	$PbMoO_4$(367.10)	0.2613
N	NH_3(17.03)	0.8225
	NH_4Cl(53.49)	0.2619
Na	$NaCl$(58.41)	0.3934
	$NaOH$(40.00)	0.5747
	Na_2SO_4(142.04)	0.3237
	Na_2CO_3(105.99)	0.4338
Na_2O	Na(22.99)	1.3480
	$NaCl$(58.41)	0.5303
Nb	Nb_2O_5(265.81)	0.6990
Ni	NiO(74.69)	0.7858
	Ni_2O_3(82.69)	0.7098
	$Ni(C_4H_7O_2N_2)_2$(288.85)(丁二酮肟)	0.2032
O_2	$KMnO_4$(158.03)	0.2531
P	P_2O_5(141.94)	0.4364
	$Mg_2P_2O_7$(222.55)	0.2783
	$(NH_4)_2PO_4 \cdot 12MoO_3$(1876.35)	0.01651

A	*B*(相对分子质量)	*A*/*B* 因数
Pb	PbO(223.20)	0.9283
	PbO_2(239.20)	0.8662
	$PbCrO_4$(323.19)	0.6411
	$PbSO_4$(303.27)	0.6832
	$PbMoO_4$(367.10)	0.5644
$PbSO_4$	$BaSO_4$(233.37)	1.299
Pd	$Pd(CN)_2$(158.46)	0.6716
	PdI_2(360.23)	0.2954
Pr	Pr_2O_3(229.86)	0.8545
Pt	$PtCl_6$(294.54)	0.4784
Rb	$RbCl$(120.92)	0.7068
	Rb_2O(186.94)	0.9144
S	SO_2(64.07)	0.5005
	$C_{12}H_{14}N_2SO_4$(282.27)(联苯胺)	0.1136
	$BaSO_4$(233.37)	0.1374
Sb	Sb_2O_3(291.50)	0.8353
	$SbCl_5$(299.02)	0.4072
Sc	Sc_2O_3(137.91)	0.6520
Se	SeO_2(110.96)	0.7116
	SeO_3(126.96)	0.6219
Si	SiO_2(60.08)	0.4674
	SiF_4(104.08)	0.2698
	H_2SiO_3(78.08)	0.3597
SiO_2	$Na_2SiO_3 \cdot 9H_2O$(284.2)	0.2114
Sn	SnO_2(150.71)	0.7876
	$SnCl_2$(189.60)	0.6261
Sr	SrO(103.62)	0.8456
	$SrCO_3$(147.63)	0.5935
	$SrSO_4$(183.68)	0.4770
	$SrC_2O_4 \cdot H_2O$(193.64)	0.4525
Ta	Ta_2O_5(441.89)	0.8190
	$TaCl_5$(358.21)	0.5051
Te	TeO_2(159.60)	0.7994
	TeO_3(175.60)	0.7267

续附表 3

A	B(相对分子质量)	A/B 因数	A	B(相对分子质量)	A/B 因数
Th	ThO_2(264.04)	0.8788	Y	Y_2O_3(225.81)	0.7874
Ti	TiO_2(79.88)	0.5994	Zn	ZnO(81.38)	0.8034
Tl	Tl_2CrO_4(262.37)	0.7790		ZnS(97.44)	0.6710
U	UO_2(270.03)	0.8815		$ZnCl_2$(136.29)	0.4796
	U_3O_8(842.08)	0.8480	Zr	ZrO_2(123.22)	0.7403
	$Na_2U_2O_7$(634.07)	0.7508		ZrP_2O_7(196.31)	0.4647
V	V_2O_5(181.88)	0.5602		$ZrOCl_2 \cdot 8H_2O$(322.24)	0.2831
	NH_4VO_3(116.98)	0.4355			
W	WO_3(231.85)	0.7930			
	$Na_2WO_4 \cdot 2H_2O$(329.86)	0.5574			
	$PbWO_4$(455.07)	0.4040			

附表 4　试样分解方法选编

试样;试样量	测定元素	分解方法	备注
银(纯银);1 g	Ag	20 mL 浓硝酸	
银(纯银);1 g	Au	10 mL 浓硝酸	不溶残渣用 10mL 热王水(1+1)溶解
银合金(银焊料,含 10%~90%银);1 g	Ag	10 mL 硝酸(1+1)	
各种银合金;1 g	Ag 和其他金属	10 mL 硝酸(1+1)	
银氰化钾[$HAg(CN)_2$];1 g	Ag	20 mL 浓硫酸	加热至冒烟
铝土矿;2 g	Al,Ca,Cr,Fe,Mn,P,Si,Ti,V	7 g 氢氧化钠(粉状)	20 min;约 700℃;镍坩埚
铝土矿;0.4 g	Al,Ca,Cr,Mn,Mg,Fe,Si,Ti	4 g 四硼酸锂于铂黄坩埚于 1150℃熔融,制片	X 荧光法测定
铝土矿;1 g	Al,Ca,Cr,Fe,Mn,Si,Ti,V	6 g 碳酸钠+硼酸(2+1)	30 min;约 1100℃;铂坩埚;原子吸收法及化学法或 ICP 法测定
铝土矿;1 g	Ca,Cr,Fe,Mn,P,Si,Ti,V,Zn	2 g 硼酸+4 g 碳酸锂	约 1100℃;铂坩埚;原子吸收法及化学法或 ICP 法测定
铝土矿;0.5 g	Ca,Fe,Mg,Mn,P,Ti	10mL 王水,3~5mL 氢氟酸,5mL 高氯酸冒烟,5mL 硝酸溶解盐类	有残渣时用上述混合熔剂回收
铝(高纯);3 g	Be,Bi,Mn,Ti,V,Zn	50 mL 浓硫酸(1+1)+1 mL氯化铜溶液(150 mg/100 mL)	
铝(高纯);3 g	Be,Cd,Cu,Mg,Ni,Si	20 mL 氢氧化钠溶液(20%)	聚四氟乙烯烧杯
铝(高纯);1 g	Fe	15 mL 盐酸(1+1)+15 mL硝酸(2+3)	玻璃烧杯
铝(高纯);0.1~1 g	B	5~20 mL 硫酸(1+1)+1 mL浓过氧化氢+1 mL 二氯化汞溶液(5 g/100 mL)	石英烧杯

续附表 4

试样;试样量	测定元素	分解方法	备　注
铝(高纯);0.25 g	Ag	10 mL 硫酸(1+1)	
铝(高纯);2 g	Zn	40 mL 盐酸(1+1)+1 mL 二水氯化铜溶液(150 mg/100 mL)	玻璃烧杯
铝(纯);0.5～2.5 g	Be,Ca,Fe,Ga,Na,Ti,Zn	15～50 mL 盐酸(1+1)	玻璃烧杯
铝(纯);0.5～2 g	B,Cr,Cu,Pb,Ti,V	10～20 mL 氢氧化钠溶液(25%),必要时加水	聚四氟乙烯烧杯
铝(纯);1～10 g	Co,Mg,Ni	10～75 mL 氢氧化钠溶液(20%)	聚四氟乙烯烧杯
铝(纯);1～2 g	Mn	20 mL 硫酸(1+1)+10 mL 浓硝酸	玻璃或石英烧杯
铝(纯);1 g	Ga	20 mL7mol/L 盐酸	玻璃烧杯
铝,含少量合金元素;1～5 g	Co, Cu, Mn, Na, Sb, Sn,Zn	20～100 mL 盐酸(1+1),必要时加过氧化氢	玻璃烧杯
铝,含少量合金元素;0.5～2 g	Cr,Fe,Ni,Pb,Ti	10～100 mL 氢氧化钠溶液(20%)	聚四氟乙烯烧杯
铝铜合金,1 g	Cu	20 mL 混合酸[70 mL 硫酸(1+1)+30 mL 浓硝酸+7 mL 浓盐酸]	
铝镁合金;0.25～2 g	Mg	10～80 mL 氢氧化钠溶液(20%)	
铝硅合金;1 g	Si	10 g 氢氧化钠+20 mL 水	镍坩埚
铝钒合金;1～5 g	V	50～100 mL 混合酸(300 mL浓硫酸+100 mL 浓磷酸+600 mL 水)	
铝锌合金;1 g	Zn	20 mL 氢氧化钠溶液(25 g/100 mL)	聚四氟乙烯烧杯
氢氧化铝;7.5 g	Cu, Fe, Ga, Mg, Mn, Ni, P,S,Si,Ti,V	10.3 g 碳酸钠+3.3 g 硼砂(或 12 g 碳酸钠+4 g 硼砂)	20 min;1000℃;镍坩埚
氢氧化铝;1 g	Zn	20 mL 浓磷酸	AAS 法测定
氢氧化铝;1 g	Na	25 mL 浓硫酸	加热至冒烟;原子吸收法测定
氢氧化铝;2 g	F	热水解	2～4 h;石英器皿
氧化铝(和刚玉);5 g	Fe,Si,Ti,V	5 g 硼酸+10 g 碳酸钠	10 min;1000℃;铂坩埚;溶于 2 mol/L 硫酸中
氧化铝(和刚玉);5 g	Cr,Cu,Ga,Fe,Mg,Mn, Ni,P,S,Si,Ti,V	4 g 硼酸+12 g 碳酸钠(或 10.3 g 碳酸钠+3.3 g 硼砂)	20 min;1000 ℃;铂坩埚

续附表 4

试样；试样量	测定元素	分解方法	备　注
氧化铝（和刚玉）；1 g	Na	4 g 碳酸锂＋5 g 三氧化二硼	20 min；1150℃；铂坩埚
氧化铝；1 g	Na	20 mL 浓氢氟酸＋50 mL 氨水(1＋1)＋20 mL 水	铂皿；加热至冒浓烟
氧化铝；1 g	Ca，Mg	7.2 mL 浓盐酸＋2 mL 水	12h，270℃，管—弹①；或盐酸、氢氟酸分解，高氯酸冒烟，盐酸溶解盐类
氧化铝；2 g	Cl，F	热水解	
含砷矿石和残渣；2 g	As	20 mL 浓硝酸	溶解后以 20 mL 硫酸(1＋1)加热至冒浓烟
含砷矿石和残渣；2 g	As	12～16 g 过氧化钠	铁或镍坩埚
硫化砷；2～5 g	Ag，Cu	20 mL 浓硫酸＋少量水	沸腾 2h；溶于 250 mL 水＋2～5 g 酒石酸中
三氧化二砷；0.1 g	As	10 mL 浓硫酸＋0.5 g 硫	沸腾逐去硫；滴定砷
三氧化二砷；0.2 g	S	2 mL 乙醇＋3 mL 溴；5 min后与 5 mL 浓盐酸一起温热	
金(纯)；0.25 g	Au	0.725 g 银＋1 g 试铅；在1000℃逐去铅，颗粒溶于硝酸(1＋9 及 1＋1)	银：金应 3：1 以上②
金；1.0 g	Ag(痕量)	200mL 王水	AAS 或 ICP 测定
金合金；0.5～1 g	Ag，Au，Cd，Cu，Fe，Pd，Pt，Sn	12～15 mL 王水	AAS 或 ICP 测定
亚金氰化钾[$KAu(CN)_2$]；约 0.3～1 g	Au	20 mL 浓硫酸	加热至冒浓烟
粗硼砂；5 g	B	150 mL 水	沸腾 5 min，然后在蒸汽浴上 15 min
硼铁；1 g	B	10 g 过氧化钠	缓慢加热至 900℃；铁坩埚
硼铁；0.5 g	B	3 g 碳酸钾钠＋5 g 过氧化钠	铁坩埚，850 ℃
硼化钛；0.25 g	B	5 g 碳酸钠；可在试样上下再分别铺 2 g 碳酸钠	铂坩埚
氮化硼；0.25 g	N	15 mL 浓氢氟酸	150℃；4h；聚四乙烯衬里弹，电磁搅拌
氮化硼；0.2 g	N	10 g 二水合氢氧化锂	熔融；镍坩埚
重晶石(硫酸钡)；1 g	Al，Fe，S，Si，Sr	与 7～9 g 碳酸钠混合，上面覆盖 2 g 碳酸钠	烧结，然后在加盖铂坩埚中在 1200℃ 下加热 20 min；溶于 20 mL 热水

续附表 4

试样;试样量	测定元素	分解方法	备　注
绿柱石;0.5 g	Be	3 g 氟化钾	铂坩埚;以 5 mL 浓硫酸加热至冒烟
铍;1 g	Al,Fe,Ni	40 mL 盐酸(1+1)	
铍;0.5～1 g	B,Si	50 mL 氢氧化钠溶液(45 g/100 mL)	
铍;1 g	Cu	15 mL 浓硝酸+少量水	
铍;0.3 g	F	40 mL 硫酸 1+1	
铝铍合金;0.25～0.5 g	Be	20 mL 盐酸(1+1)+2 mL 硝酸(1+1)	
铜铍合金;5 g	Be,Cu	42 mL 混合酸(300 mL 浓硫酸+210 mL 浓硝酸+750 mL 水)	
铍铁;2 g	Be	50 mL 硝酸(1+1)+100 mL水	
镍铍合金;5 g	Be	50 mL 浓硫酸+50 mL 浓硝酸	
铋矿;1 g	Bi,Mo,Pb,Sb,Sn,W	8～10 g 过氧化钠	镍坩埚
铋矿;1～5 g	As	20 mL 浓硝酸	以 20 mL 硫酸(1+1)加热至冒烟
铋;2 g	As	20 mL 硝酸(1+1)	必要时以 15 mL 硫酸(1+1)加热至冒烟
铋;1 g	Pb	氯化法	300℃,铅残渣溶于硝酸(1+1)中;或硝酸(1+1)溶解,用氢溴酸挥铋
铋;2～10 g	Ag,Cu,Te	10～50 mL 硝酸(1+1)	以硫酸冒烟处理后测定银,以盐酸处理后测定碲、铜
铋合金;1 g	Bi,Cd,Cu,Pb	5 g 酒石酸+10 mL 水+10 mL 浓硝酸	
铋合金;1 g	Sn	25 mL 浓硝酸	
炭(活性碳);3 g	Hg(痕量)	10 mL 浓硫酸+25 mL 硝酸+0.1 g 五氧化二钒	回流加热 2h
焦炭,焦炭灰;0.25 g	Cr,Cu,Fe,Ni,Ti,V	3 g 四硼酸钠	20 min;1000～1100℃;铂坩埚
焦炭,焦炭灰;0.25 g	Al,Ca,Si	5 g 碳酸钠	20 min;1000～1100℃;铂坩埚
焦炭,焦炭灰;0.1 g	K,Na	用 2 mL 硝酸(1+1)+2 mL高氯酸(1+4)+5 mL 氢氟酸挥发除去二氧化硅	残渣溶于硫酸

续附表 4

试样;试样量	测定元素	分解方法	备　注
碳酸钙(石灰石);0.25 g	Mg	10 mL 盐酸(1+1)	
氟化钙(萤石);0.5 g	Al,Ca,Fe,Mg	溶于 40 mL 约 2 mol/L 热盐酸,加 150 mL 水;分离出的氟化钙沉淀用 1 g 硼酸、15 mL 浓盐酸溶解、与前液合并	沸腾 5～10 min,分取溶液 EDTA 法测定的钙是全钙,铝、铁、镁用 AAS 法测定
镉;0.25 g	Cu,Fe,Pb,Tl,Zn	15 mL 硝酸(1+1)	
镉飘尘,镉泥;0.5～2.5 g	Cd,Cu,Pb,Tl,Zn	10～50 mL 硝酸(1+1)	
镉飘尘,镉泥;2～5 g	Bi	20～30 g 过氧化钠	
钴矿石、矿渣和碎屑;2 g	Co,Cu,Ni,Pb	25 mL 浓硝酸+10 mL 水	
含钴材料(含少量铬);2.5 g	Co,Cu,Ni,Pb	15～20 g 过氧化钠+1 g 碳酸钾钠	熔融 10 min;氧化铝坩埚
钴;2.5～4 g	Co,Ni	50 mL 硝酸(1+1)	
钴;1 g	Ca,Cu,Fe,Mn,Ni,Zn	50 mL 硝酸(2+3)	
钴;10 g	Si	75 mL 硝酸(3+2)	硅钼蓝比色法
钴合金(2%～75%钴);0.2～0.5 g	Co	20 mL 混合酸(5 体积浓盐酸+1 体积浓硝酸,必要时加氢氟酸)	在 60～70℃下溶样
钴合金(0.1%～0.5%钴);0.15～0.50 g	Co	5 mL 盐酸+15 mL 硝酸(3+1)	小心温热
氧化钴;2 g	Cu,Mn,Ni	25 mL 浓盐酸+少量水	
铬铁矿;0.5 g	Cr	10 g 过氧化钠	氧化铝坩埚
铬矿;1 g	Cr,Si	15 g 过氧化钠+2 g 氢氧化钠+3 g 碳酸钾钠	缓慢加热至赤热状态 10 min;铁坩埚
铬矿;0.5 g	Fe,P	10 mL 溴水+40 mL 浓盐酸+20 mL 浓高氯酸	冒烟挥铬
铬;1 g	Cr	10 g 过氧化钠+2 g 氢氧化钠+3 g 碳酸钾钠	铁坩埚(以熔凝氢氧化钠衬里)
铬;10 g	S	250 mL 浓磷酸	小心温热
铬铁;0.5 g	Cr	50 mL 硫酸一磷酸(2+1+4)混酸,滴加浓硝酸	适于低硫中碳铬铁
铬铁;0.5 g	Cr	8 g 过氧化钠;以 2 g 过氧化钠覆盖	5min;600～700℃镍坩埚
铬铁;0.2～1 g	C,S	0.5 g 锡+1 g 铁;在氧气流中燃烧	
铬铁;0.2 g	Si	6 g 过氧化钠 700℃熔融硫酸(1+1)浸取	

续附表4

试样;试样量	测定元素	分解方法	备注
碳化铬;0.5 g	Cr	10～15 g过氧化钠	铁坩埚
碳化铬;1 g	Fe	10～20 mL浓高氯酸	铂皿;加热至冒烟
碳化铬;0.5～1 g	Si	5 g碳酸钠＋2 g硝酸钾(分数次加入)	在铂皿中熔融
铜矿,黄铜矿,冰铜;2 g	Co,Cu,Fe,Ni,Zn	以水湿润,加20 mL硝酸(1＋1)＋20 mL硫酸(1＋1)	蒸发至干,残渣溶于盐酸(1＋6)
铜矿,黄铜矿,冰铜;2～5 g	Pb	20～40 mL硝酸(2＋1)＋20～40 mL硫酸(1＋1)	温热至溶解,加热至冒烟
铜矿,黄铜矿,冰铜;2～5 g	Bi,Sb	50 mL硝酸(2＋1)	
含铜矿渣、灰分、碎屑;10 g	Cu	加50 mL水、50 mL硝酸(1＋1),10 min后加50 mL硝酸(2＋1)和2～3 mL浓氢氟酸	
铜(纯);5 g	Cu	42 mL混合酸(300 mL硫酸＋210 mL浓硝酸＋750 mL水)	电解重量法测定
泥铜,黑铜,吹炼铜,阳极铜;10～20 g	Cu	100 mL水＋200 mL浓硝酸	
铜(废铜);10 g	Cu,Ni,Pb	100 mL硫酸(1＋1)	溶解过程要冷却,然后温热
粗铜;25 g	Cu,Bi,Ni,P,Pb,Sb,Sn	50 mL水,然后分数次加入200 mL硝酸(1＋1)	溶解过程要冷却,然后温热
粗铜;5 g	Fe	40 mL盐酸(7＋3)＋40 mL浓过氧化氢	
粗铜;0.5～5 g	Se,Te	25～125 mL硫酸(1＋4),再缓慢加10～30 mL过氧化氢	
铜合金;2 g	Cu,Al,Bi,Be,Cd,Co,Cr,Fe,Mg,Mn,P,Ni,Pb,Zn	25 mL硝酸(1＋1),然后以20 mL硫酸(1＋1)加热至冒浓厚白烟	
铜合金;2 g	Sn	25 mL硝酸(1＋1)	水合二氧化锡留在残渣中
青铜;2 g	Sn,Cu,Pb	25 mL硝酸(1＋1)	水合二氧化锡留在残渣中
黄铜;1～5 g	Cu,Pb,Zn	20～50 mL硝酸(1＋1)	
铜合金;1～2 g	Si	20～40 mL硝酸(1＋1),再以5.0 mL浓盐酸加热	

续附表 4

试样;试样量	测定元素	分解方法	备 注
铜硅合金;2 g	Cu	25 mL 硝酸(1+1),二氧化硅溶于氢氟酸中	电解测定铜
铜合金;1 g	S	50 mL 混合物(1 L 浓氢碘酸+500 mL 甲酸(98%~100%)+100 g 次磷酸钠)	
铜银合金;0.5 g	P	25 mL 硝酸(2+3)	
氟化钙、萤石精矿;0.7 g	F	70 mL 浓高氯酸+约 50 mL 水	蒸出氟化氢
氟化钙,氟化铝,氟铝酸钠;0.1 g	F	热水解+0.4 g 五氧化二钒	
氟铝酸钠;0.5 g	F	2 g 二氧化硅+8 g 碳酸钾钠	最高 700℃;铂坩埚
氟化铝,氟铝酸钠;0.5 g	Al,Ca,Fe	5 g 焦硫酸钾	700℃;铂坩埚
氟化铝,氟铝酸钠;1 g	Si	12 g 硼酸+5 g 碳酸钠	20 min;1000℃;铂坩埚
氟化钙,氟化铝,氟铝酸钠;0.2 g	Ba	用 4 mL 高氯酸加热蒸干两次,残渣用 5 g 碳酸钾钠熔融	1000℃;铂坩埚
氟铝酸钠;0.5 g	Na	5 mL 浓硫酸	加热至冒烟;铂皿
氟化铝,氟铝酸钠;0.2~0.5 g	S	10 mL 高氯酸	加热至冒烟;铂皿
铁矿;0.5 g	Fe	数 mL 水+25 mL 浓盐酸。沸腾,再加 5 mL 浓硝酸。以氟氢酸和硫酸加热蒸干,然后以 3 g 焦硫酸钠熔融	
铁矿;0.5 g	Fe	3 g 过氧化钠再盖 1 g 过氧化钠	在 700℃下烧结 10 min,后溶于 30 mL 盐酸(1+1)中
铁矿;0.5 g	Si	同上处理后以 40 mL 浓高氯酸加热至冒烟	沉淀在铂皿中灰化、灼烧、冷却至恒重,再用硫酸、氢氟酸挥硅至恒重
铁矿;0.25~1 g	Al	10~20 mL 浓盐酸+5~10 mL 浓硝酸+5 mLHF+10~15 mL 浓高氯酸	不溶物需 3 g 焦硫酸钾 650℃处理
铁矿;0.5~1 g	Ca,Mg,Mn	30 mL 浓盐酸+10 mL 浓硝酸+5~10 mL 浓 HF+10~15 mL 浓高氯酸	不溶物同上处理
铁矿;0.5 g	Ti	3 g 碳酸钾钠+2 g 硼砂	15 min;900~1000℃

续附表4

试样;试样量	测定元素	分解方法	备　注
铁矿;0.5 g	V	4 g 碳酸钠+2 g 硼砂,必要时加硝酸钠	刚玉坩埚,700℃,熔融10 min
铁矿;1 g	Cr	5 g 碳酸钠+5 g 过氧化钠	镍坩埚,赤热状态
铁矿;0.5 g	P	20~50 mL 盐酸+硝酸(2+1),滴加 HF,加 5 mL 高氯酸,冒烟时加 10 mL 盐酸,5 mLHBr 冒烟驱砷	聚四氟乙烯烧杯
铁矿;0.5~5 g	S(总量)	10 g 碳酸钠+5 g 过氧化钠	镍坩埚,或用红外法
铁矿;0.3 g	Fe	4 g 过氧化钠	锆坩埚;在赤热状态下熔融至清亮,以适量水浸出,再酸化
铁矿;0.1 g	Fe(总量)或 Fe(Ⅱ)	10 g 缩合磷酸(85%磷酸加热至 300℃)	石英管,在 290℃下30 min;溶于水中
黄铁矿;0.5~1 g	Cu	35 mL 王水+数滴浓氢氟酸	
黄铁矿;0.5 g	Cu	6 g 混合熔剂(1 份碳酸钠+1 份碳酸钾+2 份过氧化钠)	氧化铝坩埚;熔块溶于盐酸
焙烧黄铁矿;5 g	Cu	60 mL 浓盐酸+5 mL 硝酸+少量氯酸钾	
焙烧黄铁矿;2 g	Pb,Zn	20 mL 浓硫酸+5 mL 发烟硝酸(需要时再加硝酸)	1~2h;基耶达烧瓶
粗铁,铸铁;1 g	C(总量)	氧气流燃烧	1200 ~ 1300℃,红外法等
粗铁,铸铁;0.2 g	Si	30 mL 硫酸(1+17)缓缓加热	硅钼蓝比色法
合金钢;0.5~2 g	Si	30~50 mL 混合酸(1 体积浓硝酸+3 体积浓高氯酸+4 体积水)	重量测定法
铁,钢;0.2 g	Mn	15 mL 硝酸(1+1)	
铬钢;1 g	Mn	50 mL 硫酸(1+5)	
粗铁,钢;0.5~2 g	P	20~50 mL 硝酸(1+1),如需要,加氢氟酸	以过硫酸铵氧化
铬钢;1 g	P	40 mL 硝酸(1+1)+15 mL 浓盐酸+40 mL 浓高氯酸+10~15 滴浓氢氟酸	
粗铁,钢;0.5~1 g	S	氧气流燃烧	1400℃,红外法等

续附表 4

试样;试样量	测定元素	分解方法	备注
钢;1 g	B	15 mL 硫酸(1+1)+5 mL浓过氧化氢;或 30~50 mL 热硝酸(1+3)	回流下加热,过滤、滤液定容测酸溶硼。残渣用 Na_2CO_3 处理后测酸不溶硼
铬钢;0.25~2 g	Cr	60 mL 硫酸(1+5)+10 mL浓磷酸	最后以硝酸氧化
钴钢;0.25~1 g	Co	20~40 mL 盐酸+硝酸(1+1);如需要,以 10 mL 高氯酸加热	
含铜的钢;2.5 g	Cu	40 mL 盐酸(2+1)+10 mL 浓硝酸	
钢;5~10 g	Mg	70 mL 浓盐酸;以 3.5 mL 浓硝酸和0.25~0.5 g 氯酸钾氧化	
钼钢;0.1~0.5 g	Mo	20~40 mL 硫酸+磷酸+水(3+3+6)	以硝酸氧化,冒硫酸烟
镍钢;1~3 g	Ni	10~20 mL 高氯酸	
含碲的钢;2 g	Te	20 mL 氢溴酸—溴(95 mL 氢溴酸(48%)+5 mL 溴)	
工具钢;0.5~3 g	V	60 mL 硫酸(1+5)+10 mL 浓磷酸	最后以硝酸氧化
钨钢;0.5~5 g	W	50~100 mL 盐酸(1+1)滴加硝酸氧化	用辛可宁(125 g/L)使钨酸沉淀完全、重量法测定
铬镍钢;0.5 g	Cr	20 mL 浓高氯酸+10 mL 浓磷酸	
铬镍钢;0.5 g	Ni	10 mL 浓高氯酸+20 mL 硝酸—盐酸(10 mL 浓硝酸+30 mL 浓盐酸+40 mL 水)	
镓;2 g	Cu,Fe,Zn	30 mL 盐酸(1+1)+5 mL 硝酸(1+1)	
三氧化二镓;0.5 g	Ga	10 mL 浓盐酸	
锗原材料;0.5~1 g	Ge	2.5~5 g 碳酸钠;以少量过氧化钠覆盖	缓慢熔融
二氧化锗;5 g	As	10 mL 水+10 mL 浓硝酸+100 mL 浓盐酸	沸腾 1~2h
铟原材料;1~2.5 g	In	25 mL 浓硝酸+25 mL 浓硫酸	加热至冒烟
铟;1 g	Cd,Pb,Zn	15 mL 浓氢溴酸	
铟;1 g	Cu	10 mL 浓硝酸	
铟;5 g	Fe,Tl	25 mL 浓盐酸	
铟;25 g	Sb,Sn	30 mL 三氯化铂溶液(100 g 六水合三氯化铂加浓盐酸至 1L)+50 mL 以溴饱和的浓盐酸	

续附表 4

试样;试样量	测定元素	分解方法	备　注
汞矿,汞泥,汞中间产物;1～10 g	Hg	5～10 mL 水＋15～60 mL 混合酸(盐酸＋硝酸,5＋1)	
锂矿;0.2 g	Li	50 mL 浓硫酸＋10 mL 浓氢氟酸	勿冒尽三氧化硫白烟
锂;2 g	K,Na	50 mL 1,4-二氧六环,后加 50 mL1,4-二氧六环—水(1＋1)	
锂化合物;10 g	Al,Ca,Fe,K,Mg,Na	50～100 mL 盐酸(1＋1)	
镁;0.5～1 g	Al,Fe	15～20 mL 盐酸(1＋1)	
镁;0.1～1 g	Cd,Zn	5～10 mL 硫酸(1＋1)	
镁;2 g	Cl	45 mL 硝酸(1＋1)	
镁;1 g	Cu	50 mL 水＋10 mL 硫酸(1＋1)＋5 mL 硝酸(1＋1)	
镁合金;1 g	Al,Cd,Cr,Fe,Pb,Zn	50 mL 水＋10 mL 硫酸(1＋1)	
镁合金;1 g	Ca,稀土,Ni,Th,Zr	25 mL 盐酸(1＋1)	
镁合金;1 g	Cu,Mn	10 mL 硫酸(1＋1),后加 5 mL 硝酸(1＋1)	
镁合金;1 g	Si	50 mL 溴水＋14 mL 硫酸(70 mL 浓硫酸加水稀释至 250 mL)	
镁合金;1 g	Cu	25 mL 水＋13 mL 氢溴酸—溴(在 250 mL 氢溴酸中加 1mL 溴)	
镁铝合金;1 g	Al	25 mL 盐酸(1＋1)	
镁镉合金;1～2 g	Cd	25 mL 硫酸(1＋9)	
镁铜合金;1～2 g	Cu	50 mL 盐酸(1＋1),逐滴加浓过氧化氢	
锰矿;0.3～0.4 g	Mn,P	10 mL 浓盐酸＋10 mL 浓硝酸＋4～5 mL 浓氢氟酸＋10 mL 浓高氯酸	加热至高氯酸冒烟。不溶残渣用 3 g 碳酸钠 900～1000℃熔融
锰矿;1 g	Mn,Fe	20 mL 盐酸(1＋4)＋3 mL 浓硝酸＋10 mL 浓氢氟酸＋10 mL 浓高氯酸至冒烟	不溶残渣同上处理
锰矿;0.2～0.4 g	Si	6 g 氢氧化钾	3～4 min;450～500℃;银皿
锰矿;1 g	As	8 g 过氧化钠	镍坩埚,750～800℃
锰;1 g	Mn	30 mL 浓硝酸	
锰;1 g	Si	50 mL 混合酸(6 体积高氯酸＋1 体积硝酸＋5 体积水)	

续附表 4

试样;试样量	测定元素	分解方法	备 注
锰铁;0.25 g	Mn	15 mL 硝酸(1+1)+20 mL磷酸(1+1)	
锰铁;1 g	Mn,P	20 mL 浓硝酸+5mL 浓盐酸,加少许氢氟酸,加10mL 浓高氯酸冒烟	如砷高应加氢溴酸挥砷,用高氯酸再驱除氢溴酸
锰铁;0.1 g	Si	30 mL 硝酸(1+3)	用光度法测定
锰铁;0.5 g	Cr	6 g 过氧化钠+2 g 碳酸钾钠	镍坩埚
锰铁;1 g	As	8 g 过氧化钠	镍坩埚
锰硅;0.3 g	Mn	10 mL 氢氟酸,然后逐滴加硝酸,最后以 8 mL 浓高氯酸加热至冒烟,盐酸(1+1)20 mL 溶解	
电解二氧化锰;2 g	Co,Cu,Fe,Ni	30 mL 盐酸(1+1)+1 mL浓过氧化氢	
二硫化钼精矿,焙烧钼矿石;1 g	Mo	10 g 过氧化钠,与试样混合,其上覆盖 2 g 过氧化钠	铁坩埚
焙烧钼矿石;1 g	Al	5 g 焦硫酸钾	铂皿
二硫化钼精矿,焙烧钼矿石;1~2 g	Bi	5 mL 浓硫酸+5~10 mL 浓硝酸	铂皿,加热至冒烟
焙烧钼矿石;1 g	Ni	以 10 mL 浓氨水加热蒸发,然后溶于 6 mL 浓氢氟酸	聚四乙烯皿
二硫化钼精矿,焙烧钼矿石;0.5 g	P	25 mL 浓盐酸+20 mL 浓硝酸+10 mL 浓高氯酸	加热至冒烟
二硫化钼精矿,焙烧钼矿石;1 g	Pb,Sn	20 mL 浓硝酸	残渣用氨水浸出
二硫化钼精矿,焙烧钼矿石;1~2 g	Re	1 g 氯酸钠+20 mL 浓硝酸	
焙烧钼矿石;1 g	Sb	10 mL 硫酸(1+1)+20 mL 浓氢氟酸+10~15 滴浓硝酸	铂皿;蒸发至干
二硫化钼精矿,焙烧钼矿石;1 g	Se	8 g 过氧化钠+3 g 碳酸钠,然后用 2 g 过氧化钠覆盖	镍坩埚
焙烧钼矿石;0.5~1 g	Zn	10 g 碳酸钾钠	铂皿
钼;0.5 g	Mo	20~40 mL 硝酸(1+1)	
钼;1~5 g	Cu,Fe,Ni	5 mL 浓硫酸;然后逐滴加浓硝酸	

续附表4

试样;试样量	测定元素	分解方法	备　注
钼;0.25～1 g	Ni	10 mL浓盐酸,逐滴加入硝酸	
钼;0.2 g	Si	3 mL硫酸(1+1)+20 mL硝酸(1+3)	
钼铁;1 g	Mo	10 g过氧化钠	镍坩埚
钼铁;0.5 g	Mo,Si	10 mL硝酸(1+3)+10 mL硫酸(1+1)	硫酸脱水重量法测硅;容量法或重量法测钼
钼铁;3 g	W	50 mL盐酸(1+3)+浓硝酸(逐滴加入)	
钼铁;0.25 g	Cu,P	20 mL硝酸(1+1)+10 mL硫酸(1+1)加热冒烟	
三氧化钼;1 g	Si	2.5 g碳酸钠,用2.5 g碳酸钠覆盖	铂皿
铌、钽矿石和精矿;1 g	Nb,Ta,Al	10 g焦硫酸钠	铂皿
铌、钽矿石和精矿;1～2 g	Nb,Ta	18 g过氧化钠,用5 g过氧化钠覆盖	镍坩埚
铌、钽矿石和精矿;1～2 g	Nb,Ta	以2 mL浓硫酸加热至干,后用15 g过氧化钠熔融	氧化铝坩埚
铌、钽精矿;1 g	Ca	10 g过氧化钠	镍坩埚
钽矿;0.1～1 g	F,Cl	1 g二氧化硅+0.5 g五氧化二钒;热水解	石英器皿
铌、钽精矿;1 g	Si	用10 g焦硫酸钾熔融	铂皿
铌、钽精矿;1 g	Si	10 g过氧化钠+2 g碳酸钠	镍坩埚
铌、钽精矿;2.5 g	Sn	20～25 g过氧化钠	铁坩埚
铌、钽精矿;0.1 g	Ti	4 g焦硫酸钾	铂皿
钽矿;0.25 g	U	以0.5 mL浓硫酸和0.5 mL高氯酸蒸发至干,再用3 g焦硫酸钾熔融	石英坩埚
铌、钽精矿和矿渣;1 g	Zr	15 g碳酸钾钠+2 g硼酸	铂皿
铌、钽;2 g	Nb,Ta	10 mL浓氢氟酸,逐滴加浓硝酸	铂皿
铌;10 g	Ta,Fe	25 mL浓氢氟酸,逐滴加浓硝酸;以40 mL硫酸(1+1)加热至冒烟	铂皿
钽;2 g	Nb	灼烧30 min,再以10 g焦硫酸钾熔融	石英坩埚

续附表 4

试样;试样量	测定元素	分解方法	备注
铌,钽;5 g	Mo,W	30 mL 浓氢氟酸,逐滴加硝酸	聚四氟乙烯皿
铌;0.5 g	Mo,W	10 mL 浓硫酸+3 g 硫酸氢铵	铂坩埚
铌;0.5 g	Fe	2 mL 氢氟酸,逐滴加硝酸(1+1)	铂坩埚
铌,钽;1~5 g	Co,Cu,Fe,Mn,Ni	10~30 mL 浓氢氟酸,逐滴加浓硝酸	铂皿
铌;1 g	N	10 mL 氢氟酸+5 mL 盐酸,少许过氧化氢	铂坩埚
钽;0.5 g	N	1 g 重铬酸钾+2 mL 浓磷酸+10 mL 浓氢氟酸	聚四氟乙烯皿
铌铁;0.5 g	Nb,Ta,Ti	40 mL 混合酸(250 mL 盐酸+300 mL 水+200 mL 氢氟酸,以水稀至 1L),最后逐滴加入浓硝酸	聚四氟乙烯杯用 10mL 硫酸(1+1)冒烟,30mL 盐酸(1+1)溶解盐类;用单宁酸重量法测铌,光度法测钽和钛,并以钽量校正铌
铌钽铁;0.5~1.0 g	Nb,Ta	15 g 过氧化钠+2.5 g 碳酸钾+2.5 g 碳酸钠	镍坩埚
铌钽铁;0.25 g	Nb,Ta	5 mL 氢氟酸、滴加硝酸,加 10 mL 硫酸(1+1)冒烟,用 30 mL 盐酸(1+1)加热溶解盐类	聚四氟乙烯烧杯
铌钽铁;0.5~1 g	Si,Ti	10 g 焦硫酸钾	铂皿
铌钽铁;1~2 g	Sn	15 g 过氧化钠	镍坩埚
铌钽碳化物;0.1 g	Nb	在空气中灼烧,后以 12 g 焦硫酸钾熔融,溶于 50 mL 浓硫酸	铂皿
铌钽碳化物;0.1~0.2 g	Mo,W	1 mL 浓氢氟酸+2~3 滴浓硝酸;以 10mL 浓硫酸加热冒烟	铂皿
铌钽氧化物;0.25 g	Mo,W	2~5 g 碳酸钾钠	铂皿
铌钽氧化物和碳化物;1~5 g	Co,Cu,Fe,Mn,Ni	10~30 mL 浓氢氟酸逐滴加浓硝酸	铂或聚四氟乙烯皿
钽氧化物和碳化物;0.1~1 g	B	20 g 硫酸铵+20 mL 浓硫酸	带回流冷凝管的熔凝石英烧瓶
铌钽氧化物;0.5~1 g	Si	5 g 氢氧化钠	镍坩埚
铌钽氧化物;1 g	P	12 g 过氧化钠	镍坩埚
镍矿石和矿渣;2~5 g	Ni,Co,Cu	10 mL 水+25 mL 浓硝酸	以 40 mL 硫酸(1+1)加热冒烟
镍;2.5 g	Ni	50 mL 硝酸(1+1),如需要,加 10 mL 浓盐酸	

续附表4

试样;试样量	测定元素	分解方法	备　注
镍;1 g	Co,Fe	20 mL硝酸(2+3)	以10 mL浓盐酸加热蒸干
镍;5 g	Cu,Mn,Pb,Zn	50 mL硝酸(2+3)	
镍;2.5 g	Al,Mg	25 mL硝酸(1+1)	
镍;1 g	Si	25 mL硝酸(3+2)	
镍铁合金;1 g	Ni	10 mL浓硫酸+10 mL浓硝酸	
镍铜合金;0.5～1.0 g	Co,Cu,Fe,Ni,Mn	20 mL混合酸(200 mL水+200 mL硝酸+60 mL高氯酸)	
镍铜合金;1～2 g	Sn	5 mL浓盐酸+20 mL硝酸(1+1)	
镍铬合金;0.5 g	Ni	20 mL混合酸(10 mL硝酸+40 mL水+30 mL盐酸)	以10 mL浓高氯酸加热冒烟
镍铬合金;0.5 g	Cr	10 mL浓高氯酸+10 mL浓磷酸	
磷酸盐矿石;0.1 g	P,Fe,Si	4 g混合熔剂(100 g碳酸钾钠+30 g硼砂+0.5 g硝酸钾)	5 min;加热至亮红炽热;铂坩埚
磷(白磷或红磷);1 g	痕量金属	50 mL7mol/L硝酸	石英器皿
五硫化二磷;0.5 g	P,S	40 mL氢氧化钠溶液(5%)+10 g过氧化钠	以水稀释至150 mL,然后沸腾15 min
五硫化二磷;1 g	Fe	10 mL氢氧化钠溶液(30%)+30 mL过氧化氢(15%)	石英烧杯
磷铁;0.5 g	P	20 mL浓硝酸+1 mL浓硫酸+1～2 mL浓氢氟酸	铂皿
磷铁;0.5 g	P	3 g碳酸钾钠+5～7 g过氧化钠	氧化铝坩埚或镍坩埚
磷铁;0.2～0.5 g	Mn	10 mL磷酸(1+1)滴加浓硝酸	以15 mL硫酸(1+1)加热冒烟,多于3h;80℃;聚丙烯烧杯
磷铁;0.3 g	Si	20 mL高氯酸、滴加硝酸,冒烟后加10 mL盐酸(1+1),过滤二氧化硅沉淀,灼烧,滴加硫酸(1+1)和HF,冒尽硫酸烟,灼烧,恒重	铂皿,1000～1050℃
磷铁;2.5 g	Cr,Mn,V	20 mL浓硝酸+5 mL浓硫酸+5 mL浓氢氟酸	
磷酸盐,聚磷酸盐;0.5 g	Fe,P	4 g氢氧化钠	30 min;400℃;金皿

续附表 4

试样;试样量	测定元素	分解方法	备 注
铅矿;2 g	Pb,Bi,Sb,Sn	10 g 过氧化钠;以 5 g 过氧化钠和 1 g 氢氧化钠覆盖	铁坩埚
铅矿;1 g	Pb,Zn	30 mL 浓高氯酸＋3 mL 浓硝酸	
铅矿;2 g	Cu	30 mL 浓盐酸;温热逐去硫化氢,加 5 mL 浓硝酸	
铅矿;1～2 g	Zn	以 20 mL 浓盐酸加热沸腾,然后加 10 mL 浓硝酸和 20 mL 硫酸(1＋1)并冒烟	
铅矿;1～2 g	As	以 15～20 mL 浓硝酸分解,再以 20 mL浓硫酸加热冒烟	
铅;2～5 g	Cu,Zn	25 mL 浓硝酸溶解样,再加 10 mL 浓硫酸,冒烟后加水,分离硫酸铅后测定铜和锌	
铅;10 g	Bi,Sb,Sn	40 mL 酒石酸溶液(20 g/100 mL)＋25 mL 浓硝酸	
铅;5 g	Fe,Zn	50 mL 硝酸(1＋1)	
铅;5 g	As,Fe,Sb,Sn	50 mL 硝酸(1＋4)	
铅;2 g	Ag,Bi,Cu	20 mL 硝酸(1＋3)＋1 g 酒石酸	
铅;10 g	As	300 mL 三氯化铁溶液(250 g 六水合三氯化铁加浓盐酸至 1000 mL)	也可用(1＋3)硝酸分解试样,用砷钼蓝比色法测定
铅合金;2 g	Pb,Cu	20 mL 氢溴酸—溴(20 mL 溴＋180 mL 氢溴酸)	
铅合金;10 g	Pb,Te,Sb,Sn	100 mL 盐酸—溴(10～15 mL溴＋100 mL 浓盐酸)	
铅合金(硬铅);10 g	Pb,Cd,Cu	100 mL 硝酸(1＋1)＋100 mL 酒石酸饱和溶液	
铅合金;10 g	Ba, Ca, Fe, Li, Na, Ni, Sn,Zn	60 mL 硝酸(1＋2)	
铅合金;2～10 g	Al,As	20～60 mL 浓硫酸	
铅合金;10 g	Sn	50 mL 浓盐酸(如需要,加氯酸钾)	
四氧化三铅;1 g	Pb,杂质	15 mL2mol/L 硝酸＋3 mL浓过氧化氢(3%)	
四氧化三铅;10 g	金属铅	50 mL 乙酸铵＋5 g 盐酸羟胺,加 100 mL 乙酸(1＋1)	
一氧化铅;1 g	Pb	30 mL 硝酸(1＋2)	

续附表4

试样;试样量	测定元素	分解方法	备注
铂(纯);1 g	Pt	20 mL王水,然后以3～5 mL盐酸(1+1)加热蒸发5次	以硫酸(1+1)加热冒烟
钯(纯);0.25 g	Pt,Pd,Ir,Rh	20 mL王水(1+1)	
铑;1 g	Rh,Pd,Pt,Au	氯化,溶于王水(三氯化铑不溶解)	700℃
钌;1 g	Ru,Os,Pd,Ir,Rh,Pt	8 g氢氧化钠+1 g硝酸钾	镍、银或金坩埚
锇;1 g	Ru,Rh,Pd,Ir,Pt	8 g氢氧化钾+1 g硝酸钾	
铱;1 g	Ru,Rh,Pd,Os,Pt	氯化	600℃;残渣用王水(1+2)提取
铱锇合金;1 g	Os,Ir,Rh,Ru,Pd,Pt,Au	8 g氢氧化钠+1 g硝酸钾	有多种方法用于处理残渣
铂灰;0.5～1 g	Pt	15 mL王水	
钯灰;0.5～1 g	Pd	15 mL王水	
阳极泥;5～10 g	Pd,Pt,Ag,Au	60 mL浓硫酸	沸腾20 min,再加20mL王水
催化剂;6～10 g	Pt	100mL王水(1+3)	12h;水浴
锑矿石,矿渣,飘尘;2 g	Sb,Sn	20 g过氧化钠	700℃;铁坩埚
锑矿石,矿渣,飘尘;2 g	As	20 mL浓硝酸	以20 mL硫酸(1+1)加热冒烟
锑矿石,矿渣,飘尘;5 g	Cu,Pb	100 mL浓氢溴酸+10 mL溴,蒸发	残渣以50 mL硫酸(1+1)加热冒烟
锑;0.2 g	Sb	20 mL浓硫酸,后加20 mL浓盐酸+30 mL水	必要时加5mL硝酸
锑;2.5 g	Bi,Sn	50 mL盐酸—溴(150 mL溴+1000 mL浓盐酸)	
锑;5～10 g	As	200 mL三氯化铁溶液(350 mL水合三氯化铁+1000 mL浓盐酸)	
锑;10 g	Cu,Fe,Ni,Pb,Zn	200 mL盐酸—溴(150 mL溴+1000 mL浓盐酸)	也可用5 mL酒石酸钾钠(40%)、5 mL浓硝酸、1 mL浓盐酸溶解0.5 g样品
锑;5 g	S	30 mL溴氢酸(2+1)	
五氧化二锑;0.14 g	Sb	10 mL浓硫酸+0.5 g硫	沸腾逐去硫,滴定三价锑
硒、碲矿石和精矿;5 g	Se,Te	用水湿润,再加20 mL浓硝酸	
硒;5 g	Te	20 mL浓硝酸	以20 mL硫酸(1+1)蒸发两次
含硒岩石和沉积物;0.5～1 g	Se	30 g缩合磷酸(85%磷酸加热至300℃)和1 g溴化铵	玻璃烧瓶;缓慢加热至290℃,通空气蒸出四溴化硒

续附表 4

试样;试样量	测定元素	分解方法	备　注
碲;0.5 g	Te	50 mL 盐酸(1+1)+1 g 溴酸钾	
碲;10 g	Se	100 mL 盐酸(1+1)+8～10 g 溴酸钾	
硅(纯);1 g	Al,Ca,Fe,Na,P,Ti	1 mL 硫酸(1+1)+20 mL氢氟酸,然后逐滴加入 3 mL 浓硝酸;再以 1 mL 氢氟酸、5 mL 硝酸和 5 mL 硫酸(1+1)加热至冒烟	铂皿
硅,硅铁;0.4～0.5 g	Si	5 g 碳酸钾钠;以 1 g 碳酸钾钠覆盖,熔融;分数次加入 8 g 过氧化钠并再次熔融	镍坩埚
硅铁;0.1 g	Si	40 mL1.5mol/L 硫酸+10 mL3mol/L 硝酸+2.5 mL氢氟酸(密度 1.15 g/mL)	3h;80℃;聚丙烯烧杯;也可用 15 mL 硝酸钾硝酸溶液加 5 mL 氢氟酸溶样
硅铁;1～2 g	Fe,Si	20～30 mL 浓氢氟酸,逐滴加浓硝酸	铂皿
硅铁;1 g	Al,Ca,Fe,Ti	以氢氟酸+硝酸溶解,加硫酸加热冒烟,残渣在 1100℃用硼砂熔融	
硅铁;0.25 g	Al,P	10 mL 硝酸(1+1);分数次加 5 mL 浓氢氟酸	铂皿
硅锰;1 g	Si	5 g 碳酸钾钠;以 2 g 碳酸钾钠覆盖,然后分数次加 2 g过氧化钠	镍坩埚
硅锰;1 g	Mn	30 mL浓硝酸+2 mL浓氢氟酸+10 mL 高氯酸冒烟+20 mL 盐酸(1+1)及水	铂皿
四氮化三硅;0.25 g	Al,Ca,Fe	15 mL浓氢氟酸	6h;150℃带电磁搅拌并以聚四氟乙烯衬里的弹
石英,砂;1～2 g	主要杂质	置于 1 mL水、10 mL浓氢氟酸和 1 mL 硫酸(1+1)中 12h,然后以 5 mL 氢氟酸和 0.5 mL 硫酸加热冒烟	铂皿;溶于盐酸(1+1)中
普通硅酸盐	主要成分	试样与 8 倍碳酸钠熔融,再用喷灯大火加热 30 min	不适于难熔硅酸盐
		试样与 8 倍碳酸钠和硼砂熔融,再用喷灯大火加热 30 min	适于所有硅酸盐,包括锆矿
		0.5 g 试样+2 g 过氧化钠+1.5 g 氢氧化钠;在 440℃烧结 30～60 min	适于难熔硅酸盐,但不适于锆矿
		0.5 g 试样+5 g 氟化氢钾;小心逐去水,再用喷灯大火加热 1 min	适于所有硅酸盐
		0.2 g 试样+3 g 碳酸锂+2 g 三氧化二硼;再用喷灯大火加热 15 min	不适于所有难熔硅酸盐
		0.2 g 试样+3 g 偏硼酸锂;10～15 min;950℃	不适于难熔硅酸盐或锆矿石

续附表4

试样;试样量	测定元素	分解方法	备注
普通硅酸盐;0.25 g	Al, Ca, Fe, K, Mg, Na, Si, Ti	1 mL 浓盐酸+3 mL 浓氢氟酸+1 mL 浓硝酸	1～5h;140℃聚四氟乙烯衬里金属弹;以 AAS 法或 ICP 法测定
普通硅酸盐;0.1 g	Al, Fe, K, Mg, Na, Ti	3 mL 浓硫酸+5 mL 浓氢氟酸(重复加入)	水浴;铂皿;以 AAS 法或 ICP 法测定
普通硅酸盐;0.1 g	Al, Ca, Fe, Mg, Na	3 mL 浓高氯酸+5 mL 浓氢氟酸(重复加入)	水浴;铂皿;以 AAS 法或 ICP 法测定
普通硅酸盐;0.25 g	Ca, Co, Cr, Fe, K, Mg, Na	3 g 偏硼酸锂	在1000℃下加热至熔融液清亮;铂坩埚;溶于 125 mL2.5mol/L 盐酸;以 AAS 法或 ICP 法测定
普通硅酸盐;1.0 g	主要成分(Si,B,F 除外)	1 mL 水+10 mL 浓氢氟酸+2 mL 浓高氯酸	重复以 2 mL 高氯酸加热冒烟;溶于 10 mL 盐酸(1+1)
硅酸镁,含少于1%三氧化二铬;1～2 g	主要成分	30 mL 盐酸(1+1)+1 mL硫酸(1+1)	
硅酸盐,玻璃;0.3 g	B	1～2 g 氢氧化钠	银皿;10 min;450℃
硅酸盐;0.20 g	F	热水解;与1.5倍的八氧化铀混合	950℃;Vycor 器皿
硅酸盐;1～2 g	Ti, Zr	1 mL 水+10 mL 浓氢氟酸+1 mL 硫酸(1+1);放置 12h,后加热至冒烟;重复以 5 mL 氢氟酸和 0.5 mL 硫酸加热冒烟	残渣溶于 2 mL 浓硫酸
硅酸盐;1 g	Se	1 mL 水+10 mL 浓氢氟酸+10 mL 浓硝酸,蒸发至干;加 5 mL 硝酸,再蒸发至干	残渣溶于 10 mL 水
硅酸盐;1 g	P, Si	5 g 氢氧化钠	30 min;450℃;金皿
硅酸铝(鳞云母,长石,高岭土);1 g	主要成分(Si,B,F 除外)	1 mL 水+10 mL 浓氢氟酸+1 mL 硫酸(1+1);放置 30 min 至 12h,继续加热至冒烟。加 5 mL 氢氟酸和 1 mL 硫酸并再次冒烟。在 500℃加热 5 min,然后加 7.5 g碳酸钠和 2.5 g 硼砂并在 1000℃熔融	残渣溶于 75 mL 盐酸(1+1)
高岭土,碱金属含量少于1%而铝钡含量高的硅酸盐;1 g	主要成分	1 mL 水+10 mL 浓氢氟酸+1 mL 硫酸(1+1);放置 30 min 至 12h,继续加热至冒烟;加 5 g 焦硫酸钾,开始在 350℃加热,然后在 550℃加热 10 min	残渣溶于 10 mL 盐酸(1+1)和 110 mL 水
氧化铝含量高的硅酸铝;0.5 g	主要成分	2.5 g 碳酸钠+1.5 g 硼砂	20 min;喷灯大火加热;铂皿

续附表 4

试样;试样量	测定元素	分解方法	备 注
水泥(Portalnd 水泥,Portalnd 高炉水泥和火山灰水泥)	Al,Ca,Fe,Mg,Si	2.5 g 氯化铵+10 mL 浓盐酸	水浴上加热 30 min,加 30 mL 稀热盐酸,过滤,二氧化硅不溶解
硅酸铝(黏土,长石,陶瓷等,氧化铝含量少于 45%);1 g	Si	5 g 碳酸钠	用喷灯大火加热 5 min,然后在马弗炉中,在 1175℃下加热 5~10 min;溶于 30mL 6mol/L 盐酸
硅酸铝,氧化铝含量少于 45%;1 g	Si	2.5 g 碳酸钾钠+1 g 硼砂	用喷灯大火加热 5 min,然后在马弗炉中,在 1175℃下加热 5~10 min;溶于 30mL 6mol/L 盐酸
硅酸铝,氧化铝含量少于 45%;1 g	Al,Ca,Fe,Mg,Ti	置于 10 mL 浓氢氟酸和 1 mL 约 9mol/L 硫酸中 30~60 min;加热至冒烟,以 10 mL 氢氟酸和 1 mL 硫酸蒸发至干,在 600℃加热 5 min,然后加2.5 g碳酸钠和 1 g 硼砂在 950~1000℃熔融	带盖铂皿,溶于 75mL 6mol/L 盐酸
富铝红柱石;1 g	Al,Ca,Fe,Mg,Si,Ti	5 g 碳酸钠	60 min,1100℃,铂坩埚
富铝红柱石;1 g	Ca,Fe,Mg,K,Na	5 mL 硝酸(1+1)+5 mL 高氯酸(1+4)+10 mL 氢氟酸;蒸发至干,加 5 mL 高氯酸(1+4)并重复蒸干	铂坩埚
钠钙玻璃;1 g	Si	4 g 碳酸钠;以 1 g 碳酸钠覆盖	15~20min,1000℃,铂坩埚
钠钙玻璃;2.5 g	Al,Ca,Fe,Mg,K,Na,Ti	3 mL 水+20 mL 浓氢氟酸+2 mL 硫酸(1+1);加热至冒烟;加 5 mL 氢氟酸并蒸发至干。残渣在 550℃加热 15~20 min	残渣溶于 10 mL 硫酸(1+1);铂皿
钠钙玻璃;1 g	K,Ca	1 mL 水+10 mL 浓氢氟酸+2 mL 高氯酸;加热至冒烟,然后加 2 mL 氢氟酸并加热至干。加 2 mL 氢氟酸,加热至冒烟	铂皿;残渣溶于 50 mL 水
钠钙玻璃;2.5 g	S	6 g 碳酸钠;以 1.5 g 碳酸钠覆盖	10 min;1100℃;铂皿
真空管玻璃;1 g	Al,Ba,Ca,Fe,Mg,Ti	1 mL 水+10 mL 浓氢氟酸+1 mL 硫酸(1+1)	铂皿
真空管玻璃;1 g	K,Na	1 mL 水+10 mL 浓氢氟酸+1 mL 高氯酸	铂皿
硼硅酸盐玻璃;1 g	Al,Ba,Ca,Fe,Mg,Ti,Zn	1 mL 水+10 mL 浓氢氟酸+1 mL 硫酸(1+1)	铂皿
硼硅酸盐玻璃;0.25 g	B	4 g 氢氧化钠	30 min;400℃;金皿

续附表4

试样;试样量	测定元素	分解方法	备　注
乳白玻璃;1 g	Al,Ba,Ca,Fe,Mg,Ti,Zn	1 mL 水＋10 mL 浓氢氟酸＋1 mL 硫酸(1＋1)	铂皿
乳白玻璃;0.5 g	Ca,K,Na,Mg,Zn	1 mL 水＋10 mL 浓氢氟酸＋1 mL 硫酸(1＋1)	铂皿
乳白玻璃;1 g	P	4 g 氢氧化钠	30 min;400℃;金皿
磷酸盐玻璃;1 g	Al,P	1 mL 水＋10 mL 浓氢氟酸＋1 mL 硫酸(1＋1);加热至冒烟,加 5 mL 氢氟酸和 1 mL 硫酸,再加热至冒烟。残渣以 10 g 碳酸钠和 0.2 g 硝酸钠熔融 10 min。用 120 mL 水浸出,过滤,残渣再用 3.5 g 碳酸钠和 1.5 g硼砂熔融	
Supremax 玻璃;1 g	Al,Ba,Ca,Fe,Mg,Ti,Zn	1 mL 水＋10 mL 浓氢氟酸＋1 mL 硫酸(1＋1);加热至冒烟,加 5 mL 氢氟酸和 1 mL硫酸,再加热至冒烟。在 500℃加热5 min。残渣以 10 g 碳酸钠和 0.2 g 硝酸钠熔融	
铅玻璃;0.5 g	Pb	1 mL 水＋10 mL 浓氢氟酸＋2 mL 高氯酸(70%)	铂皿;残渣溶于硝酸(1＋1)中
铅水晶玻璃;1 g	Al,Ba,Ca,Fe,Pb,Ti	1 mL 水＋10 mL 浓氢氟酸＋2 mL 高氯酸加热至冒烟,加 2 mL 高氯酸,再加热至冒烟	铂皿;残渣溶于 10 mL 硝酸(1＋1)
安瓿用棕色玻璃;1 g	Sb	数滴水＋10 mL 浓氢氟酸＋0.5～1 mL 浓高氯酸	铂皿
安瓿用棕色玻璃;0.3～0.5 g	As	3～5 g 碳酸钠	铂坩埚
锡矿石、灰分、矿渣;2～5 g	Sn,Sb,W	10～20 g 过氧化钠＋5～10 g 氢氧化钠	缓慢加热至呈暗红炽热;铁坩埚
锡矿;5 g	As	20 mL 硝酸(1＋1);加 20 mL 硫酸(1＋1),加热至冒烟	
锡(纯);1 g	As,Sb	15 mL 浓硫酸	加热冒烟 15 min
锡合金;1 g	Sn,Cd,Cu,Pb,Sb,Zn	25 mL 溴—盐酸(150 mL 溴＋1000 mL 浓盐酸)	温热
青铜;2 g	Cu,Pb	25 mL 硝酸(1＋1)	水合二氧化锡留在残渣中

续附表 4

试样;试样量	测定元素	分解方法	备　注
青铜;1～2 g	Sn	5 mL 浓盐酸+20 mL 硝酸(1+1)	
青铜;1 g	Sn	60 mL 盐酸(1+1)+7 mL浓过氧化氢	
铜锡铅合金;0.6～1 g	Pb	5 mL 氟硼酸(40%)+10 mL硝酸(1+1)	
铅锡合金(焊锡);0.3～1.5 g	Sn	20 mL 浓硫酸+5 g 硫酸氢钾	
铜铅锡锑合金(轴承合金);0.3～2 g	Sn	20 mL 浓硫酸+5 g 硫酸氢钾	
铜铅锡锑合金;2 g	Cu,Pb	20 mL 溴—氢溴酸(20 mL 溴+180 mL 氢溴酸)	
铅锡锑合金;5 g	As	20 mL 浓硫酸+15 g 硫酸氢钾	
铅锡锑合金;2 g	Cu	20 mL 溴—氢溴酸(20 mL 溴+180 mL 氢溴酸)	
天青石(硫酸锶);1 g	Al,Ba,Ca,Fe,Si,Sr	与 2 g 碳酸钠混合;以 7～9 g碳酸钠覆盖	在带盖铂坩埚中烧结,然后在 1100℃ 加热 45 min,溶于 50 mL 热水
二氧化钍;1 g	Th	5～10 mL 高氯酸;加热至冒烟;加 1 滴氢氟酸并温热	
钛矿;0.15～0.25 g	Ti	1.5～2.5 g 焦硫酸钾	石英坩埚
钛矿;1 g	Al,Cr,Ti,V	7 g 氢氧化钠+3 g 过氧化钠	镍坩埚
二氧化钛精矿;0.2～0.3 g	Ti	5 g 碳酸钠—碳酸钾—硼砂(1:1:1)	铂坩埚;950℃
钛铁矿;0.2～0.3 g	Ti	5 g 碳酸钠—碳酸钾—硼砂(1:1:1)	铂坩埚;950℃
钛(纯),海绵钛;1 g	Cl,Fe,Mg	10 mL 水+5 mL 浓氢氟酸(逐滴加入)	
钛(纯);0.5 g	Al,Mg	40 mL 硫酸(1+4)	
钛(纯);1 g	Fe	50 mL 盐酸(1+1)+6 滴浓氢氟酸	
钛(纯);0.5 g	Si	40 mL 水+5 mL 浓氢氟酸(150 mL 氢氟酸+350 mL水)	<80℃加热
钛铬合金;0.5 g	Al	40 mL 硫酸(1+4)	

续附表4

试样;试样量	测定元素	分解方法	备　注
钛铬合金;0.25～0.5 g	Cr	50 mL硫酸(1+4)	
钛钒合金;0.5～1 g	V	50～100 mL硫酸(1+4)	
钛锡合金;1 g	Sn	60 mL水+10 mL硫酸(1+1) 10 mL氟硼酸(280 mL浓氢氟酸+130 g硼酸)	
钛铁;1 g	Al,Ti	30 mL盐酸(1+1),2 mL浓硝酸,1 mL浓氢氟酸,加10 mL硫酸(1+1),加热冒烟,用10 mL盐酸+硝酸(3+1)溶解盐类	
钛铁;0.5 g	Ti	40 mL硫酸(1+1),滴加2 mL硝酸	
钛铁(酸不溶);0.5 g	Ti	12 g氢氧化钠+3 g碳酸钠	氧化铝坩埚
钛铁;2.5 g	Cr,V	10 mL盐酸(1+1)+90 mL硫酸—磷酸(320 mL硫酸(1+1)+80 mL浓磷酸,再加水至1000 mL)	
铊原材料;2 g	Tl	25 mL硝酸(1+1)+25 mL硫酸(1+1)	
铊;5 g	Ag, Bi, Cd, Cu, Fe, Hg,Zn	20 mL硝酸(1+1)	
铊;5 g	As	30 mL浓硫酸	
铀矿;0.5～4 g	U	5 mL浓硝酸+30 mL浓氢氟酸加热至干,加2～5 mL浓硫酸并加热至冒烟	
铀精矿;5 g	U	30 mL浓盐酸、5 mL浓过氧化氢蒸干后加5 mL浓盐酸反复蒸干2～3次,再加盐酸3 mL、水少许溶解盐类	
铀精矿;1 g	B	10 mL浓磷酸	
钒矿;5 g	V,Pb	40 mL硝酸(1+1)+20 mL盐酸(1+1),如需要,加数滴浓氢氟酸;以80 mL硫酸(1+1)加热至冒烟	
钒矿石、矿渣、滤渣;2 g	V	15 g氢氧化钠+5 g碳酸钠	铁坩埚
钒铁;0.25 g	V	30 mL混合酸(600 mL硝酸(1+1)+30 mL浓硫酸+30 mL盐酸(1+1))	

续附表 4

试样;试样量	测定元素	分解方法	备 注
钒铁;2 g	Si	15 g 过氧化钠	镍坩埚
钨矿;2 g	W,Mo	15 g 碳酸钾钠	镍坩埚或铂皿
钨矿;2 g	W,Mo,As,Sn	20 g 碳酸钾钠	镍坩埚
钨矿;1 g	Fe,Mn	15 g 过氧化钠	氧化铝坩埚
钨矿;1 g	As	10 g 过氧化钠+5 g 碳酸钾钠	镍坩埚
钨矿;1～2 g	Ca	10 g 过氧化钠+5 g 碳酸钾钠	氧化铝坩埚
钨矿;0.1～1 g	Cl,F	热水解;加 1 g 二氧化硅和 0.5 g 五氧化二钒	
钨矿;1 g	P	30 mL 王水,滴加 2 mL 浓氢氟酸,加 5 mL 浓高氯酸冒烟,加 10 mL 硝酸(1+1)	
钨锡矿;2.5 g	Sn	25 g 过氧化钠	铁坩埚
钨矿;0.25 g	U	0.5 mL 浓硫酸+0.5 mL 浓高氯酸;加热至冒烟,然后以 3 g 焦硫酸钾熔融	石英坩埚
钨;1 g	W,Sn	在空气中于 700℃ 氧化,后以 12 g 碳酸钾钠熔融	铂坩埚
钨;1 g	Ca,Fe,K,Mo,Na(痕量)	5 mL 浓氢氟酸+浓硝酸(逐滴加入)	铂皿;水浴;以 AAS 法或 ICP 法测定
钨粉;2 g	Fe,Mo	2～3 mL 水+10 mL 浓过氧化氢(分数次加入)	
钨酸;2 g	Fe,Mo	2～3 mL 水+10 mL 浓过氧化氢(分数次加入)	溶于 25 mL 氢氧化钠(30 g/100mL)
三氧化钨;3 g	Si	5 g 碳酸钠;以 2.5 g 碳酸钠覆盖	铂皿
三氧化钨;0.1～1 g	B	20 mL 浓硫酸+5 g 硫酸铵	石英烧瓶;回流冷凝管
碳化钨;1 g	Ca,Fe,K,Mo,Na	5 mL 浓氢氟酸+浓硝酸(逐滴加入)	铂皿;水浴
碳化钨;0.1～1 g	B	20 mL 浓硫酸+5 g 硫酸铵	石英烧瓶;回流冷凝管
钨钛碳化物;0.2～0.3 g	Ti	6 g 过氧化钠;残渣以 5 g 焦硫酸钾和 10 滴浓硫酸熔融	氧化铝坩埚

续附表 4

试样;试样量	测定元素	分解方法	备注
锌原材料、飘尘;1.25 g	Zn,Ba,Cd,Cu,Pb	少量水+15 mL 浓盐酸+5 mL 浓硝酸;蒸发至干;溶于 10 mL 盐酸(1+1)并以 10 mL 硫酸(1+1)加热至冒烟	
锌原材料、飘尘;3 g	F,Sn	10 g 过氧化钠+10 g 氢氧化钠	镍坩埚
锌原材料、飘尘;1.25～5 g	S(总量)	50～100 mL 以溴饱和的浓盐酸	冷时浸清 1h
锌原材料、飘尘;5～10 g	Cl	100 mL 硝酸(1+2)	2h,冷却
锌灰;1 g	Ca,Mg	20 mL 浓盐酸+少量硝酸	
锌,锌合金;5 g	Cd,Cu,Pb	30 mL 硝酸(2+1)	
锌(纯);5 g	Cd,Sb	25 mL 浓盐酸;缓慢加 10 mL硫酸(1+1)	
锌;1 g	Cd,Pb	10 mL 浓盐酸	
锌;0.5 g	Pb	20 mL 硝酸(15+85)	
锌合金;10 g	Al,Mg	35 mL 浓盐酸	
锌,锌合金;2 g	Fe,Sn	20 mL 浓盐酸,以数滴浓过氧化氢氧化	
铜镍锌合金;2 g	Zn	25 mL 硝酸(1+1)	
锌铜铝合金;1 g	Al	20 mL 硫酸(1+5)	
锌铜铝合金;2.5 g	Cu	20 mL 硝酸(1+1)	
硅酸锆;0.1 g	Zr	1 g 氟化氢钾;加热至熔融物成固态,然后加5 mL硫酸(1+1),将大部分硫酸蒸发	溶于 50 mL 盐酸(1+1)
硅酸锆;0.5 g	Zr	3.5 g碳酸钠+1.5 g硼砂	用喷灯大火加热
锆合金;1 g	Cr,Fe,Ni	15 mL浓硫酸;逐滴加过氧化氢至反应开始	
锆锡合金;3 g	Sn	50 mL 硫酸(1+1);加热至冒烟	
锆锡合金;2～4 g	Sn	50 mL 盐酸+2～3 mL 浓氢氟酸(每次加入少量)	锥形瓶
锆合金;0.5 g	Mn	20 mL 硫酸(1+1)+2 mL浓氢氟酸(逐滴加入)	铂皿
锆合金;1 g	Cu,Si	15 mL 水+5 mL 浓氢氟酸	铂皿
锆铁;1 g	Zr	20 mL 浓硝酸;逐滴加浓氢氟酸	铂皿
锆铁;1 g	Zr	5 mL 浓硫酸;缓慢加 20 mL浓氢氟酸	加热至冒烟;铂皿

续附表 4

试样;试样量	测定元素	分解方法	备 注
锆铁;0.5 g	Si	4～5 g 碳酸钾钠;以 1 g 碳酸钾钠覆盖;缓慢加热烧结,再加 5～6 g 过氧化钠并熔融	镍坩埚
硬质合金;1 g	Co	5 mL 浓氢氟酸＋1 mL 浓硝酸(逐滴加入)	铂皿
硬质合金;2.5 g	Co,Mo,W	5～10 mL 浓氢氟酸＋浓硝酸(逐滴加入),加热至冒烟,残渣以 15 g 碳酸钾钠熔融	铂皿
硬质合金;1 g	Mo,W	10 g 过氧化钠＋5 g 碳酸钠	铁坩埚
硬质合金;1 g	Co,Fe,Nb,Ni,Ta,Ti	40 mL 浓硝酸＋5 mL 浓氢氟酸;以 10 mL 浓硫酸加热至冒烟	铂皿
硬质合金;1 g	Cr,V	20 mL 浓硝酸＋5 mL 浓氢氟酸＋20 mL 硫酸(1＋1)＋20 mL 浓磷酸	铂皿
硬质合金;2 g	Nb,Ta	10 mL 浓氢氟酸＋浓硝酸(逐滴加入)	铂皿
硬质合金;0.5 g	Zn	5 g 焦硫酸钾;熔融后加 10 滴浓硫酸并再次熔融	铂皿
无机颜料:氧化铁颜料;2 g	Fe,Al	50 mL 浓盐酸＋2 mL 浓硝酸	
氧化铁颜料;1 g	Cu,Mn	50 mL 盐酸(1＋1)	
氧化铁颜料;1 g	Fe(Ⅱ)	50 mL 硫酸(1＋1)	二氧化碳气氛
二氧化钛颜料;0.15 g	Ti	15 mL 酸性混合物(500 g 硫酸铵＋750 mL 浓硫酸)	基耶达烧瓶
二氧化钛颜料;1 g	Sb,Si	30 mL 酸性混合物(500 g 硫酸铵＋750 mL 浓硫酸)	基耶达烧瓶
二氧化钛颜料;0.15 g	Al	15 g 焦硫酸钾	石英坩埚
二氧化钛颜料;1 g	痕量金属	10 mL 浓氢氟酸	
碳酸铅;0.5 g	Pb	10 mL 硝酸(1＋3)	
铅丹;0.5～1 g	Pb	10 mL 硝酸(1＋3)	

续附表 4

试样;试样量	测定元素	分解方法	备　注
铅丹;0.5～1 g	Pb(Ⅳ)	25 mL 乙酸钠溶液(600 g 三水合乙酸钠/L)+20 mL 乙酸(30%)+30 mL 0.1 mol/L 硫代硫酸钠溶液	滴定过量的硫代硫酸钠
锌白;1 g	Zn	5 mL 盐酸(1+1)	
锌白;5 g	Pb,Mn	20 mL 浓盐酸	
锌白;5 g	Ca,Mg	2 mL 硫酸(1+1)+125 mL水	
锌白;5 g	Cu,Cd	20 mL 浓硝酸	
锌白;5 g	Fe	300 mL 水+20 mL 浓硝酸	
氧化铬颜料;0.5 g	Cr	5～6 g 过氧化钠	氧化铝坩埚
氧化铬颜料;5 g	Cr	20 mL 硫酸(1+1)+25 mL 浓高氯酸	氧化三价铬
氧化铬颜料;5 g	Cu,Mn	40 mL 浓高氯酸	

①管一弹是早期使用的内衬为聚四氟乙烯、外壳为不锈钢的耐压溶样器,现在多用微波消解罐代替。

②此为火试金法,本用于富集矿石中金后的进一步提纯,硝酸溶解银后剩余为金。现在对富集后颗粒物直接用王水溶解后测定金。表中还有方法已过时,只是作为史料收录,以了解分析化学的发展过程。

部分习题答案

第 1 章

1. (1)、(4)、(6)、(8)为系统误差;(2)、(3)、(5)为随机误差;(7)、(9)为过失

2. (1)218.4;(2)0.24;(3)4.0

3. 0.1049 mol/L;0.0002 mol/L;0.19%;0.00030 mol/L;0.29%

4. 无

5. 否

6. 7;4;3

7. 可舍去

8. 61.09 应舍去

9. 0.100 g;20 mL

第 2 章

1. 1.05×10^{-5} mol/L;1.1×10^{-9} mol/L

7. 31.65%

8. 17.36%;39.77%

9. 54.33%;0.27%

10. 2.54%

11. 3.20%

12. 0.972%

13. 98.05%

第 3 章

4. (1)1;(2)12;(3)3.37;(4)10.63;(5)8.72;(6)5.28

12. 0.034%

13. 36.62%

14. 0.038%

15. 0.2029 mol/L

16. 97.84%

17. 48.20%;50.35%

18. 75.02%;22.19%

第 4 章

3. (1)9.80 g;(2)10.11 mL;

6. (1)49.64 g;(2)0.1002 mol/L;(3)80.01%

7. (1)0.002792 g/mL;(2)50.01%;(3)0.11～0.16 g

8. 0.03%

第 5 章

14. 3.21%

15. (1)0.01082 mol/L;(2)0.0006068 g/mL;0.0008640 g/mL

16. 93.68%;4.13%

17. 5.42%

第 6 章

10. 1.29×10^{4} L/(mol·cm)

11. 0.15%

12. 2.06%

13. 0.6 g

参 考 文 献

1 武钢技术中心.冶金分析技术规范.2006(内部资料)
2 齐齐哈尔钢厂实验室.分析检验规程.1998(内部资料)
3 方惠群,等.仪器分析.北京:科学出版社,2002
4 李龙泉,等.定量化学分析.合肥:中国科技大学出版社,2002
5 万家亮.现代光谱分析手册.武汉:华中师范大学出版社,1987
6 光谱实验室.光电光谱分析专辑(内部资料)
7 江苏计量协会培训资料:测量管理体系测量过程和测量设备的要求.2006(内部资料)
8 王海舟.主编.冶金分析丛书.北京:科学出版社,2003
9 冶金信息标准研究院.钢铁及铁合金化学分析方法标准汇编.北京:中国标准出版社,1998
10 邓勃,李昌厚,罗立强,等.分析仪器使用与维护丛书.北京:化学工业出版社,2005